FORTSCHRITTE DER CHEMIE ORGANISCHER NATURSTOFFE

PROGRESS IN THE CHEMISTRY OF ORGANIC NATURAL PRODUCTS

PROGRÈS DANS LA CHIMIE DES SUBSTANCES ORGANIQUES NATURELLES

HERAUSGEGEBEN VON   EDITED BY   RÉDIGÉ PAR

L. ZECHMEISTER
CALIFORNIA INSTITUTE OF TECHNOLOGY, PASADENA

SIEBENTER BAND   SEVENTH VOLUME   SEPTIÈME VOLUME

VERFASSER   AUTHORS   AUTEURS

B. BECKER · A. H. COOK · H. HEUSSER · O. JEGER
C. NIEMANN · A. STOLL · J. W. WILLIAMS

MIT 12 ABBILDUNGEN   WITH 12 ILLUSTRATIONS   AVEC 12 ILLUSTRATIONS

WIEN · SPRINGER-VERLAG · 1950

ISBN-13:978-3-7091-7178-3 e-ISBN-13:978-3-7091-7177-6
DOI: 10.1007/978-3-7091-7177-6

Softcover reprint of the hardcover 1st edition 1950

Titel Nr. 8213

Inhaltsverzeichnis.
Contents. — Table des matières.

Konstitution, Konfiguration und Synthese digitaloider Aglykone und Glykoside. Von H. HEUSSER, Laboratorium für organische Chemie, Eidg. Technische Hochschule, Zürich.

Über die Konstitution der Triterpene.

Von **O. Jeger**, Zürich.

Inhaltsübersicht.

I. Einleitung.

1. Einteilung der Triterpene.

Als Triterpene bezeichnet man Naturstoffe, die 30 Kohlenstoffatome im Molekül enthalten und ein gemeinsames Aufbauprinzip aufweisen. Ihr Kohlenstoffgerüst läßt sich in sechs Isoprenreste zerlegen.

Die Isoprenreste können in einer Terpenverbindung regelmäßig oder unregelmäßig angeordnet sein.

Das klassische Beispiel eines regelmäßig gebauten aliphatischen Terpens ist der Naturkautschuk, in dessen Kette fortlaufend an jedem vierten Kohlenstoffatom ein Methyl sitzt. Das Gerüst einer jeden regelmäßig gebauten aliphatischen Terpenverbindung kann als Bestandteil des Gerüstes des Naturkautschuks definiert werden. Bei cyclischen Terpenverbindungen läßt sich das Ringsystem entstanden denken durch Cyclisierung einer aliphatischen Kette zu Ringen vom Typus des p-Cymols oder des Jonons. Regelmäßig gebaut sind diejenigen cyclischen Terpenverbindungen, die man sich in diesem Sinne aus einer regelmäßigen aliphatischen Terpenkette aufgebaut denken kann.

Es ist klar, daß es nur eine Art regelmäßiger Isoprenketten, aber verschiedene unregelmäßig gebaute geben kann. Es sei hervorgehoben, daß sämtliche bisher aufgeklärten Triterpene ein *unregelmäßiges Aufbauprinzip* aufweisen. Ihr Kohlenstoffgerüst ist aufgebaut durch unregelmäßige Zusammenlagerung von sechs Isoprenresten.

Die Triterpene kommen in verschiedenen Pflanzen, vereinzelt auch in tierischen Organen und Ausscheidungsprodukten vor, teils in freier Form, teils verestert oder glykosidisch gebunden.

Auf Grund der verschiedenartigen Anordnung der Isoprenreste im Kohlenstoffgerüst unterscheidet man mehrere Gruppen von Triterpenen:

a) Die *Squalengruppe* mit dem aliphatischen Kohlenwasserstoff Squalen, dessen Gerüst durch symmetrische Verknüpfung zweier regelmäßig gebauter Sesquiterpenketten aufgebaut ist, also als fortlaufende Kette betrachtet einen unregelmäßigen Bau aufweist, und dem tricyclischen Alkohol Ambrein als einzigen Vertretern. Deren Konstitution konnte vollständig aufgeklärt werden.

b) Die *tetracyclischen Triterpene*, zu denen eingehend untersuchte, bisher aber noch nicht ganz aufgeklärte Verbindungen der Kryptosteringruppe (vier Vertreter), der Elemisäuregruppe (zwei Vertreter) und die Alkohole Euphol und Butyrospermol gehören.

c) Die *pentacyclischen Triterpene* umfassen zwei größere Unterabteilungen, deren Konstitution vollständig aufgeklärt ist, die β-Amyrin-Oleanolsäure-Gruppe (siebzehn Vertreter) und die α-Amyrin-Ursolsäure-Gruppe (fünf Vertreter). Zur β-Amyrin-Oleanolsäure-Gruppe gehören noch die carbotetracyclischen Verbindungen Sojasapogenol D und Basseol, welche mit ihr experimentell verknüpft werden konnten. Das Kohlenstoffgerüst der pentacyclischen Triterpene ist unregelmäßig gebaut.

d) Eingehend untersucht, aber in ihrer Konstitution noch nicht ganz aufgeklärt sind die pentacyclischen Verbindungen der Lupeol- und Heterobetulingruppe (sieben Vertreter), ferner die Bassiasäure, die Chinovasäure, das Aescigenin, das Friedelin und das Cerin.

Wenig untersucht ist eine Anzahl *tetracyclischer* und *pentacyclischer Triterpenverbindungen unbekannter Konstitution*: Asiaticasäure, Onocerin, Leucotylin, Pachymisäure, Platicodigenin, Senegenin, Scimiol, Scimion, Taraxol, Vanguerigenin, Zeorin usw.

Mono-, bi- oder hexacyclische Triterpenverbindungen sind bisher nicht bekannt geworden.

2. Bemerkungen zur Konstitutionsaufklärung.

Die strukturelle Klarstellung vieler Triterpene ist mit großen experimentellen Schwierigkeiten verbunden gewesen, die durch den komplizierten Bau dieser Naturstoffe bedingt sind. Die Schwierigkeiten bei der Konstitutionsaufklärung von analog gebauten Verbindungen steigen im allgemeinen mit der zunehmenden Anzahl von Ringen, wie die Geschichte der Chemie des Squalens (aliphatisch), Ambreins (tricyclisch) und der verschiedenen pentacyclischen Triterpengruppen zeigt.

Wenn es trotzdem in verhältnismäßig kurzer Zeit gelang, die Struktur zahlreicher pentacyclischer Triterpene vollständig aufzuklären, so ist dies auf die konsequente Anwendung der *Isoprenregel* und der folgenden drei Arbeitsmethoden zurückzuführen: die *Dehydrierung*, die *gegenseitige Umwandlung* verschiedener Triterpene und der *systematische Abbau*.

Die *Dehydrierung* mit Selen oder Palladium war von entscheidender Wichtigkeit, indem sie ermöglicht hat, das Kohlenstoffgerüst in seinen Grundzügen zu erkennen. Aus den Ergebnissen der Dehydrierung allein wäre es aber nicht möglich gewesen, das Kohlenstoffgerüst der Triterpene ohne Anwendung der *Isoprenregel* abzuleiten, nach welcher die Kohlenstoffskelette aller Terpenverbindungen aus Isoprenresten aufgebaut sind. Diese Arbeitshypothese erlaubte, die Möglichkeit der Bindung derjenigen Kohlenstoffatome im Gerüst stark einzuschränken, welche bei der Dehydrierung abgespalten werden. Die bei der Dehydrierung abgespaltenen Kohlenstoffatome sind erfahrungsgemäß bei den Triterpenen wie auch den kohlenstoffärmeren Terpenverbindungen quaternär gebunden, entweder als gem. Methylgruppen oder als Methylgruppen an Kondensationsstellen von Ringen.

Ein zweites Arbeitsprinzip, das zur Konstitutionsaufklärung der Triterpene sehr viel beigetragen hat, besteht darin, daß man verschiedene Triterpenverbindungen mit Hilfe einfacher Reaktionen *ineinander überführen* konnte. Auf diese Weise ließen sich die Triterpene in eine kleine Anzahl von Untergruppen einordnen, die durch das gleiche Kohlenstoffgerüst charakterisiert sind und sich voneinander nur in der Art, Zahl oder Stellung ihrer Funktionen unterscheiden. Da sich die verschiedenen Vertreter einer und derselben Gruppe meistens in der Anzahl und in der Art der Sauerstoff-Funktionen unterscheiden, konnte die gegenseitige Umwandlung der Triterpene meistens durch folgende zwei Typen von Reduktionsoperationen verwirklicht werden:

$$\begin{matrix} -\mathrm{CHOH} \\ \searrow \\ -\mathrm{CO}- \end{matrix} \longrightarrow -\mathrm{CH_2}- \qquad\qquad \begin{matrix} -\mathrm{COOH} \\ -\mathrm{CHO} \\ -\mathrm{CH_2OH} \end{matrix} \longrightarrow -\mathrm{CH_3}$$

Die Unterteilung der Triterpene in Gruppen erlaubte, die Abbauergebnisse, die bei einem Vertreter einer Gruppe erhalten wurden, auf andere Verbindungen dieser Gruppe zu übertragen und so die ganze Arbeit der Konstitutionsaufklärung sehr zu erleichtern.

Das dritte Arbeitsprinzip der Konstitutionsaufklärung der Triterpene ist der *systematische Abbau*, der von den Sauerstoff-Funktionen oder Doppelbindungen ausgeht und daher mit Oxydationsreaktionen beginnt. Die Abbauresultate erlaubten, die auf Grund der Dehydrierung und der Isoprenregel aufgestellten hypothetischen Formeln zu kontrollieren und unter denselben die richtige auszuwählen. Von den speziellen Abbaumethoden soll besonders die pyrolytische Spaltung geeigneter Oxydationsprodukte der Triterpene erwähnt werden. Durch *Pyrolyse* lassen sich aus dem kompliziert gebauten Kohlenstoffgerüst zwei niedermolekulare alicyclische Verbindungen gewinnen, deren weitere Konstitutionsaufklärung relativ einfach ist.

In den nachfolgenden Kapiteln werden die Versuche, die zur Konstitutionsaufklärung der Triterpenverbindungen geführt haben, eingehend und systematisch besprochen.

II. Squalen-Gruppe.

Die beiden Vertreter dieser Gruppe, die tierischen Triterpenverbindungen Squalen und Ambrein, sind aus einer unregelmäßigen Kette von Isoprenresten aufgebaut, die aber aus zwei spiegelbildartig angeordneten, regelmäßig gebauten Hälften zusammengesetzt ist.

Squalen. Der sechsfach ungesättigte aliphatische Kohlenwasserstoff Squalen $C_{30}H_{50}$ (I) wurde von TSUJIMOTO (*202*) aus dem Leberöl verschiedener Fische isoliert. Die Konstitution dieser Verbindung wurde bereits vor ungefähr zwanzig Jahren durch Arbeiten von HEILBRON und von KARRER aufgeklärt. HEILBRON und Mitarbeiter (*45, 48*) beschrieben die Cyclisierung des Squalens mit Säuren zum Tetracyclo-squalen (II)*, welches bei der Dehydrierung mit Selen das 1,5,6-Trimethyl-naphthalin (III) lieferte. KARRER und HELFENSTEIN (*67*) gelang es dann, durch Verknüpfung von zwei Farnesylresten [Kondensation von Farnesylbromid (IV) nach WURTZ-FITTIG] einen Kohlenwasserstoff $C_{30}H_{50}$ zu gewinnen, dessen Hydrochlorid mit dem kristallinen Hydrochlorid des Squalens identisch war.

Ambrein. Der zweite Vertreter der Squalengruppe, der zweifach ungesättigte, tricyclische Alkohol Ambrein $C_{30}H_{52}O$ (V), ist eine der interessantesten Triterpenverbindungen. Es wurde erstmals ·von PELLETIER und CAVENTOU (*96*) aus den geruchlosen Anteilen des grauen Ambras, eines seit langem als Riechstoff sehr geschätzten und wertvollen Ausscheidungsproduktes des Sperm- oder Pottwales (*Physeter macrocephalus* L.) isoliert. Über die Entstehung des grauen Ambras weiß man noch sehr wenig, doch weist die Tatsache, daß diese begehrte Substanz meistens im Darm von kranken Tieren gefunden wird, auf einen pathologischen Entstehungsvorgang hin.

Die Konstitution des Ambreins konnte in allen Einzelheiten durch eindeutige Abbaureaktionen gesichert werden, die von zwei unabhängigen Arbeitsgruppen im Laboratorium von L. RUZICKA in Zürich und im Laboratorium von E. LEDERER in Paris durchgeführt wurden und deren

---

* Die Lage der Doppelbindungen ist nicht aufgeklärt. Es handelt sich wahrscheinlich um ein Gemisch von Kohlenwasserstoffen mit verschiedener Lage der Doppelbindungen.

Ergebnisse sich teilweise ergänzen [vgl. die zusammenfassende Abhandlung von Lederer (74a) in diesen *Fortschritten*].

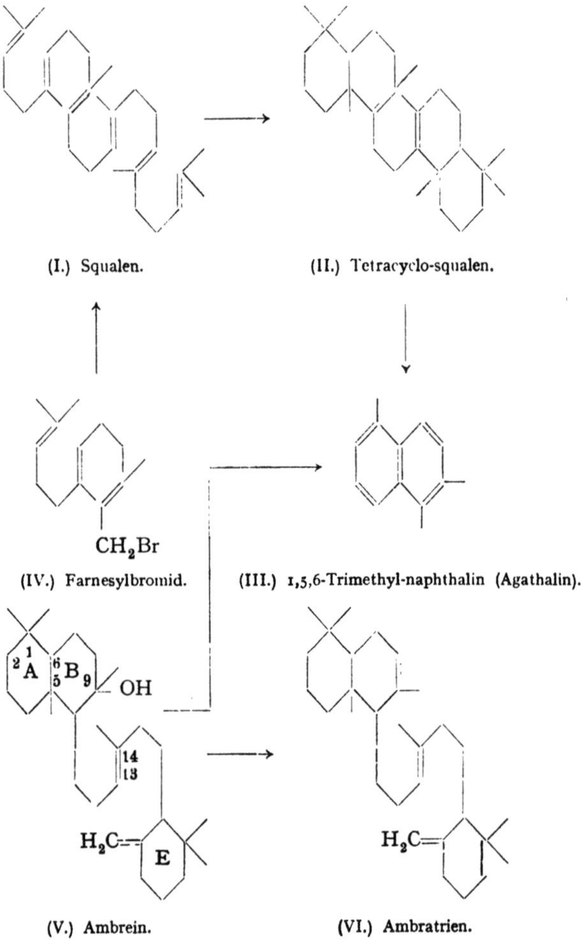

(I.) Squalen.

(II.) Tetracyclo-squalen.

CH_2Br

(IV.) Farnesylbromid.

(III.) 1,5,6-Trimethyl-naphthalin (Agathalin).

(V.) Ambrein.

(VI.) Ambratrien.

Das tricyclische Ringsystem des Ambreins stellt formell eine Zwischenstufe beim Übergang vom aliphatischen Squalen zum Tetracyclo-squalen dar. Bisher ist es allerdings nicht gelungen, durch weitere Cyclisierung des Ambreins zum Tetracyclo-squalen zu gelangen. Es wurde deshalb auf folgende Art versucht, das Ambrein mit dem Squalen experimentell zu verknüpfen. Bei der Einwirkung von *Säuren* spaltet das Ambrein Wasser ab und liefert dabei einen dreifach ungesättigten Kohlenwasserstoff Ambratrien $C_{30}H_{50}$ (VI) (75, 152). Anderseits blieben Versuche, diesen Kohlenwasserstoff durch partielle Cyclisation des Squalens herzustellen, bisher erfolglos, da bei verschiedenen Reaktionsbedingungen das Squalen entweder unverändert blieb oder in das Tetracyclo-squalen überging (58).

Bei der *Dehydrierung* des Ambreins (V) und des Ambratriens (VI) mit Selen entstand das 1,5,6-Trimethyl-naphthalin (Agathalin, III) (*152*), welches dem bicyclischen Teil des Moleküls (Ringe A/B) entspricht.

Bei der *Ozonisation* bzw. bei der *Oxydation* mit Chromsäure oder mit Kaliumpermanganat wurde das Gerüst des Ambreins vornehmlich zwischen den Kohlenstoffatomen 13 und 14 gespalten und die dabei primär entstehenden Oxydationsprodukte zum Teil weiter abgebaut. Aus dem Oxydationsgemisch konnten von Ruzicka und Lardon (*152*) sowie Lederer und Mitarbeitern (*75, 76, 127*) drei, die Ringe A und B enthaltende Abbauprodukte, nämlich die homologen C_{17}- bzw. C_{16}-Lactone (VII und VIII) und eine C_{15}-Oxysäure (IX) gewonnen werden. Ferner isolierten die beiden Arbeitsgruppen die neutralen, bei verschiedenen Oxydationsvarianten entstehenden Verbindungen (X), (XI) und (XII), sowie die Säure (XIII) (*31*), welche den Ring E des Skelettes enthalten.

Bei der Umsetzung des *Lactons* $C_{17}H_{28}O_2$ (VII) mit alkoholischer Schwefelsäure und anschließender alkalischer Verseifung des so gewonnenen ungesättigten Esters (XIV) erhielten Ruzicka und Lardon (*152*) eine mit dem Ausgangslacton isomere Säure (XV), deren Doppelbindung katalytisch hydriert werden konnte. Es bildete sich dabei ein einheitliches Hydrierungsprodukt $C_{17}H_{30}O_2$ (XVI).

Ruzicka, Dürst und Jeger (*115*) gelang es, durch Verkürzung des Propionsäurerestes der bicyclischen Abbausäure (XVI) um 1 Kohlenstoffatom eine Säure $C_{18}H_{28}O_2$ (XVII) zu gewinnen, welche mit einem von Hosking und Brandt (*53*) beschriebenen Abbauprodukt des bicyclischen Diterpens Manool (XVIII) identifiziert wurde. Die Abbausäure (XVII) haben Hosking und Brandt durch Hydrierung des Manools zum Tetrahydromanool (XIX), Wasserabspaltung aus dem letzteren und die Ozonisation des so gewonnenen Kohlenwasserstoffs (XX) erhalten.

(XIV.) $R = C_2H_5$.
(XV.) $R = H$.

(XVI.)

COOH

(XVII.)

(XVIII.) Manool.

(XIX.) Tetrahydro-manool.

(XX.)

Auf Grund dieser Versuche war es zum erstenmal gelungen, eine Triterpenverbindung mit einem Diterpen durch Herstellung identischer Abbauprodukte in Beziehung zu bringen.

Außerdem konnten LEDERER und MERCIER (*76*) zeigen, daß das bei der Oxydation des Ambreins entstehende Lacton $C_{16}H_{26}O_2$ (VIII) mit einem von RUZICKA, SEIDEL und ENGEL (*171*) durch Abbau des Diterpendiols Sclareol (XXI) mit Kaliumpermanganat gewonnenen Lacton identisch ist. Da bereits bekannt war (*51*, *53*), daß das Hydroxyl des Sclareols im Ringe B am Kohlenstoffatom 9 gebunden ist, wurde durch die Gewinnung von (VIII) — sowohl aus Ambrein wie aus Sclareol — der wichtige Beweis geliefert, daß die Hydroxylgruppe des Ambreins am gleichen Kohlenstoffatom und in identischer räumlicher Lage wie im Sclareol sitzt. Es soll hier noch erwähnt werden, daß HOSKING und BRANDT (*52*, *53*) bereits zehn Jahre früher das Manool (XVIII) mit dem Sclareol (XXI) experimentell verknüpft haben, indem sie ausgehend von beiden Verbindungen das gleiche Trihydrochlorid $C_{20}H_{35}Cl_3$ (XXII) erhalten konnten.

(VIII.)

(XXI.) Sclareol.

(XXII.)

Durch die bisher besprochenen Abbaureaktionen des Ambreins, Manools und Sclareols wurde von den drei quaternären, an den Kohlenstoffatomen 1 und 5 gebundenen *Methylgruppen* nur eine, nämlich durch Isolierung des Agathalins (III) bei der Dehydrierung mit Selen, erfaßt.

Der einwandfreie Nachweis der Lage der zwei anderen Methylgruppen und somit die Sicherstellung der Konstitution von (VII), (VIII), (IX), (XVIII) und (XXI) wurde von JEGER, DÜRST und BÜCHI (60) auf nachfolgendem Wege erbracht. Bei der Ozonisation des Manools (XVIII)

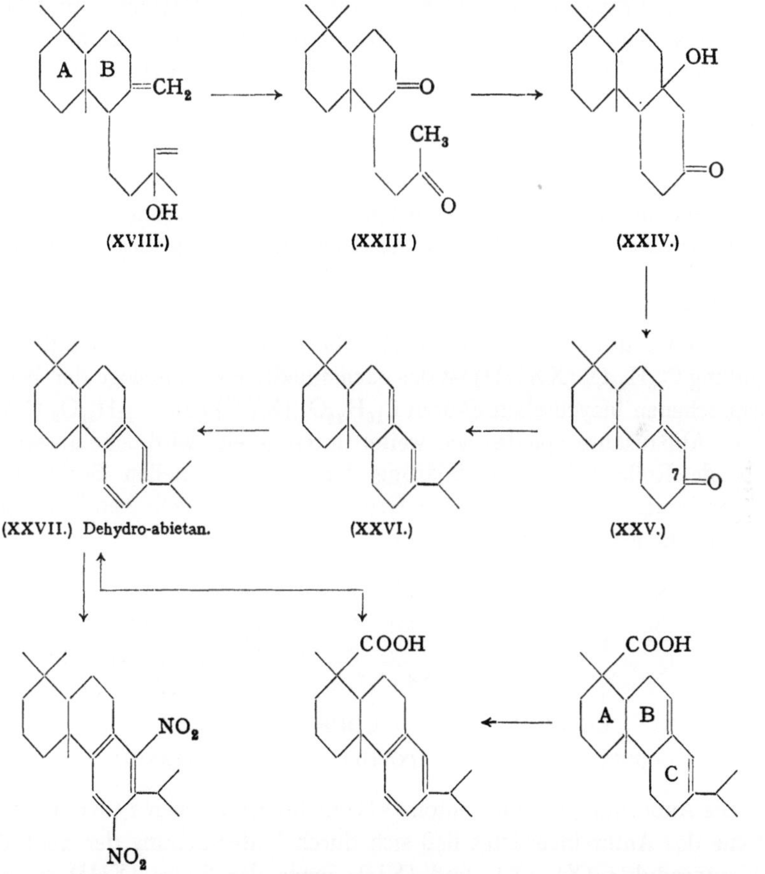

(XVIII.) (XXIII) (XXIV.)

(XXVII.) Dehydro-abietan. (XXVI.) (XXV.)

(XXVIII.) (XXX.) Pyro-abietinsäure. (XXXI.) Abietinsäure.

entsteht nach HOSKING (51) die 1,5-Diketoverbindung $C_{17}H_{28}O_2$ (XXIII), die durch Einwirkung von Säuren oder Alkalien zum tricyclischen β-Oxyketon (XXIV) cyclisiert wird. Die Verbindung (XXIV) spaltet sehr leicht Wasser ab, wobei sich das α,β-ungesättigte Keton $C_{17}H_{26}O$ (XXV) bildet. Dieses Keton enthält die Carbonylgruppe an der gleichen Stelle des Kohlenstoffgerüstes (Kohlenstoffatom 7 im Ringe C), an der in der vollständig aufgeklärten Diterpensäure Abietinsäure (XXIX) die Isopropylgruppe sitzt. Es war nun der einzuschlagende Weg vorgezeichnet, um das aus Manool gewonnene Abbauprodukt (XXV) mit der Abietinsäure experimentell zu verknüpfen. Durch Umsetzung von (XXV) mit Isopropylmagnesiumbromid, anschließende Wasserabspaltung zu (XXVI) und nacheinanderfolgende Behandlung des Reaktionsproduktes mit N-Bromsuccinimid und Natriumacetat wurde ein Kohlenwasserstoff $C_{20}H_{30}$ (XXVII) gewonnen.

Durch Herstellung des gleichen Dinitroderivates (XXVIII), einerseits aus diesem Präparat und anderseits aus dem nach CAMPBELL und TODD (*17*), ausgehend von der Dehydro-abietinsäure (Pyro-abietinsäure, XXX) erhältlichen Kohlenwasserstoff Dehydro-abietan (XXVII), sind die zwei früher nicht erfaßten Methylgruppen des Manools und Sclareols, sowie des bicyclischen Teils des Ambreins einwandfrei sichergestellt worden.

Die Konstitution der dritten, beim oxydativen Abbau des Ambreins entstehenden und gleichfalls die Ringe A und B enthaltenden Verbindung, der Oxysäure $C_{15}H_{26}O_3$ (IX), konnte leicht durch folgende Umsetzungen bewiesen werden. LEDERER hat aus (IX) durch Kochen mit methanolischer Schwefelsäure Wasser abgespalten und die ungesättigte Säure (XXXI) katalytisch hydriert (*127*). Die so gewonnene gesättigte Verbindung $C_{15}H_{26}O_2$ (XXXII) ist das nächstniedrigere Homologe der bereits besprochenen bicyclischen Säuren $C_{16}H_{28}O_2$ (XVII) bzw. $C_{17}H_{30}O_2$ (XVI). Diese Abbausäure spielte, wie weiter unten gezeigt wird, eine ausschlaggebende Rolle bei der Aufklärung der konstitutionellen Beziehungen des Ambreins mit der wichtigen Gruppe der pentacyclischen Triterpene vom Typus β-Amyrin-Oleanolsäure.

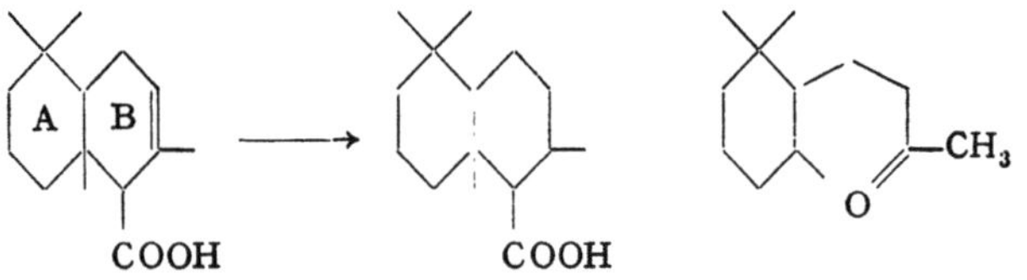

COOH COOH —CH₃

(XXXI.)   (XXXII.)   (XXXIII.)

Die Anordnung der im Lacton (VII) nicht enthaltenen 13 Kohlenstoffatome des Ambreingerüstes ließ sich durch Untersuchung der neutralen Abbauprodukte (X), (XI) und (XII), sowie der Säure (XIII) sichern.

Das ungesättigte, optisch aktive *Keton* $C_{13}H_{22}O$ (X), das von RUZICKA, SEIDEL und PFEIFFER (*172*) auch aus den leichtflüchtigen Anteilen des grauen Ambra isoliert werden konnte, ist das bisher unbekannte, als Riechstoff sehr wertvolle Dihydro-γ-jonon. Die Konstitution von (X) wurde durch Hydrierung zum optisch schwach aktiven Tetrahydrojonon (XXXIII), sowie durch oxydativen Abbau, wobei das Diketon (XI) und Formaldehyd entstanden, bewiesen (*172*).

Zur Stützung der Konstitution von (XII) als $\Delta^{5,10}$-1,1-Dimethyl-octalon-(6) wurde von Büchi, Jeger und Ruzicka (*15*) das Racemat dieser Verbindung auf folgendem Wege synthetisch hergestellt*:

(XXXIV.)   (XXXV.)   (XXXVI.)

(XII.)   (XXXVII.)

Nachdem die Arbeiten zur Strukturbestimmung des Ambreins abgeschlossen waren, wurde kürzlich eine *Teilsynthese* des Kohlenwasserstoffes *Ambratrien* $C_{30}H_{50}$ (VI) beschrieben. Es war naheliegend, den Synthesegang so zu gestalten, daß man die gesuchte Verbindung (VI) zuerst aus den ausgehend vom Ambrein gewonnenen Spaltstücken (X) und (XV) aufbaut und nachher diese Spaltstücke selbst synthetisiert. In Verfolgung dieses Arbeitsprinzips haben Dürst, Jeger und Ruzicka (*32*) aus (XV) den entsprechenden Alkohol (XXXVIII) und das Bromid (XXXIX) hergestellt und dann die Magnesiumverbindung des letzteren mit dem Dihydro-γ-jonon (X) umgesetzt. Es entstand dabei ein mit Ambrein isomerer Alkohol (XL), der erwartungsgemäß leicht Wasser abspaltete und in das gesuchte Ambratrien (VI) überging, welches an Hand des kristallinen Trihydrochlorids und des Infrarotspektrums identifiziert wurde.

(XXXVIII.) R = OH.
(XXXIX.) R = Br.   (XL.)

* Die Semicarbazone und Phenylsemicarbazone der racemischen und der aus Ambrein gewonnenen optisch schwach aktiven Verbindungen (X), (XII) und (XXXIII) zeigen die gleichen Schmelzpunkte und geben miteinander keine Schmelzpunktsdepressionen.

Schließlich wurde noch von RUZICKA, BÜCHI und JEGER (*111*) eine einfache Synthese des racemischen Dihydro-γ-jonons gefunden.

Durch Anlagerung von Chlorwasserstoff an Dihydro-α-jonon (XLI) entstand ein (nicht isoliertes) Hydrochlorid (XLII), welches bei der Behandlung mit Silberstearat ein Gemisch von Dihydro-α-jonon und Dihydro-γ-jonon lieferte. Durch chromatographische Trennung des daraus bereiteten Semicarbazon-gemisches ließ sich das Semicarbazon von (X) isolieren.

Zur Totalsynthese des Kohlenstoffgerüstes des Ambreins fehlt somit nur noch die Synthese des Abbauproduktes der Ringe A und B, der Säure (XV).

(XLI.)   (XLII.)

III. Tetracyclische Triterpene.

Auf Grund von Abbaureaktionen und Dehydrierungsergebnissen kann man annehmen, daß zwischen den einzelnen Gruppen der nachfolgend besprochenen, noch nicht vollständig aufgeklärten tetracyclischen Triterpene wahrscheinlich nahe strukturelle Zusammenhänge bestehen.

Die Dehydrierung der tetracyclischen Triterpene liefert als typisches Produkt das 1,2,8-Trimethyl-phenanthren (XLIII), welches man aus allen hier erwähnten Verbindungen erhalten hatte (*83, 102, 164, 165, 186*)*. Daneben wurden in einzelnen Fällen das 1,7-Dimethyl-phenanthren (XLIV) (*102, 165*), ein alkyliertes Picen (*165*) und ein alkyliertes Chrysen (*164*) isoliert.

(XLIII.) 1,2,8-Trimethyl-phenanthren.   (XLIV.) 1,7-Dimethyl-phenanthren.

Alle bisher eingehend untersuchten tetracyclischen Triterpene enthalten zwei Doppelbindungen, welche bei den einzelnen Verbindungen wahrscheinlich eine ähnliche Lage einnehmen. Eine der Doppelbindungen ist hydrierbar, während die andere reaktionsträge ist. Die hydrierbare Doppelbindung liegt in einer Isobutenylgruppe, die reaktionsträge ist, zum Unterschied von der reaktionsträgen Doppelbindung der pentacyclischen Triterpene der β-Amyrin-Oleanolsäure-Gruppe und der α-

---

* Von den hier besprochenen tetracyclischen Triterpenen wurde nur das Butyrospermol noch nicht dehydriert.

Amyrin-Ursolsäure-Gruppe (vgl. unten), vollständig mit Kohlenstoffresten substituiert. Die tetracyclischen Triterpene enthalten eine Hydroxyl- oder Ketogruppe an einer Stelle, welche wahrscheinlich der Stellung 2 der pentacyclischen Triterpene entspricht (S. 18).

1. Kryptosterin-Gruppe.

In diese Gruppe konnten bisher vier sekundäre Alkohole: Kryptosterin, Dihydro-kryptosterin, Agnosterin und Dihydro-agnosterin eingegliedert werden, die miteinander experimentell verknüpft wurden.

Vorkommen und Isolierung. Das Kryptosterin wurde in reiner Form aus Rückständen, welche bei der Gewinnung des Ergosterins aus Hefe anfallen, gewonnen (*210, 210a*). Es ist identisch (*113*) mit dem Lanosterin, das im Wollfett der Schafe vorkommt, woraus auch die drei anderen Vertreter der Gruppe isoliert wurden (*212*). Das Gemisch der Triterpenalkohole aus dem Wollfett läßt sich nur schwer trennen, leichter dagegen gelingt die Isolierung der einzelnen Verbindungen aus dem Gemisch der entsprechenden Ketone (*113, 114*).

Umwandlungen. Das zweifach ungesättigte *Kryptosterin* $C_{30}H_{50}O$, welches als Kryptostadienol bezeichnet werden kann (*113*), liefert bei der katalytischen Hydrierung das *Dihydro-kryptosterin* $C_{30}H_{52}O$ (Kryptostenol) (*210*). Bei der Oxydation des Kryptostenolacetats mit Selendioxyd und nachfolgender Verseifung der Acetoxygruppe erhält man eine mit dem Kryptosterin isomere Verbindung, die mit dem *Dihydro-agnosterin* $C_{30}H_{50}O$ identisch ist (*3*). Der letztere Triterpenalkohol entsteht ferner bei der katalytischen Hydrierung des *Agnosterins* $C_{30}H_{48}O$ (*212*).

Abbaureaktionen. *a) Umwandlungen im Bezirke der Hydroxylgruppe.* Auf gleichem Wege wie beim Lupanol (S. 64) wurde im Kryptostenol die Gruppierung

$$\begin{array}{c} H_3C \qquad CH_3 \\ \diagdown \diagup \\ HO-\overset{|}{\underset{|}{C}} \\ CH_2 \\ \diagdown \end{array}$$

erfaßt (*24, 158, 164*), welche für den Ring A zahlreicher pentacyclischer Triterpene charakteristisch ist. Aus dem analogen Verlauf der Wasserabspaltung beim Kryptostenol einerseits und dem Lupanol bzw. α- oder β-Amyrin anderseits kann abgeleitet werden, daß das sekundäre Hydroxyl der tetracyclischen Verbindungen der Kryptosteringruppe wahrscheinlich die gleiche Konfiguration wie das entsprechende Hydroxyl der pentacyclischen Triterpene besitzt.

b) Umwandlungen im Bezirke der reaktionsträgen Doppelbindung des Kryptosterins. Wie bereits erwähnt wurde, entsteht bei der Oxydation des Kryptostenolacetats mit Selendioxyd das Dihydro-agnosterinacetat, dessen Doppelbindungen konjugiert sind und in zwei verschiedenen Ringen liegen. Weiter bildet sich diese Verbindung bei der Umsetzung des Krypto-stenolacetats mit N-Brom-succinimid (*23*) oder Benzopersäure (*8*), sowie Reduktion des nachfolgend beschriebenen α,β-ungesättigten Ketons durch $C_{32}H_{52}O_3$ mit Natrium und Alkohol und anschließende Reacetylierung der Reaktionsprodukte (*82*). Bei der Oxydation des Kryptostenolacetats mit Ozon oder mit Chromsäure erhält man das erwähnte α,β-ungesättigte Keton $C_{32}H_{52}O_3$ (*82*) und ein gelbes α,β-ungesättigtes Diketon $C_{32}H_{50}O_4$, in welchem die Gruppierung —CO—C=C—CO— nachgewiesen wurde (*164*).

2. Euphol und Butyrospermol.

Der sekundäre Alkohol *Euphol* $C_{30}H_{50}O$, welcher in veresterter Form in verschiedenen Euphorbiaceen vorkommt (*2, 90*), ist mit dem Krypto-sterin isomer. Durch dieselben Umsetzungen, wie sie unter 1 beschrieben sind, ließ sich die Übereinstimmung der Lage der zwei Doppelbindungen im Euphol und im Kryptosterin beweisen (*61, 83, 90, 103*).

Ein weiteres Isomeres des Kryptosterins ist der sekundäre Alkohol *Butyrospermol* $C_{30}H_{50}O$, welcher aus den unverseifbaren Teilen des „shea-nut“-Öles *(Butyrospermum Parkii)* isoliert wurde (*44, 188*).

3. Elemisäure-Gruppe.

Im Manila-Elemiharz kommen neben neutralen pentacyclischen Tri-terpenverbindungen (vgl. S. 19 und 48) zwei tetracyclische Triterpen-säuren, die Oxysäure *Elemadienolsäure* $C_{30}H_{48}O_3$ und die entsprechende Ketosäure *Elemadienonsäure* $C_{30}H_{46}O_3$ vor (*77, 128*). Die beiden Ver-bindungen lassen sich leicht mit Hilfe von Girard-Reagens T trennen (*128*). Die Übereinstimmung ihrer Kohlenstoffgerüste wurde durch Oxydation der Elemadienolsäure in Elemadienonsäure bewiesen (*166*).

Die beiden Doppelbindungen der Elemisäuren sind nicht konjugiert; die eine läßt sich katalytisch hydrieren, es entsteht dabei die Elemenol-säure $C_{30}H_{50}O_3$ (*77*).

Die reaktionsträge Doppelbindung der Elemadienolsäure verhält sich bei Oxydationsoperationen analog wie die entsprechende Doppelbindung des Kryptosterins (S. 13). So liefert der Acetyl-elemenolsäure-methyl-ester bei der Oxydation mit Selendioxyd eine Dehydroverbindung $C_{33}H_{52}O_4$, deren Doppelbindungen konjugiert sind und wahrscheinlich in zwei verschiedenen Ringen liegen (*166*). Ferner entstehen (*165*) bei der Umsetzung des Acetyl-elemenolsäure-methylesters mit Chromsäure ein α,β-ungesättigtes Keton und ein α,β-ungesättigtes Diketon mit der Gruppierung —CO—C=C—CO—. Die letztere Verbindung kann auch durch Oxydation des Dehydroderivates $C_{33}H_{52}O_4$ mit Chromsäure be-reitet werden (*166*).

Das sekundäre Hydroxyl der Elemadienolsäure läßt sich durch Einwirkung von Alkali leicht epimerisieren; es entsteht dabei die epi-Elemadienolsäure, worin die Hydroxylgruppe (auf Grund der relativen Verseifbarkeit der Acetate) sterisch weniger gehindert ist als in der Elemadienolsäure (*166*).

Man kann heute noch nicht entscheiden, ob das reaktionsträge Carboxyl der beiden Elemisäuren sekundär oder tertiär ist. Es liegt an Hand der Beobachtung, daß die Acetyl-elemadienolsäure, wohl durch Cyclisierung unter Beteiligung des Carboxyls und der reaktionsfähigen Doppelbindung, in eine neutrale pentacyclische Carbonylverbindung umgewandelt werden kann, in räumlicher Nähe der reaktionsfähigen Doppelbindung (*129*).

IV. Pentacyclische Triterpene.

Die überwiegende Zahl der bisher bekannt gewordenen pentacyclischen Triterpene ließ sich in vier große Gruppen einreihen. Während die Konstitution der Triterpene der β-Amyrin-Oleanolsäure-Gruppe und der α-Amyrin-Ursolsäure-Gruppe aufgeklärt werden konnte, sind unsere Kenntnisse der Lupeolgruppe und der Heterobetulingruppe noch nicht so weit fortgeschritten. Die Vertreter dieser vier Gruppen weisen im Kohlenstoffgerüst und im Verhalten analoger Derivate eine unverkennbare Ähnlichkeit auf. Da sie zudem sehr oft gemeinsam in den gleichen Pflanzenteilen vorkommen, sind schon in den ersten Stadien der Bearbeitung verschiedene Versuche zur Aufklärung der Zusammenhänge zwischen den einzelnen Gruppen unternommen worden.

Die ersten klaren Ergebnisse auf diesem Gebiet der pentacyclischen Triterpene wurden jedoch erst mit Hilfe der *Dehydrierung* erzielt. Die seit 1929 unternommenen Dehydrierungen von Triterpenverbindungen mit Selen oder Palladium führten zu grundlegenden Kenntnissen über den Bau des Kohlenstoffgerüstes und leiteten die rasche Entwicklung der Chemie dieser Naturstoffe ein.

Bei der Dehydrierung typischer Vertreter der oben angeführten Gruppen, der isomeren Alkohole α-Amyrin, β-Amyrin und Lupeol, kam eine gewisse Übereinstimmung, aber auch eine Differenzierung im Aufbau des Kohlenstoffgerüstes zutage.

α- und β-Amyrin lieferten dabei zum Teil identische Dehydrierungsprodukte. Aus den gleichen zwei Ringen des pentacyclischen Systems (heute als A und B bezeichnet) entstanden 1,5,6-Trimethyl-naphthalin (XLV), 1,5,6-Trimethyl-2-oxy-naphthalin (XLVI) und 1,2,5,6-Tetramethyl-naphthalin (XLVII), während andere zwei Ringe (mit D und E bezeichnet) 2,7-Dimethyl-naphthalin (XLVIII) und 1,2,7-Trimethyl-naphthalin (XLIX) lieferten. Ferner konnten die für die Ableitung des pentacyclischen Ringsystems maßgebenden aromatischen Verbindungen,

das 1,8-Dimethyl-picen (L) und 1,8-Dimethyl-2-oxy-picen (LI) aufgefunden werden (*12, 109, 110, 170, 173, 198*). Dagegen wurden bei der
Dehydrierung des Lupeols nur die den Ringen A und B entsprechenden
Verbindungen (XLV) und (XLVI) nachgewiesen, während die Dehydrierungsprodukte der Ringe D und E (XLVIII) und (XLIX), sowie
die beiden Picenderivate (L) und (LI) fehlten (*119, 137*). Das Triterpendiol Betulin, welches das gleiche Kohlenstoffgerüst wie das Lupeol
besitzt, lieferte noch das 2,7-Dimethyl-naphthalin (XLVIII) und das
1,2,7-Trimethyl-naphthalin (XLIX). Aber auch hier fehlten die beiden
Picenderivate (*118, 177*).

Die Konstitution der aromatischen Verbindungen (XLV) bis (LI)
wurde durch eindeutige Synthesen bewiesen (*116, 117, 131, 132, 135*).

Die Untergruppen der pentacyclischen Triterpene unterscheiden
sich voneinander besonders durch die große Abweichung in der *Reaktionsfähigkeit der Doppelbindung*, die man zu einer Klassifizierung von noch
wenig studierten Verbindungen benützen kann. Die Doppelbindung
des Lupeols und des Heterobetulins ist reaktionsfähiger als diejenige
des β-Amyrins; noch reaktionsträger als in β-Amyrin ist die Doppel

(XLV.)   (XLVI.)   (XLVII.)   (XLVIII.)   (XLIX.)

(L.) 1,8-Dimethyl-picen.   (LI.) 1,8-Dimethyl-2-oxy-picen.

bindung in α-Amyrin. In der Tabelle 1 ist das Verhalten der Doppelbindung dieser vier Verbindungstypen bei verschiedenen Reaktionen
verglichen worden.

Ein gemeinsames Merkmal aller bisher genauer untersuchten pentacyclischen Triterpene ist die Hydroxylgruppe in Stellung 2 des Ringes A
(für die Numerierung vgl. S. 18).

Die Abbaureaktionen, die zu den heute gültigen Konstitutionsformeln
geführt haben, sollen nun gruppenweise besprochen werden.

Tabelle 1. Verhalten der Doppelbindung einiger pentacyclischer Triterpen-typen.

Typus	Katalytische Hydrierung	Oxydation mit Persäure	Produkte mit Osmium-tetroxyd	Produkte mit Selendioxyd
Lupeol und Heterobetulin	Dihydro-derivate	Oxyde	Diole	α,β-ungesättigte Aldehyde
β-Amyrin	—	Keto-di-hydro-derivate	—	Verbindungen mit Chromophor —C—C=C—C—C=C— $\|$ $\|$ O O
$\varkappa$-Amyrin	—	—	—	—

1. β-Amyrin-Oleanolsäure-Gruppe.

Zu dieser Unterklasse gehören die in der Tabelle 2 angeführten Verbindungen, ferner die carbotetracyclischen Verbindungen Sojasapogenol D und Basseol.

Tabelle 2. Vertreter der β-Amyrin-Oleanolsäure-Gruppe.
(Die Zahlen bedeuten Kohlenstoffatome.)

Verbindung	Doppelbindung	Oxygruppe	Oxogruppe	Säure-gruppe
β-Amyrin	12, 13	2		
$\varkappa$-Boswellinsäure ..	12, 13	2 (epi)		23 oder 24
Echinocystsäure ..	12, 13	2, 16		28
Erythrodiol	12, 13	2, 28		
Genin A*	12, 13	2, 16, 28		
Germanicol.......	18, 19 (?)	2		
Glycyrrhetinsäure .	12, 13	2	11	30
Gypsogenin	12, 13	2	23 (oder 24)	28
Hederagenin......	12, 13	2, 23 (oder 24)		28
Maniladiol	12, 13	2, 16 (epi)		
Oleanolsäure	12, 13	2		28
Quillajasäure	12, 13	2, 16	23 (oder 24)	28
Siaresinolsäure....	12, 13	2, 19		28
Sojasapogenol A ..	12, 13	2, 23 (oder 24), 15 (?), 16 (?) [oder 21 (?), 22 (?)]		
Sojasapogenol B ..	12, 13	2, 23 (oder 24), 16 (?) oder 22 (?)		
Sojasapogenol C ..	12, 13; 15, 16 (?) oder 21, 22 (?)	2, 23 (oder 24)		
Sumaresinolsäure .	12, 13	2, 7		28

* Aus *Primula officinalis* oder *P. elatior* JACQUIN.

Es ist unmöglich, im Rahmen dieser Übersicht alle durchgeführten Abbauversuche zu besprechen. In der Folge sollen deshalb nur diejenigen Untersuchungen erwähnt werden, welche zu den heute gesicherten Strukturformeln geführt haben. Auf Grund der Dehydrierungsergebnisse hat erstmals RUZICKA (*110*) für die Verbindungen der β-Amyrin-Oleanolsäure-Gruppe und insbesondere für die eingehend untersuchte Oleanolsäure die arbeitshypothetische Strukturformel (LII) vorgeschlagen.

Die in den frühen Stadien der Untersuchung eingeführte, heute als richtig erkannte Ableitung des Ringsystems aus den Dehydrierungsergebnissen muß als die wichtigste Etappe der Konstitutionsaufklärung der Triterpene bewertet werden. Mit dem Fortschritt der Untersuchungen wurde die Strukturformel (LII) mehrmals in ihren Einzelheiten verändert (vgl. besonders LIII), bis in einem Übersichtsreferat über die Chemie der Triterpene R. D. HAWORTH (*43*) für die Oleanolsäure die Formel (LV, S. 21) zur Diskussion stellte. Diese erwies sich bei allen späteren Untersuchungen als brauchbar und konnte vor kurzem durch eindeutige Abbaureaktionen bis in die letzten Einzelheiten gesichert werden.

(LII.)   (LIII.)

Sämtliche vollständig aufgeklärten Verbindungen der Gruppe tragen ein Hydroxyl am Kohlenstoffatom 2 im Ringe A und eine Doppelbindung zwischen den Atomen 12 und 13 im Ringe C. An den in der Formel (LIV) mit fetten Punkten markierten Stellen 2, 7, 11, 16, 19, 23, 24, 28 und 30 des Gerüstes kommen bei verschiedenen Vertretern der Gruppe Sauerstoff-Funktionen vor.

(LIV).

Nomenklatur. Die Triterpene der β-Amyrin-Oleanolsäure-Gruppe (Tabelle 2, S. 17) werden hier mit den gebräuchlichsten Trivialnamen angeführt. In der Literatur sind einzelne dieser Verbindungen und insbesondere deren Umwandlungsprodukte unter verschiedenen Bezeichnungen beschrieben worden. Auf Grund der heute bewiesenen Strukturformeln kann man auch eine rationelle Nomenklatur einführen. Diese geht vom Oleanan, dem gesättigten Grundkohlenwasserstoff der Gruppe aus. Darnach ist z. B. die Glycyrrhetinsäure als $\Delta^{12,13}$-2-**Oxy-11-oxo**-oleanen-30-säure und das Maniladiol als $\Delta^{12,13}$-2,16-epi Dioxy-oleanen zu bezeichnen. Die rationelle Nomenklatur wird jedoch in dieser Übersicht nur bei kompliziert gebauten Umwandlungsprodukten verwendet.

Vorkommen und Isolierung. β-*Amyrin* kommt zusammen mit dem isomeren *x-Amyrin* (S. 49) teils in freier Form, teils als Ester gebunden in zahlreichen milchsafthaltigen Pflanzen vor. Die beiden Isomeren wurden in den folgenden Familien aufgefunden: Burseraceae, Rutaceae, Moraceae, Sapotaceae, Apocynaceae, Asclepiadaceae u. a. m. Zur Gewinnung des Amyringemisches eignet sich besonders gut das Manila-Elemiharz. Nach VESTERBERG (*204*) kann man leicht das β- und x-Amyrin auf Grund der verschiedenen Löslichkeit ihrer Benzoate in Petroläther in reiner Form gewinnen.

Auch die *Oleanolsäure* ist in verschiedenen Pflanzen aufgefunden worden. So kommt sie in freier Form in den Olivenblättern (*Olea europea* L.) (*100*), in den Blütenknospen der Gewürznelken (*Eugenia caryophyllata* THUNGB.) (*22*), in den Mistelblättern (*Viscum album*) (*214*) und als Acetat in der Birkenrinde (*Betula alba* L.) (*118*) vor. Ferner wurde sie als Saponin in zahlreichen Pflanzen aufgefunden. Das Saponin der Zuckerrübe (*Beta vulgaris* var. Rapa) ist das beste Ausgangsmaterial zur Gewinnung dieser Säure. Das *Erythrodiol* wurde als Monostearat aus den Früchten des Cocastrauches (*Erythroxylon novogranatense*) isoliert (*219*).

Die *Echinocystsäure* kommt als Glykosid in den Wurzeln der *Echinocystis fabacea* vor (*4*). Die *Quillajasäure* ist das Aglucon des Quillajasaponins (aus *Cortex Quillaiae*) (*211*). Auch aus den Wurzeln der Schlüsselblume (*Primula elatior* JACQUIN und *P. officinalis* JACQUIN) wurde ein Triterpenglykosid erhalten (*81*), dessen Spaltung zum Genin A führt. Das *Maniladiol* wurde in freier Form aus Mutterlaugen, die bei der Gewinnung der beiden Amyrine aus dem Manila-Elemiharz anfallen, isoliert (*88*).

Hederagenin und *Gypsogenin* sind in Form verschiedener Glykoside verbreitet. Das Hederagenin wird leicht aus dem Glykosid der Efeublätter (*Hedera helix* L.) (*39*) und der Seifennüsse (*Sapindus saponaria* L.) (*217*) erhalten. Das Gypsogenin wurde durch Spaltung des Glykosids der Seifenwurzel (*Gypsophila paniculata* L.) bereitet (*40*).

Die *Sumaresinolsäure* wurde aus dem Sumatrabenzoe-Harz (*78*), die *Siaresinolsäure* aus dem Siambenzoe-Harz (*223*) isoliert. Die α-*Boswellinsäure* wurde im Gemisch mit der isomeren β-*Boswellinsäure* — einem Vertreter der α-Amyrin-Ursolsäure-Gruppe (S. 47) — in Form des Acetats aus dem Weihrauch (Harz der *Boswellia Carteri*) gewonnen (*199, 215*).

Die *Sojasapogenole A, B, C und D* wurden durch Spaltung eines Saponins der Sojabohne (*Soja hispida*) hergestellt (*93*). Die *Glycyrrhetinsäure* ist das Aglucon der Glycyrrhizinsäure, welche aus der Süßholzwurzel (*Glycyrrhiza glabra* L.) gewonnen wird (*153*). Das *Germanicol* kommt in milchsafthaltigen Pflanzen vor; erstmals wurde es isoliert aus dem Harz von *Lactucarium germanicum* (*193*).

Der tetracyclische Alkohol *Basseol*, der im Rahmen der β-Amyrin-Oleanolsäure-Gruppe besprochen wird, ist schwer zugänglich. Erstmals wurde diese Verbindung aus den unverseifbaren Teilen des „shea-nut"-Öles (aus *Butyrospermum Parkii*) gewonnen (*47*).

Tabelle 3. Einige Umwandlungsreaktionen in der β-Amyrin-Oleanolsäure-Gruppe.

Basseol ($C_{30}H_{50}O$)

Sojasapogenol D ($C_{30}H_{50}O_3$)

Sojasapogenol B ($C_{30}H_{50}O_3$)

$\Delta^{13,18}$-2,23 (oder 24)-Dioxy-oleanen ($C_{30}H_{50}O_2$)

Sojasapogenol C ($C_{30}H_{48}O_2$)

$\Delta^{10,11;13,18}$-2,23 (oder 24), x-Trioxy-12,19-Dioxo-oleadien ($C_{30}H_{44}O_5$)

$\Delta^{12,13}$-2,23 (oder 24)-Dioxy-oleanen ($C_{30}H_{50}O_2$)

Erythrodiol ($C_{30}H_{50}O_2$)

Sojasapogenol A ($C_{30}H_{50}O_4$)

α-Boswellinsäure ($C_{30}H_{48}O_3$)

Sumaresinolsäure ($C_{30}H_{48}O_4$)

Abbausäure $C_{27}H_{40}O_8$

epi-β-Amyrin ($C_{30}H_{50}O$)

Gypsogenin ($C_{30}H_{46}O_4$)

Hederagenin ($C_{30}H_{48}O_4$)

β-Amyrin ($C_{30}H_{50}O$)

Oleanolsäure ($C_{30}H_{48}O_3$)

$\Delta^{12,13;18,19}$-2-Oxy-oleadien-28-säure $C_{30}H_{46}O_3$

Glycyrrhetinsäure ($C_{30}H_{46}O_4$)

Echinocystsäure ($C_{30}H_{48}O_4$)

Quillajasäure ($C_{30}H_{46}O_5$)

Germanicol ($C_{30}H_{50}O$)

Maniladion ($C_{30}H_{46}O_2$)

Genin A ($C_{30}H_{50}O_3$)

$\Delta^{12,13;18,19}$-2-Oxy-oleadien ($C_{30}H_{48}O$)

Maniladio ($Cl_{30}H_{50}O_2$)

Siaresinolsäure ($C_{30}H_{48}O_4$)

Umwandlungen. Die wichtigsten Reaktionen, aus welchen die Zugehörigkeit der betreffenden Verbindung zu der β-Amyrin-Oleanolsäure-Gruppe abgeleitet werden konnte, sind in der Tabelle 3 zusammengefaßt. Auf die einzelnen Reaktionen wird weiter unten eingegangen.

Oleanolsäure $C_{30}H_{48}O_3$ (LV). Die wichtigsten Abbauversuche zur Aufklärung des Kohlenstoffgerüstes der β-Amyrin-Oleanolsäure-Gruppe wurden zuerst mit dieser Säure durchgeführt. Die Carboxylgruppe der

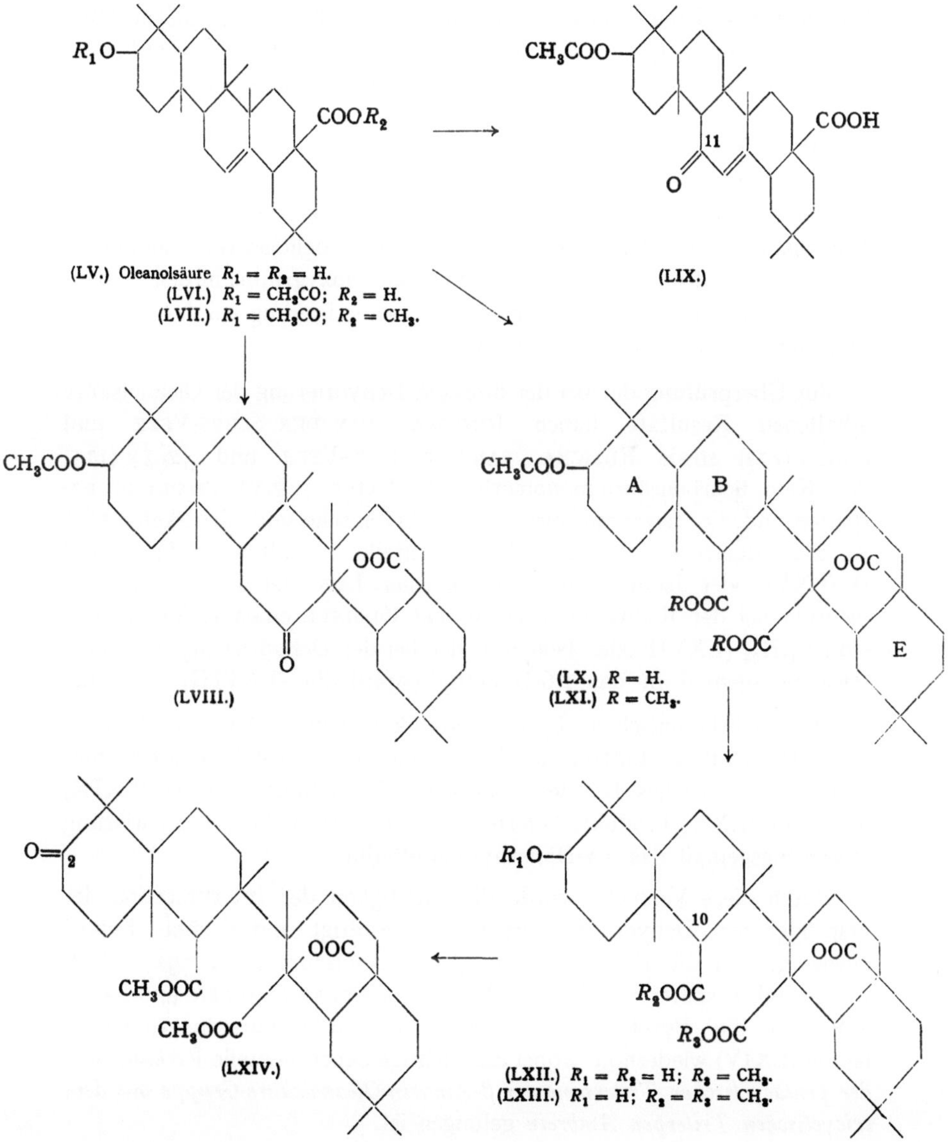

(LV.) Oleanolsäure $R_1 = R_2 = H.$
(LVI.) $R_1 = CH_3CO;\ R_2 = H.$
(LVII.) $R_1 = CH_3CO;\ R_2 = CH_3.$

(LIX.)

(LVIII.)

(LX.) $R = H.$
(LXI.) $R = CH_3.$

(LXIV.)

(LXII.) $R_1 = R_2 = H;\ R_3 = CH_3.$
(LXIII.) $R_1 = H;\ R_2 = R_3 = CH_3.$

Oleanolsäure liegt in γ,δ-Stellung zur Doppelbindung, wodurch bei verschiedenen Reaktionen Lactonbildung bedingt wird. So entsteht bei der vorsichtigen Oxydation der Acetyl-oleanolsäure (LVI) mit Chromsäure hauptsächlich das Acetyl-keto-lacton (LVIII) (*134*). In kleiner Menge bildet sich gleichzeitig durch Oxydation der zur Doppelbindung benachbarten Methylengruppe (Kohlenstoffatom 11) eine Ketogruppe, wobei die α,β-ungesättigte Acetyl-keto-oleanolsäure (LIX) erhalten wird (*112*). Durch energische Einwirkung von Chromsäure auf (LVI) ließ sich der Ring C des pentacyclischen Gerüstes der Oleanolsäure oxydativ spalten (*130*). Die auf diesem Wege gewonnene Acetyl-lacton-dicarbonsäure (LX) wurde von RUZICKA und HOFMANN (*130*) über die Zwischenstufen (LXI), (LXII) und (LXIII) in das Keto-dicarbonsäure-dimethylester-lacton (Iso-oleanon-dicarbonsäure-dimethylester-lacton, LXIV) übergeführt. In den Verbindungen (LXII) bis (LXIV) besitzt die am Kohlenstoffatom 10 sitzende Carbomethoxygruppe, welche dem Kohlenstoffatom 11 der Oleanolsäure entspricht, möglicherweise eine andere Konfiguration als die entsprechende Carbomethoxygruppe in den Abbauprodukten (LX) und (LXI), infolge einer Isomerisierung bei der Behandlung der letzteren Substanz mit Alkali.

Zur Überprüfung der bei der direkten Dehydrierung der Oleanolsäure erhaltenen Resultate haben RUZICKA, VAN DER SLUYS-VEER und COHEN (*174*) sowie RUZICKA, VAN DER SLUYS-VEER und JEGER (*175*) das Keto-dicarbonsäure-monomethylester-lacton (LXV) thermisch gespalten und die Zersetzungsprodukte in ketonische und nicht-ketonische Anteile aufgetrennt. Die ketonischen Anteile, enthaltend Ringe A und B (LXVI oder Isomere mit verschiedener Lage der Doppelbindung), lieferten bei der Reduktion nach WOLFF-KISHNER einen Kohlenwasserstoff $C_{14}H_{24}$ (LXVII oder Isomere), der bei der Dehydrierung mit Selen erwartungsgemäß in das 1,6-Dimethyl-naphthalin (LXVIII) überging.

Die nichtketonischen Pyrolyseprodukte von (LXV) (enthaltend Ringe D und E) bestanden aus einem Gemisch von Kohlenwasserstoffen und Estern, welches bei der alkalischen Verseifung neutrale (LXIX) und saure (LXX) Produkte lieferte. Beide ergaben bei der Dehydrierung erwartungsgemäß das 2,7-Dimethyl-naphthalin.

Durch diese Versuche wurde die Richtigkeit der Interpretation der ursprünglichen Dehydrierungsergebnisse bestätigt und darüber hinaus bewiesen, daß die Doppelbindung der Oleanolsäure im Ringe C liegt. Einige Jahre später wurde von RUZICKA, GUTMANN, JEGER und LEDERER (*127*) die Pyrolyse mit dem Keto-dicarbonsäure-dimethylester-lacton (LXIV) wiederholt, wobei die wichtige experimentelle *Verknüpfung der pentacyclischen Triterpene der β-Amyrin-Oleanolsäure-Gruppe mit dem tricyclischen Triterpen Ambrein* gelungen ist.

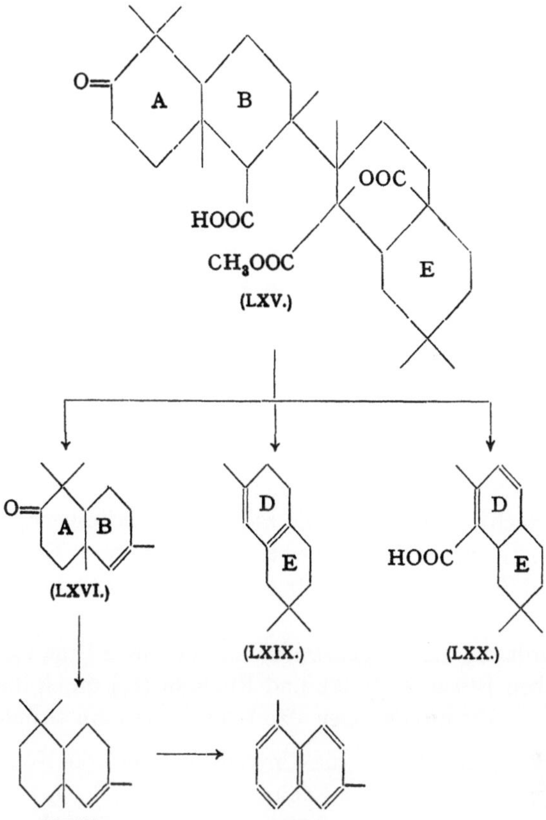

(LXV.)

(LXVI.)

(LXIX.)

(LXX.)

(LXVII.)

(LXVIII.)

Auf dem bereits beschriebenen Wege wurde die Verbindung (LXIV) in zwei, den Ringen A und B bzw. D und E entsprechende Spaltstücke aufgetrennt. Die ketonischen, die Ringe A und B enthaltenden Pyrolyse- produkte bestanden aus einem nicht trennbaren Gemisch eines unge-

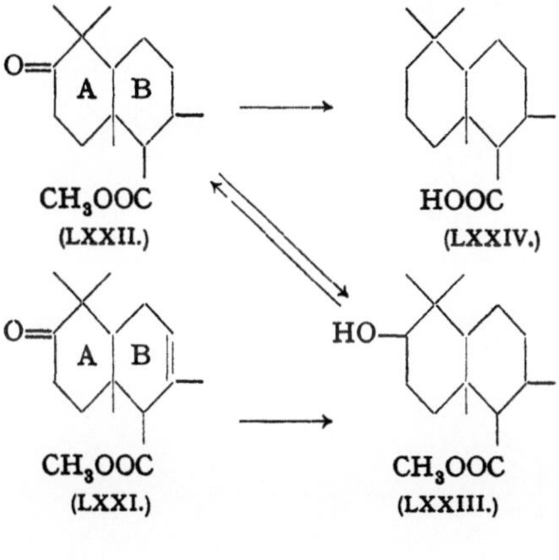

(LXXII.)

(LXXIV.)

(LXXI.)

(LXXIII.)

sättigten (LXXI) und eines gesättigten Keto-esters (LXXII), welches bei der katalytischen Hydrierung den gesättigten Oxy-ester (LXXIII) lieferte. Diese Verbindung wurde dann zum gesättigten Keto-ester (LXXII) zurückoxydiert und der letztere nach WOLFF-KISHNER in die entsprechende bicyclische Säure $C_{15}H_{26}O_2$ (LXXIV) umgewandelt. Die auf diesem Wege gewonnene, den Ringen A und B der Oleanolsäure entsprechende Abbausäure zeigte sich mit dem aus den Ringen A und B des Ambreins gewonnenen Präparat $C_{15}H_{26}O_2$ identisch (XXXII, S. 10). Da die Konstitution des Ambreins in allen Einzelheiten sichergestellt und der bicyclische Teil dieser Verbindung mit den Ringen A und B der bicyclischen Diterpene der Manool-Sclareol-Gruppe und der tricyclischen Diterpene der Abietinsäuregruppe experimentell verknüpft worden war, wurde durch diese Versuche aufs neue die Struktur der Ringe A und B der Oleanolsäure gesichert.

Zudem konnte die für die Stereochemie der Triterpene wichtige Feststellung gemacht werden, daß die zahlreichen Triterpene der β-Amyrin-Oleanolsäure-Gruppe die gleiche Konstitution und Konfiguration der Ringe A und B wie die erwähnten bi- und tricyclischen Diterpene besitzen.

Die Anordnung der Kohlenstoffatome der Ringe D und E des Oleanangerüstes haben BISCHOF, JEGER und RUZICKA (*10*) durch die nachfolgend beschriebenen Abbaureaktionen der Echinocystsäure sichergestellt.

Echinocystsäure. Durch die Untersuchungen von NOLLER und Mitarbeitern (*37*, *205*) wurde die Echinocystsäure $C_{30}H_{48}O_4$ mit der Oleanolsäure verknüpft und als 16- oder 22-Oxy-oleanolsäure LXXV) erkannt.) Die experimentelle Verknüpfung gelang durch Überführung des leicht zugänglichen 2-Acetyl-echinocystsäure-methylesters (LXXVI) in den Mesyl-ester (LXXVII), der den zweifach ungesättigten $\Delta^{12,13;15,16}$-2-Acetoxy-oleadien-28-säure-methylester (LXXVIII) lieferte. Die letztere Verbindung ging bei der katalytischen Hydrierung in den Acetyl-oleanolsäure-methylester über (LVII).

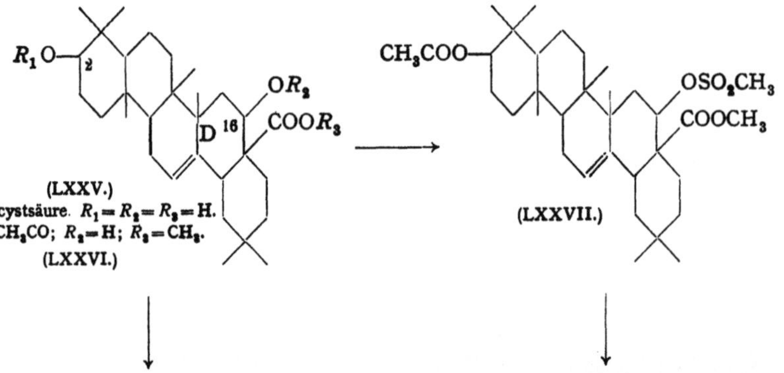

(LXXV.)
Echinocystsäure. $R_1 = R_2 = R_3 = H$.
$R_1 = CH_3CO$; $R_2 = H$; $R_3 = CH_3$.
(LXXVI.)

(LXXVII.)

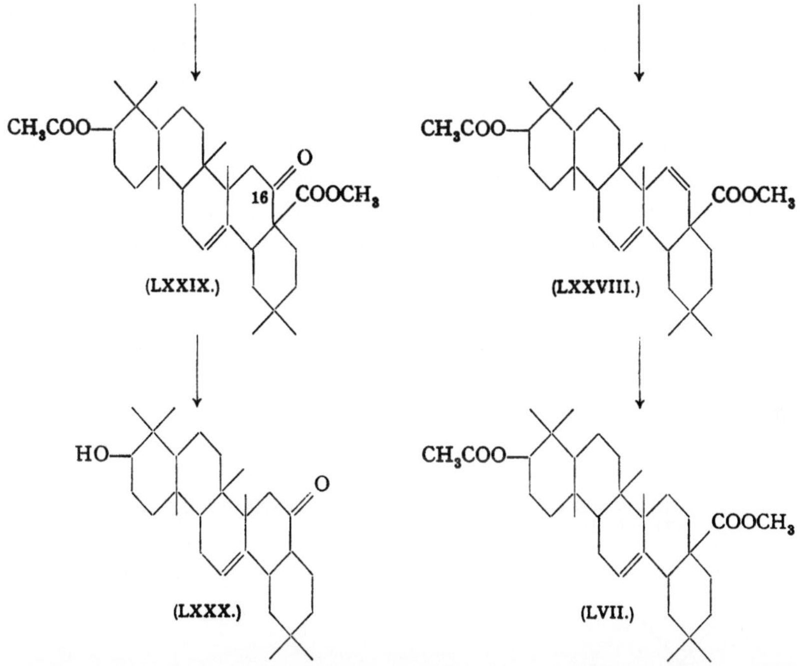

CH₃COO— ... O ... 16 ... COOCH₃

(LXXIX.)

CH₃COO— ... COOCH₃

(LXXVIII.)

HO— ... O

(LXXX.)

CH₃COO— ... COOCH₃

(LVII.)

Der Sitz der zweiten Hydroxylgruppe der Echinocystsäure ergab sich aus der Oxydation des 2-Acetyl-echinocystsäure-methylesters (LXXVI) mit Chromsäure zum $\Delta^{12,13}$-2-Acetoxy-16-oxo-oleanen-28-säure-methylester (LXXIX) und Verseifung zu einer nicht isolierten β-Keto-säure, welche unter Verlust von Kohlendioxyd in das C_{29}-Oxy-keton (LXXX) überging. Demnach ist das gesuchte Hydroxyl der Echinocystsäure am Kohlenstoffatom 16 oder 22 gebunden. BISCHOF, JEGER und RUZICKA (*10*) zeigten später, daß dieses Hydroxyl im Ringe D am Kohlenstoffatom 16 sitzen muß.

Für Untersuchungen in den Ringen D und E der Echinocystsäure war es notwendig, den störenden Einfluß des bei den Umsetzungen nicht beteiligten Hydroxyls im Ringe A zu eliminieren. Der Abbau wurde deshalb mit der *2-Desoxy-echinocystsäure* ($\Delta^{12,13}$-16-Oxy-oleanen-28-säure, LXXXIV) durchgeführt, die von JEGER, BISCHOF und RUZICKA (*59*) auf folgendem Wege gewonnen werden konnte. Den Diacetyl-echinocystsäure-methylester (LXXXI) verseifte man partiell zum 2-Oxy-16-acetyl-echinocystsäure-methylester (LXXXII) und oxydierte das ungeschützte Hydroxyl vorsichtig zur Carbonylgruppe. Der so hergestellte $\Delta^{12,13}$-16-Acetoxy-2-oxo-oleanen-28-säure-methylester (LXXXIII) wurde durch Reduktion nach WOLFF-KISHNER in die gesuchte Oxysäure (LXXXIV) übergeführt. Das entsprechende Acetat (LXXXV) ließ sich schließlich über die Zwischenstufen (LXXXVI) bis (XC) zum tetracyclischen Keto-dicarbonsäure-dimethylester-lacton (XCI) abbauen.

Bei der Pyrolyse von (XCI) entsteht aus den Ringen D und E ein *Phenol-carbonsäure-ester* $C_{15}H_{20}O_3$, der noch alle drei Methylgruppen enthält und dessen Konstitution als 5-Oxy-2,2,7-trimethyl-1,2,3,4-tetra-hydro-naphthalin-8-carbonsäure-methylester (XCII) durch eine ein-deutige Synthese bewiesen wurde: β-Methyl-glutaconsäure-dimethyl-ester (XCIII) wurde mit 1,1-Dimethyl-cyclohexanon-3 (XCIV) nach dem Verfahren von STOBBE zu (XCV) kondensiert, die letztere Verbindung mit Zinkchlorid cyclisiert und das so gewonnene Phenolacetat (XCVI) schließlich zu (XCII) verseift.

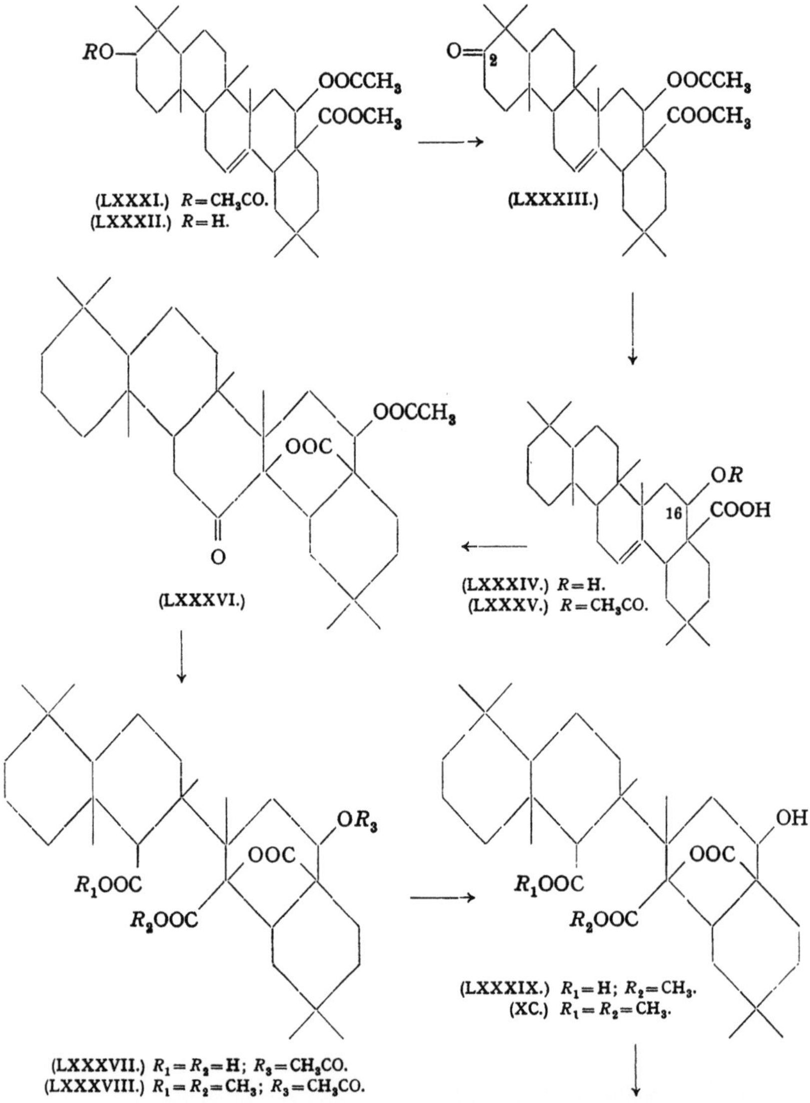

(LXXXI.) $R = CH_3CO.$
(LXXXII.) $R = H.$

(LXXXIII.)

(LXXXVI.)

(LXXXIV.) $R = H.$
(LXXXV.) $R = CH_3CO.$

(LXXXVII.) $R_1 = R_2 = H;\ R_3 = CH_3CO.$
(LXXXVIII.) $R_1 = R_2 = CH_3;\ R_3 = CH_3CO.$

(LXXXIX.) $R_1 = H;\ R_2 = CH_3.$
(XC.) $R_1 = R_2 = CH_3.$

$$H_3C \quad OH$$
D
$$CH_3OOC \quad E$$
(XCII.)

A B

$$CH_3OOC$$
$$CH_3OOC$$
OOC
O
E
(XCI.)

$$H_3C$$
COOCH$_3$
CH$_2$ +
$$CH_3OOC \quad O=$$
(XCIII)

(XCIV.)

$$H_3C$$
COOH
$$CH_3OOC$$
$\longrightarrow$
(XCV.)

$$H_3C \quad OOCCH_3$$
$$CH_3OOC$$
$\longrightarrow$
(XCVI.)

Durch die Identifizierung der Abbausäure $C_{15}H_{26}O_2$ (LXXIV) aus den Ringen A und B der Oleanolsäure und die Synthese des Phenol-carbonsäure-esters (XCII) wurden 29 der 30 Kohlenstoffatome des pentacyclischen Oleanangerüstes durch Abbau erfaßt. Das dreißigste Kohlenstoffatom konnte bisher nur indirekt nachgewiesen werden. Es liegt in der Oleanolsäure als eine Carboxylgruppe vor und entspricht der Methylgruppe 28 des β-Amyrins. Somit ist das Gerüst der Oleanolsäure im Sinne der Formel (LV) (S. 21) endgültig gesichert worden.

Umwandlungen in den Ringen C, D und E des β-Amyrins. Mit den Ergebnissen der Abbaureaktionen stehen in bester Übereinstimmung die für die Verbindungen der β-Amyrin-Oleanolsäure-Gruppe charakteristischen Umsetzungen im Bezirke der Doppelbindung (Ringe C, D und E). Sie sollen hier am Beispiel des β-Amyrins kurz besprochen werden.

Das β-Amyrin $C_{30}H_{50}O$ (XCVII) wurde von RUZICKA und SCHELLEN-BERG (*169*) mit der Oleanolsäure experimentell verknüpft. Durch Umwandlung der Carboxylgruppe dieser Säure in ein Methyl entstand das β-Amyrin.

Die zwischen den C-Atomen 12 und 13 liegende Doppelbindung des β-Amyrins konnte bisher nicht katalytisch hydriert werden; sie ließ sich nur auf indirektem Wege absättigen. RUZICKA und JEGER (*138*) haben das 2-Acetoxy-12-oxo-oleanan (IC), welches bei der Einwirkung von Persäuren (*173*) oder Wasserstoffperoxyd (*197*) auf das β-Amyrin-acetat (XCVIII) entsteht, nach WOLFF-KISHNER reduziert und auf diesem Wege das gesättigte 2-Oxy-oleanan (C) erhalten.

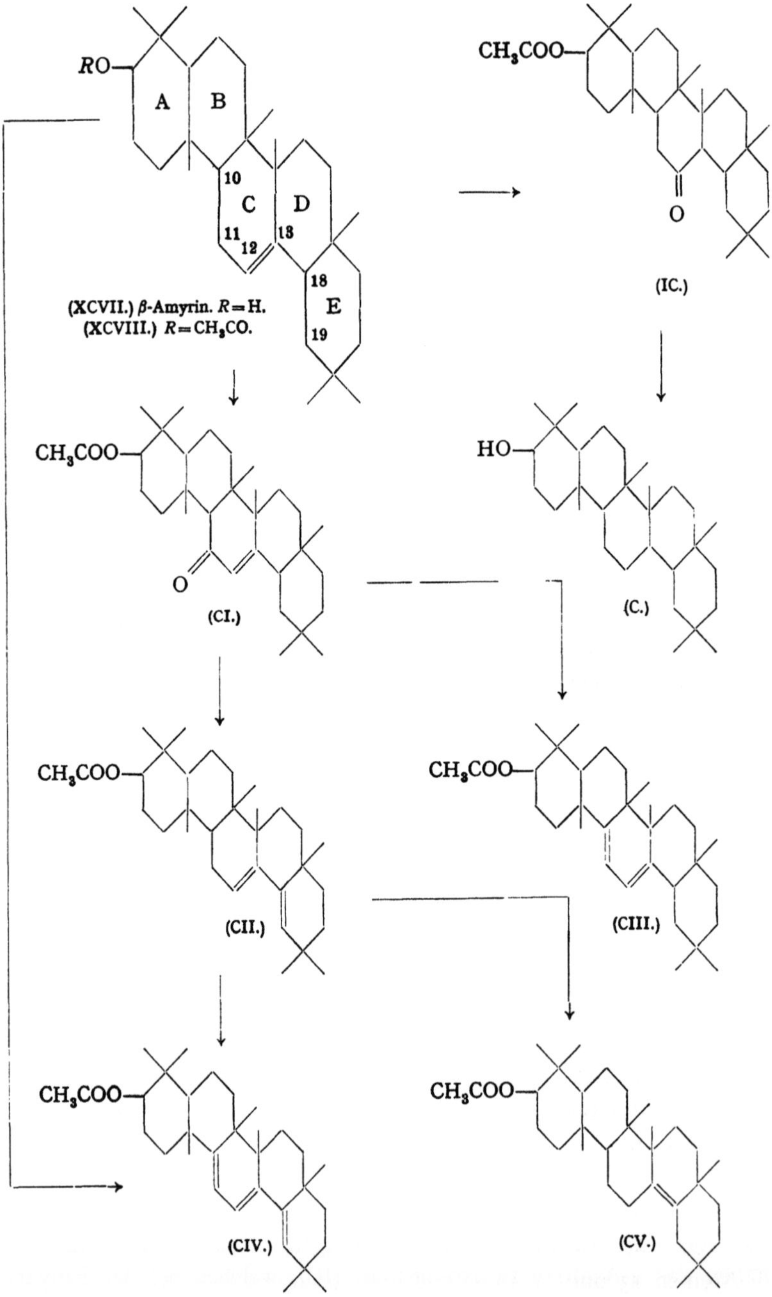

(XCVII.) β-Amyrin. $R = H$.
(XCVIII.) $R = CH_3CO$.
(IC.)
(CI.)
(C.)
(CII.)
(CIII.)
(CIV.)
(CV.)

Zu interessanten Umwandlungsprodukten führten verschiedene Operationen, bei welchen die in der α-Stellung zur Doppelbindung liegenden C-Atome 11 und 18 angegriffen wurden.

Bei der Oxydation des β-Amyrinacetats mit Chromsäure bildete sich neben dem oben erwähnten gesättigten Keton (IC) das α,β-ungesättigte $\varDelta^{12,13}$-2-Acetoxy-11-oxo-oleanen (CI) (6, *159*). Das letztere Oxydationsprodukt lieferte nach SPRING und Mitarbeitern (6, *98*), bei der Reduktion mit Natrium und Alkohol und anschließender Behandlung der Reduktionsprodukte mit Acetanhydrid ein Gemisch der Dienverbindungen (CII) und (CIII). Das dreifach ungesättigte $\varDelta^{10,11;12,13;18,19}$-2-Acetoxy-oleatrien (CIV) wurde von RUZICKA, JEGER und REDEL (*147*) bei der Umsetzung des β-Amyrinacetats mit N-Brom-succinimid gewonnen. Es konnte später auch durch Einwirkung dieses Reagens auf das *Dien* (CII) hergestellt werden (*91*).

Die Verbindung (CII), deren Doppelbindungen in zwei verschiedenen Ringen gebunden sind, läßt sich nach RUZICKA, MÜLLER und SCHELLENBERG (*160*) auf einem einfachen Wege und zudem in reiner Form durch milde Oxydation des β-Amyrinacetats mit Selendioxyd herstellen. Bei der katalytischen Hydrierung dieses Diens erhielten RUZICKA und JEGER (*139*) ein mit β-Amyrin-acetat isomeres Produkt, dessen Konstitution auf Grund des Infrarotspektrums als $\varDelta^{13,18}$-2-Acetoxy-oleanen (CV) gestützt wird (*58*).

Bei Versuchen, β-Amyrinbenzoat (CVI) mit Schwefel partiell zu dehydrieren, erhielten JACOBS und FLECK (*56*) ein Thiophenderivat, das von SIMPSON (*190* bis *192*, *194*) eingehend untersucht und dessen Struktur von RUZICKA und JEGER (*139*) im Sinne der Formel (CVII) aufgeklärt wurde. Durch Verseifung von (CVII) und Acetylierung des Produktes wurde das Acetat (CVIII) gewonnen, welches bei der Oxydation mit Kaliumpermanganat oder Chromsäure schwefelfreie Reaktionsprodukte, das $\varDelta^{10,11;13,18}$-2-Acetoxy-12,19-dioxo-oleadien (CIX) und sein 13,18-Epoxyd (CX) lieferte.

Die *Dien-dion*-Verbindung (CIX) wurde später von RUZICKA und JEGER (*139*), RUZICKA, JEGER und NORYMBERSKI (*145*) sowie von PICARD und SPRING (*98*) durch energische Einwirkung von Selendioxyd auf das β-Amyrinacetat und die Derivate (CV), (CII), (CIII) und (CIV) erhalten. Dieses interessante Oxydationsprodukt bildet in Übereinstimmung mit der angenommenen Struktur ein Pyridazinderivat (CXI).

Das Auftreten der Dien-dion-Derivate bei der Oxydation verschiedenartiger Ausgangsverbindungen mit Selendioxyd ist ein Charakteristikum der β-Amyrin-Oleanolsäure-Gruppe. Das Dien-dion-System entsteht bei fast allen Verbindungen, welche 1 bis 2 Doppelbindungen an den C-Atomen 13 und 18 tragen. Eine Ausnahme bilden diejenigen Verbin-

(CVI.)

(CVII.) $R = C_6H_5CO.$
(CVIII.) $R = CH_3CO.$

(CIX.)

(CX.)

(CXI.)

(CXII.)

(CXIV.) Erythrodiol. $R = H.$
(CXV.) $R = C_{17}H_{35}CO.$

(CXIII.)

dungen, welche an den Atomen 10, 11, 12, 13, 18 und 19 zusätzliche Funktionen tragen, wie z. B. die Glycyrrhetinsäure und die Siaresinolsäure. Von Interesse sind noch die folgenden Umsetzungen.

Durch Oxydation des $\Delta^{10,11;13,18}$-2-Acetoxy-12,19-dioxo-oleadiens (CIX) mit Chromsäure läßt sich das bereits erwähnte ungesättigte $\Delta^{10,11}$-2-Acetoxy-12,19-dioxo-oleanen-13,18-epoxyd (CX) präparativ herstellen (*191*). Die energische Einwirkung von Alkali auf dieses Oxydationsprodukt, welche zuerst von JACOBS und FLECK (*56*) beschrieben wurde, führt nach Untersuchungen von RUZICKA und JEGER (*141*) zur hydrolytischen Aufspaltung des Ringes E und Bildung der tetracyclischen, ungesättigten Oxy-diketosäure (CXII). Bei der Umsetzung mit Hydrazin geht diese stark enolisierte β-Diketoverbindung in ein Pyrazolderivat über (CXIII).

Erythrodiol $C_{30}H_{50}O_2$. Durch Oxydation des Erythrodiol-2-stearats (CXV) mit Chromsäure erhielt ZIMMERMANN (*220*) ein saures Produkt, welches nach Verseifung und Acetylierung die Acetyl-oleanolsäure (LVI, S. 21) lieferte. Kurz darnach haben RUZICKA und SCHELLENBERG (*169*) durch Umwandlung des Carboxyls der Oleanolsäure (LV) in eine Oxymethylgruppe das Erythrodiol (CXIV) gewonnen.

Quillajasäure, Genin A, Maniladiol. In diesen Triterpenverbindungen ist die zweite sekundäre Hydroxylgruppe, ähnlich wie in der Echinocystsäure, am Kohlenstoffatom 16 im Ringe D gebunden.

(CXVI.) Quillajasäure.

(CXVII.)

(CXIX.)

(CXVIII.)

Durch Untersuchungen von KON und Mitarbeitern (*33, 34*) wurde die Quillajasäure $C_{30}H_{46}O_5$ (CXVI) als eine 23- oder 24-Oxo-echinocystsäure erkannt. Bei der Reduktion nach WOLFF-KISHNER ging die Quillajasäure in die Echinocystsäure (LXXV, S. 24) über. Der Charakter und der Bindungsort der Carbonylgruppe der Quillajasäure ergab sich aus der Oxydation mit Chromsäure. Es entstand dabei ein nicht faßbares Oxydationsprodukt mit zwei β-Ketosäuregruppierungen in den Ringen A und D (wohl CXVII), welches unter Verlust von 2 CO_2 das C_{28}-Diketon (CXVIII) lieferte.

Genin A aus *Primula elatior* JACQUIN besitzt die Bruttoformel $C_{30}H_{50}O_3$. JEGER, NISOLI und RUZICKA (*64*) haben durch Umwandlung des Carboxyls der Echinocystsäure in ein Oxymethyl ein Triol $C_{30}H_{50}O_3$ (CXIX) gewonnen, das später von BISCHOF und JEGER (*9*) mit dem Genin A identifiziert werden konnte.

Maniladiol $C_{30}H_{50}O_2$ (CXX). Bei der vorsichtigen Acetylierung liefert das Maniladiol das 2-Monoacetat (CXXI), welches mit Chromsäure zum $\Delta^{12,13}$-2-Acetoxy-16-oxo-oleanen (CXXIII) oxydiert werden kann (*63*). Dieses Acetoxy-keton entsteht ferner auf folgendem Wege: Durch Oxydation des Maniladiols mit Chromsäure erhält man das Diketon $\Delta^{12,13}$-2,16-Dioxo-oleanen (Maniladion, CXXIV), welches nach MEERWEIN-PONNDORF zu einem Gemisch der stereoisomeren Ketoalkohole (CXXII) und (CXXV) reduziert wird. Durch Chromatographie der entsprechenden Acetate läßt sich (CXXIII) isolieren (*89*). Bei der Reduktion dieser Verbindung nach WOLFF-KISHNER erhielten JEGER, MONTAVON und RUZICKA (*63*) das β-Amyrin (XCVII, S. 28), wodurch das Kohlenstoffgerüst des Maniladiols und der Bindungsort der einen Hydroxylgruppe sichergestellt wurden.

Die Lage und die räumliche Anordnung des zweiten Hydroxyls des Maniladiols konnten JEGER, NISOLI und RUZICKA (*64*) aus den folgenden Versuchen ableiten. Durch Umwandlung des Carboxyls der Echinocystsäure in eine Methylgruppe auf einem Wege, der Konfigurationsänderungen ausschließt, entstand das $\Delta^{12,13}$-2,16-Dioxy-oleanen (CXXVI). Dieses ist verschieden vom Maniladiol, liefert jedoch bei der Oxydation mit Chromsäure, ähnlich wie die letztere Verbindung, das Diketon Maniladion (CXXIV). Wie oben gezeigt wurde, besitzt das am Kohlenstoffatom 2 gebundene Hydroxyl die gleiche Konfiguration wie das Hydroxyl des β-Amyrins (also auch das Hydroxyl am C-Atom 2 der Echinocystsäure). Demnach unterscheidet sich das Maniladiol vom Diol (CXXVI) nur durch verschiedene sterische Lage der Hydroxylgruppe am Kohlenstoffatom 16.

Gypsogenin $C_{30}H_{46}O_4$ (CXXVII); **Hederagenin** $C_{30}H_{48}O_4$ (CXXX). Bis zur Verknüpfung der Ringe A und B der β-Amyrin-Oleanolsäure-

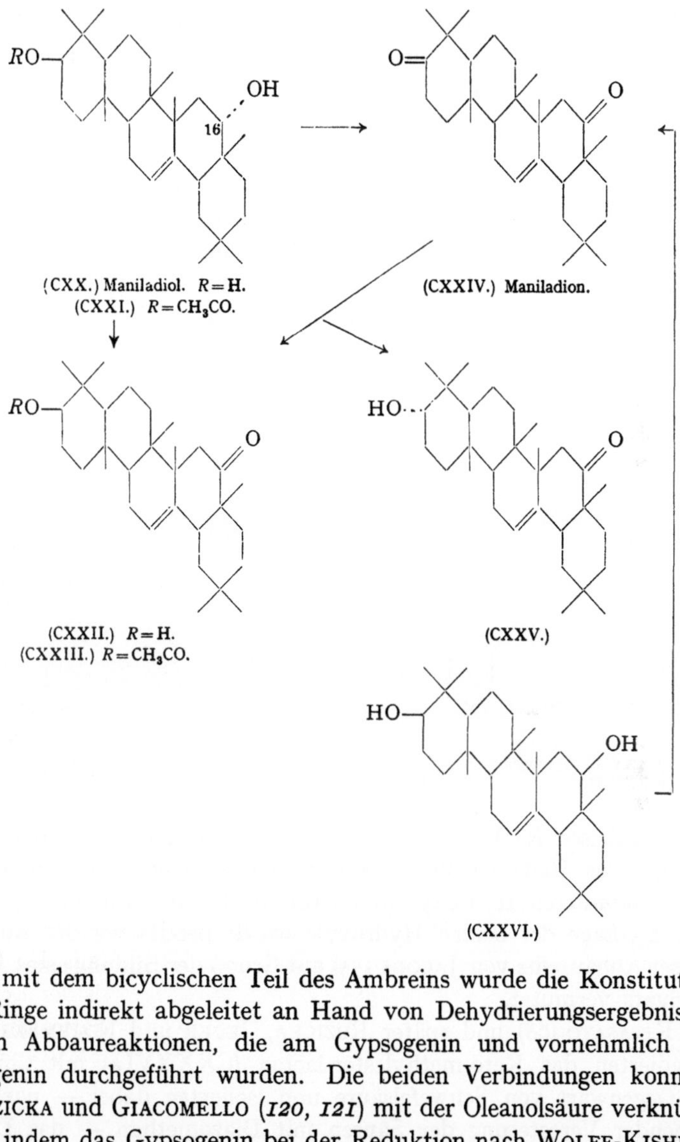

(CXX.) Maniladiol. $R = H$.
(CXXI.) $R = CH_3CO$.

(CXXIV.) Maniladion.

(CXXII.) $R = H$.
(CXXIII.) $R = CH_3CO$.

(CXXV.)

(CXXVI.)

Gruppe mit dem bicyclischen Teil des Ambreins wurde die Konstitution dieser Ringe indirekt abgeleitet an Hand von Dehydrierungsergebnissen und von Abbaureaktionen, die am Gypsogenin und vornehmlich am Hederagenin durchgeführt wurden. Die beiden Verbindungen konnten von RUZICKA und GIACOMELLO (*120, 121*) mit der Oleanolsäure verknüpft werden, indem das Gypsogenin bei der Reduktion nach WOLFF-KISHNER die Oleanolsäure (LV, S. 21) lieferte und bei der katalytischen Hydrierung in das Hederagenin überging. Somit wurde gezeigt, daß am gleichen Kohlenstoffatom, an dem der Carbonyl-Sauerstoff des Gypsogenins gebunden ist, im Hederagenin ein primäres (oder sekundäres) Hydroxyl haftet. RUZICKA, GIACOMELLO und GROB (*122*) führten noch eine gelinde Oxydation des Acetyl-gypsogenins (CXXVIII) mit Chromsäure durch. Dabei entstand die Acetyl-dicarbonsäure (CXXIX), wodurch das Carbonyl des Gypsogenins als eine Aldehydgruppe charakterisiert wurde.

Der Bindungsort dieser Funktion konnte durch die von JACOBS (55, 57),
KITASATO (zum Teil gemeinsam mit SONE) (68, 68a, 69) sowie RUZICKA,
NORYMBERSKI und JEGER (146, 161) am Hederagenin durchgeführten
Abbaureaktionen bestimmt werden.

Die Oxydation des Hederagenins mit Chromsäure führte unter Verlust
eines Kohlenstoffatoms zum Gemisch einer C_{29}-Ketosäure (Hederagon-
säure, CXXXI) und einer C_{29}-Keto-disäure (Hederagenon-disäure,
CXXXII). Beide Verbindungen wurden mit Hypobromit weiter abgebaut — die Ketosäure (CXXXI) zu einer C_{29}-Trisäure (CXXXIII),
die Keto-disäure zu einer C_{28}-Trisäure (Hedera-trisäure, CXXXIV). Das
aus der letzteren Verbindung gewonnene C_{28}-Disäure-lacton (CXXXV)
spaltete beim Erhitzen Wasser und Kohlendioxyd ab, unter Bildung
eines C_{27}-Pyroketons (CXXXVI).

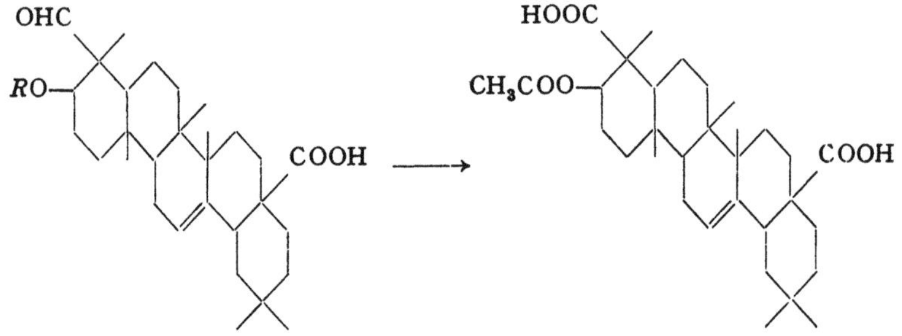

(CXXVII.) Gypsogenin. R = H.
(CXXVIII.) R = CH₃CO.

(CXXIX.)

Aus diesen Reaktionen ließ sich ableiten, daß die primäre Hydroxylgruppe des Hederagenins in einem endständigen Ringe in β-Stellung
zum sekundären Hydroxyl sitzt (Ring A, Kohlenstoffatom 23 oder 24).
Die 1,3-Lage der beiden Hydroxyle wurde bereits vor der Ausführung
dieser Abbaureihe von JACOBS (55) auf Grund der Bildung eines Acetonyl-
derivats vermutet.

KITASATO (68) und später RUZICKA, JEGER und NORYMBERSKI (146)
oxydierten das Keto-methylester-lacton (CXXXVIa) mit Chromsäure
in Gegenwart von Schwefelsäure und isolierten dabei — nach voran-
gehender Veresterung der Säuren mit Diazomethan — das Dimethyl-
ester-lacton (CXXXVa) und das Trimethylester-lacton (CXXXVII).
Auf Grund der Bildung der letzteren Verbindung konnte im Hederagenin
(also auch in der Oleanolsäure) die Anwesenheit einer Methylgruppe am
Kohlenstoffatom 6 ausgeschlossen werden.

RUZICKA, NORYMBERSKI und JEGER (161) haben weiter durch eindeutige Abbaureaktionen des Hederagenins die zwei isomeren nächst-
niederen Homologen des Trimethylester-lactons (CXXXVII), die Verbindungen (CXXXVIII) und (CXXXIX), hergestellt.

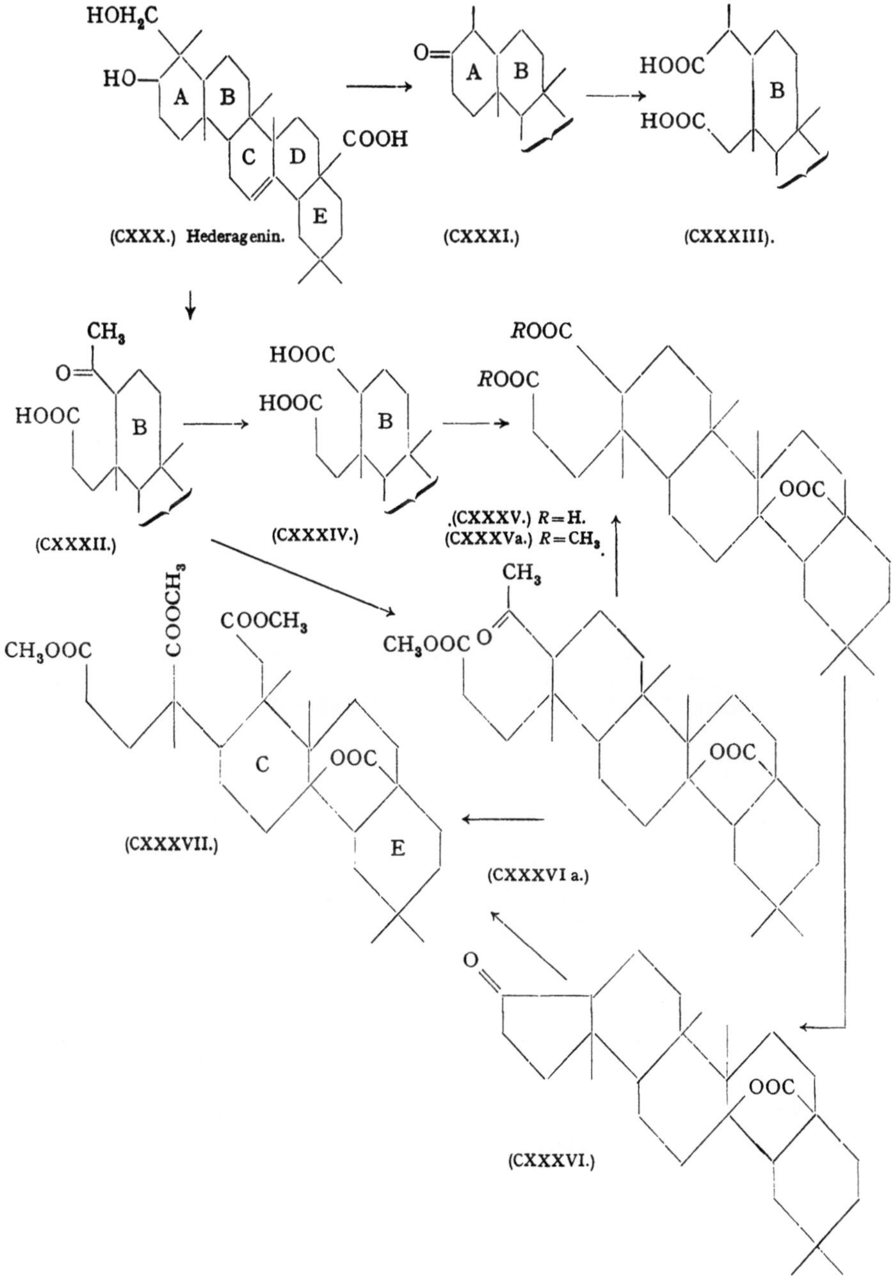

(CXXX.) Hederagenin.

(CXXXI.)

(CXXXIII).

(CXXXII.)

(CXXXIV.)

(CXXXV.) $R=$H.
(CXXXVa.) $R=$CH$_3$.

(CXXXVII.)

(CXXXVI a.)

(CXXXVI.)

Auf drei verschiedenen, für die angenommene Konstitution beweisenden Wegen wurde, ausgehend vom Hederagon-lacton (CXL), das Diosphenol (CXLI) (Enol-23- (oder 24)-nor-2,3-diketo-13-oxy-oleanan-28-säure-lacton) hergestellt. Das durch Acetylierung dieser Verbindung

3*

(CXL.)

(CXLI.) *R* = H.
(CXLII.) *R* = CH$_3$CO.

(CXLIII.)

(CXXXVIII.)

zugängliche Enol-acetat (CXLII) lieferte bei der Oxydation mit Chromsäure und Veresterung der dabei gewonnenen Säuren eines der gesuchten isomeren Trimethylester-lactone, welchem an Hand der Entstehung die Konstitution (CXXXVIII) zukommt. Die letztere Verbindung konnte auch aus dem C$_{28}$-Pyroketon (CXLIII) erhalten werden.

Bei der Oxydation des C$_{27}$-Pyroketons (CXXXVI) mit Chromsäure wurden nun je nach Reaktionsbedingungen verschiedene Abbauprodukte gewonnen. Bei der Oxydation in Gegenwart von Schwefelsäure ließ sich nach Veresterung der Säuren das bekannte Trimethylester-lacton (CXXXVII) isolieren. Bei der Durchführung dieser Oxydation in siedender Eisessiglösung, ohne Zusatz von Schwefelsäure, entstand dagegen das noch nicht bekannte nächstniedere homologe Abbauprodukt in Form eines Anhydrids (CXLIV). Dieses Anhydrid ließ sich leicht zum Trisäure-lacton verseifen und die letztere Verbindung zum Trimethylester-lacton C$_{29}$H$_{44}$O$_8$ verestern (CXXXIX).

Für Sumaresinolsäure C$_{30}$H$_{48}$O$_4$ konnte die Konstitution einer 7-Oxy-oleanolsäure (CXLV) bewiesen werden. Die Eingliederung dieser Säure in die β-Amyrin-Oleanolsäure-Gruppe stieß längere Zeit auf Schwierigkeiten, infolge der besonderen Reaktionsträgheit der funktionellen Gruppen

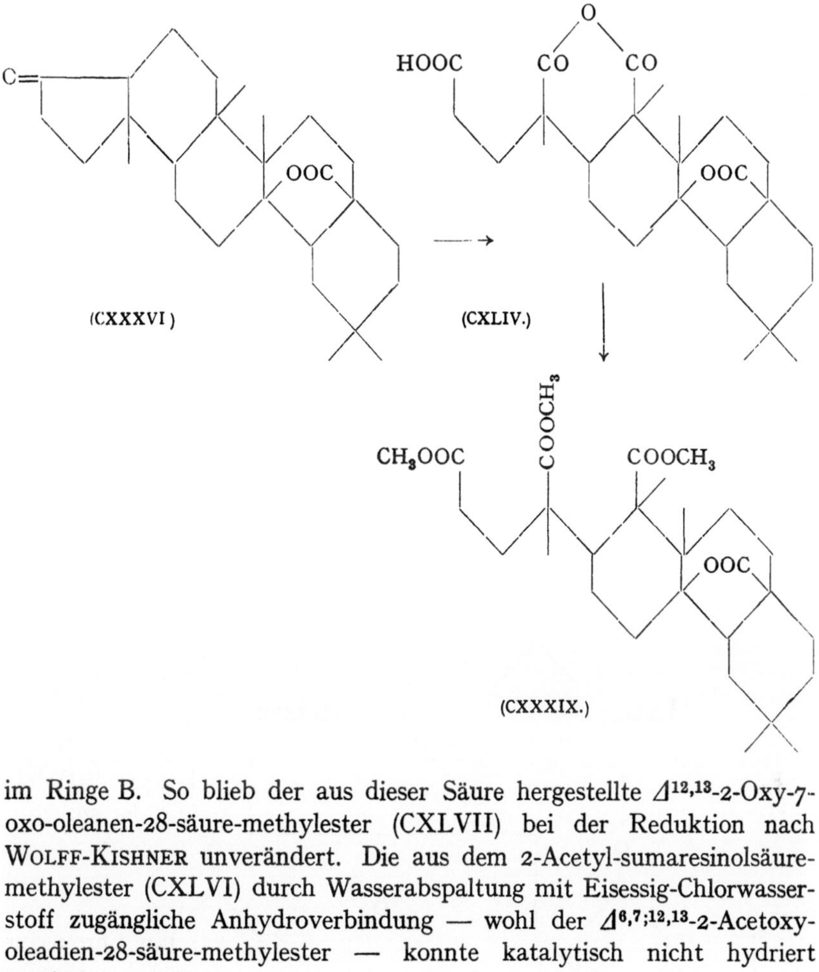

C=

HOOC   CO   O   CO

OOC

(CXXXVI)

$\longrightarrow$

OOC

(CXLIV.)

CH_3OOC $COOCH_3$ $COOCH_3$

OOC

(CXXXIX.)

im Ringe B. So blieb der aus dieser Säure hergestellte $\Delta^{12,13}$-2-Oxy-7-oxo-oleanen-28-säure-methylester (CXLVII) bei der Reduktion nach WOLFF-KISHNER unverändert. Die aus dem 2-Acetyl-sumaresinolsäure-methylester (CXLVI) durch Wasserabspaltung mit Eisessig-Chlorwasserstoff zugängliche Anhydroverbindung — wohl der $\Delta^{6,7;12,13}$-2-Acetoxy-oleadien-28-säure-methylester — konnte katalytisch nicht hydriert werden.

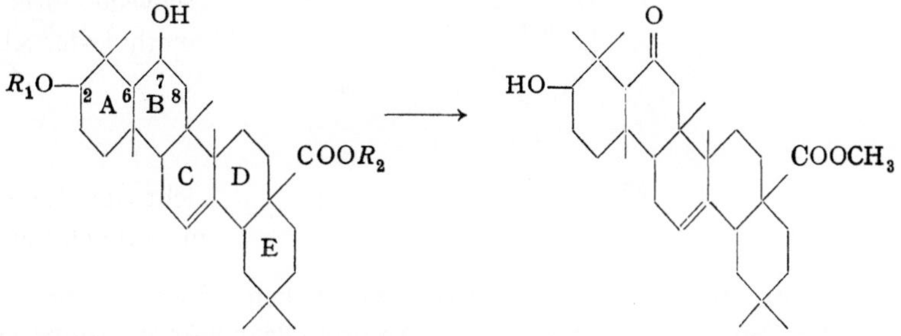

OH

R_1O— 2 A 6 B 7 8 $COOR_2$

C   D

E

O

HO— $COOCH_3$

(CXLV.) Sumaresinolsäure. $R_1 = R_2 = H$.
(CXLVI.) $R_1 = CH_3CO;\ R_2 = CH_3$.

(CXLVII.)

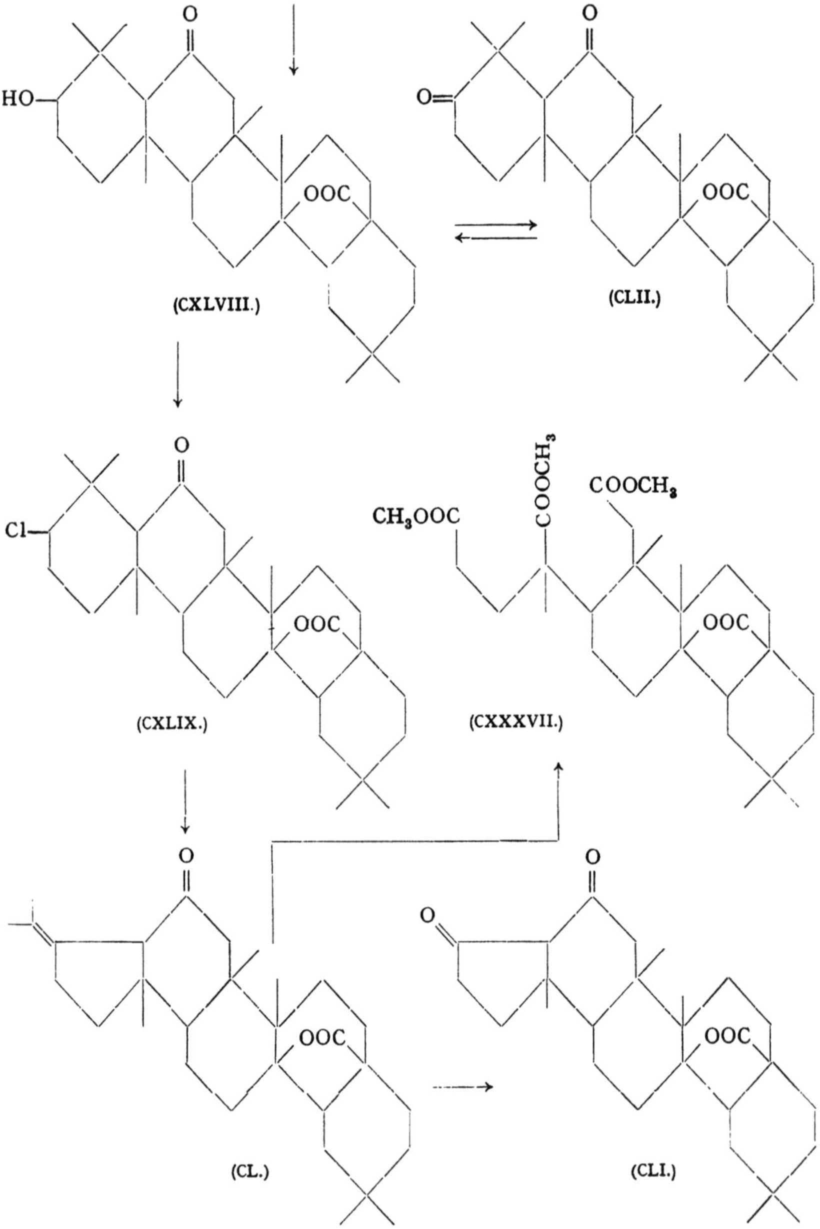

(CXLVIII.)

(CLII.)

(CXLIX.)

(CXXXVII.)

(CL.)

(CLI.)

RUZICKA, JEGER, GROB nud HÖSLI (*143*) haben jedoch die Zugehörigkeit der Sumaresinolsäure zur β-Amyrin-Oleanolsäure-Gruppe sehr wahrscheinlich gemacht, indem sie die Übereinstimmung der typischen Reaktionen — besonders der Bildung des Dien-dion-Derivats bei der Oxydation mit Selendioxyd — sowie der optischen Drehungen analoger

Derivate in der Oleanolsäure- und Sumaresinolsäure-Reihe feststellten. Aus ihren Untersuchungen folgte weiter, daß das zweite, sterisch stark gehinderte Hydroxyl der Sumaresinolsäure nur im Ringe B (Kohlenstoffatome 7 oder 8) gebunden sein kann.

Der eindeutige Beweis für die Zugehörigkeit der Sumaresinolsäure zur β-Amyrin-Oleanolsäure-Gruppe gelang RUZICKA, NORYMBERSKI und JEGER (*162*) auf folgendem Wege: Ausgehend vom Lacton (CXLVIII) entstand durch Einwirkung von Phosphorpentachlorid ein Chlorderivat $C_{30}H_{45}O_3Cl$ (CXLIX?), das beim Kochen mit verdünntem Alkali Chlorwasserstoff abspaltete und in die Verbindung (CL) überging, welche schließlich bei der Oxydation mit Chromsäure-Schwefelsäure neutrale und saure Oxydationsprodukte lieferte. Die neutrale Verbindung $C_{27}H_{38}O_4$ wurde als das β-Diketon (CLI) charakterisiert. Die sauren Oxydationsprodukte lieferten nach der Veresterung das bereits aus dem Hederagenin gewonnene Trimethylester-lacton (CXXXVII). Auch die Oxydation des β-Diketons (CLI) mit Chromsäure-Schwefelsäure führte zu einem weiteren Abbauprodukt des Hederagenins, dem Anhydrid (CXLIV).

Durch die Überführung der Sumaresinolsäure in die Abbausäuren (CXXXVII) und (CXLIV) ließ sich die Identität der Anordnung von 27 Kohlenstoffatomen der Sumaresinolsäure und des Hederagenins (also auch der Oleanolsäure) beweisen. Ferner wurde dadurch der Bindungsort des Carboxyls an der Verknüpfungsstelle der Ringe D und E (Kohlenstoffatom 17) bestimmt. Die Anwesenheit des CH_2COOH-Restes in (CXXXVII), welche den Kohlenstoffatomen 7 und 8 der Sumaresinolsäure entspricht, zeigt, daß dem reaktionsträgen Hydroxyl die Stellung 7 zukommt.

Die Identität der drei in (CXXXVII) nicht erfaßten Kohlenstoffatome mit den Atomen 1, 23 und 24 des Oleanangerüstes und der Bindungsort eines Hydroxyls im Ringe A am Atom 2 geht aus der Isolierung von 1,5,6-Trimethyl-2-oxy-naphthalin bei der Dehydrierung der Sumaresinolsäure hervor (*133*).

Die aus der Sumaresinolsäure gewonnenen Abbauprodukte lassen noch die Frage über die Konfiguration der Hydroxylgruppen und der Verknüpfungsstelle der Ringe A und B (Stelle 6) offen. Für das Hydroxyl am Kohlenstoffatom 2 konnte indessen die gleiche Konfiguration wie bei den meisten Vertretern der Gruppe wahrscheinlich gemacht werden. Das durch Oxydation von (CXLVIII) zugängliche Diketo-lacton (CLII) lieferte nämlich bei der katalytischen Hydrierung mit Platin in Eisessiglösung wieder ausschließlich die Verbindung (CXLVIII) (*162*). Da durch Versuche von RUZICKA und WIRZ (*180*) bereits bekannt war, daß unter gleichen Bedingungen das analoge Keton $\Delta^{12,13}$-2-Oxo-oleanen (β-Amyron, CLV) in β-Amyrin übergeht, so folgt auch für das Hydroxyl am Kohlenstoffatom 2 der Sumaresinolsäure die in der Oleanolsäurereihe

normale Konfiguration. Das Hydroxyl in Stellung 7 dürfte an Hand
der sehr leichten Wasserabspaltung, die zu Verbindungen mit einer
$\Delta^{6,7}$-Doppelbindung führt, in *trans*-Stellung zum Wasserstoff am Kohlenstoffatom 6 liegen.

α-**Boswellinsäure** $C_{30}H_{48}O_3$ (CLIII). Der einzige bisher bekanntgewordene Vertreter der β-Amyrin-Oleanolsäure-Gruppe mit einem *epimeren
Hydroxyl* am Kohlenstoffatom 2 ist die α-Boswellinsäure. Durch Umwandlung der Carboxylgruppe dieser Säure in ein Methyl erhielten
RUZICKA und WIRZ (*180*) das epi-β-Amyrin (CLIV), das erstmals von
den gleichen Forschern durch Reduktion des $\Delta^{12,13}$-2-Oxo-oleanens (CLV)
nach MEERWEIN-PONNDORF im Gemisch mit dem β-Amyrin gewonnen
wurde. Der Sitz der Carboxylgruppe am Kohlenstoffatom 1 ergab sich
aus der Oxydation der β-Boswellinsäure mit Chromsäure, wobei unter

(CLIII.) α-Boswellinsäure.

(CLIV.)

(CLVI.)

(CLV.) β-Amyron.

Verlust von Kohlendioxyd und gleichzeitiger Umwandlung der Doppelbindung in eine Ketogruppe das 23 (oder 24)-nor-2,12-Dioxo-oleanan
(CLVI) entstand (*179*). Die letztere Verbindung wurde mit einem von
RUZICKA und MARXER (*156*) gewonnenen Abbauprodukt des Hederagenins
identifiziert.

Sojasapogenole A, B, C und D. Diese mehrfach hydroxylierten
Triterpenverbindungen wurden von den japanischen Chemikern OCHIAI,
TSUDA und KITAGAWA (*93, 94, 200, 201*) untersucht. MEYER, JEGER

und RUZICKA *(85, 86)* haben Beziehungen dieser Verbindungen mit der
β-Amyrin-Oleanolsäure-Gruppe und insbesondere mit der α-Boswellin-
säure festgestellt.

Das *Sojasapogenol C* $C_{30}H_{48}O_2$ (CLVII) ist doppelt ungesättigt und
konnte verhältnismäßig einfach mit der β-Amyrin-Oleanolsäure-Gruppe
verknüpft werden. Bei der katalytischen Hydrierung lieferte es ein
Dihydroderivat $C_{30}H_{50}O_2$, welches mit dem $\Delta^{12,13}$-2,23 (oder 24)-Dioxy-
oleanen (CLVIII) identifiziert wurde *(85)*. Diese Verbindung wurde
erstmals von WIRZ *(218)* durch Reduktion des $\Delta^{12,13}$-2-Oxo-oleanen-23-
(oder 24)-säure-methylesters (aus α-Boswellinsäure) nach BOUVEAULT
und BLANC hergestellt.

Das *Sojasapogenol A* ist ein einfach ungesättigtes Tetrol $C_{30}H_{50}O_4$.
Diese Verbindung wurde aus dem Sojasapogenol C auf teilsynthetischem
Wege hergestellt, indem bei der Oxydation des Sojasapogenols C mit
Osmiumtetroxyd neben dem Sojasapogenol A ein stereoisomeres Tetrol
$C_{30}H_{50}O_4$ entsteht (CLIX) und (CLXI).

(CLVII.) Sojasapogenol C.

(CLVIII.)

(CLIX.) $R =$ H.
(CLX.) $R =$ CH$_3$CO.

(CLXI.) $R =$ H.
(CLXII.) $R =$ CH$_3$CO.

Der genaue Beweis der Lage der *zweiten* reaktionsfähigen *Doppel-*
bindung des Sojasapogenols C und somit der 1,2-Glykolgruppierung im
Sojasapogenol A ist noch nicht erbracht worden; es ist jedoch wahrscheinlich, daß diese Funktionen an den Kohlenstoffatomen 15 und 16

im Ringe D, oder 21 und 22 im Ringe E gebunden sind. Bei der Oxydation des Sojasapogenols A mit Bleitetraacetat wurde nur 1 Mol verbraucht, wodurch der Ring A als Sitz der Glykolgruppierung außer Betracht fällt. Bei der Umsetzung mit Selendioxyd lieferte das Sojasapogenol-A-tetraacetat (CLX oder CLXII) das typische Dien-dion-Derivat, wodurch auch die Kohlenstoffatome 10, 11, 18 und 19 für den Sitz der Hydroxylgruppen nicht in Betracht kommen. Da wir ferner wissen, daß die funktionellen Gruppen im Ringe B, im Gegensatz zu den zwei gesuchten Hydroxylgruppen von (CLIX) bzw. (CLXI), außerordentlich reaktionsträge sind, können nur die C-Atome 15 und 16 oder 21 und 22 als Sitz der gesuchten 1,2-Glykolgruppierung des Sojasapogenols A und somit auch der zweiten Doppelbindung des Sojasapogenols C angenommen werden.

An Hand des Infrarotspektrums, das eine starke, für die Gruppierung —C—O—C— charakteristische Bande bei etwa 9 μ aufweist, liegt im *Sojasapogenol D* wohl eine Oxydgruppe vor. Die zwei anderen Sauerstoffatome dieses Triterpens wurden eindeutig als Hydroxylgruppen charakterisiert. Da die Analysen des Sojasapogenols D und seines Diacetats auf die Bruttoformel $C_{30}H_{50}O_3$ bzw. $C_{34}H_{54}O_5$ gut stimmen, besitzt das Sojasapogenol D ein carbotetracyclisches Kohlenstoffgerüst (86), unter der Voraussetzung, daß diese Analysenwerte nicht durch schwer zu entfernende Verunreinigungen gefälscht sind.

Mit ätherspaltenden Reagenzien kann der Oxydring des Sojasapogenols D geöffnet werden. Gleichzeitig findet eine Cyclisierung des tetracyclischen Kohlenstoffgerüstes zum pentacyclischen Ringsystem der β-Amyrin-Oleanolsäure-Gruppe statt. Dadurch wurde bewiesen, daß das Sojasapogenol D gleiche Anordnung der Kohlenstoffatome wie die zahlreichen Vertreter dieser Gruppe aufweist. Obwohl die Konstitution des Sojasapogenols D noch nicht vollständig bekannt ist, wird zur Erläuterung der nachfolgend beschriebenen Reaktionen für diese Verbindung die Strukturformel (CLXIII) verwendet.

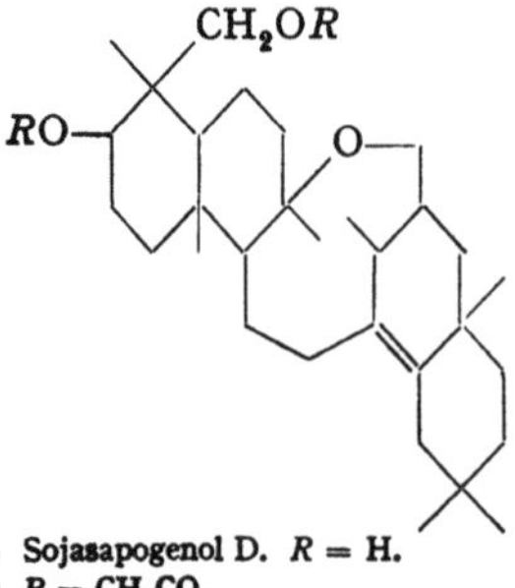

(CLXIII.) Sojasapogenol D. R = H.
(CLXIV.) R = CH₃CO.

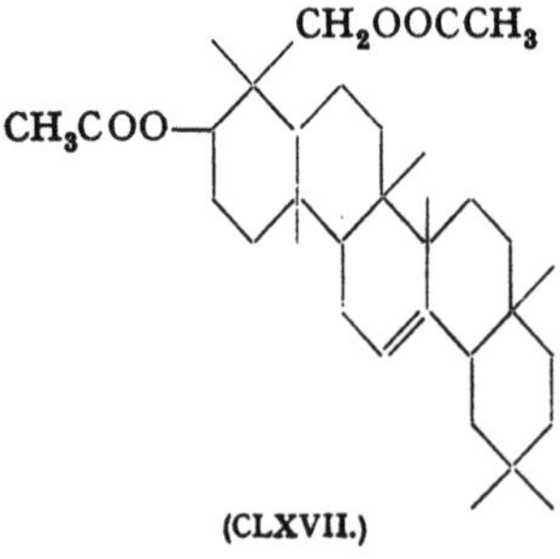

(CLXVII.)

CH_2OOCCH_3

CH_3COO-

R

CH_2OOCCH_3

CH_3COO-

(CLXV.) $R = Cl.$
(CLXVI.) $R = H.$
(CLXXI.) $R = CH_3CO.$

(CLXVIII.)

CH_2OOCCH_3

CH_3COO-

$OOCCH_3$

O

O

(CLXXII.)

CH_2OR

$RO-$

OR

(CLXIX.) Sojaspagenol $R = H.$
(CLXX.) $R = CH_3CO.$

Das Sojasapogenol-D-diacetat (CLXIV) liefert bei der Umsetzung mit trockenem Chlorwasserstoff ein pentacyclisches Diacetoxy-chlorid $C_{34}H_{53}O_4Cl$ (CLXV), welches zu einem Diacetat $C_{34}H_{54}O_4$ reduziert wurde. Die letztere Verbindung ist mit dem $\Delta^{13,18}$-2,23 (oder 24)-Di-acetoxy-oleanen (CLXVI) identisch, das aus dem Dihydro-soja-sapogenol-C-diacetat (CLXVII) auf folgende Art hergestellt werden konnte. Durch Oxydation mit Selendioxyd entstand das $\Delta^{12,13;18,19}$-2,23 (oder 24)-Diacetoxy-oleadien (CLXVIII), das bei der katalytischen Hydrierung in die Verbindung (CLXVI) überging.

Schließlich konnten auch Zusammenhänge des Sojasapogenols D mit dem isomeren *Sojasapogenol B* $C_{30}H_{50}O_3$ gefunden werden, wodurch die letztere Verbindung als ein $\Delta^{12,13}$-2,23 (oder 24),x-Trioxy-oleanen (CLXIX) erkannt wurde (*86*).

Das Sojasapogenol-D-diacetat (CLXIV) ließ sich durch Umsetzung mit Borfluorid-Äther-Komplex in Acetanhydridlösung in ein pentacyclisches Triacetat $C_{36}H_{56}O_6$ (CLXXI) umwandeln, welches vom Sojasapogenol-B-triacetat (CLXX) verschieden ist. Die beiden Triacetate unterscheiden

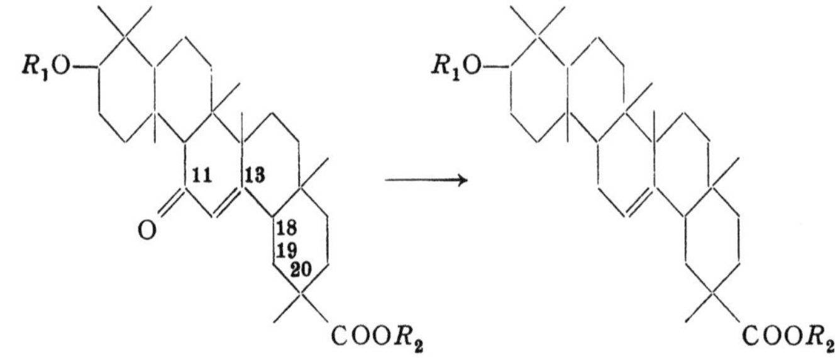

(CLXXIII.) Glycyrrhetinsäure. $R_1 = R_2 = H.$
(CLXXIV.) $R_1 = CH_3CO;$
$R_2 = CH_3.$

(CLXXV.) $R_1 = R_2 = H.$
(CLXXVI.) $R_1 = CH_3CO;$
$R_2 = CH_3.$

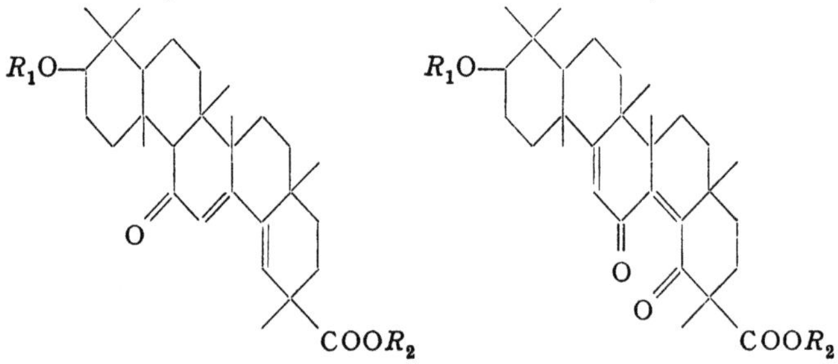

(CLXXVII.) $R_1 = CH_3CO; \quad R_2 = H.$
(CLXXVIII.) $R_1 = CH_3CO; \quad R_2 = CH_3.$

(CLXXXI.) $R_1 = CH_3CO; \quad R_2 = CH_3.$
(CLXXXII.) $R_1 = R_2 = H.$

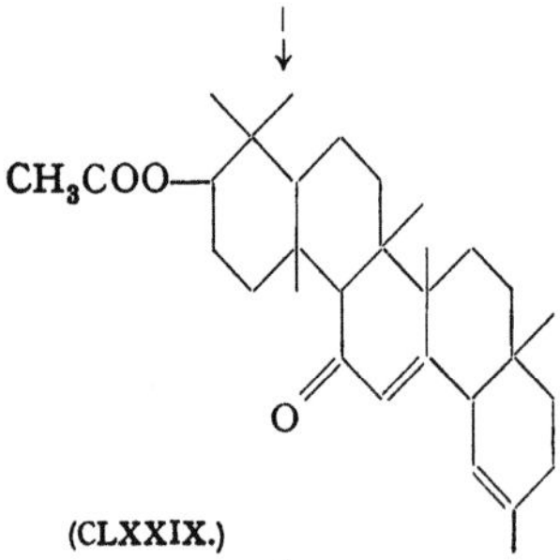

(CLXXIX.)

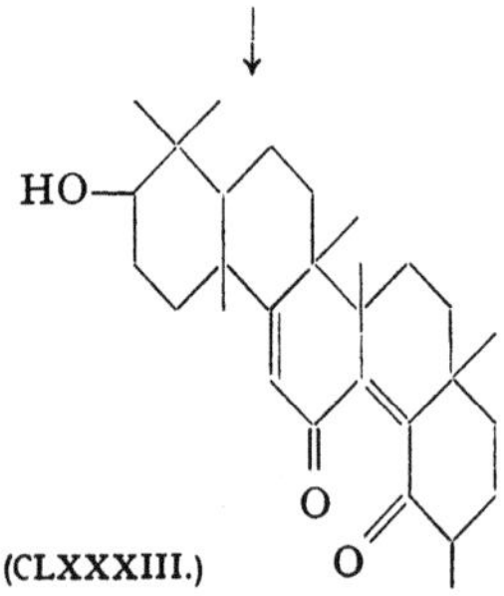

(CLXXXIII.)

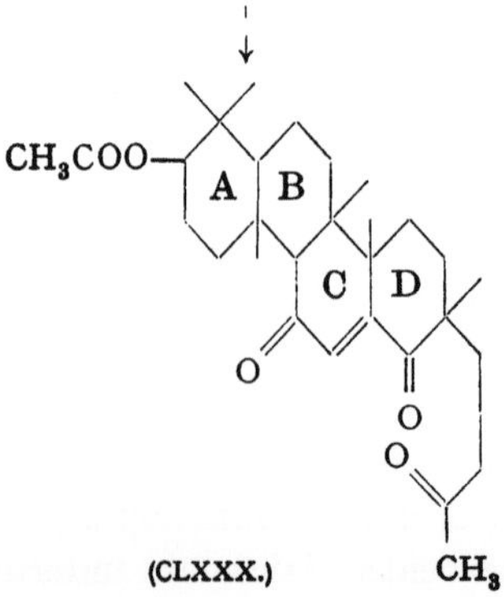

(CLXXX.)

sich möglicherweise nur in der Stellung der Doppelbindung, deren Lage auf Grund der Infrarotspektren gefolgert wird. Beide Verbindungen lieferten nämlich bei der Oxydation mit Selendioxyd ein identisches Diendion-Derivat, das $\Delta^{10,11;13,18}$-2,23 (oder 24),x-Triacetoxy-12,19-dioxo-oleadien (CLXXII).

Glycyrrhetinsäure $C_{30}H_{46}O_4$ (CLXXIII). In dieser Säure kommt eine bei den anderen Vertretern der Gruppe nicht beobachtete α,β-ungesättigte Carbonylgruppierung vor. Bei der katalytischen Hydrierung dieser Verbindung erhielten RUZICKA, LEUENBERGER und SCHELLENBERG (*154*) die Desoxo-glycyrrhetinsäure (CLXXV), welche mit der Oleanolsäure isomer ist. Durch Umwandlung der Carboxylgruppe der Desoxo-glycyrrhetinsäure in ein Methyl konnten dann RUZICKA und MARXER (*155*) das β-Amyrin (XCVII, S. 28) gewinnen, woraus die Zugehörigkeit der Glycyrrhetinsäure zur β-Amyrin-Oleanolsäure-Gruppe folgt.

Die *Haftstelle des Carboxyls* haben RUZICKA und JEGER (*140*) bestimmt. Durch Bromierung des Acetyl-glycyrrhetinsäure-methylesters (CLXXIV) und Abspaltung vom Bromwasserstoff entstand die Dehydroverbindung (CLXXVIII), in welcher die neu eingeführte Doppelbindung in β,γ-Stellung zur Carbomethoxygruppe liegt. Die entsprechende Acetylsäure (CLXXVII) ließ sich unter so milden Bedingungen decarboxylieren, bei welchen die Glycyrrhetinsäure noch unverändert bleibt.

Bei gleichzeitiger Verschiebung der zwischen den Kohlenstoffatomen 18 und 19 liegenden Doppelbindung in die 19,20-Stellung entstand dabei die Verbindung (CLXXIX). Beim weiteren Abbau mit Chromsäure lieferte diese letztere, unter Verlust eines zweiten Kohlenstoffatoms, das tetracyclische, ungesättigte Acetoxy-triketon (CLXXX) (*150*). Demnach kommt für den Sitz der Carboxylgruppe nur das Kohlenstoffatom 20 in Betracht. In Übereinstimmung damit ist es gelungen, das aus dem Acetyl-desoxo-glycyrrhetinsäure-methylester (CLXXVI) zugängliche Diendion-Derivat (CLXXXI) durch milde Einwirkung von Alkali zur β-Ketosäure (CLXXXII) zu verseifen, die durch Kohlendioxydabspaltung die 29 (oder 30)-nor-Verbindung (CLXXXIII) liefert.

Siaresinolsäure $C_{30}H_{48}O_4$ (CLXXXIV) ist eine 19-Oxy-oleanolsäure. Bei der vorsichtigen Oxydation des 2-Acetyl-siaresinolsäure-methylesters (CLXXXV) mit Chromsäure entsteht die Verbindung (CLXXXVI). Bei der Verseifung des letzteren mit alkoholischer Kalilauge findet eine Wanderung der zum Carbonyl in β,γ-Stellung liegenden Doppelbindung in Konjugation zu diesem statt (CLXXXVII) (*7, 124*). Unter den üblichen Versuchsbedingungen läßt sich ferner nach BILHAM, KON und ROSS (*7*) bei der Einwirkung von Phosphorpentoxyd auf das Monoacetat (CLXXXV) Wasser abspalten. Es entsteht dabei der $\Delta^{12,13;18,19}$-2-Acetoxy-oleadien-28-säure-methylester (CLXXXVIII), der erstmals von RUZICKA, GROB

und van der Sluys-Veer (*125*) durch Oxydation des Acetyl-oleanolsäure-
methylesters (LVII, S. 21) mit Selendioxyd erhalten worden war.

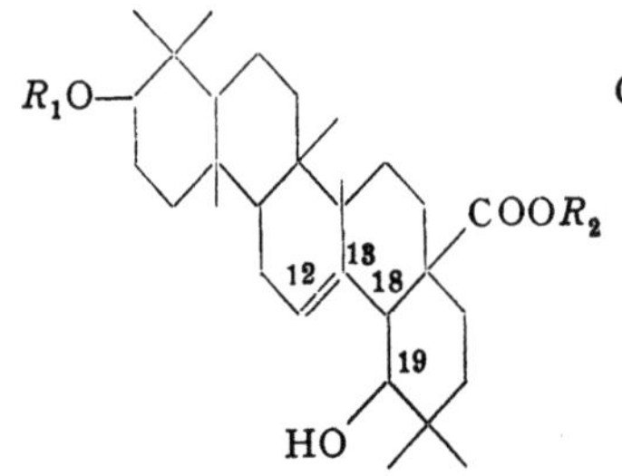

(CLXXXIV.) Siaresinolsäure. $R_1 = R_2 =$ H.
(CLXXXV.) $R_1 =$ CH$_3$CO.
$\qquad R_2 =$ CH$_3$.

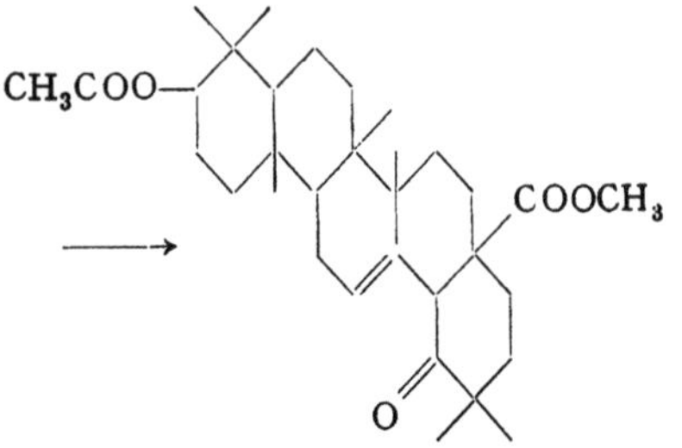

(CLXXXVI.)

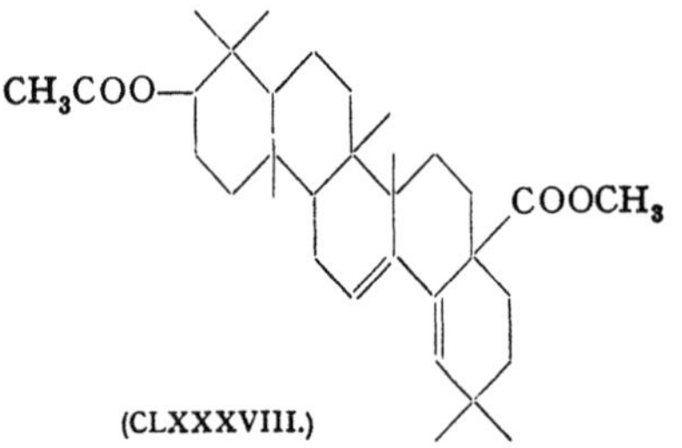

(CLXXXVIII.)

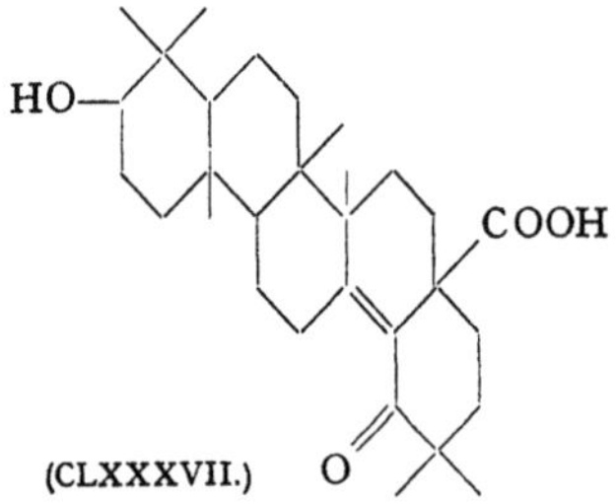

(CLXXXVII.)

Germanicol $C_{30}H_{50}O$ ist ein sekundärer, mit dem β-Amyrin isomerer
Alkohol; seine Eingliederung in die β-Amyrin-Oleanolsäure-Gruppe gelang David (*19*), der bei der Oxydation des Germanicolacetats mit Selendioxyd das $\Delta^{12,13;18,19}$-2-Acetoxy-oleadien (CII, S. 28) erhielt. Demnach
kommen für das Germanicol nur drei Strukturformeln in Betracht:
(CLXXXIX) mit dem Oleanangerüst und einer Doppelbindung zwischen
den C-Atomen 18 und 19; oder (CXC) mit derselben Lage der Doppelbindung, aber entgegengesetzter Konfiguration der Verknüpfungsstelle 13
und schließlich (CXCI), welche vom β-Amyrin (XCVII, S. 28) in der
Konfiguration der Verknüpfungsstelle der Ringe D und E (C-Atom 18)
verschieden ist.

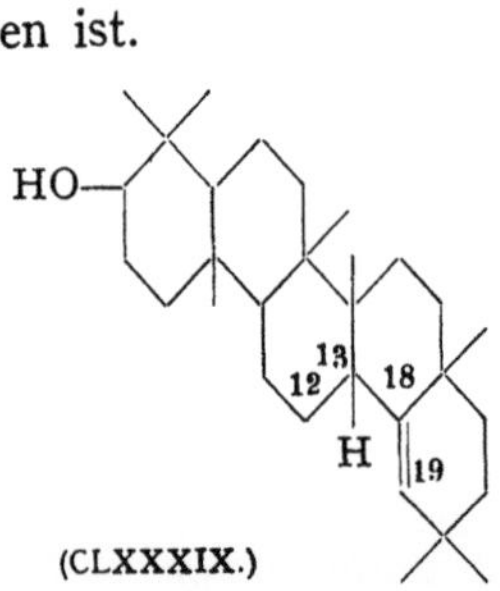

(CLXXXIX.)

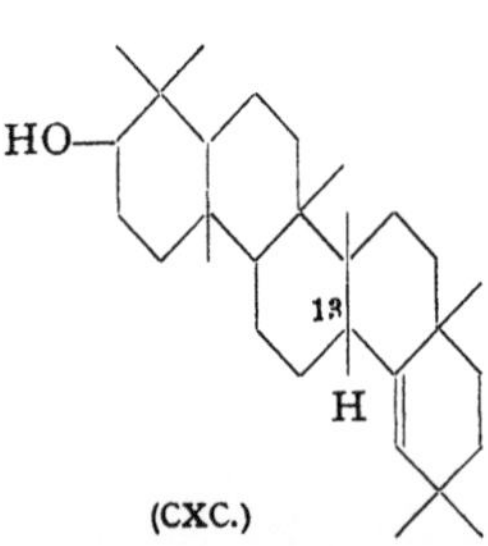

(CXC.)

(CXCI.)

(CXCII.)

Basseol. Im Zusammenhang mit der pentacyclischen β-Amyrin-Oleanolsäure-Gruppe soll noch der tetracyclische, zweifach ungesättigte Alkohol Basseol $C_{30}H_{50}O$ besprochen werden. Nach Untersuchungen von HEILBRON und Mitarbeitern (*5, 47*) enthält das Basseol je eine reaktionsträge und eine reaktionsfähige Doppelbindung, wobei die letztere auf Grund von Oxydationsversuchen mit einer Methylengruppe endigt. Von großem Interesse ist die Einwirkung von Säuren auf das Basseolacetat, welche zur Cyclisation dieser Verbindung und Bildung des β-Amyrinacetats führt. An Hand der besprochenen Reaktionen und der bekannten Konstitution des β-Amyrins kann für das Basseol z. B. die Struktur (CXCII) in Erwägung gezogen werden. Zu einem Beweis der Konstitution muß diese anscheinend schwer zugängliche Verbindung noch weiter untersucht werden (*44, 188*).

2. α-Amyrin-Ursolsäure-Gruppe.

Das Kohlenstoffgerüst (CXCIII) der Verbindungen der α-Amyrin-Ursolsäure-Gruppe ist ebenso wie dasjenige der β-Amyrin-Oleanolsäure-Gruppe (CXCIV) vollständig sichergestellt. Die nachfolgend besprochenen Abbaureaktionen zeigten, daß sich die beiden Kohlenstoffgerüste nur durch die Lage einer Methylgruppe unterscheiden. Dagegen ist es noch nicht bekannt, wie weit die beiden Gruppen auch konfigurativ übereinstimmen.

(CXCIII.)

(CXCIV.)

Über die gegenseitigen Beziehungen und die Konstitution der bekannten Vertreter der α-Amyrin-Ursolsäure-Gruppe orientieren die Tabellen 4 und 5 sowie das Gerüst (CXCIII). Sämtliche Verbindungen

weisen eine Hydroxylgruppe am Kohlenstoffatom 2 und eine Doppelbindung zwischen den C-Atomen 12 und 13 im Ringe C auf. Über die
Lage der weiteren Sauerstoff-Funktionen bei verschiedenen Vertretern der
Gruppe ist man zur Zeit noch nicht vollständig orientiert. Man weiß
jedoch, daß diese Funktionen nur an den in der Formel (CXCIII) mit
fetten Punkten bezeichneten Stellen des Gerüsts liegen können.

Tabelle 4. Einige Beziehungen von Vertretern der α-Amyrin-
Ursolsäure-Gruppe.

α-Amyrin ($C_{30}H_{50}O$)

Ursolsäure ($C_{30}H_{48}O_3$)

β-Boswellinsäure ($C_{30}H_{48}O_3$)

Brein ($C_{30}H_{50}O_2$) $\longrightarrow$ epi-α-Amyrin ($C_{30}H_{50}O$)

Uvaol ($C_{30}H_{50}O_2$)

Tabelle 5. Struktur der Vertreter der α-Amyrin-Ursolsäure-Gruppe.
(Die Zahlen bezeichnen Kohlenstoffatome.)

Verbindung	Doppelbindung	Oxygruppe	Säuregruppe
α-Amyrin	12, 13	2	
β-Boswellinsäure	12, 13	2	23 (oder 24)
Brein	12, 13	2, 21 oder 22	
Ursolsäure....................	12, 13	2	28 (?)
Uvaol.......................	12, 13	2, 28 (?)	

Nomenklatur. Analog wie in der β-Amyrin-Oleanolsäure-Gruppe kann man
für die Umwandlungsprodukte der α-Amyrin-Ursolsäure-Gruppe eine rationelle
Nomenklatur verwenden, die von der Bezeichnung Ursan für den noch unbekannten
gesättigten Kohlenwasserstoff ausgeht.

Vorkommen und Isolierung. Über das *α-Amyrin* und die *β-Boswellinsäure*
wurde bereits zusammen mit den Verbindungen der β-Amyrin-Oleanolsäure-Gruppe
berichtet (vgl. S. 19). Das *Brein* kommt im Manila-Elemiharz vor. Es kann
aus den Mutterlaugen von der Gewinnung der Amyrine in Form einer Additions-
verbindung mit dem Sesquiterpenalkohol Elemol isoliert werden. Diese läßt sich
chromatographisch oder durch Kochen mit Acetanhydrid in ihre Bestandteile
trennen (13). In letzterem Fall erhält man das Brein-diacetat.

Die *Ursolsäure* wurde in verschiedenen Pflanzen aufgefunden, vorwiegend in
veresterter Form als Bestandteil des wachsartigen Überzuges von Blättern und
Früchten. Sie wird vorteilhaft aus den Apfelschalen gewonnen (*182*). Das *Uvaol*
kommt in freier Form zusammen mit der Ursolsäure in der Bärentraube
(*Aretostaphylos uva ursi* L.) vor.

Die *Abbauversuche*, die zur Konstitutionsaufklärung des Kohlenstoffgerüstes der α-*Amyrin-Ursolsäure-Gruppe* dienten, wurden ausschließlich
am α-Amyrin selbst durchgeführt.

(CXCV.) α-Amyrin. $R = H$.
(CXCVI.) $R = CH_3CO$.
(CXCVII.) $R = C_6H_5CO$.

(CXCVIII.)

(CC.)

(CIC.)

(CCI.)

(CCII.) $R = H$.
(CCIII.) $R = CH_3$.

α-Amyrin $C_{30}H_{50}O$ (CXCV). Bei Versuchen, den in der β-Amyrin-Oleanolsäure-Gruppe erfolgreichen Abbau des Ringes C auf das α-Amyrin zu übertragen, stieß man zuerst wegen der Reaktionsträgheit der in diesem Ringe liegenden Doppelbindung auf große Schwierigkeiten. Die verschiedenen Oxydationsreaktionen führten immer zu pentacyclischen Produkten. Schließlich gelang es MEISELS, JEGER und RUZICKA (84), auf einem Umwege den Ring C im α-Amyrin zu öffnen.

Nach RUZICKA, JEGER, REDEL und VOLLI (148) erhält man bei der Ozonisation des α-Amyrinacetats (CXCVI) das 2-Acetoxy-ursen-12,13-epoxyd (CXCVIII), welches durch Säuren leicht zu einer Carbonyl-

verbindung (CIC) isomerisiert wird. Die letztere Verbindung lieferte
nun bei der Oxydation mit rauchender Salpetersäure eine amorphe,
tetracyclische Acetoxy-dicarbonsäure (CC), die über das kristalline
Anhydrid $C_{32}H_{50}O_5$ (CCI), die Oxy-dicarbonsäure (CCII) und den Oxy-
dicarbonsäure-dimethylester (CCIII) in den Keto-dicarbonsäure-dimethylester (CCIV) umgewandelt wurde.

In Anlehnung an die im Abschnitt der β-Amyrin-Oleanolsäure-Gruppe
ausführlich besprochenen Beispiele wurde das Abbauprodukt (CCIV)
thermisch gespalten. Durch katalytische Hydrierung der dabei entstehenden Ketoester (CCV) und (CCVI) bildete sich ein einheitlicher Oxy-
ester $C_{16}H_{28}O_3$ (CCVII), welcher mit einem auf analogem Wege aus der
Oleanolsäure gewonnenen Abbauprodukt $C_{16}H_{28}O_3$ identisch ist (LXXIII,
S. 23).

Daraus folgt, daß die beiden Reihen der pentacyclischen Triterpene
in den Ringen A und B identischen Bau aufweisen.

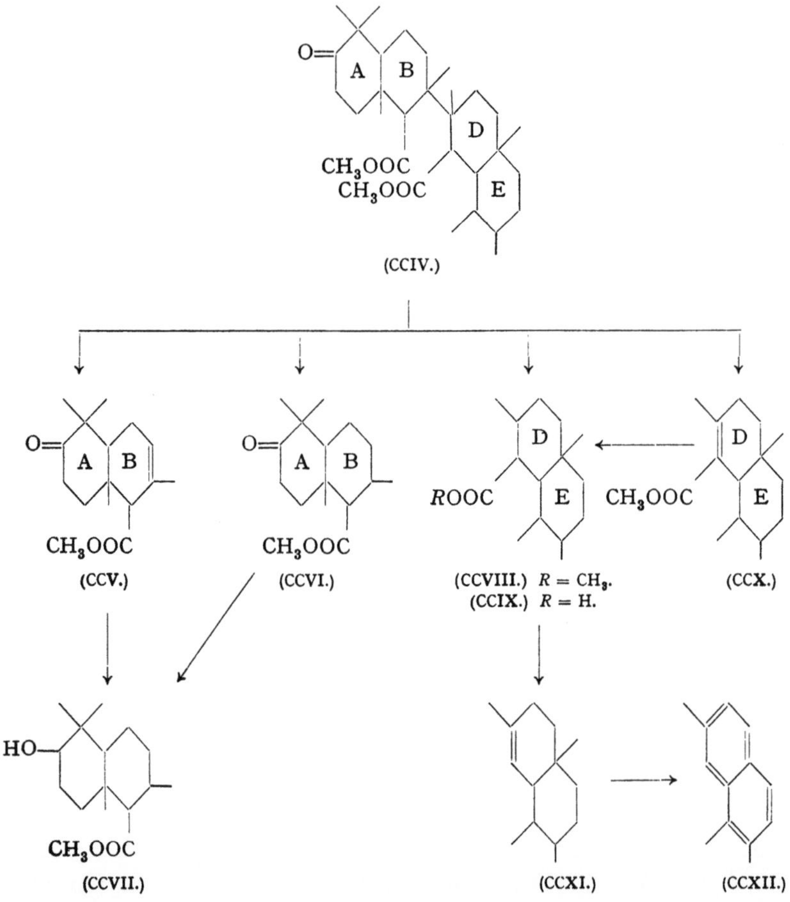

(CCIV.)

(CCV.) (CCVI.) (CCVIII.) $R = CH_3$. (CCX.)
(CCIX.) $R = H$.

(CCVII.) (CCXI.) (CCXII.)

Neben den Ketoestern wurde bei der pyrolytischen Zersetzung von (CCIV) ein Gemisch der bicyclischen Ester (CCVIII) und (CCX) (oder deren Isomeren mit anderer Lage der Doppelbindung) erhalten, in welchem die Ringe D und E des α-Amyrins enthalten sind. Dieses Gemisch ließ sich

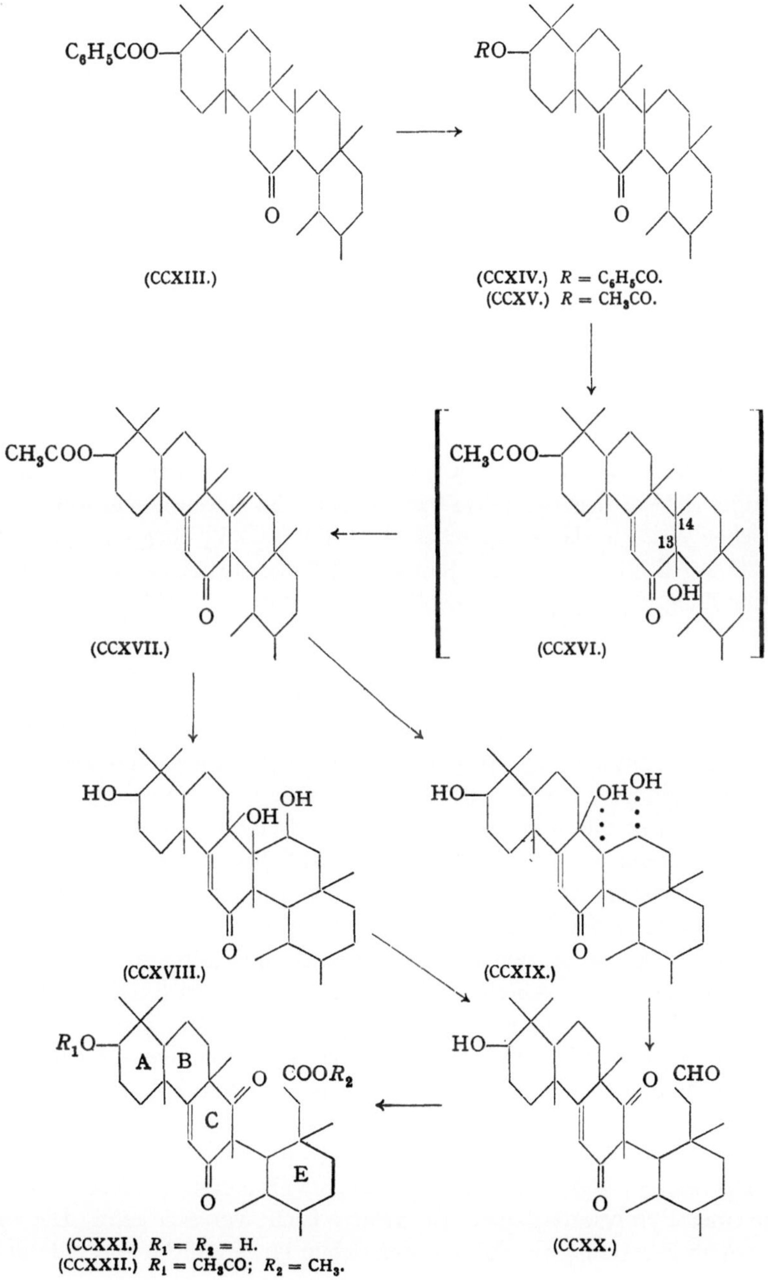

C_6H_5COO-

(CCXIII.)

$RO-$

(CCXIV.) $R = C_6H_5CO.$
(CCXV.) $R = CH_3CO.$

CH_3COO-

(CCXVII.)

CH_3COO-

14
13
OH

(CCXVI.)

$HO-$

OH
OH

(CCXVIII.)

$HO-$

OH OH

(CCXIX.)

R_1O-

A B

O $COOR_2$

C

E

(CCXXI.) $R_1 = R_2 = H.$
(CCXXII.) $R_1 = CH_3CO;\ R_2 = CH_3.$

$HO-$

O CHO

(CCXX.)

4*

katalytisch hydrieren zu einem Gemisch von gesättigten Stereoisomeren
(CCVIII). Die entsprechende Säure (CCIX) lieferte bei der Dehydrierung
mit Selen Kohlenwasserstoffe, aus welchen ein ungesättigter Kohlenwasserstoff $C_{14}H_{24}$ (CCXI) und das 1,2,7-Trimethyl-naphthalin (Sapotalin) (CCXII) isoliert wurden. Durch Dehydrierung von (CCXI) entstand ebenfalls das 1,2,7-Trimethyl-naphthalin, wodurch der wichtige
Beweis erbracht wurde, daß die Bildung dieses aromatischen Kohlenwasserstoffs aus der Säure (CCIX) nicht auf die Reduktion der Carboxylgruppe zur Methylgruppe zurückzuführen ist.

Durch die Isolierung und Strukturaufklärung der bicyclischen Pyrolyseprodukte (CCVII) und (CCVIII) ist die Anordnung von 29 Kohlenstoffatomen des α-Amyringerüstes im Sinne der Formel (CXCV, S. 49)
gesichert worden. Das dreißigste Kohlenstoffatom ist als Methylgruppe
(C-Atom 28) an der Verknüpfungsstelle der Ringe D und E gebunden
und wurde daher bei der Dehydrierung der Säure (CCIX) zum Sapotalin
nicht erfaßt. Die Lage dieser Methylgruppe wurde von RUZICKA und
Mitarbeitern (*66, 168, 181*) bewiesen.

SEYMOUR, SHARPLES und SPRING (*189*) haben durch Umsetzung des
2-Benzoyloxy-12-oxo-ursans (CCXIII) mit 1 Mol Brom das α,β-unge-
sättigte $\Delta^{10,11}$-2-Benzoyloxy-12-oxo-ursen (CCXIV) gewonnen, welches in
üblicher Weise in das entsprechende Acetat (CCXV) übergeführt wurde.
RUZICKA, RÜEGG, VOLLI und JEGER (*168*) haben später die letztgenannte
Verbindung ($C_{32}H_{50}O_3$) mit Selendioxyd oxydiert und erhielten dabei ein
Produkt $C_{32}H_{48}O_3$, dem die Konstitution (CCXVII) zukommt.

Es müssen daher bei der Bildung von (CCXVII) folgende Reaktionen
stattgefunden haben: Bei der Einwirkung von Selendioxyd auf das
$\Delta^{10,11}$-2-Acetoxy-12-oxo-ursen (CCXV) wird zuerst eine Hydroxylgruppe
am Kohlenstoffatom 13 eingeführt. Das so gewonnene unstabile Oxydationsprodukt (CCXVI) spaltet leicht Wasser ab, wobei unter Wanderung
der am Kohlenstoffatom 14 gebundenen Methylgruppe in die Stellung 13
die Verbindung (CCXVII) entsteht. Die auf diesem Wege zwischen die
Kohlenstoffatome 14 und 15 eingeführte Doppelbindung ermöglichte nun
die Aufspaltung des Ringes D im α-Amyrin.

Bei der Oxydation von (CCXVII) mit Osmiumtetroxyd entstand ein
Gemisch der stereoisomeren α-Glykole (CCXVIII) und (CCXIX), welche
bei der Behandlung mit Bleitetraacetat das gleiche tetracyclische Abbauprodukt $C_{30}H_{46}O_4$ (CCXX) lieferten. Durch Nachbehandlung mit Kaliumpermanganat ging schließlich die letztgenannte Verbindung in die ungesättigte Oxy-diketosäure $C_{30}H_{46}O_5$ über (CCXXI) (*181*), welche in den
entsprechenden Acetyl-methylester $C_{33}H_{50}O_6$ (CCXXII) verwandelt wurde.

Der weitere Abbau der tetracyclischen Verbindung (CCXXII) wurde
mit einer Pyrolyse begonnen, die relativ leicht vor sich geht. Die entstehenden Zersetzungsprodukte lassen sich in lauge-lösliche und unlösliche

Anteile trennen. Der neutrale Teil, ein ungesättigter, optisch aktiver Ester $C_{12}H_{20}O_2$, enthält den Ring E des α-Amyrins und besitzt die Konstitution (CCXXIII). Die entsprechende Säure (CCXXIV) lieferte bei der Oxydation mit Chromsäure die β-Methyl-tricarballylsäure (CCXXV) und das Oxylacton (CCXXVI). Die Methylgruppe der β-Methyl-tricarballylsäure entspricht dem gesuchten Kohlenstoffatom 28 des α-Amyrins.

Von Interesse ist noch der Abbau des Esters (CCXXIII) mit Ozon zum Keto-dicarbonsäure-dimethylester (CCXXVII) und die Oxydation dieser Verbindung mit Bromlauge zum 2-Methyl-hexan-1,2,5-tricarbonsäure-trimethylester (CCXXVIII) (*181*).

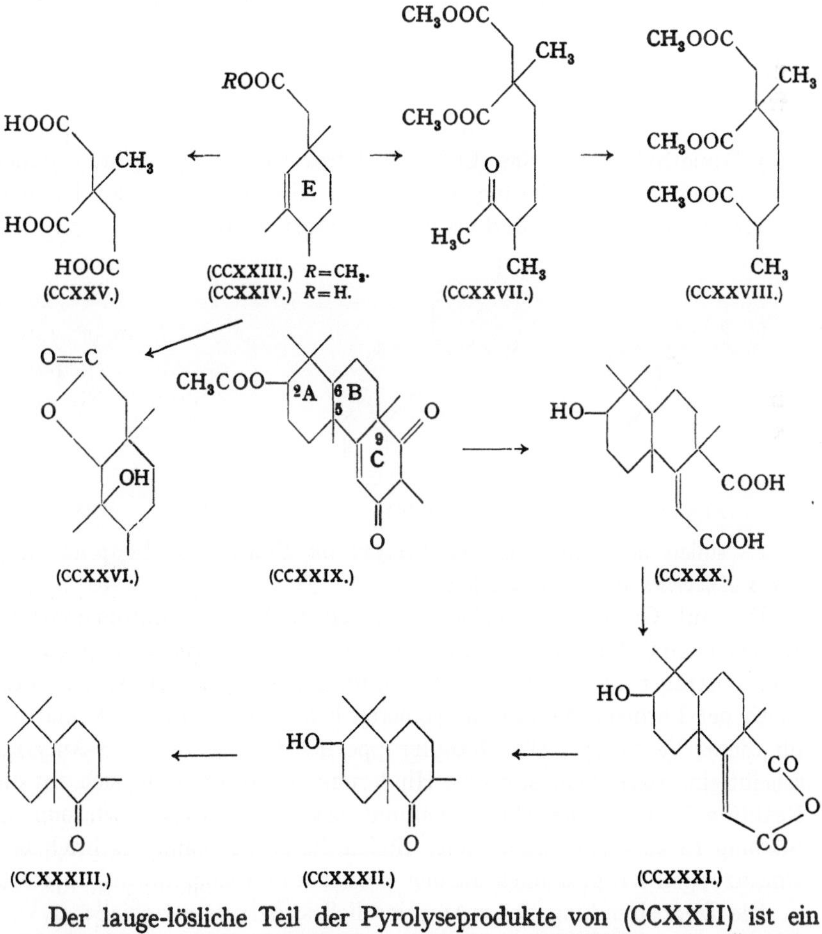

Der lauge-lösliche Teil der Pyrolyseprodukte von (CCXXII) ist ein ungesättigtes Acetoxy-β-diketon $C_{21}H_{30}O_4$ (CCXXIX). In Übereinstimmung mit ihrer angenommenen Konstitution lieferte diese Verbindung beim Abbau mit Bromlauge, unter Verlust von zwei Kohlenstoffatomen, eine bicyclische Oxy-dicarbonsäure (CCXXX), die in Form ihres

Anhydrids (CCXXXI) isoliert wurde. Durch Ozonisation der letzteren Verbindung und Verseifung entstand, unter Verlust von drei Kohlenstoff-atomen des Gerüstes, ein Oxyketon $C_{14}H_{21}O_2$ (CCXXXII). Dieses bicyclische, den Ringen A und B des α-Amyrins entsprechende Abbau-produkt kann durch Wasserabspaltung (Erhitzen des Benzoats) und katalytische Hydrierung der eingeführten Doppelbindung in das Keton (CCXXXIII) umgewandelt werden, welches im Zusammenhang mit synthetischen Versuchen von Interesse ist. (Die entsprechenden Arbeiten wurden bereits in Angriff genommen.)

Zwischen dem durch Abbaureaktionen endgültig abgeleiteten Kohlen-stoffgerüst des α-Amyrins und den Ergebnissen der Dehydrierung besteht ein gewisser Widerspruch. Auf Grund der bekannten Struktur sollte bei der Dehydrierung des α-Amyrins das 1,7,8-Trimethyl-picen (CCXXXV) entstehen*. Die Bildung des 1,8-Dimethyl-picens (CCXXXIV) sowie der Dehydrierungsprodukte der Ringe D und E, des 2,7-Dimethyl- und des 1,2,7-Trimethyl-naphthalins (CCXXXVI bzw. CCXII, S. 50), muß daher auf eine bei der Dehydrierung stattfindende Absprengung des am Kohlen-stoffatom 19 haftenden Methyls zurückgeführt werden.

(CCXXXIV.)   (CCXXXV.)   (CCXXXVI.)   (CCXII.)

Es sollen noch gewisse *Umsetzungen im Bezirke der Doppelbindung des α-Amyrins* erwähnt werden.

Die auf Grund von Abbaureaktionen und des Infrarotspektrums zwischen den C-Atomen 12 und 13 gefolgerte Doppelbindung ist bedeutend reaktionsträger als die analoge Doppelbindung des β-Amyrins. Der Ver-gleich der Formeln der beiden Isomeren liefert eine plausible Erklärung für dieses Verhalten. Die Methylgruppe in Stellung 19 des α-Amyrins scheint eine zusätzliche sterische Hinderung zu entfalten, die sich auf die Reaktionsfähigkeit der Doppelbindung, sowie des Wasserstoffatoms in Stellung 18 auswirkt. Demzufolge finden die nachstehend beschriebenen Umsetzungen hauptsächlich an den Kohlenstoffatomen 10 und 11 statt.

Die Doppelbindung des α-Amyrins ließ sich trotz verschiedener Ver-suche nicht entfernen, weder bei den üblichen Bedingungen der kataly-

---

* Man müßte allerdings noch genauer nachprüfen, ob das bei der Dehydrierung erhaltene, als 1,8-Dimethyl-picen angesprochene Produkt nicht doch das 1,7,8-Trimethylderivat ist.

tischen Hydrierung noch auf dem Umwege über gesättigte, sauerstoffhaltige Reaktionsprodukte. Als ein weiteres Beispiel der Abschirmung der Doppelbindung durch das Methyl am C-Atom 19 kann man die Einwirkung von Persäuren oder Wasserstoffperoxyd auf das α-Amyrinacetat (CXCVI, S. 49) erwähnen, wobei das unveränderte Ausgangsmaterial zurückgewonnen wird. Nach SEYMOUR, SHARPLES und SPRING (*189*) kann man dagegen bei der Umsetzung des α-Amyrinbenzoates (CXCVII), neben nicht untersuchten neutralen und sauren Oxydationsprodukten, in ca. 30%iger Ausbeute das bereits erwähnte 2-Benzoyloxy-12-oxo-ursan (CCXIII, S. 51) erhalten. Der Unterschied im Verhalten der beiden α-Amyrinester ist merkwürdig und schwer erklärbar.

Eine weitere gesättigte 12-Oxoverbindung (CIC, S. 49), welche sich vielleicht durch die entgegengesetzte Konfiguration am Kohlenstoffatom 13 unterscheidet, haben RUZICKA, JEGER, REDEL und VOLLI (*148*) beschrieben.

Die zur Doppelbindung des α-Amyrins α-ständige Methylen- und die β-ständige Methingruppe (Stellungen 11 und 10) wurden durch ähnliche Reaktionen erfaßt, wie die gleichen Kohlenstoffatome des β-Amyrins. Zu erwähnen ist hier die Oxydation des α-Amyrinacetats (CXCVI) mit Chromsäure zum $\Delta^{12,13}$-2-Acetoxy-11-oxo-ursen (CCXXXVII); ferner die Dehydrierung des Acetats (CXCVI) und des Benzoats (CXCVII, S. 49) mit Schwefel (*56*) oder N-Bromsuccinimid (*147*) zum $\Delta^{10,11;12,13}$-2-Acetoxy- bzw. -2-Benzoyloxy-ursadien (CCXXXIX) und (CCXL). Die letztere Verbindung kann auch durch Reduktion des α,β-ungesättigten Ketons (CCXXXVII) mit Natrium und Alkohol und anschließende Behandlung des Produktes mit Acetanhydrid gebildet werden (*198*). Schließlich entstehen bei der energischen Oxydation des 2-Acetoxy-12-oxo-ursans (CIC) und seines Enoldiacetats (CCXLI) mit Chromsäure unter Erhaltung des pentacyclischen Ringsystems die Enolform des 2-Acetoxy-11,12-dioxoursans (CCXLII) bzw. das Diacetat (CCXLIII) (*148*). Die erstere Verbindung wurde ferner im Gemisch mit einem α,β-ungesättigten Keton der Struktur (CCXLIV) (?) bei der Oxydation des $\Delta^{10,11;12,13}$-2-Acetoxyursadiens (CCXXXIX) mit Chromsäure gewonnen (*148*).

Zwei weitere interessante Reaktionen des α-Amyrins und des $\Delta^{10,11;12,13}$-2-Oxy-ursadiens (CCXXXVIII) ließen sich bisher nicht befriedigend erklären.

Nach VESTERBERG (*203*), sowie EWEN, GILLAM und SPRING (*35*) kann aus dem α-Amyrin (CXCV) und aus dem $\Delta^{10,11;12,13}$-2-Oxy-ursadien mit Phosphorpentoxyd leicht Wasser abgespalten werden. Aus α-Amyrin entsteht ein zweifach ungesättigter, von VESTERBERG als l-α-Amyradien bezeichneter Kohlenwasserstoff $C_{30}H_{48}$, aus der zweifach ungesättigten Verbindung (CCXXXVIII) ein Trien $C_{30}H_{46}$. Auf Grund des Ultraviolettspektrums sind die Doppelbindungen des l-α-Amyradiens auf zwei ver-

schiedene Ringe verteilt und konjugiert ($\lambda_{max.}$ bei 240 mμ; log $\varepsilon = 4,2$);
das Trien $C_{30}H_{46}$ enthält drei konjugierte Doppelbindungen ($\lambda_{max.}$ bei
295 mμ; log $\varepsilon = 4,6$). Da, wie wir heute wissen, die Doppelbindung und
die Hydroxylgruppe des α-Amyrins in zwei verschiedenen, durch quater-

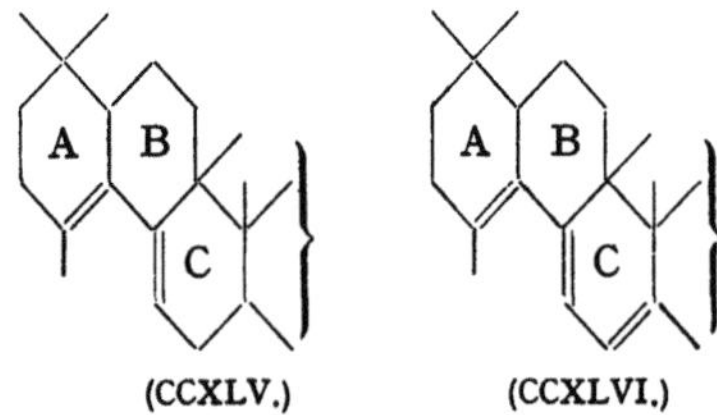

(CCXXXVII.)

(CCXXXVIII.) $R=H$.
(CCXXXIX.) $R=CH_3CO$.
(CCXL.) $R=C_6H_5CO$.

(CCXLII.) $R=H$.
(CCXLIII.) $R=CH_3CO$.

(CCXLIV.)

(CCXLI.)

näre Kohlenstoffatome begrenzten Teilbezirken des Moleküls gebunden
sind, müssen demnach bei der Wasserabspaltung mit Phosphorpentoxyd
Umlagerungen des Kohlenstoffgerüstes stattgefunden haben. Die
englischen Autoren (35) haben für das l-α-Amyradien die Teilformel
(CCXLV) und für das Trien $C_{30}H_{46}$ die Teilformel (CCXLVI) vorgeschlagen, welche noch nachgeprüft werden müssen.

(CCXLV.)

(CCXLVI.)

Es ist seit längerer Zeit bekannt, daß das Ergosterin und andere
Sterine, die ein ähnliches System konjugierter Doppelbindungen wie das
zweifach ungesättigte α-Amyrinderivat (CCXXXIX) besitzen, durch
Bestrahlung mit kurzwelligem Licht isomerisiert werden, indem der
Ring B des Steroidgerüstes unter Bildung eines Triens geöffnet wird.
Jeger, Redel und Nowak (65) haben deshalb das $\Delta^{10,11;12,13}$-2-Acetoxy-

ursadien (CCXXXIX) (λ_{max} bei 280 mμ; log $\varepsilon = 4{,}0$) mit ultraviolettem Licht behandelt. Es entstand dabei ein pentacyclisches „Lumi"-Isomeres. Das um ungefähr 60 mμ in den kurzwelligen Teil des Spektrums verschobene Maximum dieser Verbindung deutet auf eine Unterbrechung des im Ausgangsmaterial vorliegenden Chromophors hin. Es ist bemerkenswert, daß das „Lumi"-Isomere bei der Hydrierung ein gesättigtes Tetrahydroderivat liefert.

Brein. Das Brein ist ein Oxy-α-amyrin $C_{30}H_{50}O_2$ (CCXLVII), dessen zweite Hydroxylgruppe sehr wahrscheinlich im Ringe E, am Kohlenstoffatom 21 oder 22 gebunden ist. Folgende Reaktionen sprechen für eine solche Konstitution.

Bei der vorsichtigen Acetylierung des Breins erhielten Büchi, Jeger und Ruzicka (*13*) das 2-Monoacetat (CCXLVIII), das bei gelinder Oxy-

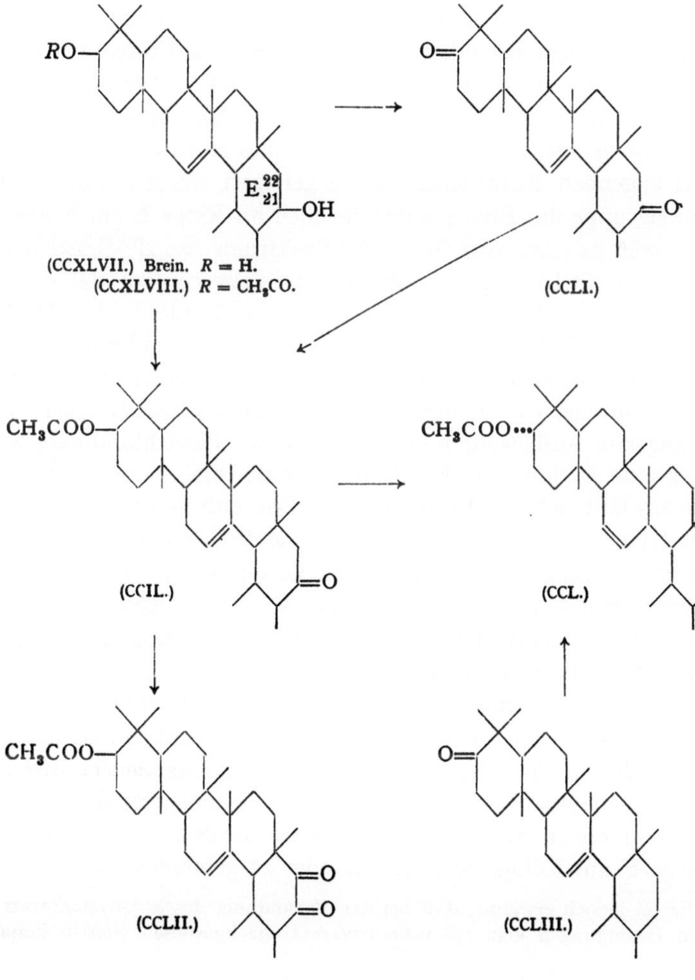

(CCXLVII.) Brein. $R = $ H.
(CCXLVIII.) $R = $ CH$_3$CO.

(CCLI.)

(CCIL.)

(CCL.)

(CCLII.)

(CCLIII.)

dation mit Chromsäure in ein bereits von Morice und Simpson (89) auf anderem Wege gewonnenes Acetoxyketon $C_{32}H_{50}O_3$ (CCIL) übergeht. Die Entfernung der Ketogruppe in der letzteren Verbindung gelang durch Reduktion nach Wolff-Kishner bei 250°. Aus den Reaktionsprodukten konnte, nach Reacetylierung, das epi-α-Amyrinacetat (CCL) isoliert werden, woraus die Zugehörigkeit des Breins zur α-Amyrin-Ursolsäure-Gruppe folgt.

Trotz der Isolierung des epi-α-Amyrinacetats bei der erwähnten Reduktion muß angenommen werden, daß im Brein die Hydroxylgruppe am Kohlenstoffatom 2 die gleiche Konfiguration wie im α-Amyrin besitzt und daß die Epimerisierung bei den energischen Versuchsbedingungen der Reduktion nach Wolff-Kishner stattgefunden hat*, und zwar aus folgenden Gründen: Da die katalytische Hydrierung des $\Delta^{12,13}$-2-Oxo-ursens (CCLIII) in saurem Medium erfahrungsgemäß ausschließlich α-Amyrin liefert und bei der partiellen Reduktion unter gleichen Bedingungen aus dem Breinderivat $\Delta^{12,13}$-2,21(oder 22)-Dioxo-ursen (CCLI) — nach Acetylierung des Reaktionsproduktes — das Acetoxyketon (CCIL) entsteht, ist die Übereinstimmung der Anordnung der Hydroxylgruppen am Kohlenstoffatom 2 im Brein und α-Amyrin wahrscheinlich.

Aus folgenden Reaktionen konnte gefolgert werden, daß die zweite Hydroxylgruppe des Breins wahrscheinlich im Ringe E am Kohlenstoffatom 21 oder 22 sitzt. Auf Grund des Spektrums des $\Delta^{12,13}$-2,21(oder 22)-Dioxo-ursens (CCLI) folgerten Morice und Simpson (89), daß die beiden Carbonylgruppen dieser Verbindung (also auch die·beiden Hydroxylgruppen des Breins) nicht in α- oder β-Stellung zueinander liegen. Weiter geht das Acetoxyketon (CCIL) mit Selendioxyd unter energischen Bedingungen in eine 1,2-Diketoverbindung $C_{32}H_{48}O_4$ (CCLII) über, die erst nach längerem Aufbewahren eine Färbung mit Ferrichlorid gab, was auf die langsame Bildung der Enolform hinweist (14).

Daraus läßt sich mit Vorbehalt schließen, daß neben der nicht lokalisierten Hydroxylgruppe des Breins eine Methylengruppe sitzt und daß in Nachbarstellung zur so abgeleiteten Gruppierung —CH(OH)—CH$_2$— eine Methingruppe liegt. Als Sitz einer solchen Gruppierung können nur die Ringe B (Kohlenstoffatome 6, 7 und 8) oder E (Kohlenstoffatome 20, 21 und 22) in Betracht kommen.

Da die analoge Gruppierung im Ringe B der Sumaresinolsäure außerordentlich leicht enolisiert (143), scheidet somit, auf Grund des großen Unterschiedes in der Geschwindigkeit der Bildung der Enolform, der Ring B des Breins als Sitz der gesuchten Gruppierung aus. Demnach kann angenommen werden, daß die zweite Hydroxylgruppe des Breins im Ringe E am Kohlenstoffatom 21 oder 22 gebunden ist.

---

* Es sei jedoch erwähnt, daß bei der Behandlung des α-Amyrinacetats unter gleichen Bedingungen kein epi-α-Amyrinacetat nachgewiesen werden konnte.

β-**Boswellinsäure** $C_{30}H_{48}O_3$ **(CCLIV).** RUZICKA und WIRZ (*178*) haben durch Umwandlung der Carboxylgruppe dieser Säure in ein Methyl das α-Amyrin gewonnen. Der Sitz der Carboxylgruppe ergab sich aus den Untersuchungen von SIMPSON und WILLIAMS (*195*, *196*), welche bei der Oxydation der β-Boswellinsäure mit Chromsäure unter Verlust eines Kohlenstoffatoms das $\Delta^{12,13}$-23 (oder 24)-nor-2-Oxo-ursen (CCLV) erhielten.

(CCLIV.) β-Boswellinsäure.   (CCLV.)

Ursolsäure $C_{30}H_{48}O_3$ **(CCLVI).** Die Zusammenhänge der Ursolsäure mit dem α-Amyrin entdeckte GOODSON (*38*), der durch Umwandlung des Carboxyls dieser Säure in eine Methylgruppe das α-Amyrin erhielt.

Trotz verschiedener Versuche ist es bisher nicht gelungen, die Lage des Carboxyls der Ursolsäure endgültig zu bestimmen. Versuche von EWEN und SPRING (*36*) weisen darauf hin, daß die Carboxylgruppe von der Doppelbindung nicht weit entfernt sein kann. Diese Autoren erhielten bei der Oxydation der Acetylursolsäure (CCLVII) mit Chromsäure ein Acetoxy-diketo-lacton $C_{32}H_{46}O_6$, dem die Struktur (CCLX) zukommen dürfte, ferner die α,β-ungesättigte $\Delta^{12,13}$-2-Acetoxy-11-oxo-ursen-28-säure (CCLIX). Die letztere Verbindung liefert beim Erhitzen in siedendem Chinolin ein zweifach ungesättigtes Decarboxylierungsprodukt, wohl das $\Delta^{12,13;17,18}$-28-nor-2-Acetoxy-11-oxo-ursadien (CCLXI). Unter gleichen Bedingungen erhielten REDEL (*104*) und BORTH (*11*) aus der Säure (CCLIX), statt des zweifach ungesättigten Abbauproduktes (CCLXI), ein einfach ungesättigtes Decarboxylierungsprodukt, in welchem die Doppelbindung nicht mehr mit der Ketogruppe konjugiert ist (vielleicht CCLXII).

In Anlehnung an die beim α-Amyrin beschriebenen Abbaureaktionen (S. 49) haben DREIDING, JEGER und RUZICKA (*30*) den Bindungsort der Carboxylgruppe der Ursolsäure weiter präzisiert. Ausgehend vom Benzoyl-ursolsäure-methylester (CCLVIII) ließ sich nach einer Reihe von Abbau-reaktionen das — früher schon aus dem α-Amyrin gewonnene — Oxy-keton $C_{14}H_{24}O_2$ (CCXXXII, S. 53) bereiten, welches die Methylgruppen 23, 24, 25 und 26 des α-Amyrins enthält. Für das gesuchte, sehr reaktions-träge Carboxyl der Ursolsäure kommen demnach nur noch die Atome 27, 28, 29 und 30 in Betracht. Von diesen vier Möglichkeiten lassen sich weiter auf Grund der Entstehung des 2,7-Dimethyl- und des 1,2,7-Trimethyl-naphthalins bei der Dehydrierung der Ursolsäure mit Selen (*26*) die C-Atome 27, 29 und 30 ausschließen. Das Carboxyl der Ursolsäure entspricht demnach wahrscheinlich dem Kohlenstoffatom 28 und besitzt somit eine analoge Lage wie das Carboxyl zahlreicher Triterpensäuren der β-Amyrin-Oleanolsäure-Gruppe.

Uvaol $C_{30}H_{50}O_2$ (CCLXIII a). ORR, PARKS, DUNKER und UHL (*95*) haben das Triterpendiol Uvaol durch Reduktion des Acetyl-ursolsäure-methyl-esters nach BOUVEAULT und BLANC gewonnen. Demnach entspricht die Oxymethylgruppe des Uvaols dem Carboxyl der Ursolsäure.

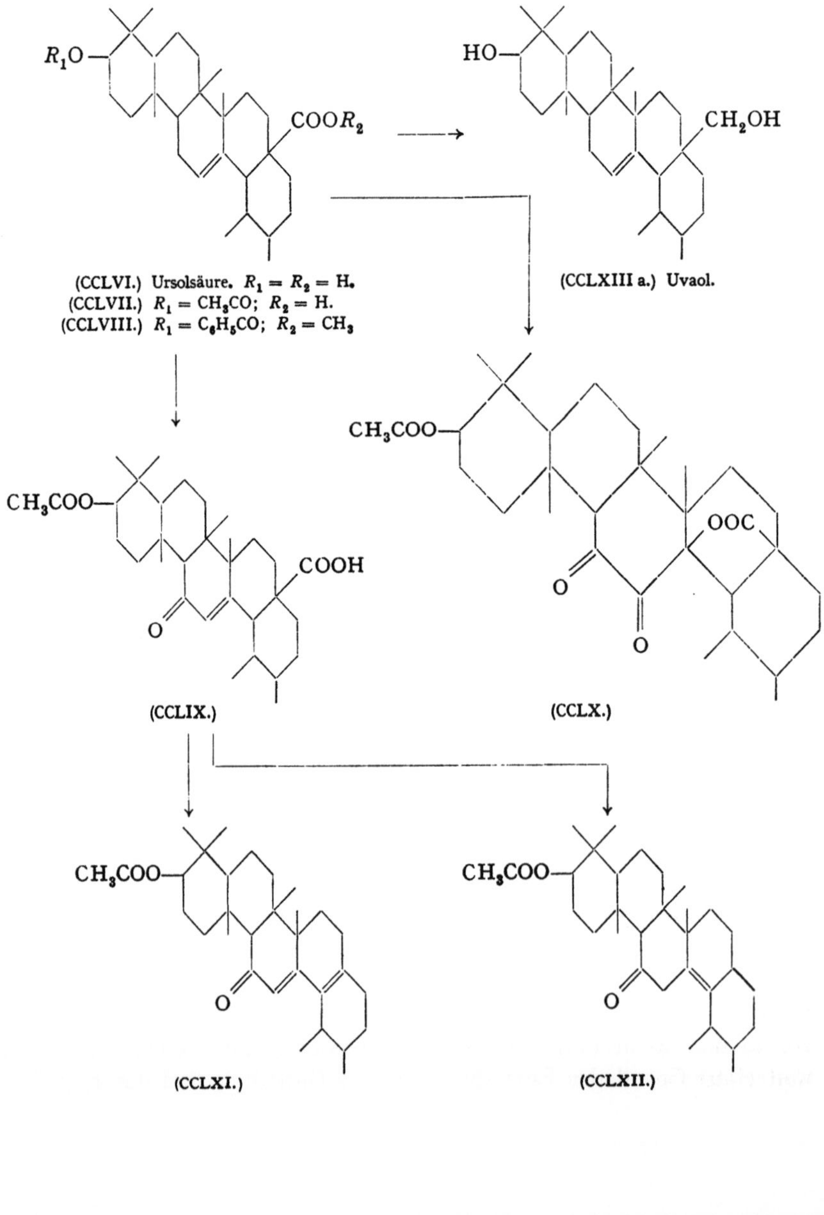

(CCLVI.) Ursolsäure. $R_1 = R_2 = H$.
(CCLVII.) $R_1 = CH_3CO$; $R_2 = H$.
(CCLVIII.) $R_1 = C_6H_5CO$; $R_2 = CH_3$

(CCLXIII a.) Uvaol.

(CCLIX.)

(CCLX.)

(CCLXI.)

(CCLXII.)

3. Lupeol- und Heterobetulin-Gruppe.

Die Lupeolgruppe konnte mit der Heterobetulin-Gruppe experimentell verknüpft werden. Auf Grund der dabei benützten Reaktionen kann man schließen, daß sich die beiden Unterklassen der Triterpene nur in der Struktur eines endständigen Ringes unterscheiden. Sie sollen deshalb hier zusammen behandelt werden.

Bisher sind drei Vertreter der *Lupeolgruppe* bekanntgeworden: Lupeol, Betulin und Betulinsäure. Die genannten Verbindungen enthalten eine reaktionsfähige, in einer Isopropenylgruppe liegende Doppelbindung und ein sekundäres Hydroxyl im Ringe A. Zur *Heterobetulin-Gruppe* gehören folgende fünf Triterpenverbindungen: Die einwertigen Alkohole ψ-Taraxasterol und Taraxasterol und die Diole Arnidiol, Faradiol und Heterobetulin. Während die ersten vier Verbindungen in der Natur vorkommen, wurde das Heterobetulin durch Isomerisierung des Betulins erhalten. Bei allen Vertretern der Heterobetulin-Gruppe wurde neben einem Hydroxyl im Ringe A eine leicht hydrierbare Doppelbindung aufgefunden. Diese befindet sich beim ψ-Taraxasterol, Heterobetulin und Faradiol in einem Ringe, während sie beim Taraxasterol und Arnidiol semi- oder extra-cyclisch liegt und mit einer Methylengruppe endigt.

Nomenklatur. Die rationelle Nomenklatur geht bei den Verbindungen der Lupeolgruppe vom gesättigten Kohlenwasserstoff Lupan, bei den Vertretern der Heterobetulin-Gruppe von dem entsprechenden Kohlenwasserstoff Heterolupan aus.

Vorkommen und Isolierung. *Lupeol* wurde erstmals aus den Samenschalen von *Lupinus luteus* isoliert (*80, 185*), später wurde es in zahlreichen Pflanzen aufgefunden, in denen es teils in freier Form, teils mit Zimtsäure oder Essigsäure verestert vorkommt. Zur Gewinnung des Lupeols wird Bresk *(Alstonia costulata)* als Ausgangsmaterial empfohlen (*18*). *Betulin* ist das weiße Pigment der äußeren Schicht der Birkenrinde (*Betula alba* L.), wo es in freier Form vorliegt (*20, 187*). Es wurde ferner in verschiedenen anderen weißlichen Rindenarten nachgewiesen. Für präparative Gewinnung ist die Birkenrinde besonders geeignet. *Betulinsäure* wurde aus der Rinde von *Cornus florida* L. gewonnen, wo sie in freier Form vorkommt (*101*).

ψ-Taraxasterol wurde aus den unverseifbaren Teilen der Löwenzahnwurzeln (*Taraxacum officinale* Web.) erhalten (*16*). Das *Taraxasterol*, auch als α-*Lactucerol* bekannt, kommt in verschiedenen Compositen vor. Zur Gewinnung werden Löwenzahnwurzeln (*99*) sowie Blüten der römischen Kamille (*Anthemis nobilis* L.) empfohlen (*16*). *Arnidiol* und *Faradiol* kommen gemeinsam in den Arnikablüten (*Arnica montana* L.) und Huflattichblüten (*Tussilago farfara* L.) vor (*70, 71*). Zimmermann isolierte reines Arnidiol aus den Löwenzahnblüten und beschrieb zudem eine Methode zur Trennung der beiden Diole (*221, 222*).

Umwandlungsreaktionen. In Tabelle 6 (S. 62) findet man eine schematische Darstellung der wichtigsten Umwandlungsreaktionen, die zur Auffindung der Zusammenhänge zwischen den Vertretern der Lupeol- und Heterobetulingruppe führten.

Tabelle 6. Einige Zusammenhänge zwischen der Lupeol- und der Heterobetulin-Gruppe.

Betulin ($C_{30}H_{50}O_2$) → Allo-betulin ($C_{30}H_{50}O_2$) →		Heterobetulin ($C_{30}H_{50}O_2$)
↓		↓
Lupeol ($C_{30}H_{50}O$)	Heterolupen ($C_{30}H_{50}$) ←	ψ-Taraxasterol ($C_{30}H_{50}O$)
	↓	
Faradiol ($C_{30}H_{50}O_2$) →	Heterolupan ($C_{30}H_{52}$) ←	Taraxasten ($C_{30}H_{50}$)
	↑	↑
→ Betulinsäure ($C_{30}H_{48}O_2$)	Arnidiol ($C_{30}H_{50}O_2$)	Taraxasterol ($C_{30}H_{50}O$)

Durch Umwandlung der Oxymethylgruppe des Diols *Betulin* $C_{30}H_{50}O_2$ in eine Methylgruppe haben RUZICKA und BRENNER (*108*) den sekundären Triterpenalkohol *Lupeol* $C_{30}H_{50}O$ erhalten. Die *Betulinsäure* $C_{30}H_{48}O_3$ wurde durch Oxydation der Oxymethylgruppe des Betulins zu einer Carboxylgruppe gewonnen (*151*).

Das *Heterobetulin* wurde aus Betulin hergestellt, lange bevor es gelang, einen Naturstoff der Heterobetulin-Gruppe aufzufinden. SCHULZE und PIEROH (*187*) stellten fest, daß bei der Umsetzung des Betulins mit Ameisensäure die primäre Hydroxylgruppe sich an die Doppelbindung anlagert, unter Bildung eines cyclischen Oxyds. Der Oxydring des so gewonnenen, mit dem Betulin isomeren Allobetulins läßt sich nach DISCHENDORFER und GRILLMAYER (*21*) mit Benzoylchlorid wieder öffnen. Das entstehende Dibenzoat ist vom Betulindibenzoat verschieden und wurde als Heterobetulindibenzoat bezeichnet (*21*).

Auf analogem Wege wie bei der Umwandlung von Betulin in Lupeol haben LARDELLI, KRÜSI, JEGER und RUZICKA (*74*) aus dem Heterobetulin einen sekundären Triterpenalkohol $C_{30}H_{50}O$ bereitet, welcher nach seinen physikalischen Konstanten mit dem ψ-*Taraxasterol* identisch ist (*72*). ψ-Taraxasterol und *Taraxasterol* $C_{30}H_{50}O$ liefern bei der katalytischen Hydrierung das gleiche Dihydroderivat, Heterolupanol $C_{30}H_{52}O$, und unterscheiden sich demnach nur in der Lage der Doppelbindung (*73, 74*).

Nach ZIMMERMANN (*222*) weisen die isomeren Diole *Faradiol* und *Arnidiol* $C_{30}H_{50}O_2$ ebenfalls verschiedene Lage der Doppelbindung auf und unterscheiden sich zudem in der Konfiguration der einen (oder der beiden) sekundären Hydroxylen. Durch Reduktion des bereits von ZIMMERMANN beschriebenen, aus den beiden Diolen zugänglichen, gesättigten Diketons $C_{30}H_{48}O_2$ (nach WOLFF-KISHNER) erhielten JEGER und LARDELLI (*62*) das Heterolupan $C_{30}H_{52}$.

Lupeol. HEILBRON, KENNEDY und SPRING (*46*) haben bei der Ozonisation des Lupeolacetats (CCLXIV) die Bildung von Formaldehyd beobachtet und folgerten daraus, daß die Doppelbindung mit einer Methylengruppe endigt. Die Lage der Doppelbindung wurde auf folgende Art gesichert. Das α-Lupen (CCLXVI), das durch Reduktion des Ketons Lupenon-(2) (CCLXV) nach WOLFF-KISHNER erhalten werden kann (*46*),

enthält die Doppelbindung in der gleichen Lage wie das Lupeol. Nach
RUZICKA und ROSENKRANZ (*167*) liefert es bei der Oxydation mit Selendioxyd einen α,β-ungesättigten Aldehyd, das Lupenal (CCLXVII).
Dieses weist das gleiche Kohlenstoffgerüst wie das Ausgangsmaterial auf,
da es nach WOLFF-KISHNER in α-Lupen zurückverwandelt werden kann.
Über die Zwischenstufe des α-Ketoaldehyds nor-Lupanalon (CCLXVIII)
geht das Lupenal in die bis-nor-Lupansäure (CCLXIX) über.

Den entsprechenden Methylester (CCLXX) haben RUZICKA, HUBER
und JEGER (*136*) nach der Methode von BARBIER-WIELAND weiter abgebaut. Es entstand dabei das tris-nor-Lupanon $C_{27}H_{44}O$ (CCLXXI),
dessen Carbonylgruppe stark gehindert ist. Aus diesen Versuchen konnte
abgeleitet werden, daß das Lupeol eine Isopropenylgruppe enthält, die
an einem tertiären Ring-Kohlenstoffatom sitzt.

Auf Grund von Abbaureaktionen im Bezirke der Doppelbindung, von
Umsetzungen der sekundären Hydroxylgruppe sowie auf Grund von
Dehydrierungsergebnissen konnte man vermuten, daß das Lupeol in den
Ringen A, B, C und D die gleiche Anordnung der Kohlenstoffatome und
identische Konfiguration der Ringverknüpfungsstellen besitzt wie die
zahlreichen Vertreter der β-Amyrin-Oleanolsäure-Gruppe. AMES und
JONES (*1*) gelang tatsächlich eine elegante und eindeutige Bestätigung
dieser Hypothese. Durch Einwirkung von Schwefelsäure in Eisessig-
Benzol-Lösung auf das Lupenon (CCLXV) haben die Autoren ein

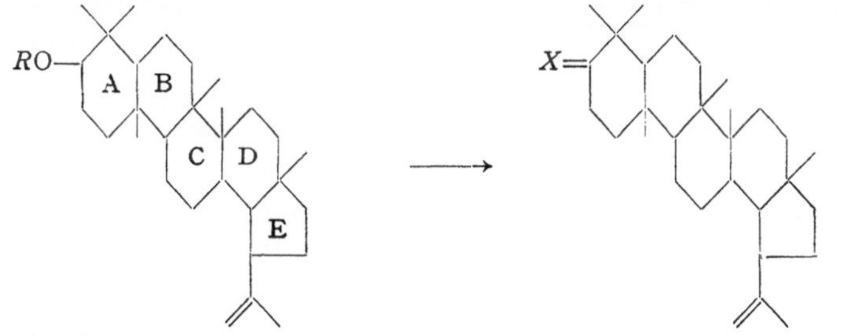

(CCLXIII.) Lupeol. $R = H$.
(CCLXIV.) $R = CH_3CO$.

(CCLXV.) Lupenon. $X = O$.
(CCLXVI.) α-Lupen. $X = H_2$.

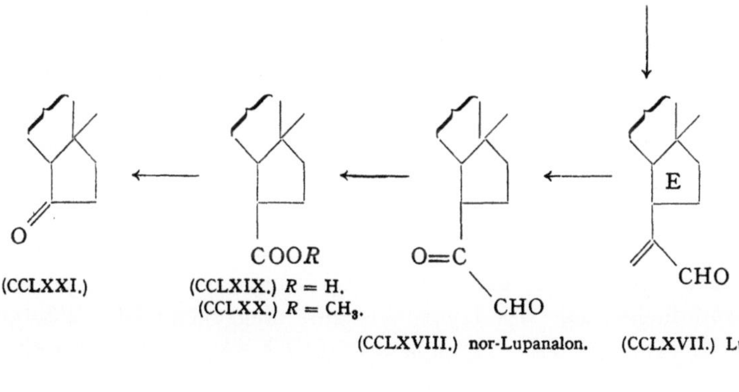

(CCLXXI.)

(CCLXIX.) $R = H$.
(CCLXX.) $R = CH_3$.

(CCLXVIII.) nor-Lupanalon.   (CCLXVII.) Lupenal.

isomeres Keton (CCLXXII) erhalten, welches durch Reduktion nach Wolff-Kishner in einen ungesättigten Kohlenwasserstoff $C_{30}H_{50}$ (CCLXXIII) umgewandelt wurde. Dieser erwies sich mit einem von Winterstein und Stein (*216*) beschriebenen, durch Reduktion von $\Delta^{12,13}$-2-Oxo-oleanen (CCLXXIV) nach Clemmensen zugänglichen Kohlenwasserstoff β-Amyren-III als identisch.

Da bei der Dehydrierung mit Selen aus Lupeol 1,5,6-Trimethyl-2-oxynaphthalin und 1,2,5,6-Tetramethyl-naphthalin entstehen (S. 15), ist der Sitz des sekundären Hydroxyls am Kohlenstoffatom 2 im Ringe A

(CCLXXII.) $X = O$.
(CCLXXIII.) $X = H_2$.

(CCLXXIV.)

lokalisiert worden. Die Lage dieses Hydroxyls konnte weiter durch eine Reihe von Abbaureaktionen bewiesen werden, denen das Dihydroderivat des Lupeols, Lupanol (CCLXXV), unterworfen wurde. Letzteres liefert bei der Behandlung mit Phosphorpentachlorid unter Retro-pinakolinumlagerung und Ringverengung einen als γ-Lupen bezeichneten Kohlenwasserstoff $C_{30}H_{50}$ (CCLXXVIII) (*46*, *144*). Dessen Oxydation mit Osmiumtetroxyd und die Spaltung des so gewonnenen Diols (CCLXXIX) mit Bleitetraacetat ergab das C_{27}-Keton (CCLXXX) und Aceton. Bei energischer Oxydation des γ-Lupens mit Chromsäure entstand schließlich ein carbotricyclisches Tricarbonsäureanhydrid $C_{26}H_{40}O_5$ (CCLXXXI), welches noch die Ringe C, D und E des Lupeolskelettes enthält (*144*).

Die Identität der *Konfiguration* des sekundären Hydroxyls im Lupeol und in den beiden Amyrinen kann aus dem Vergleich der Verseifungsgeschwindigkeiten des Lupanol-2-acetats (CCLXXVI) und des epi-Lupanol-2-acetats (CCLXXXIII) mit den entsprechenden Daten für die Acetate der Epimerenpaare des α- und des β-Amyrins geschlossen werden. Das Acetat des epi-Lupanols war bedeutend schwerer verseifbar als das Lupanolacetat, in guter Übereinstimmung mit den Werten, die bei der Untersuchung der Amyrinester gefunden wurden (*92*, *126*).

Schließlich soll noch die *Wasserabspaltung* aus den epimeren Lupanolen-(2) erwähnt werden. Nowak, Jeger und Ruzicka (*92*) stellten fest, daß für den Verlauf der Wasserabspaltung mit Phosphorpentachlorid die räumliche Lage des Hydroxyls ausschlaggebend ist. Während bei der Umsetzung des Lupanols-(2) (CCLXXV) eine Retro-pinakolinumlagerung unter Ringverengung stattfindet (CCLXXVIII), führt die Einwirkung von Phosphorpentachlorid auf das epi-Lupanol-(2) (CCLXXXII) zum $\Delta^{2,3}$-Lupen (CCLXXXV). Der letztere ungesättigte Kohlenwasserstoff entsteht ferner bei der thermischen Spaltung der epimeren Benzoate (CCLXXVII) und (CCLXXXIV).

(CCLXXV.) $R = H.$
(CCLXXVI.) $R = CH_3CO.$
(CCLXXVII.) $R = C_6H_5CO.$

(CCLXXVIII.)

(CCLXXIX.)

(CCLXXXV.)

(CCLXXXI.)

(CCLXXX.)

(CCLXXXII.) $R = H.$
(CCLXXXIII.) $R = CH_3CO.$
(CCLXXXIV.) $R = C_6H_5CO.$

Betulin und Betulinsäure. Bereits oben wurde erwähnt, daß bei der Einwirkung von Ameisensäure auf das Betulin ein cyclisches Oxyd, das Allobetulin, gebildet wird. Da dabei die Doppelbindung und das primäre Hydroxyl des Betulins miteinander reagieren, kann angenommen werden, daß sie räumlich nahe stehen. Es sind noch weitere Versuche bekannt, welche für diese Annahme sprechen. So läßt sich die Betulinsäure, worin, wie oben gezeigt wurde, an Stelle der Oxymethylgruppe des Betulins ein Carboxyl vorliegt, mit Bromwasserstoff-Eisessig leicht lactonisieren (*101*). Ferner wird ein Abbauprodukt des Betulins, die bis-nor-2-Acetoxy-lupan-disäure, außerordentlich leicht in ein thermostabiles Anhydrid übergeführt (*163*).

Über den Bindungsort der primären Hydroxylgruppe des Betulins bzw. des Carboxyls der Betulinsäure orientiert eine Untersuchung der letzteren Verbindung. Die Ester der Betulinsäure sind ähnlich schwer verseifbar wie die Ester der Oleanolsäure oder der Ursolsäure. Es kann daher angenommen werden, daß das Carboxyl bei diesen Verbindungen an der gleichen Ringverknüpfungsstelle (oder doch an einer ähnlichen) gebunden ist. Für das Betulin ist deshalb die Strukturformel (CCLXXXVI), für die Betulinsäure (CCLXXXVII) in Betracht zu ziehen.

(CCLXXXVI.) $R = CH_2OH$.
(CCLXXXVII.) $R = COOH$.

Heterobetulin. Über das Kohlenstoffgerüst der Verbindungen der Heterobetulin-Gruppe sind wir noch wenig orientiert. Da an der Umwandlung des Betulins in das Heterobetulin die sekundäre Hydroxylgruppe nicht teilnimmt, läßt sich annehmen, daß sich die beiden isomeren Triterpene nur in der Struktur des Ringes E unterscheiden. Für das Heterobetulin können mit Vorbehalt die Formeln (CCLXXXVIII) oder (CCLXXXIX) zur Diskussion gestellt werden.

(CCLXXXVIII.) (CCLXXXIX.)

4. Nicht völlig aufgeklärte pentacyclische Triterpene.

Von den nachfolgend besprochenen Verbindungen konnte die Konstitution noch nicht vollständig geklärt werden; sie ließen sich jedoch auf Grund der Bruttoformel und der Dehydrierungsergebnisse in die Reihe der Triterpene eingliedern.

Aescigenin $C_{30}H_{48}O_5$ ist das Aglucon des Saponins Aescin aus den Samen der Roßkastanie (*Aesculus hippocastanum* L.) (*213*). RUZICKA, BAUMGARTNER und PRELOG (*106, 107*) haben das Aescigenin eingehend untersucht.

Bei der Dehydrierung des Aescigenins konnten folgende, für die Triterpene charakteristische Produkte nachgewiesen werden: 1,8-Dimethyl-picen, 1,2,6-Trimethyl-phenanthren, 1,2,5,6-Tetramethyl-naphthalin, 1,2,5-Trimethyl-naphthalin, 1,5,6-Trimethyl-2-oxy-naphthalin, 2,7-Di-methyl-naphthalin und ein Kohlenwasserstoff $C_{26}H_{26}$ (wahrscheinlich ein Homologes des Dinaphthyläthans). Aus den Ergebnissen der Dehydrierung und zahlreicher Abbauversuche geht hervor, daß die Kohlenstoffgerüste des Aescigenins und der beiden Amyrine nahe verwandt sind.

Aescigenin besitzt eine nicht hydrierbare Doppelbindung, die mit Phthalmonopersäure nachgewiesen wird. Von den fünf Sauerstoffatomen liegen vier als primäre oder sekundäre Hydroxyle vor; eines davon ist im Ringe A am Kohlenstoffatom 2 gebunden. Aus der Bildung von cyclischen Acetalen kann gefolgert werden, daß je zwei Hydroxylgruppen wahrscheinlich in 1,2- oder 1,3-Stellung zueinander liegen.

Das fünfte O-Atom des Aescigenins ist auf Grund des Infrarotspektrums ein Äther-Sauerstoff. Durch die Umsetzung des Aescigenintetraacetats mit ätherspaltenden Reagenzien ließ sich auch auf chemischem Wege zeigen, daß das Aescigenin einen Oxydring enthält. Die Öffnung desselben führte zu Verbindungen, welche auch eine Orientierung über die Lage des Oxydringes im Kohlenstoffgerüst gaben. Für das Aescigenin wurde darnach die Strukturformel (CCXC) zur Diskussion gestellt.

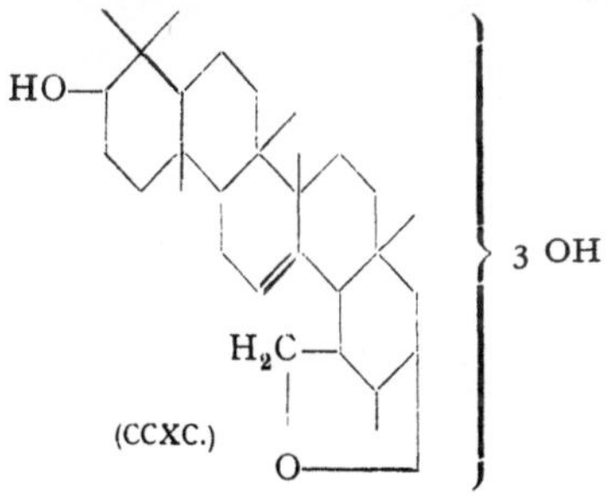

Bassiasäure $C_{30}H_{46}O_5$ kommt als Glykosid in Samen zahlreicher Bassia-Arten vor. In reiner Form wurde sie erstmals von VAN DER HAAR aus den Samen der *Mimusops elengi* L. und *Achras sapota* L. isoliert (*41, 42*). Zur präparativen Gewinnung eignet sich *Bassia longifolia* (*50*).

Nach Untersuchungen von KON und Mitarbeitern (*49, 50*) ist die Bassiasäure eine zweifach ungesättigte, pentacyclische Trioxy-triterpensäure und wahrscheinlich ein Vertreter der β-Amyrin-Oleanolsäure-Gruppe. Eine experimentelle Verknüpfung der Bassiasäure mit dieser Gruppe ist indessen noch nicht gelungen.

KON hat für die Bassiasäure die Formel (CCXCI) vorgeschlagen, wofür folgende Versuche sprechen. Bei der Dehydrierung mit Selen entstehen die typischen Produkte der pentacyclischen Triterpene:

2,7-Dimethyl- und 1,2,7-Trimethyl-naphthalin, 1,5,6-Trimethyl-2-oxy-naphthalin und 1,8-Dimethyl-picen.

Die beiden Doppelbindungen der Bassiasäure sind nicht konjugiert. Der Sitz der reaktionsträgen Doppelbindung und der Carboxylgruppe, die auf Grund der Bildung von Lactonen in β,γ- oder γ,δ-Stellung zueinander liegen müssen, wurde in Anlehnung an das Hederagenin angenommen. Die zweite Doppelbindung läßt sich durch Hydrierung und Bromaddition nachweisen.

Die drei Hydroxylgruppen der Bassiasäure sind im Ringe A gebunden. Auf Grund der Isolierung des Dehydrierungsproduktes 1,5,6-Trimethyl-2-oxy-naphthalin ist eine dieser Gruppen sekundär und liegt am Kohlenstoffatom 2 im Ringe A. Eine weitere OH-Gruppe befindet sich, auf Grund von Abbaureaktionen und Bildung eines Acetonylderivates, am C-Atom 23 oder 24. Die Lage des dritten Hydroxyls und im Zusammenhang damit der Sitz der reaktionsfähigen Doppelbindung wurde auf folgende Art bestimmt. Bei der Dehydrierung der Bassiasäure mit Kupfer-Bronze entsteht ein stark enolisiertes β-Diketon $C_{29}H_{40}O_4$. Dieses zeigt ein Absorptionsmaximum bei 323 mμ; log ε = 4,03, dessen Lage auf eine Gruppierung —C=C—C=C—CO— hinweist. Nach Heywood und

$$\overset{\displaystyle |}{\text{OH}}$$

Kon (49) findet bei der Bildung des β-Diketons eine Wanderung der reaktionsfähigen Doppelbindung der Bassiasäure von der 6,7- in die 1,6-Lage statt; dem β-Diketon kommt demnach die Struktur (CCXCII)

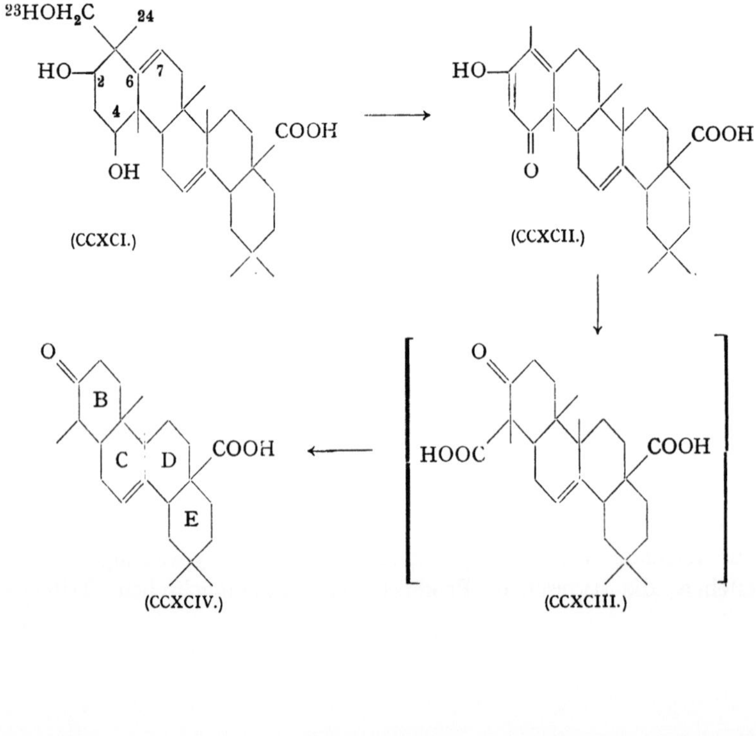

(CCXCI.)

(CCXCII.)

(CCXCIV.)

(CCXCIII.)

zu. Für eine solche Interpretation spricht auch der Abbau mit Chromsäure, wobei über die Zwischenstufe der unstabilen Keto-disäure (CCXCIII) eine tetracyclische Ketosäure (CCXCIV) entsteht, in welcher noch die Ringe B, C, D und E des Triterpens enthalten sind.

Chinovasäure $C_{30}H_{46}O_5$. Diese Säure kommt unter anderem als Glykosid in der Cinchonarinde vor (*79*). Sie ist eine einfach ungesättigte, pentacyclische Dicarbonsäure. Nur wenige der vollständig aufgeklärten Triterpenverbindungen wurden so eingehend untersucht wie diese Verbindung, deren Konstitution noch immer nicht eindeutig feststeht. Im Rahmen dieser Übersicht sollen nur diejenigen Abbaureaktionen der Chinovasäure besprochen werden, deren Ergebnisse zur Konstitutionsermittlung wichtig sind.

a) Dehydrierung. Bei der Dehydrierung mit Selen oder Palladium verhalten sich die Chinovasäure und die einbasische Brenzchinovasäure (welche durch Decarboxylierung der Chinovasäure leicht erhalten wird), nicht gleich wie die beiden Amyrine; es ließen sich dabei keine Naphthalinderivate nachweisen. WIELAND und Mitarbeiter (*207, 209*), sowie RUZICKA, GROB und ANNER (*123*) konnten im Dehydrierungsprodukt dieser Verbindungen in viel größerer Ausbeute als bei der Dehydrierung der Amyrine das 1,8-Dimethyl- und 1,2,8-Trimethyl-picen isolieren. Ferner wurden zwei isomere Kohlenwasserstoffe der Bruttoformel C_nH_n (bzw. $C_{24}H_{24}$?) gewonnen, deren Ultraviolettspektren auf das Vorliegen von Cyclopentanohexadekahydrochrysen-Derivaten hinweisen (*123*).

b) Sekundäre Hydroxylgruppe und deren Umgebung. Der Sitz des sekundären Hydroxyls der Chinovasäure im endständigen Ringe A am Kohlenstoffatom 2 wurde aus den Ergebnissen der Dehydrierung, die zum 1,2,8-Trimethyl-picen führte, geschlossen. Ferner ließen sich die im Bezirke der Hydroxylgruppe liegenden Kohlenstoffatome 1, 2, 3, 23 und 24 durch analoge Abbaureaktionen erfassen (*176, 209*) wie die entsprechenden Kohlenstoffatome des Lupeols (CCXCV bis CCC).

(CCXCV.)   (CCXCVI.)   (CCXCVII.)

(CCXCVIII.)   (CCIC.)   (CCC.)

Diese Versuche zeigen weiter, daß die Hydroxylgruppe der Chinovasäure mit dem Hydroxyl des Lupeols (also auch der beiden Amyrine) wahrscheinlich konfigurativ übereinstimmt.

c) Leicht abspaltbare Carboxylgruppe. Trotz zahlreicher Versuche ist es nicht gelungen, die Chinovasäure mit anderen Triterpenverbindungen experimentell zu verknüpfen. Sämtliche mit dieser Absicht begonnenen Arbeiten scheiterten infolge einer außerordentlich leichten, bei anderen Triterpenverbindungen nicht beobachteten Abspaltbarkeit einer der beiden tertiären Carboxylgruppen. So spaltet z. B. das Acetyl-chinovasäure-dichlorid unter solchen Bedingungen je 1 Mol Chlorwasserstoff und Kohlenoxyd ab, bei welchen die Chloride zahlreicher anderer Triterpensäuren vollständig stabil sind. Es war daher nicht möglich, daraus nach Rosenmund den entsprechenden Acetoxy-dialdehyd zu gewinnen. Statt dessen bildete sich bei der Reduktion ein zweifach ungesättigter nor-Acetoxy-aldehyd, dessen Doppelbindungen konjugiert sind und in zwei verschiedenen Ringen liegen (*157*).

Ein weiteres Beispiel der leichten Abspaltbarkeit einer Carboxylgruppe ist der Übergang der Chinovasäure in die Brenzchinovasäure (*79, 206*). Die Doppelbindung in der Brenzchinovasäure verhält sich verschieden von der ursprünglichen Doppelbindung der Chinovasäure, woraus mit Vorbehalt gefolgert werden kann, daß die Decarboxylierung mit einer Verschiebung der Doppelbindung verbunden ist. Eine solche leichte Abspaltbarkeit des Carboxyls, verbunden mit einer Verschiebung der Doppelbindung, wird bei der Decarboxylierung von β,γ-ungesättigten Säuren oft beobachtet*, was als ein Hinweis dienen kann, daß in der Chinovasäure die leicht abspaltbare Carboxylgruppe in der β,γ-Stellung zur Doppelbindung stehen könnte.

d) Ringe D und E. Beim Erhitzen der Chinovasäure mit Zinkchlorid findet eine Wasserabspaltung statt, wobei eine Lactonsäure, die *Novasäure*, entsteht, in welcher das leicht abspaltbare Carboxyl des Triterpens lactonisiert ist.

Nach Wieland und Mitarbeitern (*183, 184, 206* bis *208*) läßt sich die Novasäure durch Oxydation mit Chromsäure in ein 1,2-Diketo-dilacton, das Novachinon, überführen, welches bei der Umsetzung mit alkalischem Wasserstoffperoxyd in eine carbotetracyclische Dilacton-dicarbonsäure übergeht; in dieser ist der Ring C des pentacyclischen Kohlenstoffgerüstes geöffnet. Die Dilacton-dicarbonsäure wurde dann in einer Reihe von Abbaureaktionen zu einem carbobicyclischen Dilacton-dicarbonsäure-dimethylester $C_{22}H_{34}O_6$ (?) umgewandelt, welcher noch die Ringe A und B der Novasäure enthält (*184*). Aus den Ergebnissen dieser Abbaureihe läßt sich endgültig folgern, daß diejenige Carboxyl-

---

* Privatmitteilung von Professor R. T. Arnold.

gruppe der Chinovasäure, welche bei der Bildung der Novasäure nicht teilnimmt (b), am Kohlenstoffatom 17 an der Verknüpfungsstelle der Ringe D und E liegt (Teilformel CCCV), also an derjenigen Stelle, welche bei zahlreichen Triterpensäuren der β-Amyrin-Oleanolsäure-Gruppe das Carboxyl enthält.

Für die Ableitung einer Strukturformel der Chinovasäure sind weiter die Versuche von RUZICKA und ANNER (*105*) wichtig. Diese Autoren haben das Anhydrid der erwähnten Dilacton-dicarbonsäure thermisch gespalten und die Zersetzungsprodukte in neutrale und saure Teile getrennt. In den letzteren lagen zwei isomere ungesättigte Dicarbonsäuren der Bruttoformel $C_{14}H_{20}O_4$ vor, welche ein identisches Anhydrid $C_{14}H_{18}O_3$ lieferten, das bei der Dehydrierung mit Selen in 1,2-Dimethyl-naphthalin und ein aromatisches Anhydrid $C_{14}H_{10}O_3$ überging.

Ein bicyclisches Dehydrierungsprodukt $C_{14}H_{10}O_3$, welches mit großer Wahrscheinlichkeit ein Derivat des 1,2-Dimethyl-naphthalins ist, kann entweder aus den Ringen A und B oder aus den Ringen D und E der Chinovasäure entstehen und müßte somit im ersteren Fall die Formel (CCCI), im letzteren die Formel (CCCII) besitzen. Da das Dehydrierungsprodukt $C_{14}H_{10}O_3$ mit dem synthetischen 1,2-Dimethyl-naphthalin-5,6-dicarbonsäure-anhydrid (CCCI) nicht identisch ist (*142*), kann man annehmen, daß es die Konstitution (CCCII) aufweist*. Demnach kommen für die isomeren Pyrolyse-säuren die Strukturformeln (CCCIII) und (CCCIV) und somit für die Ringe D und E der Chinovasäure die Teilformel (CCCV) in Betracht. In der letzteren entspricht die Carboxylgruppe (a) dem leicht abspaltbaren Carboxyl der Chinovasäure, welches somit im Triterpengerüst am Kohlenstoffatom 14 an der Verknüpfungsstelle der Ringe C und D gebunden ist.

(CCCI.) (CCII.)

(CCCIII.) (CCCIV.) (CCCV.)

---

[1] Die Synthese dieses Anhydrids ist in unserem Laboratorium im Gange.

In den neutralen Pyrolyseprodukten des Dilacton-dicarbonsäure-
anhydrids lag ein Gemisch von isomeren bicyclischen Ketonen der
Zusammensetzung $C_{14}H_{22}O$ vor. Die Entstehung solcher Zersetzungsprodukte konnte nicht von vornherein vermutet werden; ihre Bildung
muß man deshalb auf eine Kohlendioxydabspaltung zurückführen.
Diese Ketone, welche nach den obigen Ausführungen den Ringen A und B
der Novasäure entsprechen, wurden bisher nur wenig untersucht. Aus
den bisherigen Ergebnissen geht jedoch eindeutig hervor, daß in ihnen
nur ein Ring aromatisiert werden kann, was durch Annahme einer Formel
wie (CCCVI) oder (CCCVII) plausibel erklärt wird.

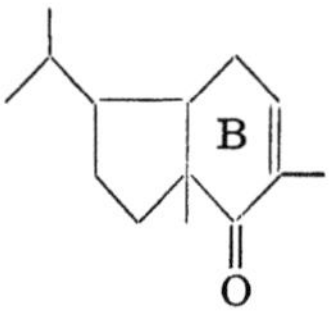

(CCCVI.) 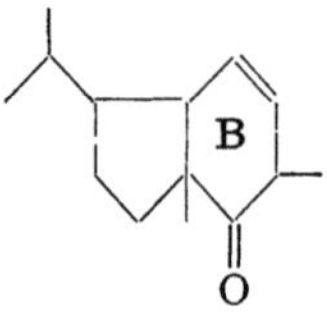   (CCCVII.)

Durch die soeben beschriebenen Abbaureaktionen wurde die Konstitution folgender Teile der Chinovasäure aufgeklärt oder wahrscheinlich
gemacht:

1. die Umgebung der sekundären Hydroxylgruppe;

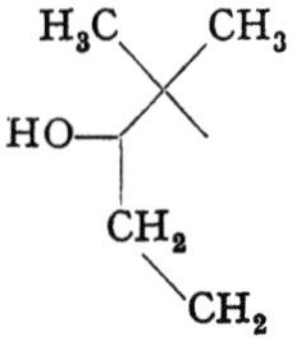

2. die gegenseitige Lage der Doppelbindung und des leicht abspaltbaren Carboxyls, welche wahrscheinlich in der folgenden Gruppierung
enthalten sind;

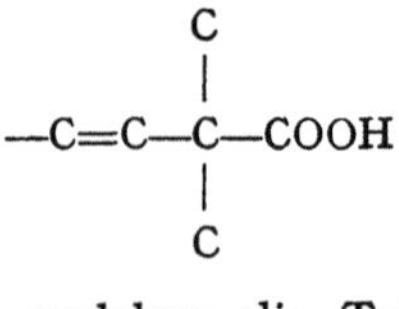

3. die Ringe D und E, welchen die Teilformel (CCCV) zukommt.

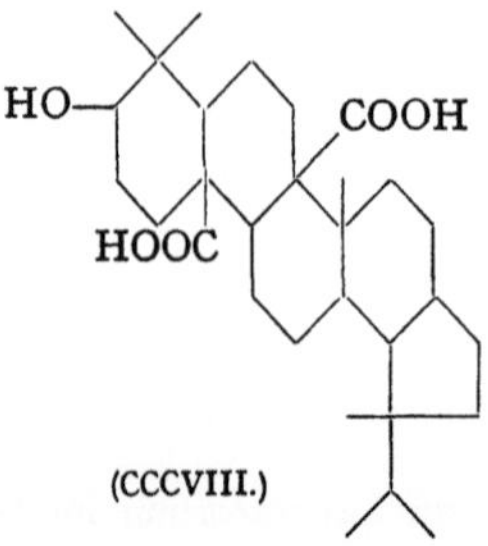

(CCCVIII.) 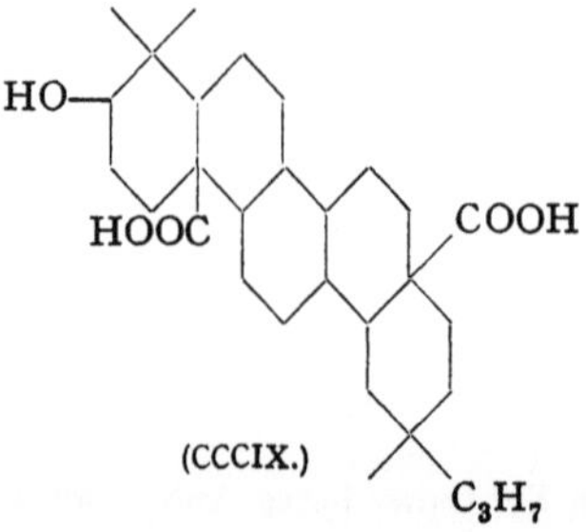   (CCCIX.)

Man sieht, daß diese Teilergebnisse mit den bisher arbeitshypothetisch angenommenen Formeln für die Chinovasäure, wie z. B. (CCCVIII) (*105*) oder (CCCIX) (*184*), nicht vereinbar sind. Sie lassen sich dagegen gut mit der Formel (CCCX), welche hier zur Diskussion gestellt wird, erklären, mit welcher auch andere, hier nicht erwähnte Reaktionen der Chinovasäure im Einklang stehen*. Demnach wäre die Chinovasäure eine $\Delta^{12,13}$-2-Oxy-ursen-27,28-dicarbonsäure.

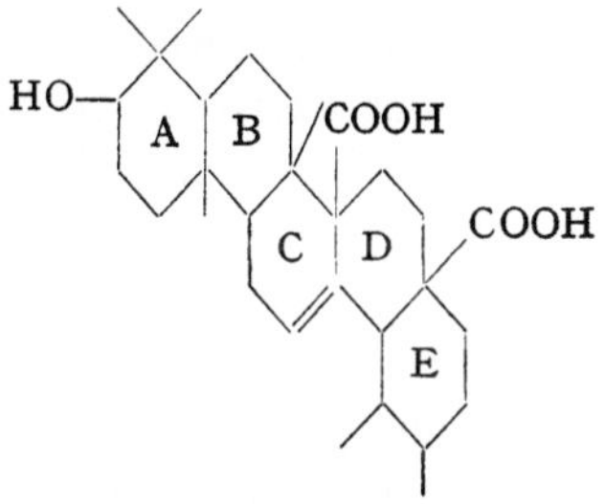

(CCCX.)

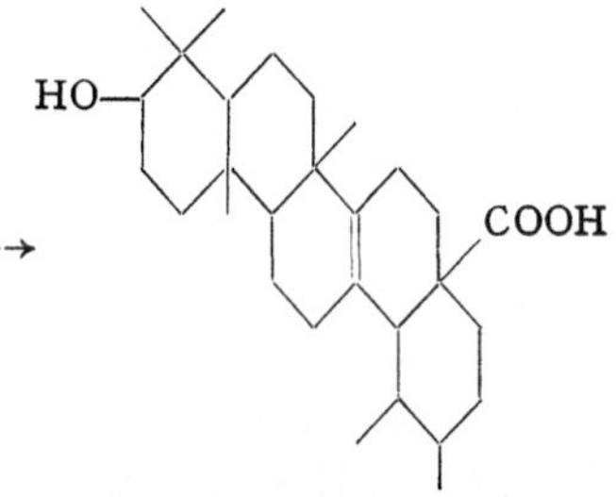

(CCCXI.)

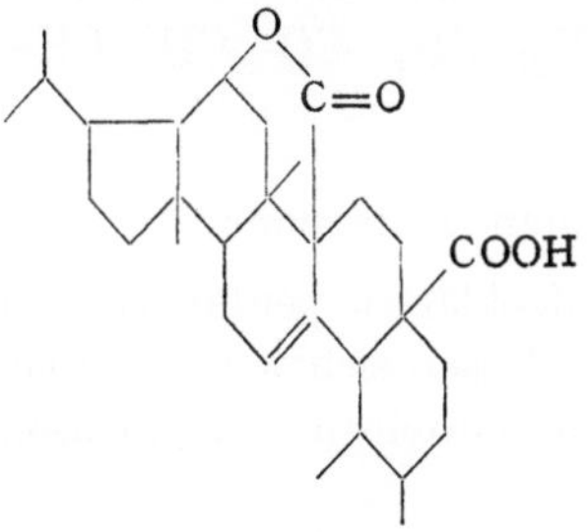

(CCCXII.)

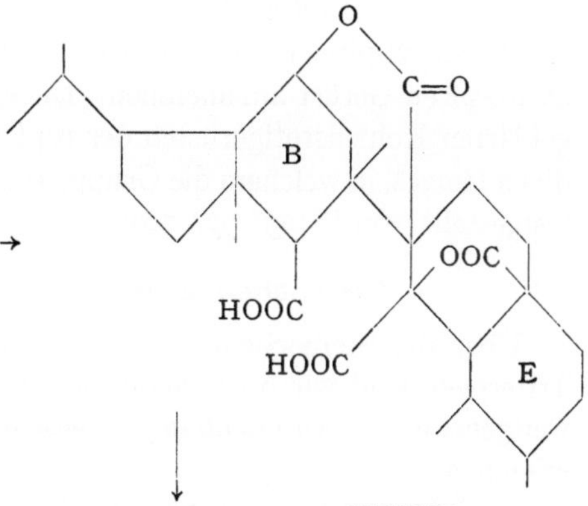

(CCCXIII.)

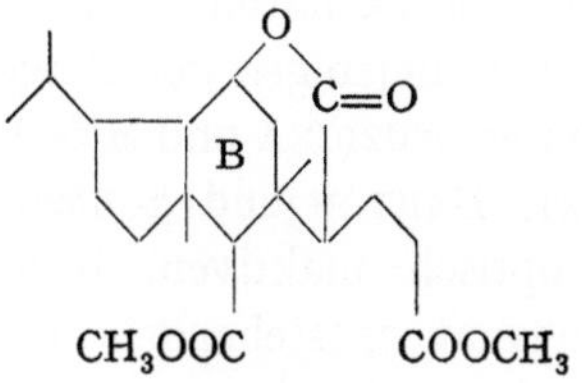

(CCCXIV.)

Die wichtigsten Umwandlungsprodukte der Chinovasäure erhalten demnach folgende Konstitutionsformeln: die Brenzchinovasäure (CCCXI), die Novasäure (CCCXII), ihr Oxydationsprodukt, die Dilacton-dicarbon-

---

* Eine Ausnahme bildet die Bildung einer aromatischen Triensäure aus der Brenzchinovasäure (*208*).

säure (CCCXIII) und schließlich das aus der letzteren Verbindung zugängliche Abbauprodukt $C_{22}H_{34}O_6$ (?) (CCCXIV) (vgl. S. 173).

Das Keton **Friedelin** $C_{30}H_{50}O$ und sein Monooxyderivat **Cerin** $C_{30}H_{50}O_2$ kommen in freier Form im Kork vor (*28, 29, 54*). Die experimentelle Verknüpfung des Friedelins mit dem Cerin gelang Ruzicka, Jeger und Ringnes (*149*), da durch Oxydation der beiden Verbindungen mit Chromsäure eine identische Dicarbonsäure $C_{30}H_{50}O_4$ erhalten wurde. Die Identität der Lage der Ketogruppe in Cerin und Friedelin kann (mit Vorbehalt) aus dem Ergebnis der Umsetzung der letzteren Verbindung mit Bleitetraacetat geschlossen werden (*87*). Es bildet sich dabei ein Gemisch von epimeren Ketoacetaten, von welchen eines mit dem Cerinacetat identisch ist.

Friedelin und Cerin sind die einzigen, bisher bekanntgewordenen gesättigten pentacyclischen Triterpenverbindungen. Auf Grund der von Drake und Haskins (*27*) ausgeführten Dehydrierung des sekundären Alkohols Friedelanol, bei welcher 1,5,6-Trimethyl-, 1,2,7-Trimethyl- und 1,2,5,6-Tetramethyl-naphthalin, sowie 1,2,8-Trimethyl-phenanthren und 1,8-Dimethyl-picen erhalten wurden, ist für das Friedelin und Cerin ein Perhydro-picen-Gerüst anzunehmen. Dieses unterscheidet sich von den aufgeklärten Kohlenstoffgerüsten der beiden Amyrine im Bau eines endständigen Ringes, in welchem die Gruppierung —CH_2—CH_2—CO—CH—CH— festgestellt wurde (*25, 97, 149*).

5. Stereochemie der pentacyclischen Triterpene.

Über die Stereochemie der vollständig aufgeklärten pentacyclischen Triterpene sind wir noch wenig orientiert. Es lassen sich jedoch bereits weitgehende Zusammenhänge zwischen den einzelnen Unterklassen erkennen.

1. *β-Amyrin-Oleanolsäure-Gruppe.* Die Ringe A und B sind *trans* verknüpft. Die Brückenatome 5 und 6 besitzen nämlich die gleiche Konfiguration wie diejenigen der Ringe A und B der Abietinsäure. Für die letzteren haben Ruzicka und Mitarbeiter (*175a, 122a*), Campbell und Todd (*17*) sowie Barton und Schmeidler (*1a*) auf Grund der Untersuchung der optisch inaktiven, beim Abbau der Abietinsäure mit Kaliumpermanganat entstehenden Tricarbonsäure $C_{11}H_{16}O_6$ (CCCXV) eine *trans*-Anordnung bewiesen.

Über den räumlichen Bau der anderen Ringe der β-Amyrin-Oleanolsäure-Gruppe liegen noch keine chemischen Untersuchungen vor. Dagegen hat Giacomello (*37a*) durch röntgenographische Messungen der Moleküldimensionen der Oleanolsäure und des Gypsogenins gewisse Aussagen über das Kohlenstoffgerüst machen können, das darnach einen flachen Bau besitzen muß. Daraus ergibt sich *trans*-Verknüpfung aller Ringe

und *anti*-Stellung der benachbarten Ringverknüpfungsstellen. In der
β-Amyrin-Oleanolsäure-Gruppe würden somit ähnliche konfigurative
Verhältnisse vorliegen wie bei den Steroiden des Cholestantypus.

Durch diese Untersuchungen verringert sich die Zahl der in Betracht
kommenden stereoisomeren Formen für das Kohlenstoffgerüst der
β-Amyrin-Oleanolsäure-Gruppe auf die Spiegelbildisomeren (CCCXVI)
und (CCCXVII). Zwischen diesen wird man so lange nicht unterscheiden
können, bis nicht absolute Konfigurationsbestimmungen in der Triterpen-
reihe durchgeführt werden.

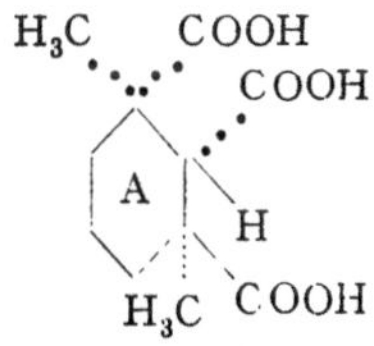

(CCCXV) 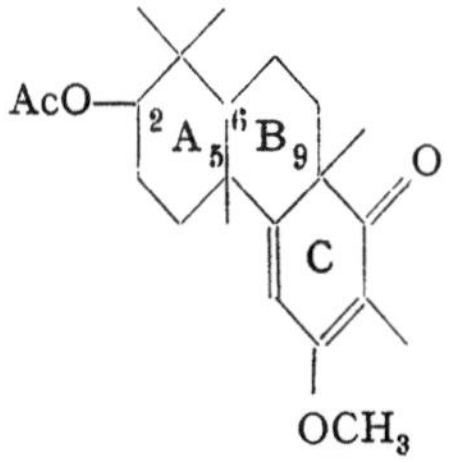   (CCCXVIII)

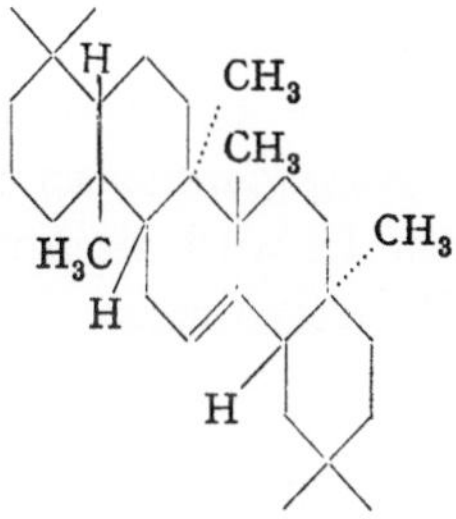

(CCCXVI) 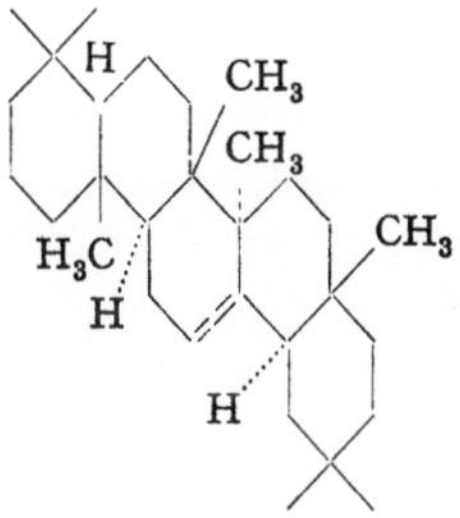   (CCCXVII)

Über die Lage der Hydroxylgruppe des β-Amyrins orientieren die
Arbeiten GIACOMELLOS (*37a*) und die von RUZICKA und GUBSER (*126*)
gemessenen Verseifungsgeschwindigkeiten der Acetate der Epimerenpaare des β-Amyrins und des epi-β-Amyrins. Nach diesen Untersuchungen
steht das weniger gehinderte Hydroxyl des β-Amyrins senkrecht zur
Ebene des flachen Ringsystems. Das stärker gehinderte Hydroxyl des
epi-β-Amyrins befindet sich dagegen in der Ringebene.

Da bei den Reaktionen, welche zur Eingliederung der Triterpenverbindungen Sumaresinolsäure, Siaresinolsäure und Germanicol in die
β-Amyrin-Oleanolsäure-Gruppe führten, verschiedene Umsetzungen an
asymmetrischen Kohlenstoffatomen dieser Verbindungen durchgeführt
wurden (S. 39, 45 und 46), muß noch geprüft werden, ob diese Triterpene in den in Betracht kommenden Asymmetriezentren mit dem
β-Amyrin konfigurativ übereinstimmen.

2. α-Amyrin-Ursolsäure-Gruppe. Für die Vertreter dieser Gruppe
konnte die gleiche Anordnung der Verknüpfungsstellen der Ringe A/B
wie beim β-Amyrin bewiesen werden (*84*). Darüber hinaus haben vor

kurzem RÜEGG, MEISELS, JEGER und RUZICKA (*181*) durch Bereitung des Acetoxy-keto-methyläthers (CCCXVIII) aus α- und β-Amyrin gezeigt, daß in den beiden Isomeren die Hydroxylgruppe am Kohlenstoffatom 2, sowie das Kohlenstoffatom 9 an der Verknüpfungsstelle der Ringe B/C die gleiche räumliche Anordnung besitzen.

Über den Abbau, welcher zur Gewinnung von (CCCXVIII) aus dem β-Amyrin führte, vgl. die analogen Umsetzungen des α-Amyrins (S. 49).

3. *Lupeol- und Heterobetulin-Gruppe.* Aus den Reaktionen, welche die Verknüpfung der Verbindungen der Lupeol- und der Heterobetulingruppe mit den Vertretern der β-Amyrin-Oleanolsäure-Gruppe erlaubten, geht eindeutig hervor, daß diese drei Unterklassen den gleichen räumlichen Bau der Ringe A, B und C aufweisen. Ferner muß an Hand zahlreicher analog verlaufender Umsetzungen angenommen werden, daß das sekundäre Hydroxyl des β-Amyrins (also auch des α-Amyrins) die gleiche Konfiguration aufweist wie die entsprechende Hydroxylgruppe des Lupeols und des Heterobetulins.

Die Zusammenfassung aller dieser Teilergebnisse führt nun zu der naheliegenden und teilweise bereits bewiesenen Annahme, daß die *pentacyclischen Triterpene*, welche in eine der vier genannten Gruppen eingegliedert werden konnten, *die gleiche Konfiguration der Verknüpfungsstellen der Ringe A, B, C und D besitzen.* Es wird die Aufgabe weiterer chemischer und röntgenographischer Untersuchungen sein, die Gültigkeit dieser Annahme zu überprüfen.

Literaturverzeichnis.

1. AMES, T. R. and E. R. H. JONES: Structure of the Triterpenes: an Interrelationship Between the Lupeol and the β-Amyrin Series. Nature (London) **164**, 1090 (1949).

1a. BARTON, D. H. R. and G. A. SCHMEIDLER: The Application of the Method of Electrostatic Energy Differences. I. Stereochemistry of the Diterpenoid Resin Acids. J. chem. Soc. (London) **1948**, 1197.

2. BAUER, K. H. u. P. SCHENKEL: Zur Kenntnis des Euphorbiumharzes. Arch. Pharmaz. Ber. dtsch. pharmaz. Ges. **266**, 633 (1928).

3. BELLAMY, L. J. and C. DOREE: The Action of Selenium Dioxide and of Perbenzoic Acid on Lanosterol. J. chem. Soc. (London) **1941**, 176.

4. BERGSTEINSSON, I. and C. R. NOLLER: Echinocystic Acid. J. Amer. chem. Soc. **56**, 1403 (1934).

5. BEYNON, J. H., I. M. HEILBRON and F. S. SPRING: The Characterisation of Basseol, a Tetracyclic Triterpene Alcohol, and its Isomerisation to β-Amyrenol. J. chem. Soc. (London) **1937**, 989.

6. BEYNON, J. H., K. H. SHARPLES and F. S. SPRING: β-Amyrenonol and Dehydro-β-amyrenol. The Location of the Unsaturated Centres of the α- and β-Amyrenol. J. chem. Soc. (London) **1938**, 1233.

7. BILHAM, P., G. A. R. KON and W. C. J. ROSS: Siaresinolic Acid. J. chem. Soc. (London) **1942**, 540.

8. BIRCHENOUGH, M. J. and J. F. McGHIE: The Action of Perbenzoic Acid on Derivatives of Lanosterol. J. chem. Soc. (London) **1949**, 2038.

9. BISCHOF, B. u. O. JEGER: Über die Identität des Genins A aus den Wurzeln der *Primula officinalis* JACQUIN und *Primula elatior* JACQUIN mit 2,16 (oder 22),28-Trioxy-oleanen. Helv. chim. Acta **31**, 1760 (1948).

10. BISCHOF, B., O. JEGER u. L. RUZICKA: Über die Lage der zweiten sekundären Hydroxylgruppe in Echinocystsäure, Quillajasäure, Maniladiol und Genin A (aus *Primula officinalis* JACQUIN). Über die Konstitution der Oleanolsäure. Helv. chim. Acta **32**, 1911 (1949).

11. BORTH, R.: Abbauversuche in den Ringen A und C der Ursolsäure. Dissert. Eidgen. Techn. Hochschule Zürich, 1947.

12. BRUNNER, O., H. HOFER u. R. STEIN: Zur Kenntnis der Amyrine. II. Über die Produkte der Selendehydrierung. Mh. Chem. **61**, 293 (1932).

13. BÜCHI, G., O. JEGER u. L. RUZICKA: Überführung des Breins in epi-α-Amyrin. Helv. chim. Acta **29**, 442 (1946).

14. — — — Oxydative Spaltung bei der zweiten Hydroxylgruppe des Breins. Helv. chim. Acta **31**, 139 (1948).

15. — — — Synthese des $\Delta^{5,10}$-1,1-Dimethyl-octalons-(6), eines Abbauproduktes des Ambreins. Helv. chim. Acta **31**, 241 (1948).

16. BURROWS, S. and J. C. E. SIMPSON: The Triterpene Alcohols of *Taraxacum* Root. J. chem. Soc. (London) **1938**, 2042.

17. CAMPBELL, W. P. and D. TODD: The Structure and Configuration of Resin Acids. Podocarpic Acid and Ferruginol. J. Amer. chem. Soc. **64**, 928 (1942).

18. COHEN, N. H.: Sur le Lupéol. Recueil Trav. chim. Pays-Bas **28**, 368 (1909).

19. DAVID, S.: Contribution à l'étude de la structure du germanicol. I. Bull. Soc. chim. France **43**, 155 (1949).

20. DISCHENDORFER, O.: Über das Betulin. Mh. Chem. **44**, 123 (1923).

21. DISCHENDORFER, O. u. H. GRILLMAYER: Über das Betulin. III. Mh. Chem. **47**, 419 (1926).

22. DODGE, F. D.: The Isomeric Lactones, Caryophyllin and Urson. J. Amer. chem. Soc. **40**, 1917 (1918).

23. DOREE, C., J. F. McGHIE and F. KURZER: Lanosterol. VI. Further Dehydrogenation and Oxidation Reactions. J. chem. Soc. (London) **1949**, 570.

24. — — — The Position of the Hydroxyl Group in the Lanosterol Molecule. J. chem. Soc. (London) **1949**, 167.

25. DRAKE, N. L. and W. P. CAMPBELL: Cerin and Friedelin. III. A Study of the Oxidative Degradation of Friedelin. J. Amer. chem. Soc. **58**, 1681 (1936).

26. DRAKE, N. L. and H. U. DUVALL: Dehydrogenation of Ursolic Acid by Selenium. J. Amer. chem. Soc. **58**, 1687 (1936).

27. DRAKE, N. L. and W. T. HASKINS: Cerin and Friedelin. IV. The Dehydrogenation of Friedelinol. J. Amer. chem. Soc. **58**, 1684 (1936).

28. DRAKE, N. L. and R. P. JACOBSEN: Cerin and Friedelin. I. Their Molecular Weights and Empirical Formulas. J. Amer. chem. Soc. **57**, 1570 (1935).

29. DRAKE, N. L. and S. A. SHRADER: Cerin and Friedelin. II. Some Functional Derivatives. J. Amer. chem. Soc. **57**, 1855 (1935).

30. DREIDING, J., O. JEGER u. L. RUZICKA: Unveröffentlicht.

31. DÜRST, O.: Unveröffentlicht.

32. DÜRST, O., O. JEGER u. L. RUZICKA: Über eine Partialsynthese des Ambratriens. Helv. chim. Acta **32**, 46 (1949).

33. ELLIOT, D. F. and G. A. R. KON: Quillaic Acid. J. chem. Soc. (London) **1939**, 1130.

34. ELLIOT, D. F., G. A. R. KON and H. R. SOPER: The Structure of Quillaic Acid and its Relation to Echinocystic Acid. J. chem. Soc. (London) **1940**, 612.

35. Ewen, E. S., A. E. Gillam and F. S. Spring: Dehydration of α-Amyrin and α-Amyradienol with Phosphoric Oxide; *l*-α-Amyradiene and *l*-α-Amyratriene. J. chem. Soc. (London) **1944**, 28.

36. Ewen, E. S. and F. S. Spring: The Oxidation of Acetyl-ursolic Acid. J. chem. Soc. (London) **1943**, 523.

37. Frazier, D. and C. R. Noller: The Conversion of Echinocystic Acid into Oleanolic Acid. J. Amer. chem. Soc. **66**, 1267 (1944).

37a. Giacomello, G.: Strukturuntersuchungen von Triterpenen und verwandten Substanzen. II. Gazz. chim. ital. **68**, 363 (1938).

38. Goodson, J. A.: The Occurence of Ursolic Acid in *Escallonia tortuosa*. Conversion of Ursolic Acid into α-Amyrin. J. chem. Soc. (London) **1938**, 999.

39. Haar, van der, A. W.: Saponinartige Glucoside aus den Blättern von *Polyscias nodosa* und *Hedera helix*. Arch. Pharmaz. Ber. dtsch. pharmaz. Ges. **250**, 424 (1912).

40. — Über das Gypsophila-Saponin und seine Hydrolyse-Spaltlinge (Gypsogenin) und Saccharide. Recueil Trav. chim. Pays-Bas **46**, 85 (1927).

41. — Das Saponin der Samenkerne von *Mimusops Elengi* L. und seine Hydrolysespaltlinge. Recueil Trav. chim. Pays-Bas **48**, 1155 (1929).

42. — Das Saponin der Samenkerne von *Achras Sapota* L. und seine Hydrolysespaltlinge. Recueil Trav. chim. Pays-Bas **48**, 1166 (1929).

43. Haworth, R. D.: The Triterpenes. Annu. Rep. Progr. Chem. **34**, 327 (1937).

44. Heilbron, I., E. R. H. Jones and P. A. Robins: The Non-saponifiable Matter of Shea Nut Fat. IV. A New Tetracyclic Diethenoid Alcohol, Butyrospermol. J. chem. Soc. (London) **1949**, 444.

45. Heilbron, I., E. D. Kamm and W. M. Owens: A Contribution to the Study of the Constitution of Squalene (Spinacene). J. chem. Soc. (London) **129**, 1630 (1926).

46. Heilbron, I., T. Kennedy and F. S. Spring: The Unsaturated Centre of the Triterpene Alcohol Lupeol. J. chem. Soc. (London) **1938**, 329.

47. Heilbron, I., G. L. Moffet and F. S. Spring: The Non-saponifiable Matter of Shea Nut Fat. I. J. chem. Soc. (London) **1934**, 1583.

48. Heilbron, I., W. M. Owens and I. A. Simpson: The Constitution of Squalene as Deduced from its Degradation Products. J. chem. Soc. (London) **1929**, 873.

49. Heywood, B. J. and G. A. R. Kon: The Occurence and Constitution of Bassic Acid. J. chem. Soc. (London) **1940**, 713.

50. Heywood, B. J., G. A. R. Kon and L. L. Wave: Bassic Acid. J. chem. Soc. (London) **1939**, 1124.

51. Hosking, J. R.: Die Ozonisierung von Manool. Ber. dtsch. chem. Ges. **69**, 780 (1936).

52. Hosking, J. R. u. C. W. Brandt: Zur Kenntnis des Manoyloxydes. Ber. dtsch. chem. Ges. **68**, 37 (1935).

53. — — Über den Diterpenalkohol aus dem Holz von *Dacrydium biforme*. Ber. dtsch. chem. Ges. **68**, 1311 (1935).

54. Istrati, C. u. A. Ostrogovich: Cerin et Friedelin. C. R. hebd. Séances Acad. Sci. **128**, 1581 (1899); Chem. Zbl. **1899** II, 282.

55. Jacobs, W. A.: The Structure of Hederagenin. J. biol. Chemistry **63**, 631 (1925).

56. Jacobs, W. A. and E. E. Fleck: Partial Dehydrogenation of α- und β-Amyrin. J. biol. Chemistry **88**, 137 (1930).

57. Jacobs, W. A. and E. L. Gustus: The Oxidation of Hederagenin Methyl Ester. J. biol. Chemistry **69**, 641 (1926).

58. Jeger, O.: Unveröffentlicht.

59. Jeger, O., B. Bischof u. L. Ruzicka: Über die oxydative Spaltung des Ringes C in der 2-Desoxy-echinocystsäure. Helv. chim. Acta **31**, 1319 (1948).

60. Jeger, O., O. Dürst u. G. Büchi: Überführung des Manools in ein Umwandlungsprodukt der Abietinsäure. Helv. chim. Acta **30**, 1853 (1947).

61. Jeger, O. u. Hs. K. Krüsi: Nachweis der Isopropyliden-Gruppe im Euphol. Helv. chim. Acta **30**, 2045 (1947).

62. Jeger, O. u. G. Lardelli: Überführung des Arnidiols und Faradiols in ein Umwandlungsprodukt des Betulins. Helv. chim. Acta **30**, 1020 (1947).

63. Jeger, O., M. Montavon u. L. Ruzicka: Überführung des Maniladiols in β-Amyrin. Helv. chim. Acta **29**, 1124 (1946).

64. Jeger, O., Cl. Nisoli u. L. Ruzicka: Über die Lage der zweiten Hydroxylgruppe im Maniladiol. Helv. chim. Acta **29**, 1183 (1946).

65. Jeger, O., J. Redel u. R. Nowak: Über das U. V.-Bestrahlungsprodukt der α-Amyradienol-Derivate. Helv. chim. Acta **29**, 1241 (1946).

66. Jeger, O., R. Rüegg u. L. Ruzicka: Abbau des α-Amyrins in den Ringen D und E bis zur β-Methyl-tricarballylsäure. Helv. chim. Acta **30**, 1294 (1947).

67. Karrer, P. u. A. Helfenstein: Synthese des Squalens. Helv. chim. Acta **14**, 78 (1931).

68. Kitasato, Z.: Über die Konstitution des Hederagenins und der Oleanolsäure. IV. Acta Phytochimica (Tokyo) **7**, (1), 1 (1933).

68a. — Über die Konstitution der sauren Sapogenine. X. Über Hederagenin und Oleanolsäure. Acta Phytochimica (Tokyo) **9**, (1), 43 (1936).

69. Kitasato, Z. u. C. Sone: Über die Konstitution des Hederagenins und der Oleanolsäure. III. Acta Phytochimica **6**, (2), 305 (1932).

70. Klobb, T.: Über einen zweiwertigen Phytosterinalkohol. Das Arnisterin, $C_{28}H_{42}O_2$. C. R. hebd. Séances Acad. Sci. **138**, 763 (1904); Chem. Zbl. **1905** II, 389.

71. — Die Phytosterine in der Familie der *Synanthereae*; das Faradiol, ein neuer zweiwertiger Alkohol des Huflattichs. C. R. hebd. Séances Acad. Sci. **149**, 999 (1909); Chem. Zbl. **1910** I, 364.

72. Lardelli, G.: Über Triterpene mit dem Kohlenstoffgerüst des Heterolupans. Dissert. Eidgen. Techn. Hochschule Zürich, 1949.

73. Lardelli, G. u. O. Jeger: Überführung des Taraxasterols in Heterolupan. Helv. chim. Acta **31**, 813 (1948).

74. Lardelli, G., Hs. K. Krüsi, O. Jeger u. L. Ruzicka: Über die gegenseitigen Beziehungen und Umwandlungen bei Heterolupeol, Taraxasterol, Faradiol und Arnidiol. Helv. chim. Acta **31**, 1815 (1948).

74a. Lederer, E.: Odeurs et parfums des animaux. Fortschr. Chem. organ. Naturstoffe, **6**, 87 (1950).

75. Lederer, E., F. Marx, D. Mercier et G. Pérot: Sur les constituants de l'ambre gris. II. Ambréine et coprostanol. Helv. chim. Acta **29**, 1354 (1946).

76. Lederer, E. et D. Mercier: Obtention d'un dérivé du scaréol à partir de l'ambréine. Experientia **3**, 188 (1947).

77. Lieb, H. u. M. Mladenovic: Über die Elemisäure aus Manila-Elemiharz. Mh. Chem. **58**, 59 (1931).

78. Lieb, H. u. A. Zinke: Über Bestandteile der Sumatrabenzoe. Mh. Chem. **39**, 219 (1918).

79. Liebermann, C. u. F. Giesel: Über Chinovin und Chinovasäure. Ber. dtsch. chem. Ges. **16**, 926 (1883).

80. Likiernik, A.: Über das Lupeol. Hoppe-Seyler's Z. physiol. Chem. **15**, 415 (1891).

81. Margot, A. u. T. Reichstein: Primulasaponine (Primulasäure). Pharmac. Acta Helvetiae **17**, 113 (1942).

82. MARKER, R. E., E. L. WHITE and L. W. MIXON: Lanosterol and Agnosterol. J. Amer. chem. Soc. **59**, 1368 (1937).

83. McDONALD, A. D., F. L. WARREN and J. M. WILLIAMS: Euphol. J. chem. Soc. (London) **1949**, 155.

84. MEISELS, A., O. JEGER u. L. RUZICKA: Über die Konstitution des α-Amyrins und seine Beziehungen zu β-Amyrin. Helv. chim. Acta **32**, 1075 (1949).

85. MEYER, A., O. JEGER u. L. RUZICKA: Zur Konstitution der Sojasapogenole C und A. Helv. chim. Acta **33**, 672 (1950).

86. — — — Zur Konstitution der Sojapogenole D und B. Helv. chim. Acta **33**, 687 (1950).

87. MEYERHANS, K.: Beitrag zur Kenntnis des Friedelins und Cerins. Dissert. Eidgen. Techn. Hochschule, Zürich (unveröffentlicht).

88. MORICE, I. M. and J. C. E. SIMPSON: The Minor Triterpenoid Constituents of *Manila elemi* Resin. J. chem. Soc. (London) **1940**, 795.

89. — — The Constitution of Brein and Maniladiol. J. chem. Soc. (London) **1942**, 198.

90. NEWBOLD, G. T. and F. S. SPRING: The Isolation of Euphol and α-Euphorbol from *Euphorbium*. J. chem. Soc. (London) **1944**, 249.

91. — — The Conversion of β-Amyratrienyl-acetate Into β-Amyradiendionyl-acetate. J. chem. Soc. (London) **1944**, 532.

92. NOWAK, R., O. JEGER u. L. RUZICKA: Über die Wasserabspaltung und Verseifungsgeschwindigkeit bei den epimeren Lupanolen-(2). Helv. chim. Acta **32**, 323 (1949)

93. OCHIAI, E., K. TSUDA u. S. KITAGAWA: Über Sojabohnen-Saponin. I., Ber. dtsch. chem. Ges. **70**, 2083 (1937).

94. — — — Selen-Dehydrierung des Soja-Sapogenols B. Ber. dtsch. chem. Ges. **70**, 2093 (1937).

95. ORR, J. E., L. M. PARKS, M. F. W. DUNKER and H. H. UHL: Identification of a Diol Isolated from *Uva ursi*. J. Amer. pharmac. Assoc. **34**, 39 (1945).

96. PELLETIER, P. J. u. J. CAVENTOU: J. Pharmac. **6**, 49 (1820).

97. PEROLD, G. W., K. MEYERHANS, O. JEGER u. L. RUZICKA: Über weitere Abbaureaktionen des Friedelins. Helv. chim. Acta **32**, 1246 (1949).

98. PICARD, C. W. and F. S. SPRING: The Oxidation of β-Amyradienyl-I Acetate with Selenium Dioxide, a New Route to JACOBS' Ketodiol $C_{30}H_{44-46}O_3$. J. chem. Soc. (London) **1941**, 35.

99. POWER, F. B. and H. BROWNING, Jr.: The Constituents of *Taraxacum* Root. J. chem. Soc. (London) **101**, 2411 (1912).

100. POWER, F. B. and F. TUTIN: The Constituents of Olive Leaves. J. chem. Soc. (London). **93**, 891 (1908).

101. ROBERTSON, A., G. SOLIMAN and (in part) E. C. OWEN: Betulic Acid from *Cornus florida* L. J. chem. Soc. (London) **1939**, 1267.

102. ROTH, C. B.: Beitrag zur Kenntnis des Euphols. Dissert. Eidgen. Techn. Hochschule, Zürich (unveröffentlicht).

103. ROTH, C. B. u. O. JEGER: Vergleich des Euphols mit dem Kryptosterin. Helv. chim. Acta **32**, 1620 (1949).

104. REDEL, J.: Zur Kenntnis des α-Amyrins und der Ursolsäure. Dissert. Eidgen. Techn. Hochschule, Zürich 1945.

105. RUZICKA, L. u. G. ANNER: Pyrolyse eines Umwandlungsproduktes der Chinovasäure. Helv. chim. Acta **26**, 129 (1943).

106. RUZICKA, L., W. BAUMGARTNER u. V. PRELOG: Zur Konstitution des Aescigenins. Helv. chim. Acta **32**, 2057 (1949).

107. RUZICKA, L., W. BAUMGARTNER u. V. PRELOG: Über die Spaltung des Oxyd-Ringes im Aescigenin. Helv. chim. Acta **32**, 2069 (1949).

108. RUZICKA, L. u. M. BRENNER: Umwandlung von Betulin in Lupeol. Helv. chim. Acta **22**, 1523 (1939).

109. RUZICKA, L., H. BRÜNGGER, R. EGLI, L. EHMANN, M. FURTER u. H. HÖSLI: Über die Dehydrierung einiger Triterpene, Sapogenine und damit verwandter Körper. Helv. chim. Acta **15**, 431 (1932).

110. RUZICKA, L., H. BRÜNGGER, R. EGLI, L. EHMANN u. M. W. GOLDBERG: Weitere Beiträge zur Dehydrierung des Betulins, des Gypsogenins und der Siaresinol-säure. Über das Oxy-sapotalin. Helv. chim. Acta **15**, 1496 (1932).

111. RUZICKA, L., G. BÜCHI u. O. JEGER: Synthese des Dihydro-γ-jonons, eines Abbauproduktes des Ambreins. Helv. chim. Acta **31**, 293 (1948).

112. RUZICKA, L. u. S. L. COHEN: Oxydationen in der Reihe der Oleanolsäure ohne Sprengung des Ringsystems. Über die Natur des vierten Sauerstoffatoms der Glycyrrhetinsäure. Helv. chim. Acta **20**, 804 (1937).

113. RUZICKA, L., R. DENSS u. O. JEGER: Beweis der Identität von Lanosterin und Kryptosterin. Helv. chim. Acta **28**, 759 (1945).

114. — — — Nachweis der Identität von Dihydro-agnosterin und γ-Lanosterin und über die Lage der hydrierbaren Doppelbindung im Agnosterin. Helv. chim. Acta **29**, 204 (1946).

115. RUZICKA, L., O. DÜRST u. O. JEGER: Überführung des Triterpens Ambrein in ein Abbauprodukt des Diterpens Manool. Helv. chim. Acta **30**, 353 (1947).

116. RUZICKA, L. u. L. EHMANN: Synthese des Sapotalins und anderer Trimethyl-naphthaline. Helv. chim. Acta **15**, 140 (1932).

117. RUZICKA, L., L. EHMANN u. E. MÖRGELI: Synthese des 1,2,5,6-Tetramethyl-naphthalins und einiger analoger Kohlenwasserstoffe. Ein Beitrag zur Kenntnis des Kohlenstoffgerüstes der Triterpene. Helv. chim. Acta **16**, 314 (1933).

118. RUZICKA, L., G. F. FRAME, H. M. LEICESTER, M. LIGUORI u. H. BRÜNGGER: Dehydrierung des Betulins. Abbauversuche in der Allobetulin- und Dihydro-betulinreihe. Inhaltsstoffe der Birkenrinde. Helv. chim. Acta **17**, 426 (1934).

119. RUZICKA, L., M. FURTER, P. PIETH u. H. SCHELLENBERG: Bruttoformel und Dehydrierung des Lupeols. Helv. chim. Acta **20**, 1564 (1937).

120. RUZICKA, L. u. G. GIACOMELLO: Überführung von Gypsogenin (Albsapogenin) in Oleanolsäure. Helv. chim. Acta **19**, 1136 (1936).

121. — — Überführung des Gypsogenins in Hederagenin. Helv. chim. Acta **20**, 299 (1937).

122. RUZICKA, L., G. GIACOMELLO u. A. GROB: Über die Gypsogeninsäure. Helv. chim. Acta **21**, 83 (1938).

122a. RUZICKA, L., M. W. GOLDBERG, H. W. HUYSER u. C. F. SEIDEL: Über die Konstitution der durch Oxydation der Abietinsäure gewonnenen Tricarbon-säuren $C_{11}H_{16}O_6$ und $C_{12}H_{18}O_6$. Ein Beitrag zur Kenntnis des Kohlenstoff-gerüstes der Abietinsäure. Helv. chim. Acta **14**, 545 (1931).

123. RUZICKA, L., A. GROB u. G. ANNER: Dehydrierung der Chinovasäure zu Chrysen-Kohlenwasserstoffen. Helv. chim. Acta **26**, 254 (1943).

124. RUZICKA, L., A. GROB, R. EGLI u. O. JEGER: Über die Siaresinolsäure. Helv. chim. Acta **26**, 1218 (1943).

125. RUZICKA, L., A. GROB u. F. CH. VAN DER SLUYS-VEER: Oxydation des Acetyl-oleanolsäure-methylesters und des Acetyl-sumaresinolsäure-methylesters mit Selendioxyd. Helv. chim. Acta **22**, 788 (1939).

126. RUZICKA, L. u. H. GUBSER: Verseifungsgeschwindigkeiten der epimeren β- und α-Amyrinacetate. Helv. chim. Acta **28**, 1054 (1945).

127. RUZICKA, L., H. GUTMANN, O. JEGER u. E. LEDERER: Über die Zusammenhänge der Oleanolsäure mit dem Triterpen Ambrein und den Diterpenen Abietinsäure und Manool. Helv. chim. Acta **31**, 1746 (1948).

128. RUZICKA, L. u. H. HÄUSERMANN: Über die β-Elemonsäure. Helv. chim. Acta **25**, 439 (1942).

129. RUZICKA, L., A. HIESTAND, H. BAUMGARTNER u. O. JEGER: Überführung der tetracyclischen Elemadienolsäure in einen pentacyclischen Kohlenwasserstoff $C_{30}H_{50}$. Helv. chim. Acta **30**, 2119 (1947).

130. RUZICKA, L. u. K. HOFMANN: Über Umsetzungen an den Ringen A und E der Oleanolsäure. Beiträge zur Kenntnis des Kohlenstoffgerüstes pentacyclischer Triterpene. Helv. chim. Acta **19**, 114 (1936).

131. — — Synthese des 1,8-Dimethyl-picens und des 1,8-Dimethyl-2-methoxypicens und ihre Identifizierung mit Dehydrierungsprodukten pentacyclischer Triterpene. Helv. chim. Acta **20**, 1155 (1937).

132. RUZICKA, L., K. HOFMANN u. H. SCHELLENBERG: Synthese des bei der Dehydrierung pentacyclischer Triterpene entstehenden Trimethyl-naphthols. Helv. chim. Acta **19**, 1391 (1936).

133. RUZICKA, L., H. HÖSLI u. L. EHMANN: Zur Dehydrierung von Hederagenin, Oleanolsäure und Sumaresinolsäure mit Selen oder Palladium. Helv. chim. Acta **17**, 442 (1934).

134. RUZICKA, L., H. HÖSLI u. K. HOFMANN: Die primären Produkte der Oxydation an der Doppelbindung der Sumaresinolsäure und der Oleanolsäure. Helv. chim. Acta **19**, 109 (1936).

135. — — — Synthese der fünf isomeren Methoxy-1,2,7-trimethyl-naphthaline (Methoxy-sapotaline). Helv. chim. Acta **19**, 370 (1936).

136. RUZICKA, L., W. HUBER u. O. JEGER: Abbau des Bis-nor-lupansäure-methylesters zur C_{27}-Stufe. Helv. chim. Acta **28**, 195 (1945).

137. RUZICKA, L., H. W. HUYSER, M. PFEIFFER u. C. F. SEIDEL: Zur Kenntnis der Amyrine und des Lupeols. Liebigs Ann. Chem. **471**, 21 (1929).

138. RUZICKA, L. u. O. JEGER: Überführung des β-Amyranonols in β-Amyran und in enol-β-Amyrandionol. Helv. chim. Acta **24**, 1178 (1941).

139. — — Einführung von Doppelbindungen und Carbonylgruppen in die Ringe C—E des β-Amyrins. Helv. chim. Acta **24**, 1236 (1941).

140. — — Zur Lage der Carboxylgruppe bei der Glycyrrhetinsäure. Helv. chim. Acta **25**, 775 (1942).

141. — — Über weitere Umwandlungen des β-Amyradien-dionols. Helv. chim. Acta **25**, 1409 (1942).

142. — — Synthese des 1,2-Dimethyl-naphthalin-5,6-dicarbonsäure-anhydrids, ein Beitrag zur Pyrolyse eines Oxydationsproduktes der Chinovasäure. Helv. chim. Acta **31**, 90 (1948).

143. RUZICKA, L., O. JEGER, A. GROB u. H. HÖSLI: Über die Sumaresinolsäure. Helv. chim. Acta **26**, 2283 (1943).

144. RUZICKA, L., O. JEGER u. W. HUBER: Abbau des Lupeols in den Ringen A und B zu einer C_{26}-Tricarbonsäure. Helv. chim. Acta **28**, 942 (1945).

145. RUZICKA, L., O. JEGER u. J. NORYMBERSKI: Neue Beobachtungen bei der Einführung von Doppelbindungen und Carbonylgruppen in die Ringe C—E des β-Amyrins. Helv. chim. Acta **25**, 457 (1942).

146. — — — Abbau des Hederagenins zur C_{26}-Stufe. Helv. chim. Acta **27**, 1185 (1944).

147. RUZICKA, L., O. JEGER u. J. REDEL: Einführung zusätzlicher Doppelbindungen beim α- und β-Amyrin-Typus mit N-Brom-succinimid. Helv. chim. Acta **26**, 1235 (1943).

148. Ruzicka, L., O. Jeger, J. Redel u. E. Volli: Einführung von Ketogruppen und Doppelbindungen in die Ringe B und C des α-Amyrins. Helv. chim. Acta **28**, 199 (1945).

149. Ruzicka, L., O. Jeger u. P. Ringnes: Über Friedelin und Cerin. Helv. chim. Acta **27**, 972 (1944).

150. Ruzicka, L., O. Jeger u. M. Winter: Zur Lage der Carboxylgruppe bei der Oleanolsäure und der Glycyrrhetinsäure. Helv. chim. Acta **26**, 265 (1943).

151. Ruzicka, L., A. H. Lamberton u. E. W. Christie: Oxydation des Betulin-monoacetats mit Chromtrioxyd zu sauren Produkten. Helv. chim. Acta **21**, 1706 (1938).

152. Ruzicka, L. u. F. Lardon: Über das Ambrein, einen Bestandteil des grauen Ambra. Helv. chim. Acta **29**, 912 (1946).

153. Ruzicka, L. u. H. Leuenberger: Zur Kenntnis der Glycyrrhetinsäure. Helv. chim. Acta **19**, 1402 (1936).

154. Ruzicka, L., H. Leuenberger u. H. Schellenberg: Katalytische Hydrierung der α,β-ungesättigten Ketogruppe in der Glycyrrhetinsäure und dem Keto-α-amyrin. Helv. chim. Acta **20**, 1271 (1937).

155. Ruzicka, L. u. A. Marxer: Umwandlung der Glycyrrhetinsäure in β-Amyrin. Helv. chim. Acta **22**, 195 (1939).

156. — — Überführung des Hederagenins in ein Umwandlungsprodukt der α-Boswellinsäure. Helv. chim. Acta **23**, 144 (1940).

157. — — Versuche zur Umwandlung der Chinovasäure in sauerstoffärmere Triterpenderivate. Helv. chim. Acta **25**, 1561 (1942).

158. Ruzicka, L., M. Montavon u. O. Jeger: Über den Bau des hydroxylhaltigen Ringes des Lanosterins. Helv. chim. Acta **31**, 818 (1948).

159. Ruzicka, L., G. Müller u. H. Schellenberg: Ketoderivate und Oxyde der α- und β-Amyrinreihe. Helv. chim. Acta **22**, 758 (1939).

160. — — — Über die Einführung neuer Doppelbindungen in der α- und der β-Amyrinreihe. Helv. chim. Acta **22**, 767 (1939).

161. Ruzicka, L., J. Norymberski u. O. Jeger: Zum oxydativen Abbau der Ringe A und B des Hederagenins. Helv. chim. Acta **26**, 2242 (1943).

162. — — — Überführung der Sumaresinolsäure in Abbauprodukte des Hederagenins. Helv. chim. Acta **28**, 380 (1945).

163. Ruzicka, L. u. Ed. Rey: Abbau des Diacetoxy-*nor*-lupanons und der Acetyl-betulinsäure zur Acetoxy-*bisnor*-lupandisäure. Helv. chim. Acta **26**, 2143 (1943).

164. Ruzicka, L., Ed. Rey u. A. C. Muhr: Über verschiedene Umwandlungs-produkte des Lanosterins. Helv. chim. Acta **27**, 427 (1944).

165. Ruzicka, L., Ed. Rey u. M. Spillmann: Über die α-Elemolsäure. Helv. chim. Acta **25**, 1375 (1942).

166. Ruzicka, L., Ed. Rey, M. Spillmann u. H. Baumgartner: Über die Beziehungen zwischen der α-Elemolsäure und der sogen. β-Elemonsäure. Helv. chim. Acta **26**, 1638 (1943).

167. Ruzicka, L. u. G. Rosenkranz: Über Lupenal und Lupenalol, sowie deren weitere Umwandlungen. Helv. chim. Acta **23**, 1311 (1940).

168. Ruzicka, L., R. Rüegg, E. Volli u. O. Jeger: Eine neue Ringöffnung in der α-Amyrin-Reihe. Helv. chim. Acta **30**, 140 (1947).

169. Ruzicka, L. u. H. Schellenberg: Umwandlung der Oleanolsäure in β-Amyrin und Erythro-diol. Helv. chim. Acta **20**, 1553 (1937).

170. Ruzicka, L., H. Schellenberg u. M. W. Goldberg: Dehydrierungen in der Amyrinreihe. Helv. chim. Acta **20**, 791 (1937).

171. Ruzicka, L., C. F. Seidel u. L. L. Engel: Oxydation des Sclareols mit Kaliumpermanganat. Helv. chim. Acta **25**, 621 (1942).

172. Ruzicka, L., C. F. Seidel u. M. Pfeiffer: Isolierung von Dihydro-γ-jonon. Helv. chim. Acta **31**, 827 (1948).

173. Ruzicka, L., H. Silbermann u. P. Pieth: Oxydationen mit Benzopersäure und Dehydrierung mit Selen in der Amyrinreihe. Helv. chim. Acta **15**, 1285 (1932).

174. Ruzicka, L., F. Ch. van der Sluys-Veer u. S. L. Cohen: Über Umsetzungen mit Derivaten der Oleanol-lacton-dicarbonsäure und der Keto-dihydro-oleanolsäure. Helv. chim. Acta **22**, 350 (1939).

175. Ruzicka, L., F. Ch. van der Sluys-Veer u. O. Jeger: Über die Pyrolyse des Iso-oleanon-lacton-disäure-monomethylesters. Helv. chim. Acta **26**, 280 (1943).

175a. Ruzicka, L. u. L. Sternbach: Über Entstehung und Abbau der Tetra-oxyabietinsäure. Helv. chim. Acta **21**, 565 (1938).

176. Ruzicka, L., S. Szpilfogel u. O. Jeger: Nachweis der geminalen Dimethyl-gruppe im Ringe A der Chinovasäure durch eine Abbaureaktion. Helv. chim. Acta **31**, 498 (1948).

177. Ruzicka, L. u. A. G. van Veen: Beitrag zur Kenntnis der Zusammenhänge zwischen den Sapogeninen, höheren Terpenverbindungen und Sterinen. Hoppe-Seyler's Z. physiol. Chem. **184**, 69 (1929).

178. Ruzicka, L. u. W. Wirz: Umwandlung der β-Boswellinsäure in α-Amyrin. Helv. chim. Acta **22**, 948 (1939).

179. — — Umwandlung der α-Boswellinsäure in β-Amyrin. Helv. chim. Acta **23**, 132 (1940).

180. — — Bereitung des epi-β-Amyrins aus α-Boswellinsäure und aus β-Amyron. Helv. chim. Acta **24**, 248 (1941).

181. Rüegg, R., A. Meisels, O. Jeger u. L. Ruzicka: (unveröffentlicht).

182. Sando, C. E.: Constituents of the Wax-like Coating on the Surface of the Apple. J. biol. Chemistry **56**, 457 (1923).

183. Schmitt, W. u. H. Wieland: Über Chinovasäure. VIII. Liebigs Ann. Chem. **542**, 258 (1939).

184. — — Über die Chinovasäure. IX. Liebigs Ann. Chem. **557**, 1 (1945).

185. Schulze, E.: Einige Notizen über das Lupeol. Hoppe-Seyler's Z. physiol. Chem. **41**, 474 (1904).

186. Schulze, H.: Über die Abgrenzung der Sterine gegenüber anderen Alkoholen der Polyterpenreihe und über den Bau des Lanosterins und Onocerins. Hoppe-Seyler's Z. physiol. Chem. **238**, 35 (1936).

187. Schulze, H. u. K. Pieroh: Zur Kenntnis des Betulins. Ber. dtsch. chem. Ges. **55**, 2332 (1922).

188. Seitz, K. u. O. Jeger: Über die Isolierung eines unbekannten, tetracyclischen Alkohols $C_{30}H_{50}O$ aus „Shea Nut"-Öl. Helv. chim. Acta **32**, 1626 (1949).

189. Seymour, D. E., K. S. Sharples and F. S. Spring: Triterpene Resinols and Related Acids. VII. J. chem. Soc. (London) **1939**, 1075.

190. Simpson, J. C. E.: Observations on the Carbon Skeleton of the Triterpenes. J. chem. Soc. (London) **1938**, 1313.

191. — Oxidation Products of the β-Amyrine Derivative $C_{30}H_{44}OS$. J. chem. Soc. (London) **1939**, 755.

192. — The Oxidation of β-Amyrine-benzoate. A New Route to the Thio-compound, $C_{30}H_{44}OS$. J. chem. Soc. (London) **1940**, 230.

193. — The Non-saponifiable Matter of *Lactucarium germanicum*. J. chem. Soc. (London) **1944**, 283.

194. Simpson, J. C. E. and R. A. Morton: The Triterpene Group. X. A Continuation of Parts II and V. J. chem. Soc. (London) **1943**, 477.

195. SIMPSON, J. C. E. and N. E. WILLIAMS: β-Boswellic Acid. J. chem. Soc. (London) **1938**, 686.

196. — — The Double Bond of β-Boswellic Acid. J. chem. Soc. (London) **1938**, 1712.

197. SPRING, F. S.: β-Amyrine of *Manila elemi*. J. chem. Soc. (London) **1933**, 1345.

198. SPRING, F. S. and T. VICKERSTAFF: The Structure of α-Amyrenol. J. chem. Soc. (London) **1937**, 249.

199. TSCHIRCH, A. u. HALBEY: Über das *Olibanum*. Arch. Pharmaz. Ber. dtsch. pharmaz. Ges. **236**, 487 (1898).

200. TSUDA, K. u. S. KITAGAWA: Über Sojabohnen-Saponin. III. Ber. dtsch. chem. Ges. **71**, 790 (1938).

201. — — Über Sojabohnen-Saponin. IV. Ber. dtsch. chem. Ges. **71**, 1604 (1938).

202. TSUJIMOTO, M.: Squalen, ein stark ungesättigter Kohlenwasserstoff im Haifischleberöl. Chem. Zbl. **1920** I, 862.

203. VESTERBERG, A.: Oxydationsprodukte des α- und β-Amyrins. Ber. dtsch. chem. Ges. **24**, 3836 (1891).

204. VESTERBERG, K. A. u. S. WESTERLIND: Trennung von α- und β-Amyrin. Darstellung von α-Amyrilen. Liebigs Ann. Chem. **428**, 247 (1922).

205. WHITE, W. R. and C. R. NOLLER: Oxydation of Echinocystic Acid and Derivatives. J. Amer. chem. Soc. **61**, 983 (1939).

206. WIELAND, H. u. M. ERLENBACH: Über Chinovasäure. I. Liebigs Ann. Chem. **453**, 83 (1927).

207. WIELAND, H., A. HARTMANN u. H. DIETRICH: Über Chinovasäure. V. Liebigs Ann. Chem. **522**, 191 (1936).

208. WIELAND, H. u. T. HOSHINO: Über Chinovasäure. II. Liebigs Ann. Chem. **479**, 179 (1930).

209. WIELAND, H. u. K. KRAUS: Über Chinovasäure. IV. Liebigs Ann. Chem. **497**, 140 (1932).

210. WIELAND, H., H. PASSEDACH u. A. BALLAUF: Über die Nebensterine der Hefe. IV. Kryptosterin. Liebigs Ann. Chem. **529**, 68 (1937).

210a. WIELAND, H. u. W. M. STANLEY: Zur Kenntnis der Sterine der Hefe. III. Liebigs Ann. Chem. **489**, 31 (1931).

211. WINDAUS, A., F. HAMPE u. H. RABE: Über das Sapogenin der Quillajasäure. Hoppe-Seyler's Z. physiol. Chem. **160**, 301 (1926).

212. WINDAUS, A. u. R. TSCHESCHE: Über das sogenannte „Isocholesterin" des Wollfettes. Hoppe-Seyler's Z. physiol. Chem. **190**, 51 (1930).

213. WINTERSTEIN, A.: Untersuchungen in der Saponinreihe. Hoppe-Seyler's Z. physiol. Chem. **199**, 25 (1931).

214. WINTERSTEIN, A. u. W. HÄMMERLE: Über ein Sapogenin aus *Viscum album*. Hoppe-Seyler's Z. physiol. Chem. **199**, 56 (1931).

215. WINTERSTEIN, A. u. G. STEIN: Zur Kenntnis der Mono-oxy-triterpensäuren. Hoppe-Seyler's Z. physiol. Chem. **208**, 9 (1932).

216. — — Über die Stammkohlenwasserstoffe der Triterpengruppe. Liebigs Ann. Chem. **502**, 223 (1933).

217. WINTERSTEIN, E. u. H. BLAU: Beiträge zur Kenntnis der Saponine. Hoppe-Seyler's Z. physiol. Chem. **75**, 410 (1911).

218. WIRZ, W.: Zur Kenntnis der Boswellinsäuren. Dissert. Eidgen. Techn. Hochschule Zürich, 1942.

219. ZIMMERMANN, J.: Über einen Triterpendiol-mono-stearinsäureester aus Coca-Früchten *(Erythroxylon novogranatense)*. Recueil Trav. chim. Pays-Bas **51**, 1200 (1932).

220. ZIMMERMANN, J.: Zur Kenntnis des Erythrodiols. Helv. chim. Acta **19**, 247 (1936).

221. — Arnidiol aus den Blüten des Löwenzahns (*Taraxacum officinale* L.). Helv. chim. Acta **24**, 393 (1941).

222. — Faradiol und Arnidiol. Helv. chim. Acta **26**, 642 (1943).

223. ZINKE, A. u. H. LIEB: Über das Siaresinol aus Siambenzoeharz. Mh. Chem. 39, 95 (1918).

(Eingelaufen am 23. Februar 1950.)

Konstitution, Konfiguration und Synthese digitaloider Aglykone und Glykoside.

Von **H. Heusser**, Zürich.

Inhaltsübersicht.

I. Einleitung.

Obwohl die Chemie der digitaloiden Aglykone und Glykoside in zahlreichen und guten Übersichten von verschiedenen Gesichtspunkten aus bereits diskutiert wurde (*21, 28, 52, 65, 96, 147, 162, 172, 173, 186, 194, 197, 200, 203, 204, 213*), rechtfertigen die Fortschritte, die auf diesem Gebiete in den beiden verflossenen Jahren und in der ersten Hälfte des Jahres 1949 erreicht wurden, eine erneute zusammenfassende Darstellung.

In der erwähnten Zeitspanne ist es nicht nur gelungen, den sterischen Bau der bekanntesten digitaloiden Aglykone in allen Einzelheiten aufzuklären, sondern es wurden auch die noch unklaren Zusammenhänge zwischen einzelnen Glykosiden, wie z. B. dem Digitoxin, Thevetin und Cerberin erkannt.

Auf synthetischem Wege war es möglich, aus Umwandlungsprodukten des Cholesterins, Abbauprodukte digitaloider Aglykone herzustellen, die in ihrem räumlichen Bau mit den natürlichen Aglykonen vollständig übereinstimmen. In einzelnen Fällen gelang es sogar, die Synthese solcher Derivate zu beenden, bevor diese als Abbauprodukte natürlicher Herzgifte bekannt wurden.

Die analytischen und synthetischen Arbeiten greifen daher bei der Konstitutionsermittlung der natürlichen Aglykone und Glykoside so eng ineinander, daß heute eine gemeinsame Darstellung dieser beiden Arbeitsrichtungen gegeben erscheint.

Bekanntlich sind Vertreter verschiedener, geographisch weit zerstreuter Pflanzenfamilien, wie z. B. der *Apocynaceae, Scrophulariaceae, Liliaceae, Moraceae* und *Ranunculaceae* befähigt, *herzwirksame Glykoside* zu bilden. Diese pflanzlichen Stoffe zeichnen sich durch eine außerordentlich starke und spezifische Wirkung auf die Muskulatur des Herzens aus. Sie wurden deshalb von den Eingeborenen tropischer Gegenden häufig zur Bereitung von Pfeilgiften verwendet. Während größere Dosen der digitaloiden Glykoside (vgl. Tabellen S. 150 bis 155) zu einem systolischen Herzstillstand und damit zum Tode führen, üben kleinere Mengen eine stimulierende Wirkung auf das kranke Herz aus. Dieser spezifischen Wirkung verdanken die pflanzlichen Herzgifte ihre große therapeutische Bedeutung.

In den digitaloiden Glykosiden ist der Zucker, wie in allen Glykosiden, an ein Genin oder Aglykon gebunden. Das *Aglykon* ist der eigentliche Träger der physiologischen Wirksamkeit. Es besitzt für sich allein schon eine bemerkenswerte biologische Aktivität, die jedoch durch seine Bindung an den Zucker eine Steigerung und bedeutende Modifizierung erfährt.

Die schon 1915 von WINDAUS (*221*) ausgesprochene Vermutung, daß die herzwirksamen Aglykone der Steroidreihe angehören könnten, wurde von JACOBS (*65*) und TSCHESCHE (*198*, *199*) in den Jahren 1934 und 1935 durch die Überführung von Digitoxigenin und Uzarigenin in bekannte Derivate der Gallensäuren exakt bewiesen. Es wurde damals schon angenommen, daß sämtliche digitaloiden Aglykone als charakteristische Gruppierung einen fünfgliedrigen ungesättigten Lactonring aufweisen, der in β-Stellung mit dem Kohlenstoffatom 17 des Steroidgerüstes verbunden ist (Formel I). Weiter war bekannt, daß die biologisch aktiven Vertreter der digitaloiden Glykoside am Kohlenstoffatom 14 eine tertiäre Oxygruppe tragen, die in alkalischer Lösung mit dem Lactonring in Reaktion tritt, wobei die sogenannten Isoverbindungen (II) entstehen, die keine Doppelbindung mehr besitzen und biologisch vollkommen inaktiv sind.

Formelschema mit den Strukturformeln (I.), (II.) und (III.) Angelica-lacton, verbunden durch KOH. Die Ringe des Steroidgerüstes sind mit A, B, C, D bezeichnet, die Kohlenstoffatome mit den Ziffern 1–23, die Stellungen des Lactonrings mit α, β, γ. Weitere Bezeichnungen: RO, OH, CO, O, CH, CH_2, H_3C.

Der ungesättigte fünfgliedrige Lactonring zeigt eine Anzahl charakteristischer Reaktionen, von denen einzelne zum Nachweis der digitaloiden Aglykone und Glykoside besonders geeignet sind. In der LEGAL-Probe färbt sich eine Lösung solcher Lactone in Pyridin nach Zugabe von Nitroprussidnatrium und Alkali intensiv rot (*78*). Eine weitere Farbreaktion ist der BALJET-Test, der zu einer quantitativen Bestimmungsmethode ausgearbeitet wurde (*118*).

Der analoge Verlauf der LEGAL-Reaktion beim einfach gebauten ungesättigten Angelica-lacton (III) und den digitaloiden Glykosiden (I), führte neben anderen Hinweisen ursprünglich zur Ansicht, daß auch die digitaloiden Lactone β,γ-ungesättigte Butenolide darstellen (*83*). Später konnten auf Grund spektroskopischer Untersuchungen natürlicher und synthetischer Lactone ELDERFIELD (*120*) und gleichzeitig auch RUZICKA (*153*) zeigen, daß die natürlichen herzwirksamen Glykoside und ihre Aglykone als α,β-ungesättigte Butenolide (I) zu betrachten sind. Einen eindeutigen chemischen Beweis für die Richtigkeit dieser Formulierung lieferte der von REICHSTEIN und Mitarbeitern (*113, 182, 183, 43, 112, 144, 12*) an zahlreichen natürlichen Aglykonen (IV) durchgeführte Abbau mit Ozon, der über Glyoxylsäureester (V) zu Ketolen (VI) vom Typus der Corticosteroide führt.

(IV.)   (V.) Glyoxylsäureester.   (VI.) Ketol.

Der Verlauf dieser Abbaureaktion über die gut definierte Zwischenstufe (V) ist nur erklärbar, wenn in Übereinstimmung mit den spektroskopischen Untersuchungen die digitaloiden Aglykone als α,β-ungesättigte Lactone formuliert werden.

Außer dem charakteristischen Lactonring am Kohlenstoffatom 17 und dem tertiären Hydroxyl an $C_{(14)}$ weisen sämtliche digitaloiden Aglykone eine sekundäre Oxygruppe in Stellung 3 auf. In einzelnen Vertretern wurden noch zusätzliche Hydroxyle vorgefunden, und zwar in den Stellungen 5, 11, 12, 16 und 19 (S. 89). Ferner ist in Aglykonen vom Typus des Strophanthidins eine Aldehydgruppe an Stelle eines Methyls an $C_{(10)}$ nachgewiesen worden.

Der *Kohlehydrat-Anteil* der digitaloiden Glykoside kann aus ein bis vier Molekeln Zucker bestehen, die untereinander und mit dem Hydroxyl in Stellung 3 des Aglykons glykosidisch verbunden sind. Unter den in den Herzglykosiden aufgefundenen Zuckern befinden sich bemerkenswerterweise eine große Anzahl von Vertretern, die bisher in der Natur nicht aufgefunden wurden, deren Konstitution heute aber größtenteils aufgeklärt ist. Es handelt sich dabei hauptsächlich um Desoxy- und Methoxy-Zucker, die teilweise in neuester Zeit auf synthetischem Wege zugänglich geworden sind. Nähere Angaben über diese Zucker und die in den *Calotropis*-Giften an deren Stelle tretenden Methylreduktinsäuren finden sich in der vorliegenden Übersicht bei der Besprechung der einzelnen Glykoside.

Der Abbau der Zuckerkette kann stufenweise auf enzymatischem Wege durchgeführt werden. So gelang es z. B. aus den Triosiden k-Strophanthosid [STOLL u. Mitarb. (*191, 193*)], Thevetin, Evonosid [REICHSTEIN u. Mitarb. (*43*), (*161*)] und Tanghinosid [FRÈREJACQUE u. Mitarb. (*37*)] die entsprechenden Bioside zu bereiten und diese weiter fermentativ zu Monosiden abzubauen.

Obwohl in neuester Zeit auch Fermente gefunden wurden, die zu einer Spaltung der Glykoside in Zucker und Aglykon befähigt sind [STOLL und Mitarbeiter (*190*], wird diese Hydrolyse üblicherweise mit Mineralsäure durchgeführt. Die Spaltung von Glykosiden der 2-Desoxyzucker, wie z. B. der Cymarose und Digitoxose, bietet im allgemeinen keine Schwierigkeiten und verläuft ohne Nebenreaktionen. Anders liegen die Verhältnisse bei den Glykosiden der Rhamnose und Glucose bzw. allen jenen Zuckern, die in Stellung 2 eine Oxygruppe aufweisen. Für die Hydrolyse dieser Glykoside sind so energische Bedingungen notwendig, daß in den meisten Fällen gleichzeitig mit der Abtrennung des Zuckers eine oder mehrere Oxygruppen aus dem Aglykonteil abgespalten werden. Es bedeutete daher einen Fortschritt, als MANNICH (*100*) am Beispiel des Ouabains zeigen konnte, daß auch schwer spaltbare Glykoside mit Aceton-Salzsäure in der Kälte hydrolysiert werden, wobei es gelingt, die intakten Aglykone zu fassen. Mit Hilfe der MANNICH'schen Methode gelang es REICHSTEIN (*18, 88, 89, 146, 167, 168, 170*), die nativen Aglykone einer großen Anzahl schwer spaltbarer Glykoside zu charakterisieren.

Wie bereits erwähnt, weisen alle natürlichen digitaloiden Aglykone dasselbe Gerüst auf. Sie unterscheiden sich voneinander in der Art und Anzahl der funktionellen Gruppen, sowie durch verschiedene Konfigurationen an bestimmten asymmetrischen Kohlenstoffatomen. Es ist schon früh gelungen, die wichtigsten digitaloiden Aglykone über identische Abbauprodukte miteinander zu verknüpfen, ohne daß sich aus diesen Reaktionen ein umfassendes Bild über den sterischen Bau dieser Steroide ergeben hätte. Obwohl in der folgenden Übersicht besonders die Stereochemie der digitaloiden Aglykone behandelt wird, sollen diese Überführungen hier einleitend schematisch dargestellt werden, da sie einen guten allgemeinen Einblick in 'das zu behandelnde Gebiet vermitteln. Nach Arbeiten von WINDAUS (*219, 224*), JACOBS (*57, 61, 62, 69, 71, 74*), TSCHESCHE (*196, 206, 207*), NEUMANN (*119*), PLATTNER (*138*) und SPEISER (*181*) lassen sich die Aglykone Periplogenin, Digitoxigenin, Gitoxigenin, Strophanthidin, Uzarigenin, Digoxigenin und Oleandrigenin nach dem folgenden Schema miteinander verknüpfen (Schema S. 92).

In der ausführlichen Besprechung einzelner Aglykone wird das Schwergewicht auf die *Stereochemie* dieser Steroide und die damit zusammenhängenden synthetischen Arbeiten gelegt. Es liegt in der Natur dieser Darstellung, daß dabei die neuere Literatur besonders zur Geltung kommt. Einleitend muß jedoch betont werden, daß die in der Stereochemie der digitaloiden Aglykone erzielten Fortschritte zum großen Teil abhängig sind von Erfolgen, die auf anderen Gebieten der Steroidchemie erreicht wurden. Unter diesen ist hauptsächlich die Festlegung der räum-

Periplogenin. Digitoxigenin.

Strophanthidin. Uzarigenin. Digoxigenin. Oleandrigenin.

Gitoxigenin.

(62) (71) (74) (57) (74) (138, 69, 61) (219, 224) (181) (138, 69, 61) (196) (206, 207) (119)

lichen Lage der Seitenkette in den natürlichen Sterinen und Gallensäuren durch die Arbeiten von GALLAGHER (*38*), REICHSTEIN (*180a*), KENDALL (*107*), RUZICKA (*137*) und CROWFOOT (*13*) hervorzuheben.

GALLAGHER (*38*) konnte zeigen, daß die Oxygruppe am Kohlenstoffatom 12 der Desoxy-cholsäure α-ständig, d. h. hinter der Projektionsebene angeordnet sein muß. Da sich dieses Hydroxyl mit Sicherheit in *trans*-Stellung zur Seitenkette (Formel VIII) befindet, ko nnte die β-Stellung für den Substituenten an $C_{(17)}$ der Desoxy-cholsäure abgeleitet werden. Zum gleichen Ergebnis gelangte REICHSTEIN (*180a*), indem er die vier möglichen, an $C_{(12)}$ und $C_{(17)}$ isomeren Ätiodesoxy-cholsäuren (VII—X) herstellte und ihre Tendenz zur Lactonbildung zwischen Carboxyl an $C_{(17)}$ und Hydroxyl an $C_{(12)}$ untersuchte. Aus derjenigen Säure (VII), die sich von der natürlichen Ätiodesoxy-cholsäure (VIII) nur durch eine räumlich verschiedene Lage des Carboxyls an $C_{(17)}$ unterscheidet, konnte leicht ein Lacton bereitet werden, während die übrigen drei Isomeren (VIII—X) keine Neigung zu einem solchen Ringschluß aufwiesen. Die Versuche von REICHSTEIN bestätigten die Annahme, daß sich in der 17-Iso-ätiodesoxy-cholsäure (VII) die beiden Substituenten an $C_{(12)}$ und $C_{(17)}$ auf der gleichen Seite der Ringskelettebene befinden und in ihrer Reaktionsfähigkeit durch das β-ständige Methyl an $C_{(13)}$ nicht behindert werden (vgl. dagegen IX). In Übereinstimmung mit der Formulierung von GALLAGHER schrieb daher auch REICHSTEIN der 17-Iso-ätiodesoxy-cholsäure (VII) die Konstitution einer 12 α-Oxy-17-iso-(α)-ätiocholansäure zu. KENDALL und Mitarbeiter (*107*) wiesen

(VII.)   (VIII.)   (IX.)   (X.)

ferner darauf hin, daß die Bildung von 3,9-Epoxyden mit der heute üblichen Konfigurationszuteilung an die Ringe A, B und C der natürlichen Gallensäuren in bestem Einklang steht. PLATTNER und RUZICKA (*137*) beobachteten schließlich, daß bei der Hydrierung von zweifach ungesättigten Steroiden des Typus (XII) zwei isomere Verbindungen, (XI) und (XIII) entstehen. Die eine dieser Verbindungen (XI) stimmt sowohl an $C_{(14)}$ als auch an $C_{(17)}$ konfigurativ mit den natürlichen Steroiden überein, während für die andere (XIII) die entgegengesetzte Konfiguration an diesen beiden asymmetrischen Kohlenstoffatomen bewiesen wurde. Wenn man bei der Hydrierung des Diens (XII) zu den gesättigten Verbindungen (XI) und (XIII) *cis*-Addition des Wasserstoffs annimmt, so gelangt man zum Ergebnis, daß in der an $C_{(14)}$ und $C_{(17)}$ normal gebauten Verbindung (XI) die Wasserstoffatome an diesen beiden Zentren auf der

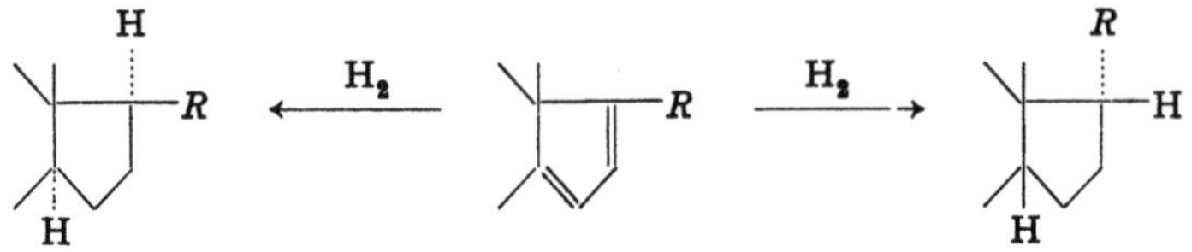

$$\text{(XI.)} \qquad \xleftarrow{\;\;H_2\;\;} \qquad \text{(XII.)} \qquad \xrightarrow{\;\;H_2\;\;} \qquad \text{(XIII.)}$$

gleichen Seite der Skelettebene angeordnet sein müssen. Da jedoch die *trans*-Stellung des Wasserstoffs an $C_{(14)}$ zum Methyl an $C_{(13)}$ in der normal gebauten Verbindung (XI) feststeht (*17, 218*), folgert sich auch *trans*-Stellung des Wasserstoffatoms an $C_{(17)}$ zum Methyl $C_{(13)}$, bzw. β-Lage der Seitenkette in bezug auf die Projektionsebene.

Zum gleichen Schluß kamen auch CARLISLE und CROWFOOT (*13*) durch sorgfältige Auswertung von Röntgenspektren des Cholesteryljodids.

Es ist bemerkenswert, daß die Steroide der Hormon-, Sterin- und Gallensäure-Reihe die Ringe C und D in *trans*-Verknüpfung tragen (*17, 218*), während sich in den digitaloiden Aglykonen diese beiden Ringe in *cis*-Lage zueinander befinden.

In den Formeln der folgenden Übersicht werden diese sterischen Gegebenheiten dadurch zum Ausdruck gebracht, daß jene Substituenten, die sich *vor* der Projektionsebene, d. h. in β-Stellung befinden, durch eine ausgezogene Linie mit dem Skelett verbunden sind, während die α-ständigen Gruppierungen in üblicher Weise durch eine punktierte Linie bezeichnet werden. In bezug auf das Kohlenstoffatom 17 wurde die Darstellung so gewählt, daß sich ein β-ständiger Substituent in Verlängerung der Bindung $C_{(18)}$—$C_{(17)}$ befindet. Es ergibt sich dadurch die Möglichkeit, die verschiedenen Ringbildungen des C-Atoms 21 mit dem β-ständigen Hydroxyl an $C_{(14)}$ der digitaloiden Aglykone in einfacher Weise formelmäßig ausdrücken zu können (vgl. z. B. Formeln XV und XIX, S. 95). Eine 17α-ständige Seitenkette wird, um Verwechslungen auszuschließen, durch eine punktierte Linie markiert, die senkrecht zur Bindung $C_{(18)}$—$C_{(17)}$ steht.

Der folgenden Besprechung jedes einzelnen Aglykons schließt sich jeweils eine Zusammenstellung seiner Glykoside an. In zwei Übersichtstabellen, die sich am Schlusse dieser Arbeit befinden, sind die wichtigsten physikalischen Daten, sowie Angaben über die chemische Zusammensetzung und die biologische Aktivität der natürlichen digitaloiden Glykoside und Aglykone zusammengestellt (S. 150 bis 155).

II. Aglykone und Glykoside bekannter Konstitution.

1. Digitoxigenin.

a) Konstitutionsaufklärung.

Digitoxigenin (XIV) weist außer den beiden Hydroxylen an den Kohlenstoffatomen 3 und 14 und dem ungesättigten Lactonring an $C_{(17)}$

keine weiteren funktionellen Gruppen auf. Es liefert wie alle biologisch aktiven Herzgift-Aglykone eine Isoverbindung (XV), für deren Bildung eine *cis*-Lage der Substituenten an den Kohlenstoffatomen 14 und 17 notwendig erscheint (*51, 208*). Da bei der Einwirkung von Alkali bzw. Alkali-alkoholat eine Umkehr der Konfiguration an $C_{(17)}$ nach dem folgenden Schema nicht ohne weiteres ausgeschlossen werden kann (*65*),

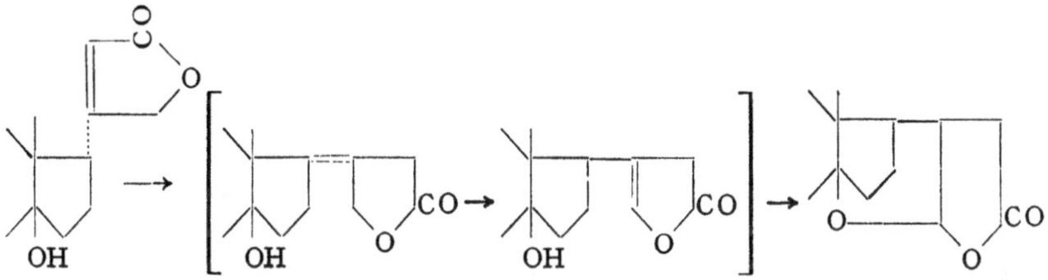

ist es von besonderem Interesse, daß am Beispiel des Digitoxigenins bewiesen werden konnte, daß die Umlagerung Aglykon → Iso-aglykon tatsächlich ohne Konfigurationsänderung am Kohlenstoffatom 17 erfolgt.

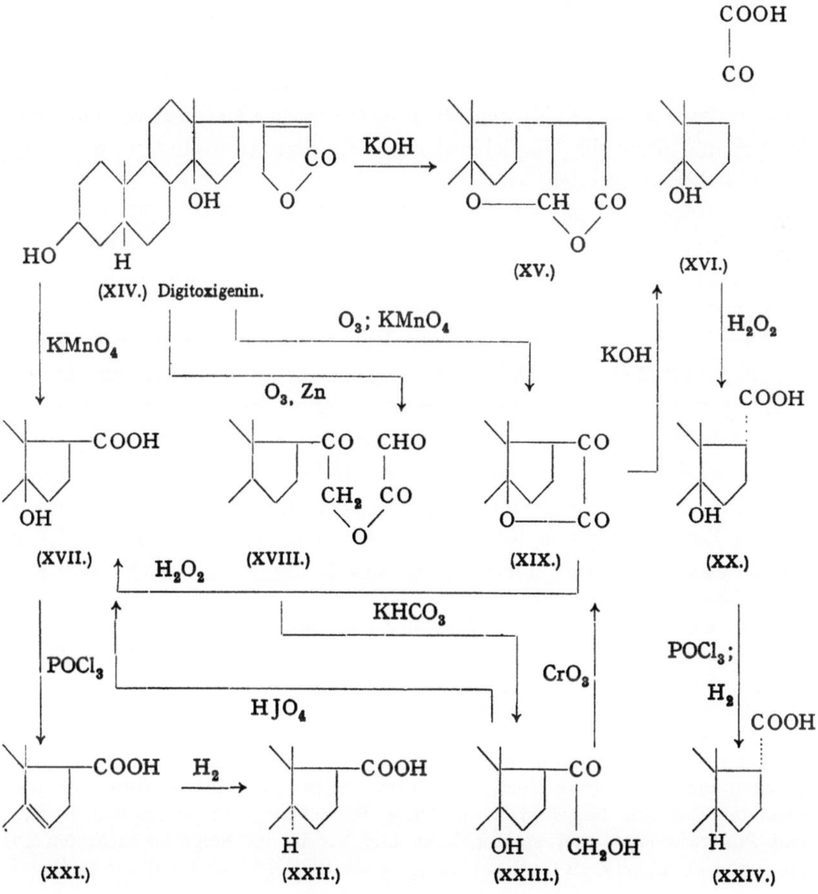

Für die Konstitutionsaufklärung der übrigen Herzgift-Aglykone ist dieser Beweis von Bedeutung, da in der Bildung des entsprechenden Iso-aglykons oft der einzige Hinweis für die *cis*-Lage der Oxygruppe an $C_{(14)}$ zur Lactonseitenkette vorliegt.

Bei der Oxydation mit Kaliumpermanganat wird aus Digitoxigenin (XIV) neben der 14-Oxysäure (XVII) das Ketocarbonsäurelacton (XIX) gebildet (*49*). Dieses Lacton (XIX) kann auch durch Ozonisation von Digitoxigenin (XIV), reduktive Spaltung des Ozonids zum Glyoxylsäureester (XVIII), dessen Verseifung zum Ketol (XXIII) und nachfolgende Oxydation mit Chromtrioxyd gewonnen werden (*112*). Im Ketocarbonsäurelacton (XIX) müssen sich nun die Seitenkette an $C_{(17)}$ und das Hydroxyl an $C_{(14)}$ in *cis*-Lage zueinander befinden, da bei *trans*-Stellung dieser beiden Substituenten eines Lactonbildung (C-Atom 21 → OH an $C_{(14)}$) nicht möglich ist.

Das Ketol (XXIII), welches, wie schon erwähnt, mit Chromtrioxyd direkt in das Lacton (XIX) übergeführt werden kann, wird mit Perjodsäure zur 14-Oxysäure (XVII) abgebaut*. Die gleiche Säure ließ sich auch durch Oxydation des Ketolactons (XIX) mit Wasserstoffperoxyd in saurer Lösung bereiten. Durch diese Reaktionen sind, Digitoxigenin (XIV), das Lacton (XIX) und die 14-Oxysäure (XVII) auf verschiedenen Wegen und ohne die Möglichkeit einer Konfigurationsänderung an $C_{(17)}$, miteinander verbunden worden.

Die Folgerung, daß sich in den Verbindungen (XIV), (XVII), (XIX) und (XXIII) (S. 95) die Seitenkette an $C_{(17)}$ und die tertiäre Oxygruppe an $C_{(14)}$ in *cis*-Lage zueinander befinden, wird durch folgende Reaktionen noch weiter gestützt.

Das Lacton (XIX) geht bei der Verseifung mit Kaliumhydroxyd in die Ketocarbonsäure (XVI) über, welche keine Neigung zur Lactonbildung mehr zeigt. Diese Ketosäure liefert bei der Oxydation mit Wasserstoffperoxyd eine zu (XVII) isomere 14-Oxysäure (XX), deren Konfiguration an $C_{(17)}$ durch Abbau zur 3β-Oxy-14-allo-17-iso-ätiocholansäure** (XXIV) sichergestellt wurde (*112, 158*). Damit ist bewiesen, daß bei der Behandlung von Ketocarbonsäurelactonen des Typus' (XIX) mit Alkali gleichzeitig mit der Öffnung des Lactonringes auch eine Kon-

---

* Offenbar verlaufen die Oxydationen des Ketols (XXIII) mit Chromtrioxyd und Perjodsäure nach verschiedenen Reaktionsmechanismen. Während Chromtrioxyd wahrscheinlich an $C_{(21)}$ angreift, scheint es, daß der Reaktionsbeginn mit Perjodsäure am Kohlenstoffatom 20 stattfindet (*183*).

** Das Präfix „*allo*" wird hier zur Bezeichnung einer von der „normalen" abweichenden Ringverknüpfungsart verwendet und ist prinzipiell auf alle Ringverknüpfungsstellen anwendbar, wenn dem Präfix „*allo*" die Nummer des maßgebenden C-Atoms beigefügt wird. Diese Bezeichnungsart wurde von Ruzicka und Plattner (*151, 137*) vorgeschlagen und hat in der Folge zu mehreren Diskussionen Anlaß gegeben (*137, 129, 111*); 14-*allo* ist gleichbedeutend mit 14-*iso* (*28*).

figurationsänderung an $C_{(17)}$ erfolgt (*22*). Ferner ist bewiesen, daß sowohl Digitoxigenin (XIV) als auch Iso-digitoxigenin (XV) an $C_{(17)}$ die entgegengesetzte Konfiguration wie die Ketocarbonsäure (XVI) aufweisen müssen, denn Iso-digitoxigenin konnte zu Ätiocholansäure (*65*) und Digitoxigenin über die 14-Oxysäure (XVII) und die Δ^{14}-Säure (XXI) zu 3β-Acetoxyätiocholansäure (XXII) abgebaut werden (*49*).

Durch diese Reaktionen sind in Digitoxigenin sowohl die Konfigurationen an $C_{(17)}$ und $C_{(14)}$ als auch an $C_{(3)}$ und $C_{(5)}$ eindeutig festgelegt. Gleichzeitig ist auch bewiesen, daß die Umlagerung Digitoxigenin (XIV) $\rightarrow$ $\rightarrow$ Iso-digitoxigenin (XV) und die Abbaureaktionen erster Stufe, (XIV) $\rightarrow$ (XVII), (XVIII), (XIX), ohne Konfigurationsänderung am Kohlenstoffatom 17 verlaufen.

Zusammenfassend kann gesagt werden, daß in Digitoxigenin die Oxygruppen an den Kohlenstoffatomen 3 und 14 sowie die Lactonseitenkette am Kohlenstoffatom 17 vor der Projektionsebene angeordnet sind, nämlich in β-Stellung. Die Ringe A und B sind wie bei den natürlichen Gallensäuren nach Art des *cis*-Dekalins miteinander verknüpft.

b) Synthese von Abbauprodukten und Umwandlung des Digitoxigenins in Desoxy-corticosteron.

In engem Zusammenhang mit der Konstitutionsaufklärung des Digitoxigenins stehen die von Ruzicka und Mitarbeitern (*158*) durchgeführten Synthesen der an $C_{(17)}$ isomeren 14-Oxy-ätiocholansäureester (XXIX und XXXII). Nachdem das Problem der Einführung einer Oxygruppe in die Stellung 14 des Steroidgerüstes in der 5-Allo-ätiocholansäure-Reihe gelöst war (vgl. S. 103), gelang die Herstellung dieser beiden Abbauprodukte (XXIX und XXXII) des Digitoxigenins auf folgendem Wege:

Das Δ^{16}-3β-Acetoxy-ätiocholensäure-nitril (XXV) (*110*) läßt sich in
glatter Reaktionsfolge über das Diennitril (XXVI) und den Dienester
(XXVII) in das 14,15β-Oxyd (XXX) überführen (*158*). Letzteres liefert
bei der Hydrierung als Hauptprodukt den 14-Oxy-17-iso-ester (XXIX)
und in geringer Menge den an $C_{(17)}$ normal gebauten Ester (XXXII),
die beide mit den bereits beschriebenen Abbauprodukten [(XX) und
(XVII), S. 95] des Digitoxigenins identisch sind. Der sterische Verlauf
dieser Synthese, der die β-Stellung des Hydroxyls am Kohlenstoffatom 14
in Digitoxigenin weiter belegt, wird im Kapitel über Uzarigenin eingehend besprochen (S. 101).

Durch Abspaltung des tertiären Hydroxyls aus dem 14-Oxy-17-iso-
ester (XXIX) und anschließende Hydrierung der ungesättigten Verbindung (XXVIII) konnte auch das gemeinsame Abbauprodukt des
Digitoxigenins (*112*) und Gitoxigenins (*109*), nämlich der 3β-Acetoxy-
14-allo-17-iso-ätiocholansäure-methylester (XXXI) auf partialsynthetischem Wege bereitet werden.

Die von MEYER und REICHSTEIN (*113*) beschriebene Überführung von Digitoxigenin (XIV) in Desoxy-corticosteronacetat (XXXVI) stellt die direkte Verknüpfung eines digitaloiden Aglykons mit einem Hormon der Nebennierenrinde dar. Bei der vorsichtigen Oxydation mit Chromtrioxyd entsteht aus Digitoxigenin (XIV) das Digitoxigenon (XXXIII) (*224*). Dieses liefert beim Abbau des ungesättigten Lactonringes mit Ozon und nachfolgender Acetylierung das 3-Keto-14-oxy-ketolacetat (XXXIV). Die letztere Verbindung ist auch aus dem 3-Oxy-ketol (XXIII) (S. 95) durch partielle Veresterung in Stellung 21 und anschließende Oxydation des Hydroxyls am Kohlenstoffatom 3 zugänglich. Mit Salzsäure läßt sich das Ketolacetat (XXXIV) zur ungesättigten Verbindung (XXXV) dehydratisieren. Die energische Hydrierung dieses Δ^{14}-ungesättigten Steroids mit nachfolgender Oxydation der an $C_{(3)}$ und $C_{(20)}$ reduzierten Anteile führt zum 3,20-Diketo-21-acetoxy-pregnan (XXXVII). Durch Bromieren in Stellung 4 und Elimination von Bromwasserstoff kann aus dem Diketon (XXXVII) das Desoxy-corticosteronacetat (XXXVI) nach der Vorschrift von REICHSTEIN und FUCHS (*145*) hergestellt werden.

c) Glykoside des Digitoxigenins.

Thevetin	Somalin
Neriifolin	Digitoxin
Acetyl-neriifolin (Cerberin)	Purpureaglykosid A
Thevebiosid	Digilanid A
Odorosid A	Digitoxigenin-(3)-β-D-glucosid.

Mit der Konstitutionsaufklärung der Glykoside *Thevetin, Neriifolin* und *Cerberin* befaßten sich in neuester Zeit hauptsächlich REICHSTEIN (*42, 43*) und FRÈREJACQUE (*31—33*). REICHSTEIN konnte zeigen, daß in diesen drei Glykosiden dasselbe Aglykon, nämlich Digitoxigenin vorliegen muß.

In *Thevetin* ist Digitoxigenin an 1 Mol Thevetose und 2 Mol *D*-Glucose gebunden. Durch Einwirkung der Verdauungsfermente von Schnecken (*32*), von Strophanthobiase [HELFENBERGER und REICHSTEIN (*42*); JACOBS und HOFFMANN (*80*); STOLL und RENZ (*191*)] und des in den Samen von *Thevetia neriifolia* enthaltenen Ferments Thevetinase (*42*) können aus dem Triosid Thevetin die beiden Glucosemolekeln abgespalten werden unter Bildung des Monosids *Neriifolin*. FRÈREJACQUE (*31, 32*) und REICHSTEIN (*42*) erhielten bei einer solchen enzymatischen Spaltung der Gesamtglycoside aus *Thevetia*-Nüssen neben Neriifolin auch ein *Monoacetyl-neriifolin*, das sich mit dem schon lange bekannten *Cerberin* (*15, 106, 139*) als identisch erwies (*33*). Cerberin und Neriifolin liefern dasselbe Diacetat (*31—33, 42*), und wie zu erwarten war, gelang es auch, Cerberin (Acetyl-neriifolin) unter milden Bedingungen mit Bicarbonat zu Neriifolin zu verseifen (*42*).

Bei Einwirkung einer geringen Menge des glucose-abspaltenden Ferments Strophanthobiase gelang es Reichstein (*42*) aus Thevetin nur die endständige Glucosemolekel abzutrennen. Es entstand das neue Glykosid *Thevebiosid*, dessen Zuckeranteil noch aus je einem Mol Thevetose und Glucose besteht.

Durch diese Überführungen sind Thevetin, Thevebiosid, Cerberin und Neriifolin in eindeutiger Weise miteinander verknüpft worden, und es genügte, den Aglykonteil eines dieser Glykoside zu bestimmen, um gleichzeitig auch die Konstitutionen der übrigen Vertreter dieser Reihe zu kennen.

Da die Thevetose (vgl. Formel XXXVIII), deren Konstitution durch die Arbeiten von Frèrejacque (*35, 36*) und Reichstein (*5*) gesichert ist, ein Hydroxyl in Stellung 2 aufweist, sind zur Spaltung ihrer Glykoside so energische Bedingungen notwendig, daß gleichzeitig mit der Hydrolyse Dehydratisierung des Aglykonteils stattfindet. Das gebildete Anhydroaglykon, welches bereits Tschesche (*201*) isoliert hatte, ist von Reichstein (*42*) als „β"-($\Delta^{14,15}$-)Anhydro-digitoxigenin erkannt worden. Damit ist die Konstitution des Aglykons von Thevetin bis auf die exakte

(XXXIX.) Digitoxigenon.

(XXXVIII.) Neriifolin.

(XL.) *D*-Digitoxose. (XLI.) *D*-Cymarose.

Lage der als Wasser eliminierten tertiären Oxygruppe bestimmt. Die Lösung dieser letzteren Frage gelang durch die Anwendung einer von Steinegger und Katz (*185*) ausgearbeiteten Abbaumethodik von Glykosiden, die schematisch in der oxydativen Entfernung des Zuckers unter Bildung eines Aglykon-ketons besteht. Neriifolin (XXXVIII) lieferte bei diesem Abbau Digitoxigenon (XXXIX) (*43*). Die Identität von Digitoxigenin mit Thevetigenin und Cerberigenin wird durch die Überführung von Neriifolin in 3β-Oxy-ätiocholansäure (XXII, S. 95) weiter belegt (*43*).

In *Odorosid A* (*143*, *144*), einem der sieben kristallisierten Glykoside des wohlriechenden Oleanders, ist Digitoxigenin an *D*-Diginose gebunden (*174*, *195*) (vgl. LXVI, S. 107). Die Konstitution des Odorosids A wurde durch seine Hydrolyse in Zucker und Aglykon sichergestellt.

Somalin aus *Adenium somalense* wurde von HARTMANN und SCHLITTLER (*41*) als das leicht spaltbare Glykosid des 2-Desoxyzuckers *D*-Cymarose (XLI) (*51*, *61*, *140*) und Digitoxigenin erkannt.

Als Grundkörper der genuinen Digitoxigenin-Glykoside aus *Digitalis purpurea* (Purpurea Glykosid A) und *Digitalis lanata* (Digilanid A) kann das Triosid *Digitoxin* betrachtet werden. In ihm ist das Aglykon an 3 Mole des 2-Desoxyzuckers *D*-Digitoxose (XL) gebunden (*40*, *116*).

Die Kenntnisse über die verschiedenen nativen Digitalisglykoside verdanken wir vor allem den Arbeiten von STOLL (*186*, *187*, *189*). Im Tetrosid *Purpureaglykosid A* (*186*, *188*, *189*) besteht der Zuckerteil aus drei Molekeln Digitoxose (XL) und einem endständigen β-Glucoserest, während in *Digilanid A* [STOLL und KREIS (*187*)] außer der gleichen Anordnung der Zucker noch zusätzlich 1 Mol Essigsäure aufgefunden wurde. Sie ist mit einem Hydroxyl des Digitoxoseteils verestert. Über die enzymatische, partielle Hydrolyse dieser nativen Glykoside, die totale Spaltung in Aglykon und Zucker, sowie die Überführung in identische Umwandlungsprodukte, bestehen ausführliche Zusammenfassungen (*96*, *186*), und es sei hier nur auf diese und die tabellarische Zusammenstellung am Schluß dieser Übersicht verwiesen.

Digitoxigenin-(3)-β-D-glucosid ist von ELDERFIELD und Mitarbeitern (*23*) auf partialsynthetischem Wege bereitet worden.

2. Uzarigenin.

a) *Konstitutionsaufklärung und Synthese von Abbauprodukten des Uzarigenins.*

Obwohl Uzarigenin selbst erst in neuester Zeit durch REICHSTEIN (*144*) isoliert werden konnte, hat bereits vor mehr als zehn Jahren TSCHESCHE (*198*, *199*, *205*) die richtige Konstitutionsformel (XLIV) für dieses Aglykon aufgestellt.

Bei der energischen Hydrolyse des Glykosids Uzarin (XLIVb) werden, unter gleichzeitiger Abspaltung des Hydroxyls an $C_{(14)}$, zwei isomere Anhydrogenine, das „α"-Anhydro-uzarigenin (*196*, *205*), für das die Formel (XLIII) vorgeschlagen wurde, und als Hauptprodukt der Reaktion das „β"-Anhydro-uzarigenin (*196*, *205*, *220*) der Konstitution (LXV) gebildet. Dieses „β"-Isomere liefert bei der energischen Hydrierung unter Aufnahme von vier Wasserstoffatomen die beiden, am Kohlenstoffatom 20 isomeren Tetrahydro-anhydro-uzarigenine (XLVII) und (XLVIII) (*196*). Diese beiden Verbindungen wurden im Laboratorium von RUZICKA auf synthetischem Wege aus 21-Oxy-pregnenolon (L) über

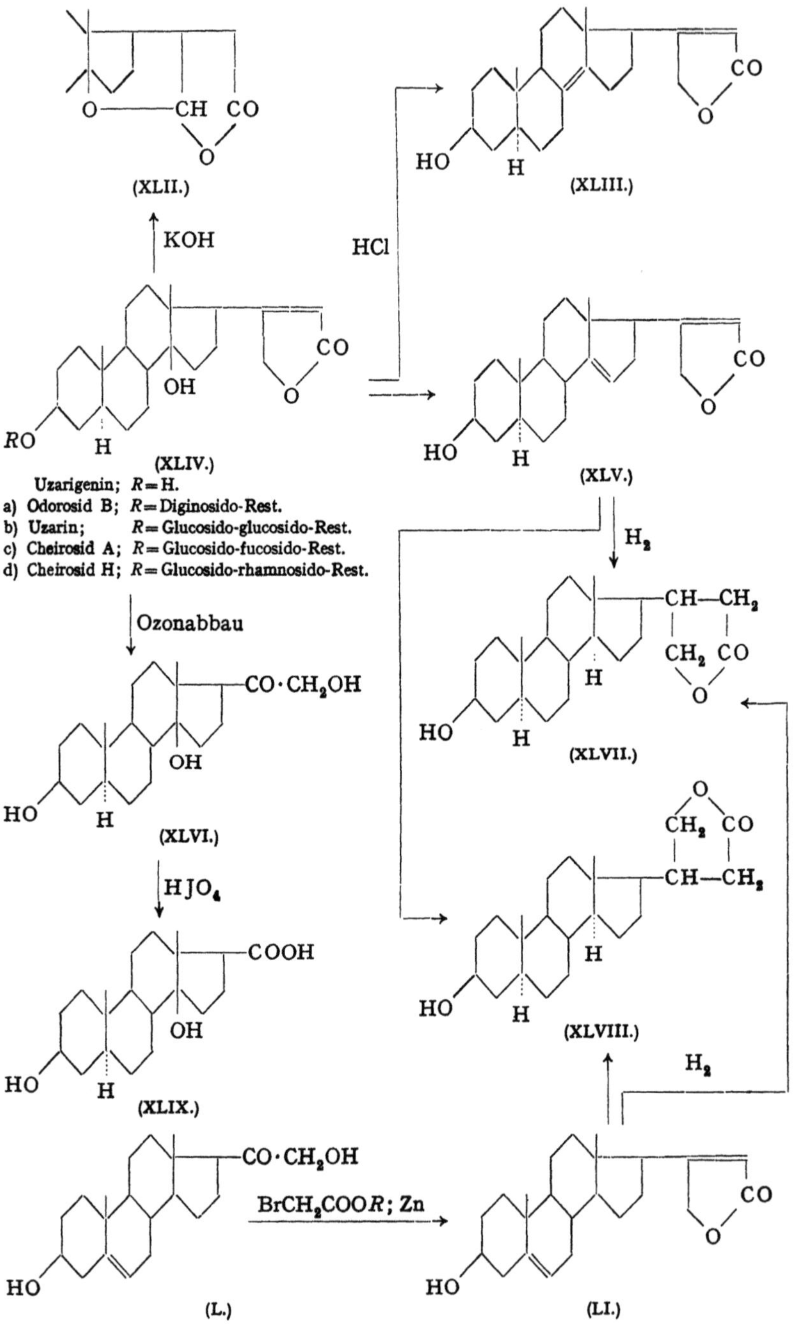

(XLII.)

KOH

(XLIII.)

HCl

(XLIV.)

Uzarigenin; $R =$ H.
a) Odorosid B; $R =$ Diginosido-Rest.
b) Uzarin; $R =$ Glucosido-glucosido-Rest.
c) Cheirosid A; $R =$ Glucosido-fucosido-Rest.
d) Cheirosid H; $R =$ Glucosido-rhamnosido-Rest.

Ozonabbau

(XLV.)

H_2

(XLVI.)

HJO_4

(XLVII.)

(XLIX.)

(XLVIII.)

H_2

(L.)

$BrCH_2COOR$; Zn

(LI.)

das Lacton (LI) (*160*) bereitet und deren Identität mit den Abbauprodukten (XLVII) und (XLVIII) des Uzarigenins bewiesen (*153, 154*).
Durch diese Synthese sind außer der sterischen Lage der Seitenkette

($17\,\beta$) auch gleichzeitig die Konfigurationen an den Kohlenstoffatomen 3 (β) und 5 (Cholestantyp) des Uzarigenins bewiesen. Zum gleichen Ergebnis kam bereits TSCHESCHE (*198, 199*), auf Grund des Abbaus von „β"-Anhydro-uzarigenin (XLV) zu Allo-ätiocholansäure.

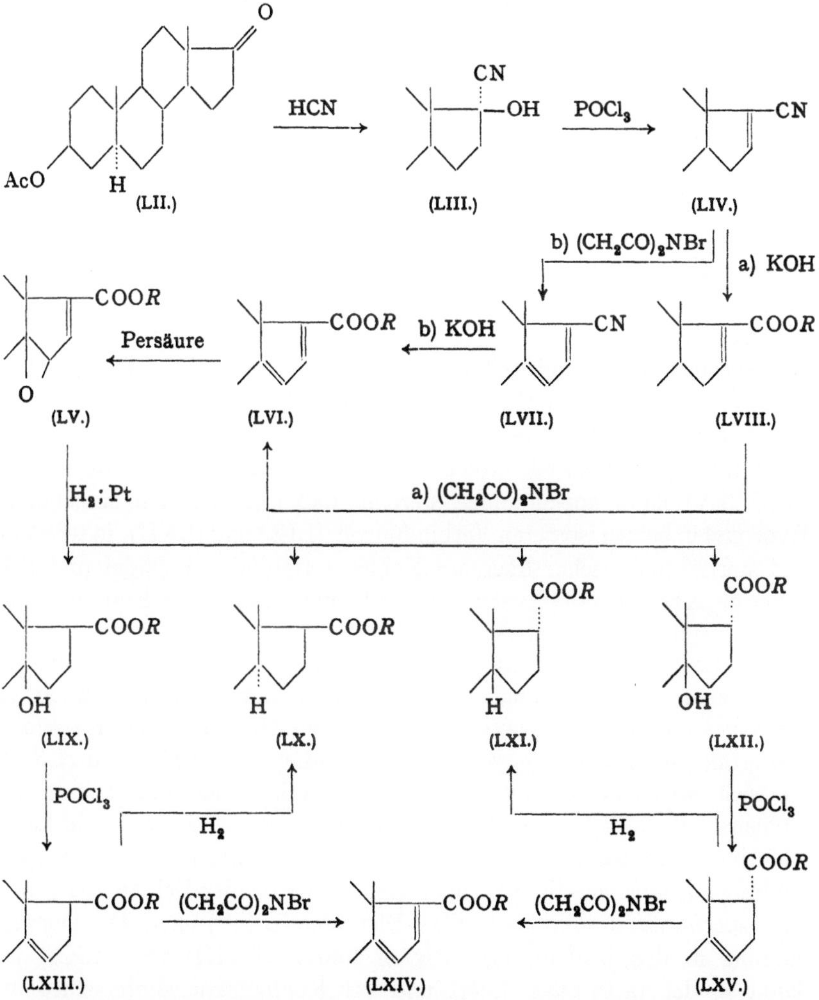

Beim Abbau mit Ozon lieferte Uzarigenin (XLIV) das Ketol (XLVI) (*144*), welches durch eine weitere Oxydation mit Perjodsäure in die bekannte $3\beta,14$-Dioxy-5,14-diallo-ätiocholansäure (XLIX) bzw. (LIX) übergeht. Die Partialsynthese der letzteren Verbindung lieferte den Beweis für die Haftstelle und die räumliche Lage des tertiären Hydroxyls in Uzarigenin.

Aus 3β-Acetoxy-17-keto-androstan (LII) kann nach der Methode von BUTENANDT (*10, 11*) das ungesättigte Nitril (LIV) über das Cyanhydrin (LIII) bereitet werden. Die Überführung des Nitrils (LIV) in den $\Delta^{14;16}$-3β-Acetoxy-5-allo-ätiocholadiensäure-methylester (LVI) ist auf zwei verschiedenen Wegen möglich: a) durch Verseifung des Nitrils (LIV) zur α,β-ungesättigten Säure (LVIII), deren Ester mit Bromsuccinimid zum $\Delta^{14;16}$-Dienester (LVI) dehydriert werden kann (*159*), und b) durch primäre Dehydrierung des Nitrils (LIV) zum Diennitril (LVII) und anschließende Verseifung und Methylierung (*131*).

Der im Ring D zweifach ungesättigte Ester (LVI) reagiert nur mit einer Molekel Benzopersäure, unter Bildung des Δ^{16}-14,15β-Oxidoesters (LV), dessen Konstitution durch die weiteren Umsetzungen und durch seine selektive Ultraviolettabsorption bei 233 mμ (log $\varepsilon = 3{,}86$) genügend gesichert ist (*150*).

Die Hydrierung des ungesättigten Oxyds (LV) mit Platinoxyd in Feinsprit führt zu einem Gemisch von vier Verbindungen, nämlich den zwei isomeren 14-Oxyestern (LIX) und (LXII) und zwei isomeren 14-Desoxyestern (LX) und (LXI). Der eine 14-Oxyester (LIX) ist nun identisch mit dem Ester (XLIX) aus Uzarigenin (*137, 144*). Dieser Ester läßt sich wie sein Isomeres (LXII) nicht acetylieren und reagiert auch nicht mit Chromtrioxyd. Nach der Entstehungsweise aus demselben Oxyd (LV) kann angenommen werden, daß sich das neu eingeführte Hydroxyl in beiden isomeren Verbindungen, (LIX) und (LXII), in tertiärer und sterisch identischer Lage am Kohlenstoffatom 14 befindet und sich daher diese beiden 14-Oxyester nur durch eine verschiedene Konfiguration an $C_{(17)}$ voneinander unterscheiden.

Der Beweis für die Richtigkeit dieser Annahme gelang durch folgende Reaktionen: Bei Aufhebung der Asymmetrie am Kohlenstoffatom 14 entstehen aus beiden 14-Oxyester (LIX) und (LXII) erwartungsgemäß wiederum zwei isomere ungesättigte Verbindungen (LXIII) und (LXV), die sich voneinander nur durch eine Konfigurationsabweichung am Kohlenstoffatom 17 unterscheiden können; denn sie zeigen beide keine selektive Lichtabsorption bei 230 mμ (keine Konjugation der Doppelbindung zur Carbomethoxygruppe), gehen aber bei der Dehydrierung mit Bromsuccinimid in denselben $\Delta^{14;16}$-Dienester (LXIV) über. Die Doppelbindung in den beiden ungesättigten Estern (LXIII) und (LXV) ist damit in der 14,15-Lage fixiert und der Konfigurationsunterschied an $C_{(17)}$ dieser beiden Verbindungen bewiesen.

Der Δ^{14}-Ester (LXIII) mit „normaler" 17β-Lage der Carbomethoxygruppe liefert bei der Hydrierung in einheitlicher Reaktion den bekannten, an $C_{(14)}$ und $C_{(17)}$ normal gebauten 3β-Acetoxy-5-allo-ätiocholansäuremethylester (LX). Im 14-Oxyester (LIX) aus Uzarigenin muß deshalb die Seitenkette an $C_{(17)}$ ebenfalls „normale" 17β-Lage einnehmen und damit ist auch ein weiterer Beweis für die sterische Lage der Lactongruppe des Uzarigenins erbracht.

Der zu (LXIII) isomere Δ^{14}-Ester (LXV) muß aus den oben angeführten Gründen 17-iso-(α)-Konfiguration aufweisen. Er liefert bei der Hydrierung einen gesättigten Ester (LXI), der mit 3β-Acetoxy-5-allo-17-iso-ätiocholansäure-methylester (*180*) nicht identisch ist. Da aber der Ester (LXI) auf Grund seiner Entstehungsweise mit Sicherheit 17-iso-Konfiguration besitzt, können sich die beiden gesättigten Verbindungen (LX) und (LXI) neben einem verschiedenen sterischen Bau des Kohlenstoffatoms 17 nur noch durch einen zusätzlichen Konfigurationsunterschied an $C_{(14)}$ voneinander unterscheiden. Es wurde hier somit erstmals die interessante Feststellung gemacht, daß der sterische Verlauf der Hydrierung einer 14,15-Doppelbindung von der räumlichen Lage des Substituenten am Kohlenstoffatom 17 abhängig ist. Die Hydrierung von 14,15-ungesättigten Steroiden mit „normaler" 17β-Konfiguration (Typ LXIII, S. 103) führt zu gesättigten Verbindungen mit normaler *trans*-Verknüpfung (*17*, *218*) der Ringe C und D (Typ LX), während ungesättigte Steroide vom Typus (LXV) mit 17-iso-(α)-Konfiguration, 14-allo-Verbindungen liefern (Typ LXI). Die Erkenntnis des Reaktionsverlaufes solcher Hydrierungen war für die Konstitutionsaufklärung der *allo*-Aglykone (vgl. S. 127) von großer Bedeutung (*182*, *183*).

Nachdem die Konfigurationen an den asymmetrischen Kohlenstoffatomen 3, 5 und 17 des Uzarigenins auf verschiedenen Wegen bewiesen waren, konnte schließlich auch die sterische Lage des Hydroxyls an $C_{(14)}$ aus dem Verhalten der Abbausäure (LIX) und ihres synthetischen Isomeren (LXII) bestimmt werden.

Der 14-Oxyester (LIX) wird von Aluminiumoxyd bedeutend schwächer adsorbiert als der isomere Ester (LXII). Dieses unterschiedliche Verhalten deutet auf eine sterisch stärkere Hinderung des Hydroxyls in (LIX) hin. Weiter ist der am Kohlenstoffatom 17 normal gebaute 14-Oxyester relativ thermolabil und reagiert mit Phosphoroxychlorid weniger leicht als der 17-Isoester (LXII). Es kann deshalb angenommen werden, daß sich im Ester (LIX) die Oxygruppe an $C_{(14)}$ und das Carboxyl an $C_{(17)}$ in *cis*-Lage (14β, 17β) zueinander befinden, während beim Ester (LXII) diese beiden Gruppen *trans*-Stellung (14β, 17α) einnehmen.

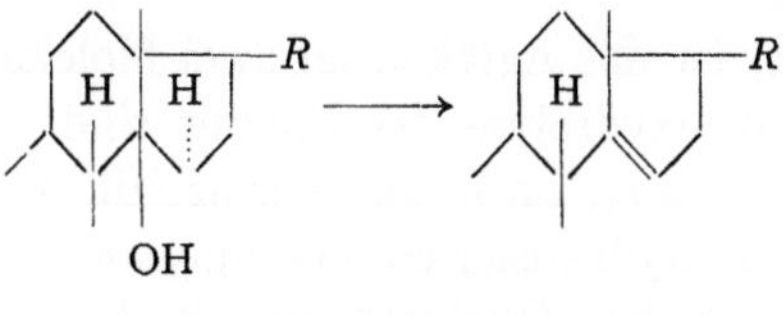

trans-Abspaltung zum sekundären Wasserstoffatom (C_{15}). 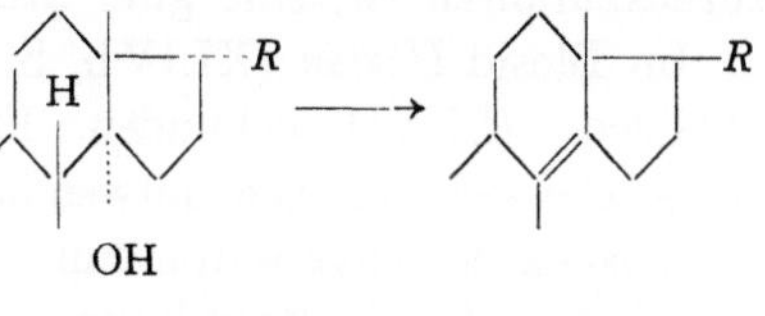   *trans*-Abspaltung zum tertiären Wasserstoffatom (C_8).

Die Abspaltung des tertiären Hydroxyls erfolgt bei beiden Estern (LIX) und (LXII) unter Ausbildung einer Doppelbindung zwischen den Kohlenstoffatomen 14 und 15. Dieses Verhalten ist ebenfalls nur mit einem β-ständigen Hydroxyl an $C_{(14)}$ vereinbar. Bei sterisch umgekehrter Lage dieser Gruppe (14α) wäre eine *trans*-Wasserabspaltung nach dem Wasserstoffatom an $C_{(8)}$ zu erwarten, und da dieses Wasserstoffatom tertiär gebunden ist, viel wahrscheinlicher (*48*).

Dem 14-Oxyester aus Uzarigenin muß auf Grund dieser Reaktionen die Konstitution eines 3β,14-Dioxy-5,14-diallo-ätiocholansäure-methyl-esters (LIX) zugeteilt werden, während der isomere Ester (LXII) als 3β,14-Dioxy-5,14-diallo-17-iso-ätiolansäure-methylester zu formulieren ist.

Zusammenfassend kann gesagt werden, daß sich in Uzarigenin (Formel XLIV, S. 102) die Substituenten an den Kohlenstoffatomen 3, 14 und 17 alle auf der gleichen Seite der Projektionsebene, nämlich in β-Stellung befinden. Die Ringe A und B weisen *trans*-Verknüpfung auf, während die Ringe C und D sowohl in Uzarigenin wie auch in den übrigen di-gitaloiden Aglykonen in *cis*-Lage zueinander stehen.

b) Glykoside des Uzarigenins.

Odorosid B	Cheirosid A
Uzarin	Cheirosid H

In *Odorosid B* (Formel XLIVa, S. 102) (*143, 144*), einem Glykosid des wohlriechenden Oleanders (*Nerium odorum* SOL.), ist Uzarigenin an den 2-Desoxyzucker Diginose (LXVI, S. 107) gebunden. Odorosid B ist bis heute das einzige Uzarigeninglykosid, aus dem das unveränderte Aglykon gewonnen werden konnte. Die Konstitution und die Synthese der *D*-Diginose sind durch die Arbeiten von SHOPPEE (*174*) und REICHSTEIN (*195*) sichergestellt.

Odorosid B und Odorosid A (vgl. S. 101) unterscheiden sich von-einander nur durch eine verschiedene Konfiguration des Kohlenstoff-atoms 5 im Aglykonteil; sie stehen somit zueinander wie Cholestanol zu Koprostanol. Odorosid B ist biologisch etwa zehnmal weniger wirksam als das isomere Odorosid A (vgl. Tabelle 1, S. 150). Damit erfährt die Annahme von TSCHESCHE (*205*), daß die relativ schwache physiologische Aktivität des Uzarins nur auf die 5-allo-Konfiguration im Aglykonteil zurückzuführen ist, eine gute Stütze.

Im Biosid *Uzarin* (XLIVb, S. 102) ist das Aglykon an zwei Molekel *D*-Glucose (LXVII) gebunden. Für die Hydrolyse des Uzarins sind so energische Bedingungen notwendig (*196, 205, 220*), daß gleichzeitig mit der Lösung der Glykosidbindung eine Dehydratisierung des Aglykonteils stattfindet. Als Spaltprodukte konnten neben *D*-Glucose nur die beiden Anhydro-aglykone (XLIII) und (XLV) gefaßt werden (Formeln auf S. 102).

Von den sieben Glykosiden (*170, 171*) aus den Samen des Goldlacks (*Cheiranthus cheiri* L.) wurden zwei mit Sicherheit als Bioside des Uzari-genins erkannt (*171*).

Cheirosid A (XLIVc, S. 102) ist das *D*-Glucosido(?)-*D*-fucosid des Uzarigenins. Da die mit dem Aglykon verbundene *D*-Fucose (LXVIII) eine Oxygruppe in Stellung 2 aufweist, lieferte auch hier, wie beim Uzarin, die energische Hydrolyse nur die Anhydro-uzarigenine (XLIII) und (XLV). Ein Schutz der leicht abspaltbaren Oxygruppe am Kohlenstoffatom 14 wurde durch die Überführung von Cheirosid A in die Isoverbindung (XLII) erreicht, worauf eine Hydrolyse in Zucker und Iso-aglykon gelang (*171*). Da aber die Umlagerung Aglykon → Iso-aglykon irreversibel ist, konnte auch bei Anwendung dieser Methodik das unveränderte Aglykon Uzarigenin (XLIV, S. 102) nicht gewonnen werden.

Cheirosid H (XLIVd) und Cheirosid A (XLIVc) unterscheiden sich voneinander nur in jenem Zuckerteil, der unmittelbar mit dem Aglykon verbunden ist. An Stelle der *D*-Fucose (Cheirosid A) tritt beim Cheirosid H *L*-Rhamnose (LXIX) (*91, 215*). Auch hier wurde, um eine Abspaltung des Hydroxyls am Kohlenstoffatom 14 zu vermeiden, das Glykosid vorangehend der Hydrolyse in die Isoverbindung (XLII, S. 102) übergeführt (*171*).

$$
\begin{array}{cccc}
\text{CHO} & \text{CHO} & \text{CHO} & \text{CHO} \\
| & | & | & | \\
\text{CH}_2 & \text{—OH} & \text{—OH} & \text{—OH} \\
\text{CH}_3\text{O—} & \text{HO—} & \text{HO—} & \text{—OH} \\
\text{HO—} & \text{—OH} & \text{HO—} & \text{HO—} \\
\text{—OH} & \text{—OH} & \text{—OH} & \text{HO—} \\
\text{CH}_3 & \text{CH}_2\text{OH} & \text{CH}_3 & \text{CH}_3
\end{array}
$$

(LXVI.) *D*-Diginose.   (LXVII.) *D*-Glucose.   (LXVIII.) *D*-Fucose.   (LXIX.) *L*-Rhamnose.

c) allo-Uzarigenin.

Wie durch REICHSTEIN (*182, 183*) am Beispiel des Periplogenins und des *allo*-Periplogenins eindeutig gezeigt werden konnte (vgl. S. 127), unterscheiden sich die biologisch unwirksamen *allo*-Aglykone von den aktiven normalen Formen nur durch eine verschiedene Konfiguration an $C_{(17)}$. Die normalen, aktiven Glykoside und Aglykone tragen die Butenolidseitenkette am Kohlenstoffatom 17 in β- und die *allo*-Aglykone somit in α-Stellung.

allo-Uzarigenin ist bis heute in der Natur noch nicht aufgefunden worden. Es ist jedoch das erste, auf partialsynthetischem Weg gewonnene Genin, in dem sämtliche funktionellen Gruppen eines Herzgift-Aglykons unverändert vorhanden sind.

Die Synthese dieser Verbindung (LXXXIV), die sich an die bereits besprochene Methodik der Bereitung von 14-Oxy-Steroiden der 5-Allo-ätiocholansäurereihe anlehnt (vgl. S. 103), soll in der Folge kurz zusammengefaßt werden.

Das für die eine Variante der Synthese verwendete $\Delta^{14;\,16}$-3β-Acetoxy-20-keto-5-allo-pregnadien (LXXI) läßt sich auf zwei verschiedenen Wegen bereiten: a) durch Dehydrieren des α,β-ungesättigten Ketons (LXX) (*102*) mit Bromsuccinimid (*133*) und b) durch Umsetzen des Diennitrils (LXXII) mit Methylmagnesiumbromid, nach BUTENANDT (*11*). Die Oxydation des Dienketons (LXXI) mit Phthalmonopersäure führt in einheitlicher Reaktion zum 14,15β-Oxyd (LXXIII). Die anschließende katalytische Hydrierung dieses Oxyds mit Palladium-Bariumsulfat als Katalysator, liefert, wie es bei der analogen Reduktion von 14,15-Oxyden der 5-Allo-ätiocholansäurereihe der Fall ist (vgl. S. 103), ein Gemisch von 14-Oxy- (LXXVII und LXXIX) und 14-Desoxy-Verbindungen (LXXVIII, sowie 5-Allo-pregnanolon).

Die Konfigurationen dieser 5-Allo-pregnan-Derivate sind bis auf diejenige von (LXXVII) durch Abbau zu den entsprechenden Ätiosäuren (LXXXI) und (LXXXII) sichergestellt (133, 134, 137).

Das 14-Oxyketon (LXXVII) mit normaler (17 β-) Lage der Seitenkette fällt bei der Hydrierung des Oxyds (LXXIII) in so geringer Menge (2%) an, daß dieses Steroid, obwohl es ein Ausgangsmaterial für die Synthese des Uzarigenins darstellt, auf dem hier beschriebenen Wege präparativ nicht bereitet werden kann.

Beim isomeren 14-Oxyketon (LXXIX) mit 17-iso-Lage der Seitenkette läßt sich mit Bleitetraacetat in Stellung 21 eine Acetoxygruppe einführen (*134*). Das gebildete 3β, 21-Diacetoxy-14-oxy-5,14-diallo-17-iso-20-keto-pregnan (LXXX) kann auch auf einem anderen Weg, aus dem Δ^{16}-ungesättigten Ketolacetat (LXXIV) (*123*) über das Dien (LXXV) und das Oxyd (LXXVI) bereitet werden. Das 14-Oxyketolacetat (LXXX) liefert bei der Reaktion mit Zink und Bromessigester nach REFORMATZKY *allo*-Uzarigeninacetat (LXXXIV), dessen Konstitution durch die Synthese gesichert ist (Ultraviolettabsorption: $\lambda_{\text{max.}}$ bei 210 mμ; log ε = = 4,55).

Bemerkenswert ist die relativ leichte und einheitliche Abspaltbarkeit des tertiären Hydroxyls an $C_{(14)}$ aus *allo*-Uzarigenin (LXXXIV), unter Ausbildung einer Doppelbindung zwischen den Kohlenstoffatomen 14 und 15 (LXXXIII). Ein ähnliches Verhalten zeigen auch die *allo*-Aglykone, *allo*-Periplogenin (*94*) und *allo*-Strophanthidin (*7, 51*). Bei den am Kohlenstoffatom 17 normalen Aglykonen verläuft diese Reaktion weniger einheitlich, besonders wenn zur Abspaltung des tertiären Hydroxyls Mineralsäuren verwendet werden (*42, 87, 94, 171, 177, 179, 196, 205, 220*). Eine Parallele dazu findet man bei den in Stellung 17 isomeren 14-Oxyestern (LIX) und (LXII) (vgl. S. 103). Auch hier erfolgt die Wasserabspaltung leichter und einheitlicher bei jener Verbindung (LXII), die *trans*-Stellung der Substituenten an den Kohlenstoffatomen 14 und 17 aufweist (*135, 136*).

$(CH_2CO)_2NBr$

AcO H

(LXX.)

$CO \cdot CH_3$

CH_3MgBr

CN

(LXXI.) (LXXII.)

Persäure

$CO \cdot CH_3$ $CO \cdot CH_2OAc$ $CO \cdot CH_2OAc$

$(CH_2CO)_2NBr$

Persäure

(LXXIII.) (LXXIV.) (LXXV.)

$CO \cdot CH_2OAc$

H_2, Pd/CaCO$_3$

H_2, Pd/CaCO$_3$

(LXXVI.)

CH_3 CH_3 CH_2OAc

CO CO Pb(OAc)$_4$ CO

$CO \cdot CH_3$

OH H OH OH

(LXXVII.) (LXXVIII.) (LXXIX.) (LXXX.)

Pb(OAc)$_4$; KHCO$_3$; HJO$_4$

KHCO$_3$; HJO$_4$

Zn BrCH$_2$COOR

COOH COOH POCl$_3$

H OH

RO H

OH

(LXXXI.) (LXXXII.) (LXXXIII.) (LXXXIV.) *allo*-Uzarigenin.

Die gegenseitige Beeinflussung der asymmetrischen Kohlenstoffatome 14 und 17 äußert sich auch in der Änderung der spezifischen Drehung beim Übergang von Aglykon bzw. *allo*-Aglykon in die entsprechende Anhydroverbindung. Die Drehungsdifferenzen in der *allo*-Reihe sind bedeutend größer als die entsprechenden Unterschiede bei den normalen Aglykonen. Die gefundenen Gesetzmäßigkeiten erlauben Rückschlüsse auf die sterische Lage der Lactonseitenkette einerseits und auf die Lage der ausgebildeten Doppelbindung in den entstandenen Anhydroverbindungen anderseits (*135*).

3. Gitoxigenin.

a) Konstitution und Synthese von Abbauprodukten des Gitoxigenins.

Gitoxigenin (LXXXIX) weist im Steroidkern drei Hydroxyle an den Kohlenstoffatomen 3(β), 14(β) und 16(β) auf. Die Ringe A und B stehen in *cis*-Verknüpfung zueinander.

Bei der Oxydation von Gitoxigenin-diacetat mit Kaliumpermanganat erhielt K. Meyer (*109*) eine Diacetoxy-oxy-ätiocholansäure (XCII), deren Methylester bei der Behandlung mit Phosphoroxychlorid ein Gemisch des Dienesters (XCIII) und des einfach ungesättigten Esters (XCVI) lieferte.

Die Konstitution des $\Delta^{14;\,16}$-3β-Acetoxy-ätiocholadiensäure-methylesters (XCIII) ist durch die Synthese (vgl. S. 97) (*158*) gesichert. Er liefert bei der Hydrierung, wie andere im Ringe D analog gebaute Ätioester (*137*), ein 14-Allo-17-iso-Steroid, nämlich den 3β-Acetoxy-14-allo-17-iso-ätiocholansäure-methylester (XCIV). Auch die Konstitution der letzteren Verbindung ist durch die Partialsynthese (*158*) und ihre Bereitung aus Digitoxigenin (vgl. S. 95 und 98) sichergestellt (*112*).

Die sterischen Verhältnisse in den Ringen A und B des Gitoxigenins (LXXXIX) sind mit diesen Reaktionen in anschaulicher Weise festgelegt. Das Hydroxyl am Kohlenstoffatom 3 befindet sich, wie die entsprechende Oxygruppe des Digitoxigenins (XCI), in β-Stellung und auch die Ringe A und B stehen in beiden Aglykonen in *cis*-Verknüpfung zueinander. Das Ergebnis dieser Abbaureaktionen wird durch die bereits von Jacobs (*74*) vorgenommene Überführung von Gitoxigenin (LXXXIX) in Digitoxanol-disäure (XC) bestätigt.

Über die Lage der beiden verbleibenden Oxygruppen im Steroidkern und ihre sterische Anordnung geben die folgenden Reaktionen Anhaltspunkte: Gitoxigenin-diacetat spaltet unter dem Einfluß von Aluminiumoxyd schon beim Chromatographieren Essigsäure ab. Es entsteht ein zweifach ungesättigtes Lacton, dem auf Grund seiner Ultraviolettabsorption die Konstitution (LXXXV) zukommen muß (*109, 156*). Anderseits kann Dihydro-gitoxigenon (C) leicht dehydratisiert werden, ein Verhalten, das für die Konstitution (C) eines β-Oxyketons spricht (*64, 75*). Auch die Bildung von Dianhydro-gitoxigenin (CII), das bei der Einwirkung von Salzsäure auf Gitoxigenin entsteht (*202, 225*), bestätigt die von JACOBS (*43, 73, 75*) vorgeschlagenen Haftstellen der beiden Oxygruppen im Ring D an den Kohlenstoffatomen 14 und 16.

Das Verhalten der beiden Abbau-Ester (XCII) und (XCVI) führt zu den gleichen Schlußfolgerungen. Der einfach ungesättigte Ester (XCVI) läßt sich hydrieren (*109*) und durch anschließende Hydrolyse in den Oxyester (XCVII) überführen. Die letztere Verbindung spaltet mit Phosphoroxychlorid 1 Mol Wasser ab, unter Bildung des Δ^{16}-3β-Acetoxy-ätiocholensäure-methylesters (XCVIII), dessen Konstitution wiederum durch die Synthese aus 3β-Acetoxy-17-keto-ätiocholan, über das ungesättigte Nitril (XCIX) bewiesen wurde (*110*).

Beim Übergang des Diacetoxy-oxy-esters (XCII) in den einfach ungesättigten Diacetoxyester (XCVI) ist somit die tertiäre Oxygruppe abgespalten worden, unter Ausbildung einer Doppelbindung, die sich in Konjugation zum sekundären Hydroxyl im Ring D befinden muß, denn nur so läßt sich die Bildung des Dienesters (XCIII) aus dem Diacetoxyoxyester (XCII) und die Entstehung des Δ^{16}-Esters (XCVIII) aus dem Oxyester (XCVII) erklären. Damit sind auf einem weiteren Weg die Haftstellen der beiden Hydroxyle im Ring D an den Kohlenstoffatomen 14 und 16 bestimmt.

Diese beiden Oxygruppen stehen zueinander und zur Lactonseitenkette in *cis*-Lage (*172*); denn Gitoxigenin vermag zweierlei Isoverbindungen zu bilden, entweder unter Beteiligung des Hydroxyls am Kohlenstoffatom 16 (Formel LXXXVII, S. 112) (*72, 73, 75*), oder aber, wenn dieses zum Keton oxydiert wird, wie die übrigen Aglykone unter Einbezug der Oxygruppe an $C_{(14)}$ (LXXXVI) (*73, 75*). Für beide Fälle ist eine *cis*-Lage des betreffenden Hydroxyls zur Lactonseitenkette Voraussetzung, da die Umlagerung Aglykon → Iso-aglykon ohne Konfigurationsumkehr des Asymmetriezentrums 17 verläuft (vgl. S. 96).

Es genügte daher, die räumliche Lage einer der drei Substituenten an den Kohlenstoffatomen 14, 16 oder 17 zu ermitteln, um gleichzeitig auch die Konfigurationen an den beiden übrigen asymmetrischen Kohlenstoffatomen zu kennen. Die 17β-Lage der Lactonseitenkette geht aus der bereits erwähnten Überführung von Gitoxigenin (LXXXIX) in Digitoxanol-disäure (XC) durch JACOBS und GUSTUS hervor (*74*). Bei der angewandten Reaktionsfolge, die in der Isomerisation von Gitoxigenin zu Isogitoxigenin (LXXXVII), dessen Oxydation mit Hypobromid zur Lactoncarbonsäure (LXXXVIII), Abspaltung des tertiären Hydroxyls an $C_{(14)}$ und anschließender Hydrierung der entstandenen ungesättigten Verbindung besteht, bleibt die Konfiguration am Kohlenstoffatom 17 erhalten. Die letzte Stufe ist, bei einer gleichzeitigen Absättigung der Doppelbindung ($\Delta^{14,15}$), von der reduktiven Öffnung des Lactonringes (21 → 16) begleitet (vgl. LXXXVIII).

(LXXXV.)   (LXXXVI.)   (LXXXVII.)

(LXXXVIII.)

(LXXXVIII.)

(LXXXIX.) Gitoxigenin.

(XC.)

(XCI.) Digitoxigenin.

$KMnO_4$

Synthese S. 97

Abbau S. 95

Abbau S. 95

(XCII.) $POCl_3$ (XCIII.) H_2 (XCIV.)   (XCV.)

$POCl_3$

H_2

(XCVI.) H_2 (XCVII.) $POCl_3$ (XCVIII.)

KOH

(C) Dihydro-gitoxigenon.

KOH

—CN

H

(XCIX.)

—H₂O

(CI.)

(CII.) Dianhydro-gitoxigenin.

b) Glykoside des Gitoxigenins.

Gitoxin	Desacetyl-oleandrin
Purpureaglykosid B	Digitalinum verum
Digilanid B	Origidin.

Als Grundkörper der beiden genuinen Gitoxigenin-Glykoside aus *Digitalis purpurea* (Purpureaglykosid B) und *Digitalis lanata* (Digilanid B) kann das Triosid *Gitoxin* (*223, 225*) betrachtet werden. In ihm ist das Aglykon Gitoxigenin (LXXXIX) an 3 Mol Digitoxose (XL, S. 100) gebunden, während im *Purpureaglykosid B* (*189*) ein vierter Zucker, die endständige β-Glucose hinzukommt. Schließlich ist im *Digilanid B* (*186, 187*) außer 3 Mol Digitoxose und 1 Mol Glucose noch 1 Mol Essigsäure zu finden, die mit einem Hydroxyl des Digitoxose-Teils verestert ist.

In *Desacetyl-oleandrin* (*119, 165*), einem Nebenglykosid des Oleanders, ist Gitoxigenin an den 2-Desoxyzucker Oleandrose gebunden (CVIII, S. 114) (*6, 119*).

Digitalinum verum ist das Hauptglykosid der Samen von *Digitalis purpurea*. Bei der energischen Hydrolyse liefert es neben Glucose und Digitalose (CLXIX, S. 127) Dianhydro-gitoxigenin (CII) (*223*). Es darf wohl angenommen werden, daß in Digitalinum verum Gitoxigenin als Aglykon vorliegt, welches unter den angewandten Bedingungen der Hydrolyse eine Dehydratisierung erfährt.

Ähnliche Verhältnisse sind beim *Origidin*, einem Glycosid aus den Blättern von *Digitalis orientalis* L. anzutreffen. Origidin zerfällt bei der Hydrolyse in Glucose, einen 2,6-Bis-desoxyzucker unbekannter Konstitution und Dianhydro-gitoxigenin (CII) (*99*).

c) Oleandrigenin (16-Acetyl-gitoxigenin).

Oleandrigenin (CIII) läßt sich durch milde alkalische Hydrolyse unter Verlust von 1 Mol Essigsäure zu Gitoxigenin (CVI) verseifen (*119*). Damit

ist seine Konstitution als Monoacetyl-gitoxigenin festgelegt, die Haftstelle der Acetoxygruppierung ist jedoch durch diese Reaktion nicht
bestimmt. Klarheit in dieser Frage geben folgende Umsetzungen: Oleandrigenin liefert bei der Oxydation mit Chromtrioxyd das Keton Oleandrigenon (CIV), welches mit Salzsäure unter Verlust von je 1 Mol Wasser
und Essigsäure in Dianhydro-gitoxigenon (CV) übergeht. Das durch die
Ketogruppe markierte freie Hydroxyl in Oleandrigenin befindet sich somit
in Stellung 3 und Oleandrigenin ist als 16-Monoacetyl-gitoxigenin zu betrachten (*202, 209*). Tatsächlich gelang es auch, Oleandrigenin durch
partielle Acetylierung aus Gitoxigenin zu bereiten (*119*).

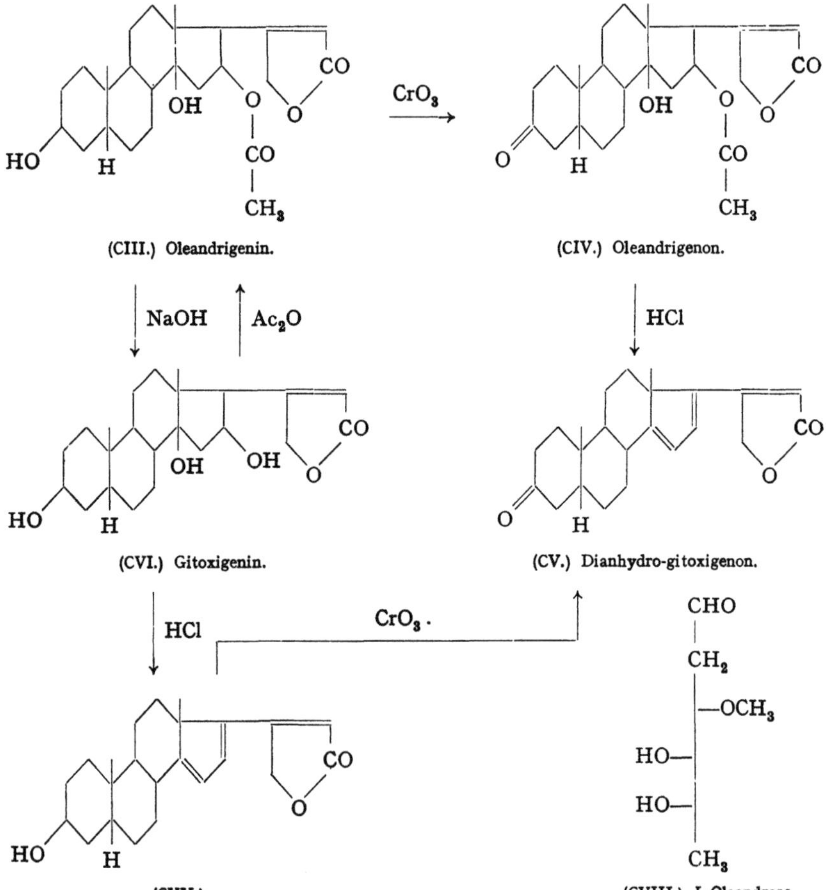

(CIII.) Oleandrigenin. (CIV.) Oleandrigenon.

(CVI.) Gitoxigenin. (CV.) Dianhydro-gitoxigenon.

(CVII.) (CVIII.) *L*-Oleandrose.

In *Oleandrin* (*119, 202, 209*), dem Hauptglykosid aus *Nerium oleander*,
ist das Aglykon an 1 Mol *L*-Oleandrose (CVIII) gebunden. Die Konstitution dieses Zuckers ist sowohl durch analytische Arbeiten (*119*) als
auch durch seine Synthese gesichert (*6*).

4. Digoxigenin.

a) Konstitution des Digoxigenins und Synthese von Abbauprodukten.

Digoxigenin (CXII) weist außer der charakteristischen Butenolidgruppierung am Kohlenstoffatom 17 drei Hydroxyle im Steroidkern auf, und zwar in den Stellungen 3(α), 12(β) und 14(β).

Bei der Oxydation von Digoxigenin-diacetat mit Kaliumpermanganat in Aceton und nachfolgender Verseifung der sauren Reaktionsprodukte erhielt REICHSTEIN (*184*) eine Trioxy-ätiocholansäure (CIX), die mit Mineralsäure zu einer ungesättigten Dioxysäure (CX) dehydratisiert wurde. Die anschließende Hydrierung führte zu einer 3,12-Dioxy-ätiocholansäure (CXI), welche sich, wie MASON und HOEHN (*105*) zeigen konnten, von Ätiodesoxy-cholsäure (CXIV) nur durch eine räumlich verschiedene Anordnung der Oxygruppe am Kohlenstoffatom 12 unterscheidet (*104, 105*). Die Abbausäure (CXI) des Digoxigenins ist als 12-Epi-ätiodesoxy-cholsäure bekannt; sie kann aus Ätiodesoxy-cholsäure (CXIV) über die 3,12-Diketo-cholansäure (*104, 105*) oder, nach einer neueren Vorschrift von REICHSTEIN (*217*), über das 3-Monoacetat der Ätiodesoxy-cholsäure und die 3α-Acetoxy-12-keto-cholansäure bereitet werden. Durch den Abbau von Digoxigenin zu 12-Epi-ätiodesoxy-cholsäure (CXI) sind, außer der *cis*-Verknüpfung der Ringe A und B, auch die sterischen Verhältnisse an den Kohlenstoffatomen 3(α), 12(β) und 17(β) bewiesen.

Digoxigenin (CXII) liefert ein Isolacton (CXIII) (*175*), für dessen Bildung eine *cis*-Lage des Hydroxyls an $C_{(14)}$ zur Lactonseitenkette Voraussetzung ist (vgl. S. 96). Daß die tertiäre Oxygruppe tatsächlich am Kohlenstoffatom 14 haftet, geht aus dem Studium der Wasserabspaltungsprodukte des Digoxigenins hervor. Mit Mineralsäure kann aus Digoxigenin Wasser in zwei verschiedenen Richtungen eliminiert werden (*175, 179*): a) in der Hauptreaktion, unter Ausbildung einer leicht hydrierbaren Doppelbindung, deren Lage zwischen den Kohlenstoffatomen 14 und 15 (CXV) angenommen wird, und b) zu einem isomeren „α“-Anhydro-digoxigenin, dessen Kerndoppelbindung unter normalen Bedingungen keinen Wasserstoff aufnimmt. Aus Analogie zu den ebenfalls nicht hydrierbaren „α-Stenolen“ wurde „α“-Anhydro-digoxigenin als $\Delta^{8,14}$-ungesättigtes Steroid formuliert. Diese Konstitution darf jedoch nicht als bewiesen betrachtet werden (*28, 66*).

Wird zur Dehydratisierung von Digoxigenin-diacetat Phosphoroxychlorid-Pyridin (*49*) verwendet, so gelingt es, in einheitlicher Reaktion das leicht hydrierbare „β“-Isomere (CXV) herzustellen (*122*), dessen Konstitution als $\Delta^{14,15}$-ungesättigtes Steroid durch die Arbeiten von PLATTNER und HEUSSER (*122*) bewiesen wurde. So zeigt „β“-Anhydrodigoxigenin (CXV) im Ultravioletten nur die Absorption des α,β-unge-

sättigten Lactonringes. Eine Konjugation der neu eingeführten Kerndoppelbindung zur Butenolid-Gruppierung kann ausgeschlossen werden,
da solche, zweifach ungesättigten Lactone (CXIX) ein Maximum bei
273 mμ aufweisen (*156*). Dies konnte durch die künstliche Bereitung des
Modell-Lactons (CXIX) gezeigt werden. Diese Verbindung entsteht bei
der Dehydrierung des einfach ungesättigten Butenolids (CXVIII) mit

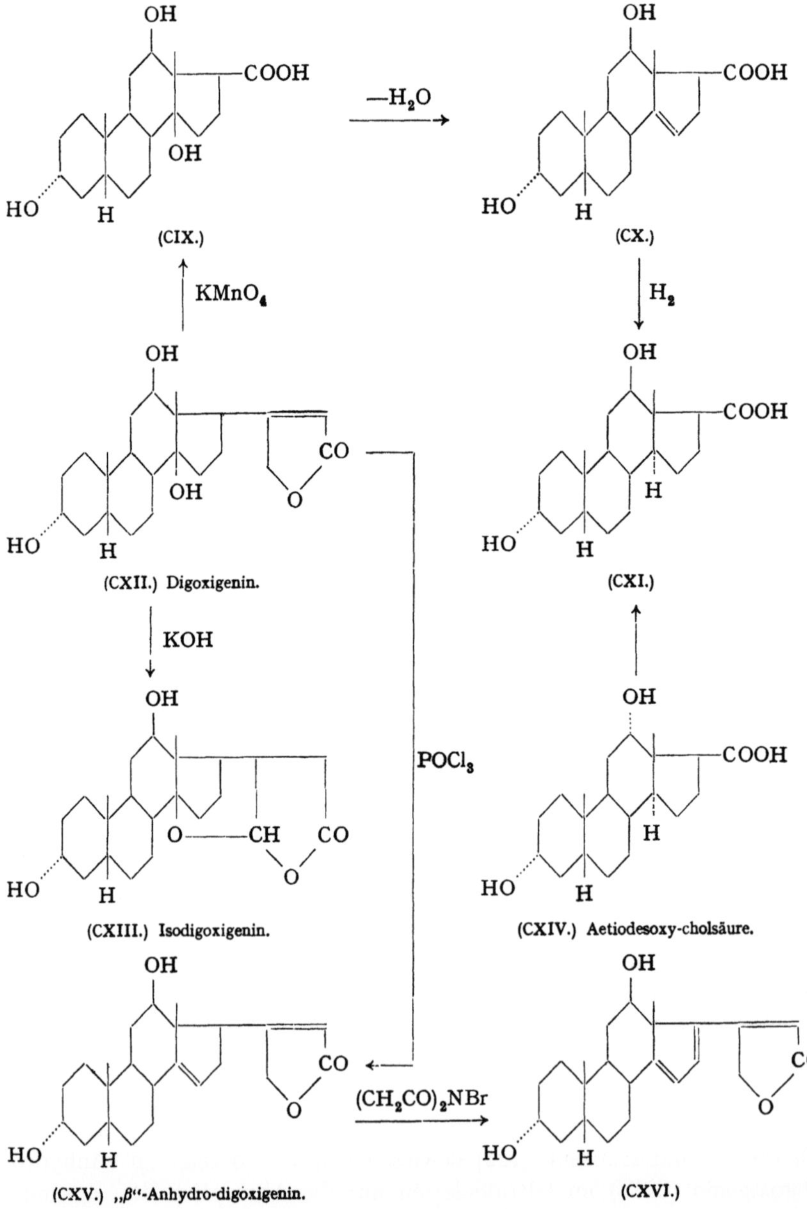

(CIX.)

$-H_2O$

(CX.)

$KMnO_4$

H_2

(CXII.) Digoxigenin.

(CXI.)

KOH

$POCl_3$

(CXIII.) Isodigoxigenin.

(CXIV.) Aetiodesoxy-cholsäure.

(CXV.) „β"-Anhydro-digoxigenin.

$(CH_2CO)_2NBr$

(CXVI.)

(CXVII.) Dianhydro-gitoxigenin.

(CXVIII.)

$(CH_2CO)_2NBr$

(CXX.)

$(CH_2CO)_2NBr$

(CXIX.)

Bromsuccinimid (*156*). Ein identisches Spektrum (λ_{max} bei 273 mμ) wie diese Modellverbindung weist auch das von K. MEYER (*109*) beschriebene Monoanhydro-gitoxigeninacetat auf (LXXXV, S. 112).

Wird „β"-Anhydro-digoxigenin (CXV) mit Bromsuccinimid dehydriert, so tritt mit der Einführung einer neuen Doppelbindung eine charakteristische Verschiebung der Ultraviolettabsorption nach längeren Wellen auf, die von einer ebenso charakteristischen Änderung des spezifischen Drehungsvermögens um mehrere hundert Grade begleitet ist (*122*). Das Absorptionsmaximum des Dehydrierungsproduktes (CXVI) liegt bei 332 mμ und ist identisch mit demjenigen von Dianhydro-gitoxigenin (CXVII) (*16, 202*) und des synthetischen Lactons (CXX). Das letztere, dreifach ungesättigte Lacton konnte durch eine weitere Umsetzung der Modellverbindung (CXIX) mit Bromsuccinimid bereitet werden (*122*). Das hohe spezifische Drehungsvermögen dieser dreifach ungesättigten Lactone (CXVI), (CXVII) und (CXX) ist, wie an zahlreichen Beispielen gezeigt werden konnte, für solche im Ring D zweifach ungesättigte Steroide ganz charakteristisch (*129, 131, 133, 134, 158, 159*).

Mit diesen Reaktionen ist die Doppelbindung des „β"-Anhydrodigoxigenins (CXV) in γ,δ-Stellung zum Lactonring, d. h. zwischen den Kohlenstoffatomen 14 und 15 festgelegt. Damit ist aber auch die Haftstelle des tertiären Hydroxyls an $C_{(14)}$ bestimmt. Wie an Hand synthetischer 14β-Oxy-Steroide gezeigt wurde, reagieren diese mit Phosphoroxychlorid-Pyridin unter *trans*-Wasserabspaltung nach dem Wasserstoffatom an $C_{(15)}$, wobei, wie beim Digoxigenin, $\Delta^{14,15}$-ungesättigte Verbindungen vom Typus des „β"-Anhydro-digoxigenins entstehen (*133—135, 137, 158*). Neben der Bildung von Iso-digoxigenin (CXIII) aus Digoxigenin ist dies ein weiterer Hinweis für die Zuteilung der β-Konfiguration an die tertiäre Oxygruppe am Kohlenstoffatom 14.

b) Glykoside des Digoxigenins.

Digilanid C

Desacetyl-digilanid C

Digoxin

Digoxigenin-(3)-*β-D*-glucosid.

Wie bei den übrigen genuinen Glykosiden aus *Digitalis lanata* (Digilanid A und Digilanid B) besteht auch beim *Digilanid C* der Zucker aus 3 Mol Digitoxose, 1 Mol Glucose und 1 Mol Essigsäure (*186, 187*). Auch hier ist die Essigsäure mit einem Hydroxyl des Digitoxoseteils verestert. Die milde alkalische Hydrolyse der Acetatgruppierung führt zum *Desacetyl-digilanid C* (*188*), aus dem durch enzymatische Abspaltung der endständigen Glucose das Triosid *Digoxin* (*175, 188*) entsteht.

In den grundlegenden Arbeiten von Stoll (*186, 187, 188, 188a*) über die genuinen Glykoside aus *Digitalis lanata* werden weiter die beiden isomeren *α*- und *β-Acetyl-digoxine* beschrieben, die möglicherweise mit den von Mannich (*99*) aus den Blättern von *D. orientalis* isolierten *Digoriden B* und *A* identisch sind.

Auf partialsynthetischem Wege ist es gelungen, das *Digoxigenin-(3)-β-D-glucosid* zu bereiten (*23*).

5. Sarmentogenin.

a) Konstitution des Sarmentogenins und Synthese von Abbauprodukten.

Sarmentogenin (CXXI), welches mit Digoxigenin und Gitoxigenin isomer ist, liefert ein Diketon (*77, 87*) und ein Diacetat (*86*). Von den drei Oxygruppen sind somit zwei sekundär und eine tertiär gebunden. Sarmentogenin zeigt das typische Ultraviolett-Absorptionsspektrum der digitaloiden Aglykone (*86*) und wird von Alkali, wie alle biologisch aktiven Vertreter dieser Gruppe, zu einer Isoverbindung (CXXIV) umgelagert (*77*). Es wird deshalb angenommen, daß auch in Sarmentogenin die tertiäre Oxygruppe an das Kohlenstoffatom 14 gebunden ist und sich in *cis*-Lage zur Lactonseitenkette befindet.

Bei der Oxydation von Sarmentogenin-diacetat mit Kaliumpermanganat und anschließender Methylierung der sauren Reaktionsprodukte erhielt Katz (*86*) einen Diacetoxy-oxy-ätiocholansäureester (CXXII), dessen tertiäre Oxygruppe sich mit Phosphoroxychlorid-Pyridin abspalten ließ. Die katalytische Hydrierung der entstandenen ungesättigten Verbindung (CXXIII) führte zu einem Diacetoxy-ätiocholansäureester (CXXVI), der nach Verseifung, Methylierung und Oxydation mit Chromtrioxyd in den bekannten 3,11-Diketo-ätiocholansäure-methylester (CXXV) (*95*) überging. Durch diesen Abbau sind die Haftstellen der beiden sekundären Oxygruppen des Sarmentogenins an den Kohlenstoffatomen 3 und 11 bewiesen, und gleichzeitig ist auch die *cis*-Verknüpfung der Ringe A und B festgelegt.

COOR — (CXXIII.)

H_2 →

COOR — (CXXVI.)

H_2; Ac_2O ←

$COOCH_3$ — (CXXVIII.)

$POCl_3$

CrO_3

COOR — (CXXII.)

COOR — (CXXV.)

COOH — (CXXVII; R = Ac.) — (CXXVII a; R = H.)

$KMnO_4$

(CXXI.) Sarmentogenin.

KOH →

(CXXIV.)

11β-Oxy-Steroide sind im Gegensatz zu den 11α-Isomeren unter den üblichen Reaktionsbedingungen nicht acetylierbar. Da aber Sarmentogenin und seine Abbauprodukte leicht Diacetate bilden, muß die 11α-Konfiguration für die eine der beiden sekundären Oxygruppen angenommen werden. Der 3,11-Diacetoxyester (CXXVI) aus Sarmentogenin ist jedoch nicht identisch mit dem bekannten 3α,11α-Diacetoxy-ätiocholansäureester (CXXVII) (98). Es bleibt deshalb als einzige Möglichkeit, die Zuteilung der 3β,11α-Konfiguration an Sarmentogenin (CXXI) und die aus ihm bereiteten 3,11-Dioxy-Steroide (CXXII), (CXXIII) und (CXXVI). Der Beweis für die Richtigkeit dieser Überlegungen lieferte die Synthese des 3β,11α-Diacetoxyesters (CXXVI), aus dem 11-Monoacetat (CXXVII a) über die 3-Keto-11α-acetoxy-Verbindung (CXXVIII) und deren Reduktion in saurer Lösung (85). Der synthetisch gewonnene Ester erwies sich als identisch mit dem Abbauprodukt des Sarmentogenins.

b) Glykoside des Sarmentogenins.

In *Sarmentocymarin* (77, 86) ist das Aglykon Sarmentogenin an 1 Mol Sarmentose gebunden. Nach Jacobs (53) handelt es sich bei der Sarmentose um den Monomethyläther eines 2-Desoxyzuckers*. Als Stammpflanze des Sarmentocymarins wurde bis heute *Strophanthus sarmentosus* betrachtet (77, 167). Die neuesten Untersuchungen von Reichstein und Mitarbeitern (24a, 11a) lassen jedoch vermuten, daß Sarmentocymarin einem Pflanzenmaterial entstammt, das fälschlicherweise als Samen von *S. sarmentosus* betrachtet wurde. Aus zwölf Proben authentischer Samen von *S. sarmentosus* konnte kein oder nur Spuren von Sarmentocymarin isoliert werden, dafür aber in größeren Mengen ein neues, bisher unbekanntes Glykosid, Sarverosid (vgl. S. 142).

6. Periplogenin.

a) Konstitution.

Periplogenin (CXXIX) weist drei Oxygruppen im Steroidkern auf, von denen eine sekundär und zwei tertiär gebunden sein müssen, denn Periplogenin liefert nur ein Monoacetat (88) und aus verschiedenen Derivaten dieses Aglykons können nur Monoketone bereitet werden (61, 138). Beim Abbau mit Ozon (182) geht Periplogeninacetat in ein Ketol (CXXXI) über, welches durch eine weitere Oxydation mit Perjodsäure zum Monoacetat (CXXXV) einer Trioxy-ätiocholansäure abgebaut wird. Aus dem Methylester dieser Säure lassen sich die beiden tertiären Oxygruppen mit Phosphoroxychlorid-Pyridin abspalten. Es entsteht ein zweifach

---

* Neuerdings ist es Reichstein (41 a) gelungen, Sarmentose auf synthetischem Wege zu bereiten und deren Konstitution als 2-Desoxy-*D*-xylohexamethylose-3-methylaether zu beweisen.

(CXXIX.) Periplogenin.

KOH →

(CXXX.)

O_3

$-CO \cdot CH_2OH$

(CXXXI.)

CrO_3 →

(CXXXII.)

HJO_4

(CXXXIII.)

$-H_2O$ →

(CXXXIV.)

$COOR$

(CXXXV.)

$COOR$

Abbau S. 128 ← *allo*-Periplogenin

(CXXXVI.)

Synthese
S. 103

$POCl_3$

$POCl_3$; H_2

$COOR$

(CXXXVII.)

H_2 →

$COOR$

(CXXXVIII.)

$COOR$

(CXXXIX.)

ungesättigter Ätioester (CXXXVII), der bei der katalytischen Hydrierung in den bekannten 3β-Acetoxy-5-allo-ätiocholansäure-methylester (CXXXVIII) übergeht (*182*).

Mit diesen Reaktionen sind Haftstelle und sterische Lage des sekundären Hydroxyls (3β) in Periplogenin festgelegt und gleichzeitig ist auch die Konfiguration am Kohlenstoffatom 17 (β) bestimmt. Dieses Abbauergebnis steht in Übereinstimmung mit der von JACOBS und ELDERFIELD vorgenommenen Überführung von Periplogenin in Isodigitoxigenonsäure (vgl. S. 92) (*62*).

Die Lactonseitenkette von Periplogenin, deren 17β-Konfiguration eben abgeleitet wurde, befindet sich in *cis*-Lage zum tertiären Hydroxyl an $C_{(14)}$, denn Periplogenin bildet mit Alkali ein Isolacton (CXXX) (*81*), und das Ketol (CXXXI) geht bei der Oxydation mit Chromtrioxyd in das cyclische Ketocarbonsäurelacton (CXXXII) über (*183*).

Die alkalische Öffnung des Lactonringes in (CXXXII) ist, wie bei anderen, analog gebauten Verbindungen (*9, 12, 19, 22*), mit einer Umkehrung der Konfiguration am Kohlenstoffatom *17* verbunden. Es entsteht bei dieser Hydrolyse eine Ketocarbonsäure, die keine Neigung zur Lactonbildung mehr zeigt (OH an $C_{(14)}$ und Seitenkette $C_{(17)}$ in *trans*-Stellung) und deren Abbau mit Wasserstoffperoxyd zur 3,5,14-Trioxy-17-iso-ätiocholansäure (CXXXVI) führt (*182, 183*). Die Konfiguration am Kohlenstoffatom 17 der letzteren Säure, welche auch ein direktes Abbauprodukt des *allo*-Periplogenins (vgl. S. 128) darstellt, wurde durch ihre Überführung in das 14-Allo-17-iso-Steroid (CXXXIX) bewiesen (*182, 183*).

Die beiden Trioxysäuren (CXXXV) und (CXXXVI) unterscheiden sich somit voneinander nur durch eine verschiedene Konfiguration am Kohlenstoffatom 17. In der erstgenannten Säure sind Hydroxyl (14β) und Carboxyl (17β) in *cis*-Stellung zueinander angeordnet, während in der isomeren Verbindung (CXXXVI) diese beiden Substituenten auf verschiedenen Seiten der Projektionsebene liegen (*183*).

Die dritte, tertiäre Oxygruppe muß sich am Kohlenstoffatom 5 befinden, denn nach der Oxydation des sekundären Hydroxyls ($C_{(3)}$) zum Keton (CXXXIII) findet bei verschiedenen Derivaten des Periplogenins außerordentlich leicht Wasserabspaltung zu α,β-ungesättigten Carbonylverbindungen (CXXXIV) statt (*62, 138, 182*). Dieses für β-Oxyketone charakteristische Verhalten bestimmt die Haftstelle des dritten, tertiären Hydroxyls am Kohlenstoffatom 5. Die sterische Lage dieser Oxygruppe konnte durch den Vergleich des synthetischen 3,5-Dioxy-lactons (CXLI) mit Derivaten des Periplogenins ermittelt werden (*138, 157*).

Die Konstitution des synthetischen Lactons (CXLI) als Derivat des 3β,5-Dioxy-cholestans, mit *trans*-Verknüpfung der Ringe A und B, ist durch seine Synthese aus dem 5,6α-Oxyd (CXLV) über das 5α-Oxyketolacetat (CXLII) gesichert (*157*).

(CXL.) Dihydroanhydro-periplogenin.

(CXLI.)

Zn, | BrCH₂COOR

(CXLII.)

(CXLIII.) Tetrahydro-anhydro-periplogenin.

(CXLIV.)

(CXLV.)

(CXLVI.)

(CXLVII.)

(CXLVIII.)

Aus Dihydro-periplogenin (*55, 81*) läßt sich das tertiäre Hydroxyl an C$_{(14)}$ unter Bildung des Dihydro-anhydro-periplogenins (CXL) abspalten (*138*). Die letztgenannte Verbindung liefert bei der katalytischen Hydrierung das Tetrahydro-anhydro-periplogenin (CXLIII), welches mit dem Hydrierungsprodukt (CXLIV) des synthetischen Aglykons (CXLI) nicht identisch ist. Die beiden gesättigten Lactone (CXLIII) und (CXLIV) können sich aber nur durch eine verschiedene Konfiguration am Kohlenstoffatom 5 voneinander unterscheiden; denn auch bei Aufhebung der Asymmetrie an $C_{(3)}$ durch Oxydation der Oxygruppe zum Keton (CXLVI bzw. CXLVII) bleibt der Unterschied bestehen und wird erst aufgehoben, wenn auch die Asymmetrie an $C_{(5)}$ durch Abspaltung des tertiären Hydroxyls zum α,β-ungesättigten Keton (CXLVIII) ausgeschaltet wird (*138*). Das Hydroxyl ($C_{(5)}$) in Periplogenin ist somit in 5β-Stellung angeordnet, d. h. Periplogenin ist als Derivat des 3β,5-Dioxy-koprostans zu betrachten. Die Ringe A und B und die beiden Hydroxyle an den Kohlenstoffatomen 3 und 5 stehen zueinander in *cis*-Lage. In Übereinstimmung mit dieser Formulierung gelingt es, solche 3β,5-Dioxy-koprostane mit Phosgen zu cyclischen Carbonaten vom Typus (CLXVI) (S. 126) umzusetzen (*126, 138, 182*).

b) Synthetische Arbeiten.

In engem Zusammenhang mit der Konstitutionsaufklärung und der Stereochemie des Periplogenins stehen synthetische Versuche, die sich mit der Einführung einer Oxygruppe in die Stellung 5 des Steroidkerns befassen.

Werden Verbindungen vom Typus des Cholesterins (CL) mit Persäuren oxydiert, so entsteht in den meisten Fällen ein Gemisch der beiden möglichen stereoisomeren α- (CXLIX) und β-Oxyde (CLI) (*39, 130, 132, 150, 152, 155*). Bei der reduktiven Aufspaltung der α-Oxyde (CXLIX) mit katalytisch erregtem Wasserstoff (*39, 130, 132, 152, 155*) oder mit Lithiumaluminiumhydrid (*124*) bilden sich Derivate des 5-Oxy-cholestans (CLIII) mit *trans*-Verknüpfung der Ringe A und B.

Die β-Oxyde vom Typus (CLI), die am Kohlenstoffatom 5 konfigurativ mit Periplogenin (CXXIX, S. 121) übereinstimmen, liefern bei der reduktiven Öffnung der Oxydbrücke in der Hauptreaktion Derivate des 6β-Oxy-cholestans (CLII). Es ist somit nicht möglich, über die Oxyde (CXLIX) und (CLI) des Cholesterins und analog gebauter Verbindungen zu Derivaten des 5-Oxy-koprostans zu gelangen.

Die Partialsynthese solcher 5-Oxy-koprostane (CLXV) gelang schließlich auf einem anderen Weg. Bei der Reduktion von Δ^4-3-Keto-Steroiden (CLVIII) mit Lithiumaluminiumhydrid (*108*, *127*) oder Aluminiumisopropylat (*26*, *169*) wird ein Gemisch von Δ^4-3β-Oxy- (CLVII) und Δ^4-3α-Oxy-Verbindungen (CLIX) erhalten, die bei der Oxydation mit Persäuren die isomeren Oxyde (CLXII) bzw. (CLX) liefern. Wie die beiden letzteren Formeln zeigen, ist der sterische Verlauf dieser Oxydation von der räumlichen Lage der Oxygruppe in Stellung 3 abhängig. Die Δ^4-ungesättigte 3β-Oxyverbindung (CLVII) führt in einheitlicher Reaktion zum 4,5-β-Oxyd (CLXII), während aus dem α-Isomeren (CLIX) das α-Oxyd (CLX) gebildet wird (*128*).

Das 3β-Oxy-4β,5-oxido-koprostan (CLXII) verhält sich nun bei der katalytischen Hydrierung und der Reduktion mit Lithiumaluminiumhydrid ganz verschieden. Mit katalytisch erregtem Wasserstoff bildet sich das 3β,4β-Dioxy-cholestan (CLXI) (*128*), während die Reduktion mit Lithiumaluminiumhydrid in einheitlicher Reaktion zum 3β,5-Dioxy-koprostan (CLXV) führt (*126*). Diese Verbindung entspricht nun im Bau der asymmetrischen Kohlenstoffatome 3 und 5 vollständig dem Periplogenin (CXXIX, S. 121) und liefert in Übereinstimmung mit dieser Formulierung ein cyclisches inneres Carbonat (CLXVI) wie die analog gebauten Derivate des Periplogenins (*126*, *138*, *182*).

Das 3α-Oxy-4,5α-Oxyd (CLX) läßt sich reduktiv ebenfalls aufspalten unter Bildung des tertiären Carbinols (CLV), welches auch aus Cholesterin-α-oxyd (CXLIX) über das 1,3-Glycol (CLIII, S. 124) und das 3-Keto-5-oxy-cholestan (CLIV) zugänglich ist (*121*, *128*). Als weiteres Steroid mit *cis*-Lage der beiden Hydroxyle an $C_{(3)}$ und $C_{(5)}$ liefert auch diese Verbindung (CLV) einen cyclischen inneren Ester (CLVI) (*121*).

Es sind vier verschiedene 3,5-Dioxy-cholestane bzw. -koprostane möglich, von denen drei bereits erwähnt wurden (CLIII, CLV und CLXV). Die Synthese des vierten Isomeren (CLXVIII) gelang auf folgendem Weg. Die Oxydation von Cholestenon (CLVIII) nach WEITZ und SCHEFFER (*216*) liefert 3-Keto-4β,5-oxido-koprostan (CLXIII) (*125*), dessen milde katalytische Reduktion in der Hauptreaktion zum 3α-Oxy-4β,5-oxido-koprostan (CLXVII) führt. Auch bei diesem 4,5β-Oxyd verlaufen die katalytische Hydrierung und die Reduktion mit Lithiumaluminiumhydrid nach verschiedenen Richtungen. Während nach der ersteren Methode das 3α,4β-Dioxy-cholestan (CLXIV) erhalten wird (*125*),

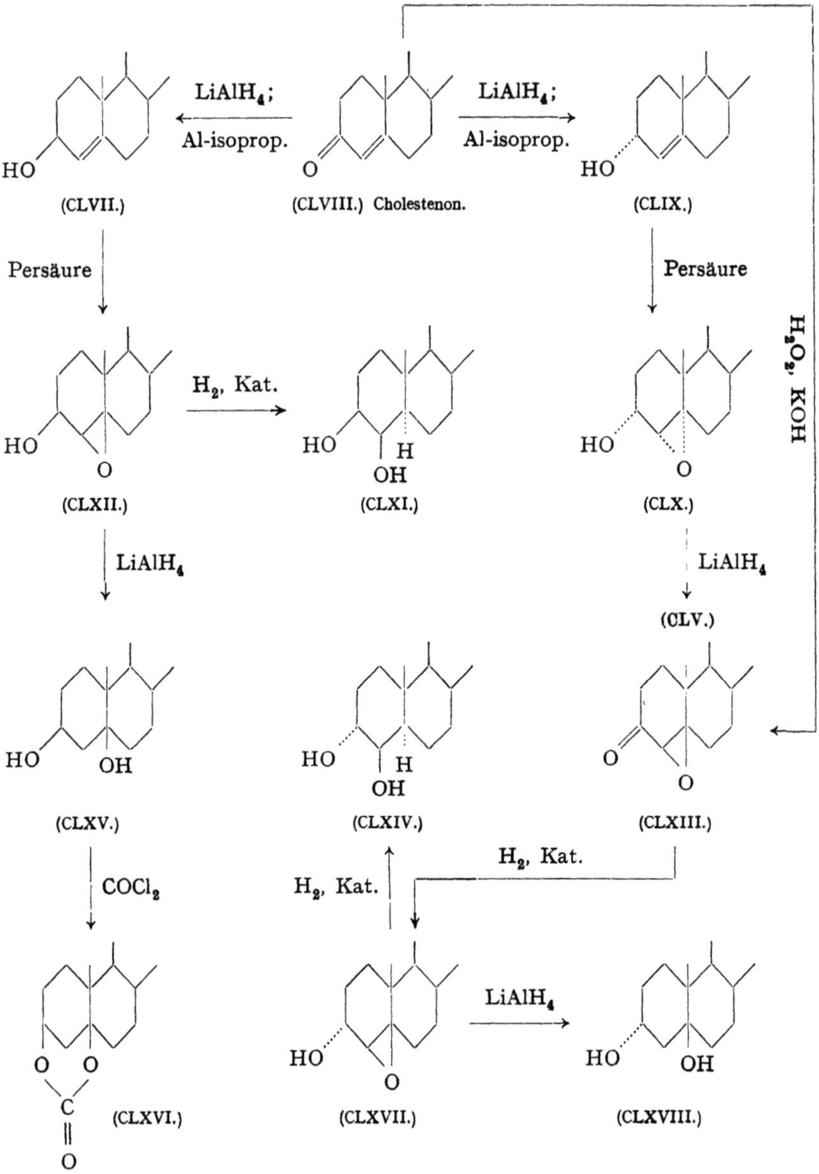

LiAlH$_4$; Al-isoprop.

LiAlH$_4$; Al-isoprop.

HO (CLVII.)

O (CLVIII.) Cholestenon.

HO (CLIX.)

H$_2$O$_2$, KOH

Persäure

Persäure

H$_2$, Kat.

HO O (CLXII.)

HO H OH (CLXI.)

HO O (CLX.)

LiAlH$_4$

LiAlH$_4$

(CLV.)

HO OH (CLXV.)

HO H OH (CLXIV.)

O O (CLXIII.)

COCl$_2$

H$_2$, Kat.

H$_2$, Kat.

O O C O (CLXVI.)

HO O (CLXVII.)

LiAlH$_4$

HO OH (CLXVIII.)

liefert die Reduktion mit Lithiumaluminiumhydrid in einheitlicher Reaktion 3α,5-Dioxy-koprostan (CLXVIII), das vierte Isomere (*126*).

c) Glykoside des Periplogenins.

Periplocin. Periplocymarin. Emicymarin.

Das von STOLL (*192*) näher untersuchte Biosid *Periplocin* stellt das native Glykosid aus *Periploca graeca* dar. In ihm ist das Aglykon Periplogenin (CXXIX, S. 121) an 1 Mol Cymarose (XLI, S. 100) und 1 Mol Glucose gebunden. Auf enzymatischem Wege gelingt es, das endständige Glucosemolekül abzuspalten, unter Bildung des Monosids *Periplocymarin* (*81, 192*), das noch aus 1 Mol Aglykon und 1 Mol Cymarose besteht.

Periplogenin-glykoside sind auch aus verschiedenen Strophanthus-Arten isoliert worden. Die herzwirksamen Verbindungen dieser Pflanzen stellen jedoch meist ein komplexes Gemisch dar, in dem die Periplogenin-glykoside nur in minimalen Mengen enthalten sind. Durch Anwendung einer speziellen Arbeitstechnik, die in der enzymatischen Überführung der nativen Di- und Tri-glykoside in die einfacher zu trennenden Mono-glykoside besteht, gelang es REICHSTEIN und Mitarbeitern, auch aus den Samen von *Strophanthus Nicholsonii* HOLM (*25*) und *S. kombé* (*87*) Periplocymarin zu isolieren. In *S. kombé* wurde noch ein weiteres Glykosid des Periplogenins, *Emicymarin* (*87*) aufgefunden. Es stellt auch das Hauptglykosid von *S. Eminii* dar (*94*). In Emicymarin ist das Aglykon an 1 Mol *D*-Digitalose (CLXIX) (*163, 164*) gebunden. Da die Digitalose in Stellung 2 eine Oxygruppe aufweist, sind zur Spaltung ihrer Glykoside so energische Bedingungen notwendig, daß gleichzeitig mit der Hydrolyse, Dehydratisierung

$$\begin{array}{c} \text{CHO} \\ | \\ \text{—OH} \\ | \\ \text{CH}_3\text{O—} \\ | \\ \text{HO—} \\ | \\ \text{—OH} \\ | \\ \text{CH}_3 \end{array}$$

(CLXIX.) *D*-Digitalose.

des Aglykons stattfindet. Im Falle des Emicymarins konnten deshalb nur Wasserabspaltungsprodukte des Periplogenins isoliert werden (*94*). Erst unter Anwendung der MANNICH-Spaltung (*100*) gelang es REICHSTEIN (*88*), aus Emicymarin das intakte Aglykon, Periplogenin, zu bereiten.

7. Konstitution der *allo*-Aglykone; *allo*-Periplogenin.

a) Konfigurationsbestimmung.

Die biologisch unwirksamen *allo*-Glykoside bilden sich aus den normalen aktiven Formen unter der Einwirkung eines in *Strophanthus*-Arten aufgefundenen Ferments (*51*). So entsteht bei der enzymatischen „Allo-merisierung" aus Cymarin *allo*-Cymarin (*51*), aus Emicymarin *allo*-Emicymarin (*87, 88, 94*) und aus Periplocymarin *allo*-Periplocymarin (*87, 88*).

Die Hydrolyse der *allo*-Glykoside führt zu denselben Zuckern, wie die entsprechende Spaltung der aktiven Formen, jedoch zu einem verschiedenen Aglykon. Die Isomerisierung findet somit im Aglykonteil statt.

Die *allo*-Aglykone weisen dieselben funktionellen Gruppen auf, wie die entsprechenden normalen Genine und zeigen auch im ultravioletten Bereich dieselbe Lichtabsorption (*87*). Eine Isomerisierung des Lactonringes kann deshalb ausgeschlossen werden. Der Gedanke lag nahe, eine Umkehr der asymmetrischen Kohlenstoffatome 14 (7) oder 17 anzunehmen (*135, 208, 209*). Der eindeutige Beweis, daß es sich bei der „Allomeri-

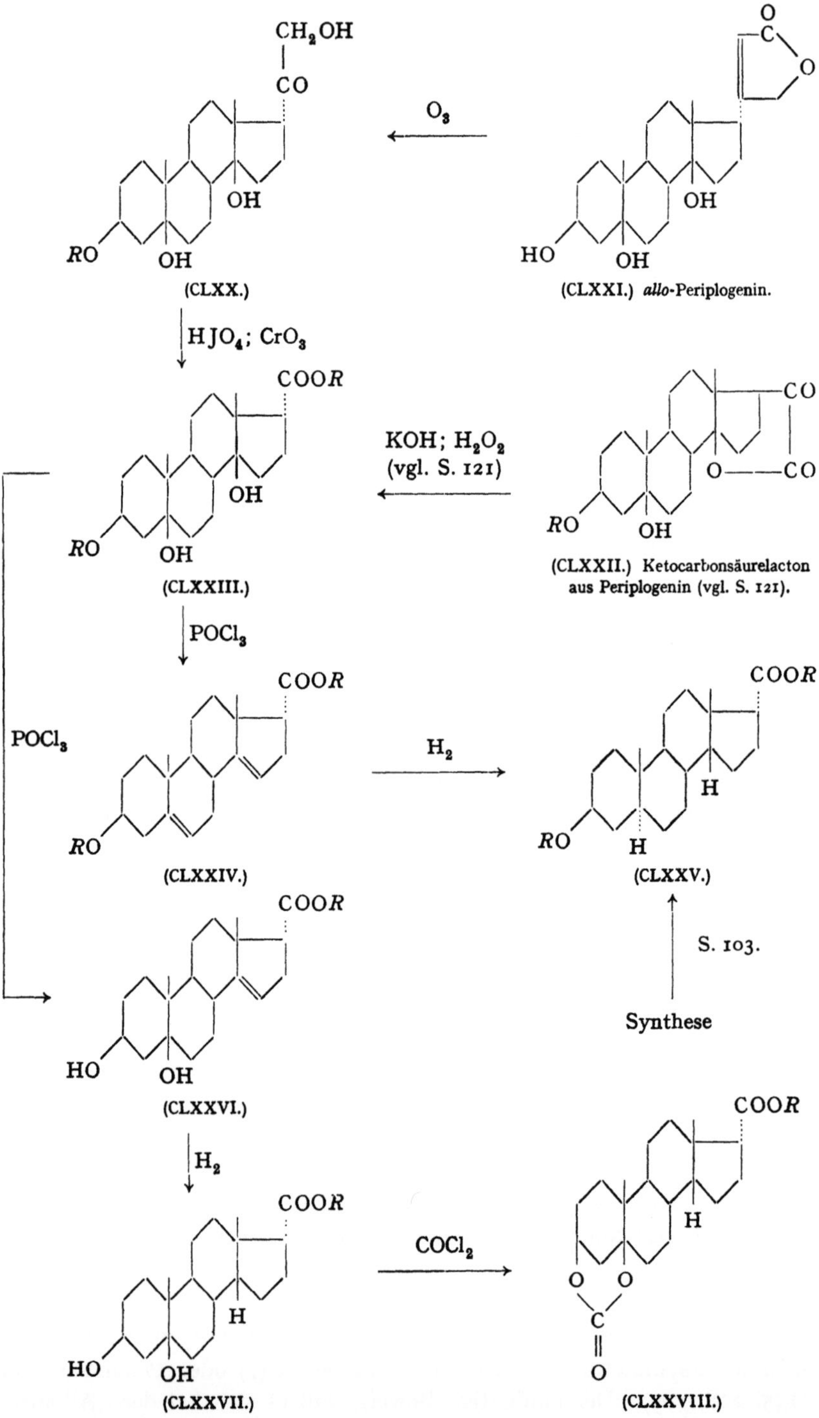
CH2OH
CO
OH
RO
OH
(CLXX.)
O3
O
C
O
OH
HO
OH
(CLXXI.) allo-Periplogenin.
HJO4; CrO3
COOR
OH
RO
OH
(CLXXIII.)
KOH; H2O2
(vgl. S. 121)
CO
O
CO
RO
OH
(CLXXII.) Ketocarbonsäurelacton
aus Periplogenin (vgl. S. 121).
POCl3
POCl3
COOR
RO
(CLXXIV.)
H2
COOR
H
RO
H
(CLXXV.)
S. 103.
Synthese
COOR
HO
OH
(CLXXVI.)
H2
COOR
H
HO
OH
(CLXXVII.)
COCl2
COOR
H
O
O
C
O
(CLXXVIII.)

sierung" um eine Umkehr der Konfiguration an $C_{(17)}$ handelt, wurde von REICHSTEIN und SPEISER (*182, 183*) am Beispiel des *allo*-Periplogenins (CLXXI, S. 128) erbracht.

Allo-periplogeninacetat liefert beim Abbau mit Ozon das 17-Isoketol (CLXX), welches bei einer weiteren Oxydation mit Perjodsäure oder mit Chromtrioxyd in die 3,5,14-Trioxy-17-iso-ätiocholansäure (CLXXIII) übergeht. Dieselbe Säure ist auch aus Periplogenin über das Ketocarbonsäurelacton (CLXXII) zugänglich und entsteht aus diesem durch eine Umkehr der Konfiguration am Kohlenstoffatom 17 (vgl. S. 128). Im Lacton (CLXXII) ist die sterische Lage der Seitenkette (17β) festgelegt. Bei der Trioxysäure (CLXXIII) muß es sich somit um ein 17-Iso-Steroid handeln. In Übereinstimmung mit dieser Formulierung liefert das Wasserabspaltungsprodukt (CLXXIV) des Trioxy-esters (CLXXIII) bei der katalytischen Hydrierung den bekannten 14-Allo-17-isoester (CLXXV). Auch hier ist der sterische Verlauf der Hydrierung einer Doppelbindung zwischen den Kohlenstoffatomen 14 und 15 von der räumlichen Lage der Seitenkette an $C_{(17)}$ abhängig (vgl. S. 105). Da im ungesättigten Ester (CLXXIV) die Carbomethoxygruppe 17α-Stellung einnimmt, wird bei der Hydrierung der $\varDelta^{14}$-Doppelbindung ein 14-Allo-Steroid mit *cis*-Verknüpfung der Ringe C und D gebildet; bei epimerer Lage der Seitenkette müßte der an den Kohlenstoffatomen 14 und 17 normal gebaute 3β-Acetoxy-5-allo-ätiocholansäure-methylester entstehen (*136, 137*). Die gleichen Verhältnisse sind beim $\varDelta^{14}$-3,5-Dioxy-17-isoester (CLXXVI) zu beobachten. Er liefert bei der katalytischen Hydrierung ebenfalls ein 14-Allo-17-iso-Steroid (CLXXVII). Als Derivat des 3β,5-Dioxy-koprostans mit *cis*-Lage der beiden Hydroxyle an $C_{(3)}$ und $C_{(5)}$ kann aus dieser Verbindung mit Phosgen ein cyclisches neutrales Carbonat (CLXXVIII) bereitet werden.

Diese Reaktionen lassen erkennen, daß *allo*-Periplogenin, mit Ausnahme der Konfiguration am Kohlenstoffatom 17, gleich gebaut ist, wie Periplogenin. Die biologische Unwirksamkeit der *allo*-Glykoside beruht daher nur auf der 17-iso-(α)-Konfiguration ihrer Aglykone.

b) Glykoside des allo-Periplogenins.

allo-Periplocymarin   *allo*-Emicymarin.

Da die „Allomerisierung" meistens durch Weichen des Pflanzenmaterials in Wasser erfolgt und bei dieser Arbeitsmethodik auch die glucose-abspaltende Wirkung der Strophanthobiase und anderer Fermente (*42, 80, 191*) in Erscheinung tritt, ist es zu erklären, daß bis heute nur zwei Monoside des *allo*-Periplogenins bekannt sind.

In *allo-Periplocymarin* (*87, 88*) ist das Aglykon an 1 Mol Cymarose (XLI, S. 100) gebunden und in *allo-Emicymarin* (*55, 87, 88, 94*) an 1 Mol Digitalose (CLXIX, S. 127).

8. Strophanthidin.

a) Konstitution.

Strophanthidin, das Aglykon zahlreicher biologisch außerordentlich wichtiger Glykoside, ist chemisch intensiver bearbeitet worden als irgendein anderes digitaloides Aglykon. Aus diesem Grunde wird es auch in zahlreichen Übersichten an erster Stelle behandelt; hier sollen jedoch nur jene Umwandlungen des Strophanthidins (CLXXIX) berücksichtigt werden, die einen klaren Einblick in seine Struktur und seine Beziehungen zu den übrigen digitaloiden Lactonen vermitteln. Die grundlegenden Arbeiten über Strophanthidin, die hauptsächlich von JACOBS und ELDERFIELD (*22, 50—83*) stammen, erfahren dadurch in keiner Weise eine Beeinträchtigung.

Strophanthidin (CLXXIX) weist wie Periplogenin (CLXXXII) außer der Lactonseitenkette ein sekundäres und zwei tertiäre Hydroxyle auf. Zusätzlich ist eine Carbonylgruppierung vorhanden, die durch die Bildung eines Oxims (*76*) und ihre Reaktion mit GIRARD-Reagens T nachgewiesen werden kann (*8, 141*). Obwohl Strophanthidin nicht mit FEHLINGscher Lösung reagiert (*60*), ist der Carbonylsauerstoff in einer Aldehydgruppe enthalten, denn bei der Oxydation mit Kaliumpermanganat (*50, 70*) oder mit Chromtrioxyd (*93*) liefert Strophanthidin eine Carbonsäure, die Strophanthidinsäure (CLXXXVI).

Der Lactonring in Strophanthidin ruft das typische Ultraviolett-Absorptionsspetrum der digitaloiden Aglykone mit einem Maximum bei 220 mμ hervor (*120, 153*) und ist auch verantwortlich für eine positive LEGAL- (*78*) und BALJET-Reaktion (*118*).

Unter Reaktionsbeteiligung des tertiären Hydroxyls an $C_{(14)}$ bildet sich aus Strophanthidin mit Alkali eine Isoverbindung (*59, 76*). Die zweite tertiäre Oxygruppe steht in enger Beziehung zur dritten sekundären. Wird diese letztere zum Keton (CLXXXVII) oxydiert, so findet außerordentlich leicht Wasserabspaltung zu einer α,β-ungesättigten Carbonylverbindung statt (*70*). Diese Reaktionen erinnern an die entsprechenden Umsetzungen in der Periplogeninreihe (vgl. S. 121).

Die nahe Verwandtschaft der beiden Aglykone Periplogenin und Strophanthidin wurde durch folgende Reaktionen in eindrücklicher Weise demonstriert.

Strophanthidin (CLXXIX) liefert bei der milden katalytischen Hydrierung Dihydro-strophanthidin (CLXXXIII) (*76, 138*). Dieses geht, wie PLATTNER und Mitarbeiter (*138*) zeigen konnten, bei der Reduktion nach WOLFF-KISHNER in Dihydro-periplogenin (CLXXXV) über, welches auch aus Periplogenin (CLXXXII) selbst leicht zugänglich ist (*55, 81*). Eine ähnliche Verknüpfung von Abbauprodukten des Strophanthidins mit den entsprechenden Derivaten des .Periplogenins gelang bereits

(CH₂SH)₂
(CLXXIX.) Strophanthidin.
(CLXXX.)
Raney-Ni.
H₃C
(CLXXXII.) Periplogenin.
H₂
(CLXXXI.) α-Iso-strophantidsäure.
H
OC
(CLXXXIII.)
W.K.
H₃C
(CLXXXV.) Dihydro-periplogenin.
H₂
H₃C
CO COOH
(CLXXXIV.) Iso-periplogensäure.
ROOC
CO
(CLXXXVI.) Strophanthidinsäure.
O₃
KMOn₄
OCH₃
ROOC
(CLXXXVII.)
(CLXXXVIII.)
ROOC
CO—CH₂OH
RO
(CLXXXIX.)
CrO₃
HJO₄

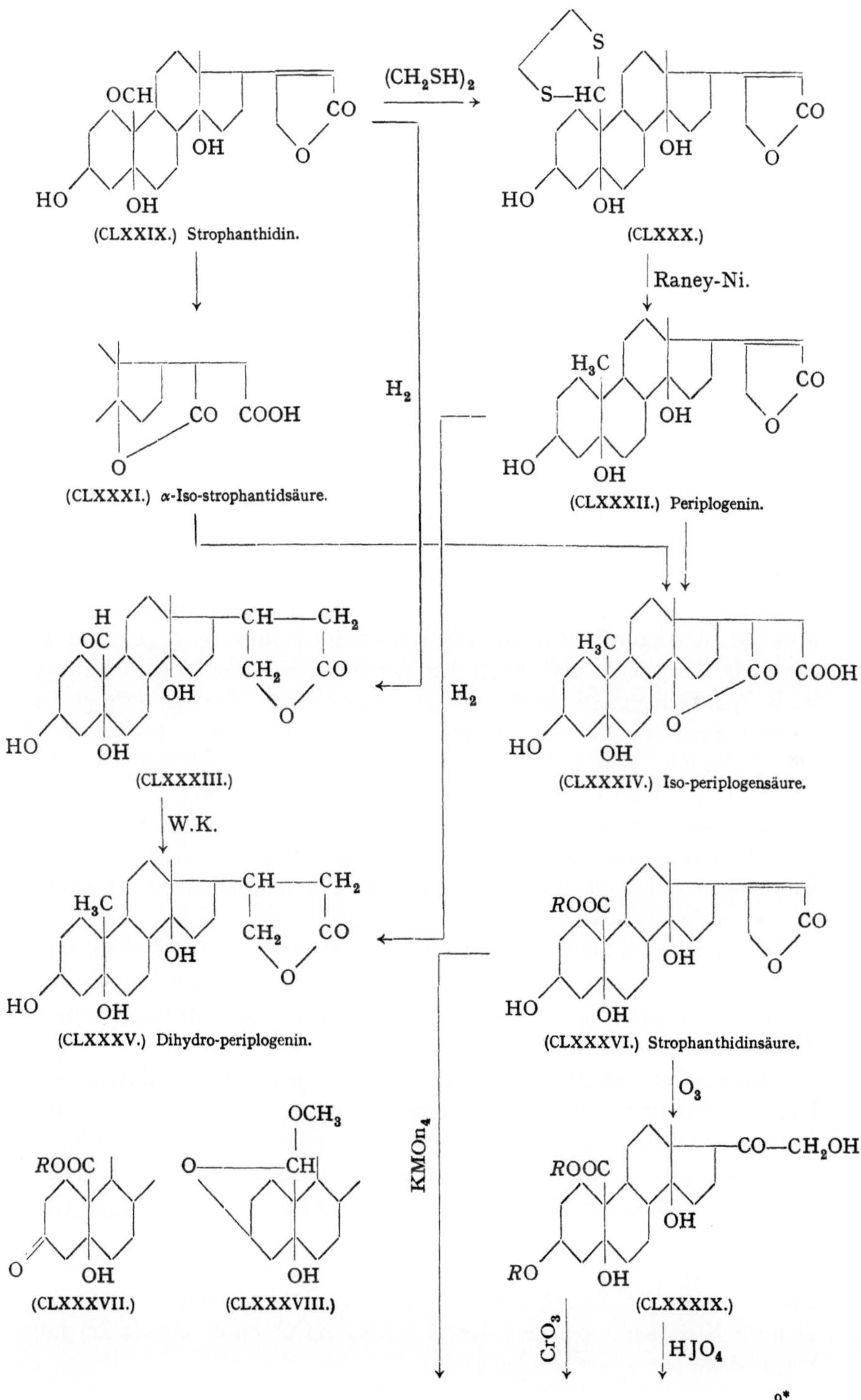

9*

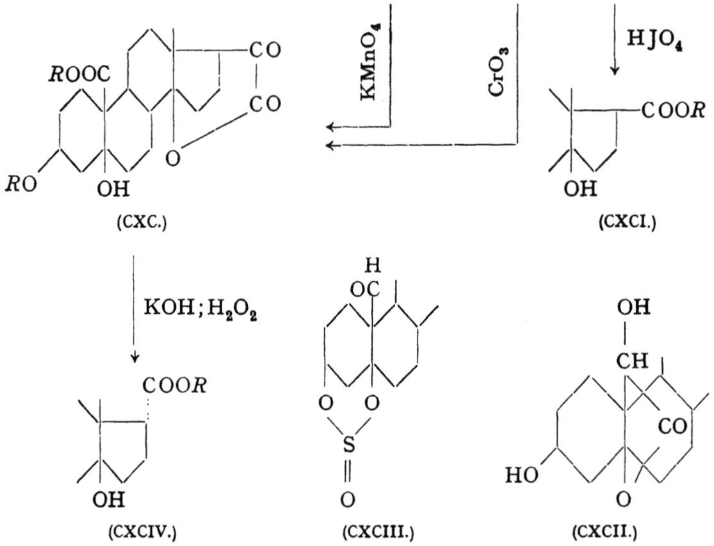

(CXC.) (CXCI.)

(CXCIV.) (CXCIII.) (CXCII.)

Jacobs (*61, 69*) durch die Überführung von α-Iso-strophanthidsäure (CLXXXI) in Iso-periplogensäure (CLXXXIV). In Periplogenin sind aber die Konfigurationen an den Kohlenstoffatomen 3, 5, 14 und 17 eindeutig festgelegt, und wenn bei der Reduktion der Aldehydgruppe nach Wolff-Kishner keine Umkehr eines dieser Zentren erfolgt, so müssen Periplogenin und Strophanthidin sterisch gleich gebaut sein. Daß die Reduktion nach Wolff-Kishner tatsächlich ohne Konfigurationsänderungen verläuft, konnte Speiser (*181*) durch eine direkte Überführung von Strophanthidin in Periplogenin über das Äthylenmercaptal (CLXXX) beweisen. Bei dieser Reaktionsfolge kann eine Konfigurationsänderung an den in Frage kommenden asymmetrischen Kohlenstoffatomen ausgeschlossen werden.

In Strophanthidin sind somit die Substituenten an den Kohlenstoffatomen 3, 5, 10, 14 und 17 alle auf der gleichen Seite (β) der Projektionsebene angeordnet. Die *cis*-Lage von je zwei dieser Substituenten konnte durch die folgenden Reaktionen bewiesen werden.

Strophanthidinsäure (CLXXXVI) liefert bei der Oxydation mit Kaliumpermanganat das Ketocarbonsäurelacton (CXC) (*9, 19, 22, 50*), welches Reichstein (*12*) auch durch Oxydation des Ketols (CLXXXIX) mit Chromtrioxyd bereitet hat. Bei der alkalischen Verseifung des Lactons (CXC) findet gleichzeitig mit der Öffnung des Lactonringes eine Umkehr der Konfiguration an $C_{(17)}$ statt (*9, 12, 19, 22*) zu einer Ketocarbonsäure, die nicht mehr lactonisiert und die beim Abbau die 17-Isotrioxy-ätiosäure (CXCIV) liefert. Die am Kohlenstoffatom 17 normale Säure (CXCI) kann aus dem Ketol (CLXXXIX) durch Oxydation mit Perjodsäure gewonnen werden (*12*).

Diese Reaktionen sowie die bereits erwähnte Bildung von Isostrophanthidin aus Strophanthidin verlaufen analog wie die entsprechenden Umsetzungen in der Digitoxigenin- und Periplogenin-Reihe (vgl. S. 95 bzw. 121) und sprechen für die *cis*-Lage der Lactonseitenkette zum Hydroxyl an $C_{(14)}$.

Die gegenseitigen Beziehungen der Aldehydgruppe an $C_{(10)}$ und der tertiären Oxygruppe an $C_{(5)}$ lassen sich aus folgenden Reaktionen erkennen. Wird Dihydro-strophanthidin (CLXXXII) einer Cyanhydrinsynthese unterworfen, so liefert die nach der Verseifung des entsprechenden Oxynitrils erhaltene α-Oxysäure leicht ein Lacton (CXCII) mit dem tertiären Hydroxyl am Kohlenstoffatom 5, was nur möglich ist, wenn sich die beiden reagierenden Gruppen in *cis*-Stellung zueinander befinden (67).

Analoge Verhältnisse sind zwischen der sekundären Oxygruppe an $C_{(3)}$ und der Aldehydgruppe $C_{(19)}$ anzutreffen. Bei der Behandlung von Strophanthidin mit alkoholischer Salzsäure wird eine Verbindung erhalten, in der weder die Aldehydgruppe noch das sekundäre Hydroxyl an $C_{(3)}$ mehr nachgewiesen werden können. Die Verbindung wird · als cyclisches Halbacetal (CLXXXVIII) formuliert (58), für dessen Bildung wiederum *cis*-Lage der beiden reagierenden Gruppen Voraussetzung ist.

Da die beiden Oxygruppen an den Kohlenstoffatomen 3 und 5 je in *cis*-Stellung zur Aldehydgruppe $C_{(19)}$ stehen, müssen sie auch unter sich betrachtet *cis*-Lage zueinander einnehmen. In Übereinstimmung mit dieser Formulierung liefern verschiedene Derivate des Strophanthidins cyclische neutrale Sulfite vom Typus (CXCIII) (63, 66, 138).

b) Synthetische Arbeiten und die Zusammenhänge zwischen den einzelnen Strophanthus-Glykosiden.

EHRENSTEIN (19) gelang es die 3,5,14-Trioxy-17-iso-ätiosäure (CXCV) aus Strophanthidin in ein homologes Progesteron (CXCVI) zu verwandeln, das an Stelle der Methylgruppe an $C_{(10)}$ ein Wasserstoffatom trägt. Auf Grund der Synthese kommt dieser Verbindung die Konstitution eines 14-Allo-17-iso-19-nor-progesterons (CXCVI) zu (20, 129). Die sterischen Verhältnisse am asymmetrischen Kohlenstoffatom 10 dieses Hormonhomologen sind nicht bekannt. Es ist jedoch von Interesse, daß 14-Allo-17-iso-19-nor-progesteron (CXCVI) sich als biologisch ebenso aktiv erwies, wie Progesteron (CXCVII) selbst (1, 19).

Im Zusammenhang mit den systematischen Untersuchungen über die natürlichen herzwirksamen Glykoside ist es REICHSTEIN gelungen (*8, 87*), aus ein und derselben Pflanze, *Strophanthus kombé*, drei verschiedene Typen von Glykosiden zu isolieren, die sich nur durch eine andere Oxy-

dationsstufe des Kohlenstoffatoms 19 voneinander unterscheiden. In den Glykosiden des Periplogenins (CXCVIII) liegt das erwähnte Kohlenstoffatom als Methylgruppe vor, in Cymarol (CXCIX) als Oxymethylgruppe und schließlich in den Strophanthidin-Glykosiden (CC) als Aldehydgruppe.

c) Glykoside des Strophanthidins.

k-Strophanthosid	Cheirotoxin
k-Strophanthin-β	Strophanthidin-(3)-*L*-arabinosid
Cymarin	Strophanthidin-(3)-*D*-xylosid
Convallosid	Strophanthidin-(3)-*D*-galactosid
Convallatoxin	Strophanthidin-(3)-*D*-glucosid
Desgluco-cheirotoxin.	

In k-Strophanthosid (*193*), dem genuinen Strophanthidin-Glykosid aus *Strophanthus kombé*, ist das Aglykon an 1 Mol Cymarose und 2 Mol Glucose gebunden. Durch Einwirkung von α-Glucosidase (aus Hefe) gelang es STOLL (*191, 193*), die endständige Glucosemolekel abzuspalten, unter Bildung des Biosids *k-Strophanthin-β* (*79, 193*). Dieses wiederum zerfällt unter der Einwirkung von Strophanthobiase (*80*) in *Cymarin* und

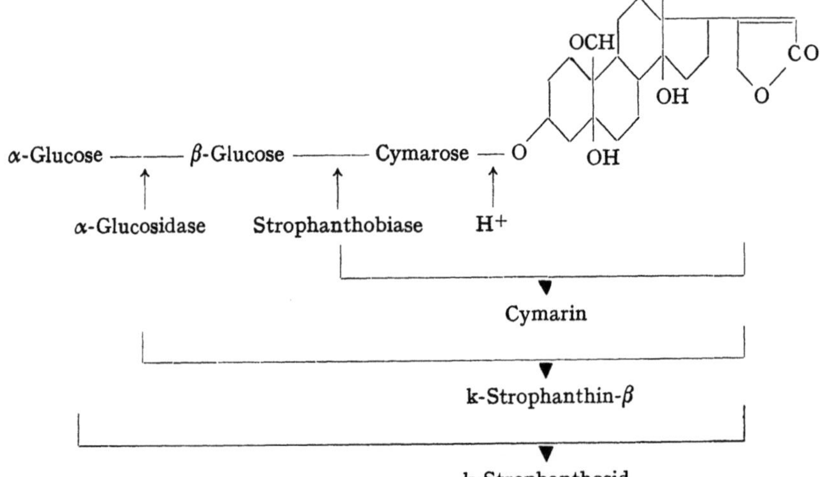

Glucose. Die Trennung von Zucker und Aglykon gelingt schließlich mit Mineralsäure.

Außer in *Strophanthus kombé* (*79*) wurde Cymarin noch in den folgenden Pflanzen aufgefunden: *S. hispidus* (*82*), *S. eminii* (*94*), *S. Nicholsonii* HOLM (*25*), *Adonis amurensis* (*161a*) und *A. vernalis* (*89, 148, 149*).

Ein weiteres Glykosid des Strophanthidins ließ sich aus den Samen des Maiglöckchens (*Convallaria majalis* L.) isolieren (*168*). Es ist das biologisch stark wirksame *Convallosid*, in dem das Aglykon an 1 Mol *L*-Rhamnose (LXIX, S. 107) und 1 Mol Glucose gebunden ist. Auf enzymatischem Wege läßt sich Convallosid in *Convallatoxin* (*29, 84, 210*) und Glucose zerlegen. Convallatoxin wurde erstmals von W. KARRER (*84*) aus den Blättern und Blüten des Maiglöckchens isoliert und konnte später von REICHSTEIN (*146*) unter Anwendung der MANNICH-Spaltung (*100*) in Strophanthidin und Rhamnose zerlegt werden.

Cheirotoxin (*170, 171*), eines der Glykoside aus dem Samen des Goldlacks (*Cheiranthus cheiri* L.) ist das *D*-Glucosido-*D*-lyxosid des Strophanthidins. Auch hier konnte die Hydrolyse in Zucker und Aglykon mit Hilfe der MANNICH-Spaltung (*100*) durchgeführt werden.

REICHSTEIN (*171*) gelang es, Cheirotoxin auf enzymatischem Wege mit Hilfe von Strophanthobiase (*80*) in das Monosid *Desgluco-cheirotoxin* und Glucose aufzutrennen.

UHLE und ELDERFIELD (*214*) beschreiben die auf partialsynthetischem Wege gewonnenen, physiologisch stark wirksamen Monoside des Strophanthidins mit *L-Arabinose, D-Xylose, D-Galactose* und *D-Glucose*.

d) allo-Strophanthidin, Aglykon und Glykosid.

Die Umlagerung Glykosid → *allo*-Glykosid erfolgt in der Strophanthidin- und Periplogenin-Reihe mit großer Wahrscheinlichkeit durch das gleiche Ferment, denn Glykoside beider *allo*-Aglykone konnten nebeneinander aus demselben Pflanzenmaterial, den Samen von *Strophanthus kombé*, isoliert werden (*87*). *allo*-Periplogenin unterscheidet sich von Periplogenin nur durch eine verschiedene Konfiguration am Kohlenstoffatom 17 (vgl. S. 127) (*182, 183*). Daß auch in der Strophanthidin-Reihe derselbe Unterschied zwischen *allo*-Aglykon und normaler Form vorliegt, geht aus dem Folgenden hervor.

In *allo*-Strophanthidin (*51*) sind sowohl der Lactonring als auch die übrigen funktionellen Gruppen unverändert vorhanden (*87*). Der Unterschied zwischen Derivaten des *allo*-Strophanthidins und des Strophanthidins bleibt bestehen, wenn die Asymmetrie an den Kohlenstoffatomen 3, 5 und 14 aufgehoben wird (*7, 51, 58, 172*). Auch sprechen die charakteristischen Verschiebungen des Drehungsvermögens, die beim Übergang von *allo*-Aglykon zu Anhydro-*allo*-aglykon beobachtet wurden, eindeutig für eine Umkehr der Konfiguration an $C_{(17)}$ (*135*).

Allo-strophanthidin ist in *allo-Cymarin* (*51, 87*) an 1 Mol Cymarose gebunden und kann aus diesem Glykosid durch saure Hydrolyse leicht gewonnen werden.

9. Strophanthidol, Aglykon und Glykoside.

Cymarol   *k*-Strophanthol-γ.

Aus den Samen von Strophanthus kombé isolierten KATZ und REICH-STEIN (*87*) ein neues Glykosid, das sich von Cymarin (S. 134) durch einen Mehrgehalt von zwei Wasserstoffatomen unterscheidet und als Cymarol bezeichnet wurde (*8*). Es ließ sich aus Cymarin durch Reduktion der Aldehydgruppe an $C_{(10)}$ nach MEERWEIN und PONNDORF auf künstlichem Wege bereiten (*8*). Die saure Hydrolyse lieferte Cymarose und Stroph-anthidol, das bereits früher von RABALD und KRAUS (*141*) durch Reduktion von Strophanthidin mit Aluminiumisopropylat oder Alumi-niumamalgam auf partialsynthetischem Wege bereitet worden war. Durch seine Synthese aus Strophanthidin ist die Konstitution des Stroph-anthidols gesichert.

In *Cymarol* ist, wie bereits erwähnt, Strophanthidol an 1 Mol Cyma-rose gebunden. Cymarol wurde außer in *Strophanthus kombé* (*8, 87*) auch in *S. Nicholsonii* HOLM (*25*) aufgefunden. Ein Triglykosid des Stroph-anthidols konnte durch Reduktion der Aldehydgruppe von *k*-Stroph-anthosid auf partialsynthetischem Wege gewonnen werden. Es ist als *k-Strophanthol-γ* bekannt (*141*); in ihm ist das Aglykon an 1 Mol Cymarose und 2 Mol Glucose gebunden.

III. Glykoside und Aglykone unbekannter Konstitution.

1. Ouabain.

Das aktive Prinzip aus der Rinde und den Wurzeln des Ouabaio-baumes (*3*) und aus den Samen von *Strophanthus gratus* (*4*) ist unter dem Namen Ouabain oder g-Strophanthin bekannt. In diesem schwer spalt-baren Glykosid ist das Aglykon an 1 Mol *L*-Rhamnose (LXIX, S. 107) gebunden. MANNICH und SIEWERT (*100*) gelang es erstmals unter An-wendung der nach ihnen benannten Hydrolysemethode, das intakte Aglykon Ouabagenin zu bereiten.

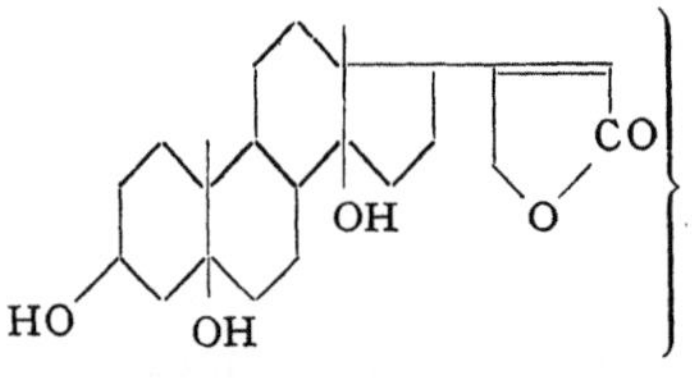

(CCI.) Ouabagenin. 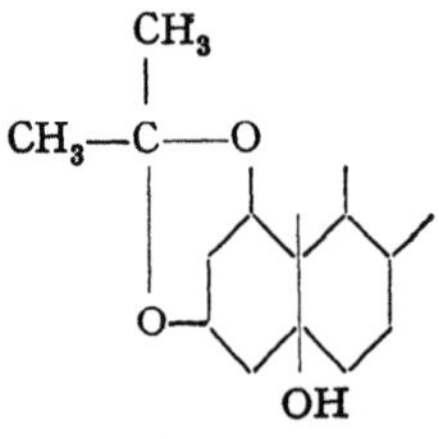   (CCII.) Monoaceton-ouabagenin.

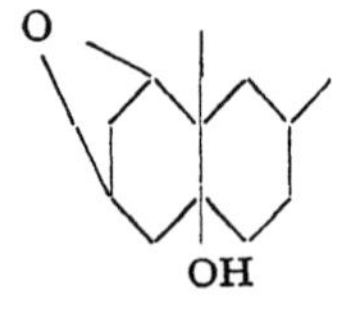

(CCIII.) Anhydro-ouabagenin.

Ouabagenin weist die Bruttozusammensetzung $C_{23}H_{34}O_8$ auf, zeigt das typische Ultraviolett-Absorptionsspektrum der digitaloiden Aglykone (*115*), gibt eine positive LEGAL-Reaktion, kann als Lacton titriert werden und liefert ein Dihydro-lacton (*100*). Ouabain selbst reagiert mit Alkali zu einer Isoverbindung (*54*). Auf Grund dieser Reaktionen darf Ouabagenin wohl mit Recht zu den digitaloiden Aglykonen gezählt werden.

Von den acht Sauerstoffatomen sind zwei im Lactonring enthalten. Ein weiteres wird wegen der Bildung eines Iso-lactons als Hydroxyl am Kohlenstoffatom 14 angenommen. Von den verbleibenden fünf Sauerstoffen liegen vier als acetylierbare und somit primäre bzw. sekundäre Oxygruppen vor, und das letzte befindet sich in der hypothetischen Formel von MANNICH (*100*) als tertiäres Hydroxyl an $C_{(5)}$.

Ouabain liefert bei der Hydrolyse mit Salzsäure in Aceton (*100, 115, 142*) neben Ouabagenin (CCI) ein Monoaceton-ouabagenin (CCII) und ein Anhydro-ouabagenin (CCIII). Dieses letztere ist auch aus dem Acetonderivat durch Kochen mit Nitrobenzol zugänglich und läßt sich mit Säuren zu Ouabagenin hydrolysieren. Beim Anhydro-ouabagenin handelt es sich nicht um eine ungesättigte Verbindung, die durch Abspaltung eines der tertiären Hydroxyle entstanden ist, sondern um ein Anhydroderivat, das unter Reaktionsbeteiligung zweier acteylierbarer (sekundärer?) Oxygruppen gebildet wurde und von MANNICH und SIEWERT (*100*) als Oxyd (CCIII) formuliert wird. In Übereinstimmung mit dieser Erklärung der experimentellen Befunde nimmt Anhydro-ouabagenin bei der Hydrierung nur 1 Mol Wasserstoff auf (Lactonring), reagiert nicht mit Persäuren und liefert nur mehr ein Diacetat. Da Ouabagenin von Bleitetraacetat nicht angegriffen wird, kommt eine 1,2-Glykolstellung der zur Acetonverbindung (CCII) reagierenden sowie auch der übrigen vier Oxygruppen im Steroidkern nicht in Frage (*100*).

REICHSTEIN und Mitarbeiter (*115, 142*) konnten zeigen, daß Anhydro-ouabagenin-diacetat bei der Hydrolyse zwei isomere Ouabagenin-diacetate (α und β) liefert, die beide auch aus Monoaceton-ouabagenin-diacetat durch saure Hydrolyse zugänglich sind. Jedes dieser Diacetate gibt bei

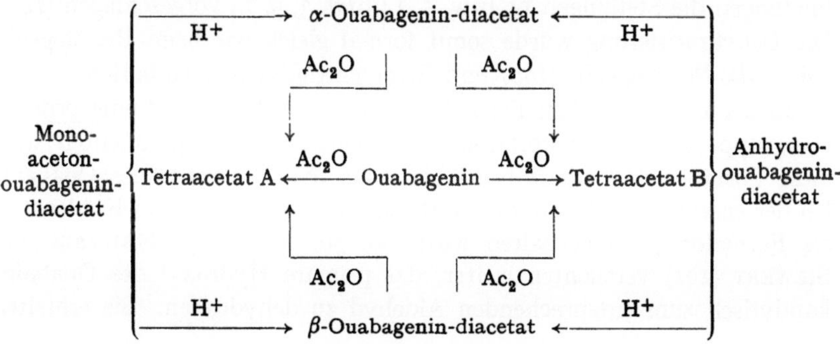

der Acetylierung zwei isomere Ouabagenin-tetraacetate (A und B), die auch aus Ouabagenin selbst bereitet werden können und von denen eines (A) mit dem bereits von Mannich (*100*) beschriebenen Ouabagenintetraacetat identisch ist. Diese Zusammenhänge sind in dem obigen Schema dargestellt.

Raffauf und Reichstein (*142*) vermuten, daß die verschiedenen Ouabagenin-diacetate (α und β) und Tetraacetate (A und B) einheitliche Verbindungen darstellen, daß jedoch die Acetylierung der Ouabageninderivate in zwei verschiedenen Richtungen verläuft, wobei an die Bildung von normalen (CCV) bzw. ortho-Diacetaten (CCVI) aus zwei räumlich nahe gelegenen Oxygruppen (CCIV) hingewiesen wird.

$$
\begin{array}{lll}
\mathrm{-C-OH} & \mathrm{-C-O-CO-CH_3} & \mathrm{-C-O}\diagdown\ \diagup\mathrm{OCO-CH_3} \\
\mathrm{-C-OH} & \mathrm{-C-O-CO-CH_3} & \mathrm{-C-O}\diagup\ \diagdown\mathrm{CH_3} \\
\text{(CCIV.)} & \text{(CCV.)} & \text{(CCVI.)}
\end{array}
$$

Die Tetraacetate A und B des Ouabagenins ließen sich durch Oxydation mit Kaliumpermanganat zu zwei isomeren Tetraacetoxy-dioxyätiocholansäuren abbauen, die durch ihre Methylester charakterisiert wurden (*115*). Auch nach der Ozon-Abbaumethóde konnte aus dem Acetat A, über ein kristallisiertes Ketol, dieselbe Ätiosäure gewonnen werden (*142*). Versuche, aus dem Ester dieser Säure die tertiären Oxygruppen abzuspalten, führten zu einem Gemisch von ungesättigten Verbindungen, aus dem nach vollständiger Hydrierung drei kristallisierte Substanzen isoliert werden konnten. Diese entsprechen in ihrer Zusammensetzung Ätiosäuren mit 5, 4 und 3 Hydroxylen im Steroidkern. Bei der Behandlung des Tetraacetoxy-dioxy-esters A mit PhosphoroxychloridPyridin sind entsprechend dieser Formulierung 1, bzw. 2, bzw. 3 Hydroxyle — im letzten Fall 2 Hydroxyle und 1 Acetoxygruppe — abgespalten worden. Auf Grund des Ultraviolett-Absorptionsspektrums des rohen Dehydratisierungsgemisches werden für die ausgebildeten Doppelbindungen die Stellungen 14 bzw. 5, 14 bzw. 3, 5, 14 vorgeschlagen (*142*). Die Dehydratisierung würde somit formal gleich wie beim Periplogenin (*182*), *allo*-Periplogenin (*182*) und Strophanthidin (*93*) verlaufen.

In der hypothetischen Formel von Mannich (*100*) wird eine primäre Oxygruppe am Kohlenstoffatom 19 angenommen. Experimentell wird diese Formulierung damit begründet, daß aus Derivaten des Ouabains bei der energischen Behandlung mit Salzsäure in Eisessig ein Kohlenstoff als Formaldehyd abgespalten wird (*30, 56, 103, 212*). Mannich und Siewert (*101*) versuchten weiter, das primäre Hydroxyl des Ouabains katalytisch zum entsprechenden Aldehyd zu dehydrieren. Sie erhielten zwei kristallisierte isomere Verbindungen der gewünschten Zusammensetzung, die auch FEHLING'sche- und Silberdiamin-Lösung reduzierten, jedoch nicht mit Carbonylreagentien in Reaktion traten. Eine Erklärung für das Verhalten dieser beiden Reaktionsprodukte wird darin gesehen, daß bei der Oxydation zwar primär ein Aldehyd entsteht, der aber nicht frei vorliegt, sondern sogleich mit einem räumlich nahe gelegenen Hydroxyl unter Bildung der zwei möglichen stereoisomeren Lactole reagiert.

2. Antiaris-Glykoside.

α-Antiarin $\quad$ β-Antiarin.

Aus dem Milchsaft von *Antiaris toxicaria* konnten zwei kristallisierte, stark herzwirksame Glykoside, α- und β-Antiarin, isoliert werden (*90—92*). Beide Glykoside liefern bei der energischen Hydrolyse, unter gleichzeitiger Abspaltung von zwei Oxygruppen aus dem Aglykonteil, dasselbe Dianhydro-antiarigenin (*211*). Es wird deshalb angenommen, daß in beiden Glykosiden (α- und β-Antiarin) dasselbe Aglykon enthalten ist, welches in β-Antiarin an *L*-Rhamnose (LXIX, S. 107) (*90—92, 211*) und in α-Antiarin an *D*-Gulomethylose (Antiarose) (CCXI) (*18*) gebunden ist. *D*-Gulomethylose unterscheidet sich von *L*-Rhamnose durch eine verschiedene Konfiguration am Kohlenstoffatom 5.

α-Antiarin kann als Lacton titriert werden (*211*), gibt eine positive LEGAL-Reaktion (*211*) und zeigt im Ultraviolett-Absorptionsspektrum zwei Maxima, bei 217 mμ (log $\varepsilon = 4{,}1$) und 305 mμ (log $\varepsilon = 1{,}8$) (*18*). Das erste Maximum ist für den Lactonring digitaloider Aglykone charakteristisch (*120, 153*), während das zweite auf eine Carbonylgruppierung hinweist. In Übereinstimmung mit dem Resultat der physikalischen Messungen liefert α-Antiarin ein Oxim (*18, 91*) und Dianhydro-antiarigenin ein Semicarbazon (*91*). Die Carbonylgruppierung befindet sich somit im Aglykonteil. Um zu beweisen, daß diese wie in Strophanthidin als Aldehyd vorliegt, wurde versucht, aus α-Antiarin durch Oxydation mit Chromtrioxyd eine Carbonsäure zu gewinnen. Während diese Reaktion in der Strophanthidin-Reihe ohne Schwierigkeiten durchführbar ist (*93*), lieferte α-Antiarin-benzoat ein neutrales Reaktionsprodukt. REICHSTEIN (*18*) vermutet, daß die Aldehydgruppe in α-Antiarin nicht frei (CCVII), sondern vorwiegend als cyclisches Lactol (CCVIII) vorliegt und daher bei der Oxydation mit Chromtrioxyd in ein neutrales Lacton (CCIX) übergeht.

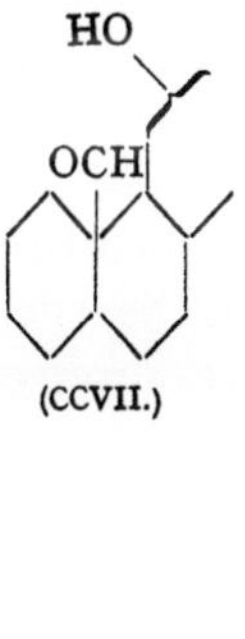

(CCVII.) 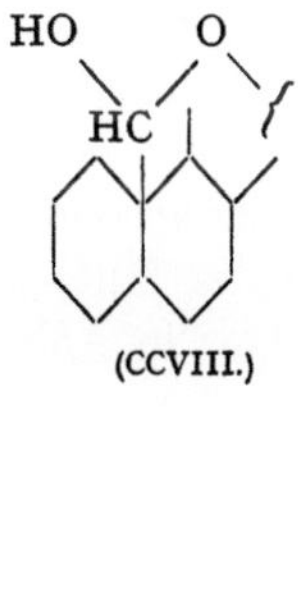   (CCVIII.) 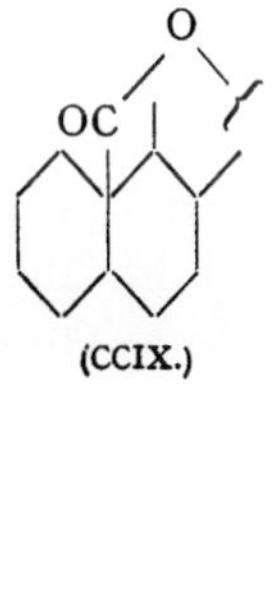   (CCIX.)

Mit Aluminiumamalgam läßt sich die Carbonylgruppe des α-Antiarins zu einem leicht veresterbaren Hydroxyl reduzieren (*18*). Diese Reaktion findet eine Parallele in der Umwandlung von Strophanthidin zu Strophanthidol (*8, 141*) (vgl. S. 136).

Unter Anwendung der MANNICH-Spaltung (*100*) gelang es, allerdings nur in schlechter Ausbeute, aus α-Antiarin das intakte Aglykon *Antiarigenin* ($C_{23}H_{32}O_7$) zu bereiten (*18*).

Von den sieben Sauerstoffatomen des Antiarigenins befinden sich zwei im Lactonring und eines in der Aldehydgruppe. Von den verbleibenden vier sind zwei leicht abspaltbar (Dianhydro-antiarigenin) und werden in Analogie zu Strophanthidin und Periplogenin an den Kohlenstoffatomen 5 und 14 angenommen (*211*). Es verbleiben noch zwei Sauerstoffatome, von denen eines ursprünglich glykosidisch mit dem Zucker verbunden war und nach der Hydrolyse eine leicht veresterbare Oxygruppe liefert (*18, 211*). Das andere wird ebenfalls in einem Hydroxyl angenommen, welches nicht veresterbar ist, jedoch zu einem Keton oxydiert werden kann (*18*) und vermutlich mit der Aldehydgruppe zum Lactol (CCVIII) reagiert. Für das erstere wurde in Analogie zu den übrigen Aglykonen die Stellung 3 vorgeschlagen, während das letztere an $C_{(7)}$, $C_{(11)}$ oder $C_{(12)}$ vermutet wird. Mit einer 12β-Lage ließen sich viele, wenn auch nicht alle experimentellen Befunde erklären (*18, 28*). Für Antiarigenin könnte somit die hypothetische Formel (CCX) in Erwägung gezogen werden.

(CCX.)

(CCXI.) *D*-Gulomethylose (Antiarose).

3. Calotropis-Gifte.

Calotropin   Uscharin   Calotoxin.

a) Calotropin. Die Stengel und Blätter von *Calotropis procera*, einer in Afrika und Indien heimischen Pflanze, enthalten einen stark herzwirksamen Körper, der von HESSE (*46*) näher charakterisiert wurde und unter dem Namen Calotropin bekannt ist. Calotropin weist die Bruttozusammensetzung $C_{29}H_{40}O_9$ auf. Es wird unter milden Bedingungen von Mineralsäure nicht angegriffen, zerfällt jedoch bei der thermischen Spaltung im Hochvakuum bei 230° in Anhydro-calotropagenin und den

„glykosidischen" Anteil, für den von HESSE (45) die Konstitution einer Methylreduktinsäure (CCXII) in Vorschlag gebracht wurde. Dieses Dientriol ist mit jenem Hydroxyl des Aglykonteiles als Äther verbunden, welches bei der thermischen Zersetzung abgespalten wird.

Das Anhydro-aglykon zeigt eine positive LEGAL-Reaktion. Es wird mit Natriumborat zu Iso-anhydro-calotropagenin und mit Natriumhydroxyd zu Pseudo-anhydro-calotropagenin umgelagert. Beide Verbindungen sind isomer und können auch aus Calotropin selbst durch dessen Umsetzung mit Borax bzw. Alkali gewonnen werden.

Es wird daraus geschlossen, daß sich in Anhydro-calotropagenin, ähnlich wie in Gitoxigenin (LXXXIX, S. 112), zwei Hydroxyle in Nachbarschaft zum Lactonring befinden und mit diesem zu zwei verschiedenen Isoverbindungen reagieren können.

b) Uscharin. Während die Stengel und Blätter von *Calotropis procera* als aktiven Bestandteil Calotropin enthalten, konnte aus dem Milchsaft der gleichen Pflanze eine weitere, stickstoff- und schwefelhaltige Verbindung, Uscharin der Zusammensetzung $C_{31}H_{41}O_8NS$ isoliert werden (47). Bei der sauren Hydrolyse werden die Heteroatome aus Uscharin abgespalten, unter Bildung des zu Calotropin isomeren Uscharidins. Dieses steht nicht auf der Stufe eines Aglykons, sondern enthält, wie Calotropin, als „glykosidische" Komponente eine (isomere?) Methylreduktinsäure. Bei der Umsetzung mit Natriumborat wird aus Uscharidin Iso-anhydrocalotropagenin gebildet. Uscharidin und Calotropin unterscheiden sich sehr wahrscheinlich nur in einer Isomerie des „glykosidischen" Anteils. Ähnliche Verhältnisse sind beim dritten, aus *Calotropis* isolierten herzwirksamen Körper, Calotoxin anzutreffen (47).

c) Calotoxin weist ein Sauerstoffatom mehr auf als Calotropin, liefert jedoch bei der alkalischen Hydrolyse dasselbe Pseudo-anhydro-aglykon.

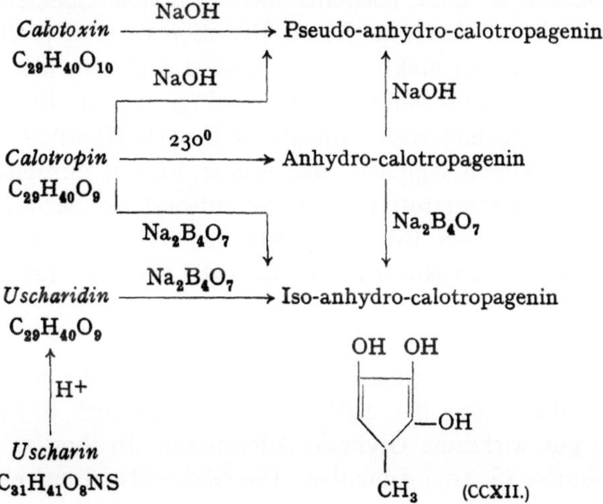

Das zusätzliche Sauerstoffatom wird deshalb im „glykosidischen" Anteil vermutet, der als Oxy-methyl-reduktinsäure formuliert wird.

Calotropin, Uscharin und Calotoxin enthalten demnach mit großer Wahrscheinlichkeit dasselbe Aglykon (*47*). Die Beziehungen zwischen den drei Calotropis-„Glykosiden" sind im obigen Schema zusammengestellt (S. 141).

4. Sarverosid und die Sarmentoside A und B.

Aus mehreren Proben authentischer Samen von *Strophanthus sarmentosus* konnten Reichstein und Mitarbeiter (*24a*, *11a*) ein neues kristallisiertes Glykosid, *Sarverosid* der Bruttozusammensetzung $C_{30}H_{44}O_{10}$ isolieren (Schmp. 126/145°; $[\alpha]_D = +9°$). Das Aglykon besitzt die Formel $C_{23}H_{32}O_7$ (Schmp. 145/191°; $[\alpha]_D = +45°$). Sarverosid, welches das Hauptglykosid der Samen von *Strophanthus sarmentosus* darstellt, wird begleitet von Sarmentosid A und in einzelnen Fällen auch von Spuren des Monosids Sarmentocymarin (vgl. S. 120).

Schmutz und Reichstein (*167*) beschrieben ein weiteres Glykosid dieser Gruppe, Sarmentosid B, welches neben Sarmentosid A und Sarmentocymarin aus einem Pflanzenmaterial isoliert wurde, dessen Identität mit *Strophanthus sarmentosus*-Samen nicht sichersteht.

Sarmentosid A zeigt eine positive Legal-Reaktion und das typische Ultraviolett-Absorptionsspektrum der digitaloiden Aglykone. An der Katze erwies es sich als biologisch gleich aktiv wie Ouabain. Die Spaltung nach Mannich (*100*) führte neben einer nicht näher untersuchten Substanz („Substanz C") zu dem vermutlichen Aglykon Sarmentosigenin A. Sarmentosigenin A ist isomer mit Strophanthidin und liefert wie dieses ein Monoacetat. In Sarmentosid A ist das Aglykon an *L* (—)-Talomethylose gebunden (*166*).

Sarmentosid B zeigt ebenfalls das Ultraviolettspektrum der digitaloiden Aglykone. Auch die Legal-Reaktion verläuft positiv. Sarmentosid B ist biologisch inaktiv und es muß deshalb für diese Verbindung die Konstitution eines *allo*-Glykosids (vgl. S. 127) in Betracht gezogen werden. Die Spaltung von Sarmentosid B nach Mannich verläuft glatt und führt zu einem Aglykon, das isomer ist mit Strophanthidol und demnach zwei Wasserstoffatome mehr aufweist als Sarmentosigenin A. Sarmentosid B ist ein Biosid, in dem das Aglykon wahrscheinlich an 1 Mol *D*-Glucose und 1 Mol *D*-Digitalose (vgl. CLXIX, S. 127) gebunden ist.

5. Adonitoxin.

Aus dem Kraut des Adonisröschens, *Adonis vernalis*, isolierten Reichstein und Mitarbeiter (*89*, *148*) neben Cymarin (vgl. S. 134) das neue, biologisch gut wirksame Glykosid Adonitoxin. In ihm ist das Aglykon an *L*-Rhamnose (S. 107) gebunden. Die Glykosidspaltung nach Mannich

(*100*) lieferte, allerdings nur in schlechter Ausbeute, das Aglykon Adonitoxigenin, das isomer ist mit Strophanthidin und wie dieses eine Aldehydgruppe aufweist. Die beiden Aglykone unterscheiden sich wahrscheinlich in der Weise, daß Adonitoxigenin zwei sekundäre und eine tertiäre, Strophanthidin eine sekundäre und zwei tertiäre Oxygruppen besitzt. In Übereinstimmung mit dieser Formulierung liefert Adonitoxin-acetat ein Oxim und läßt sich mit Chromtrioxyd zu einer Carbonsäure oxydieren. Adonitoxin gibt eine positive LEGAL-Reaktion und zeigt das Ultraviolettspektrum der digitaloiden Aglykone. Von KATZ und REICHSTEIN (*89*) wurde für Adonitoxigenin die hypothetische Formel (CCXIII) aufgestellt.

OHC ... CO ... OH

OH ... O

HO ... (CCXIII.)

6. Glykoside des Pfaffenhütchens, Evonymus europaea.

Evonosid   Evobiosid   Evomonosid.

MEYRAT und REICHSTEIN (*114*) isolierten aus den Samen des Pfaffenhütchens, *Evonymus europaea* L., das kristallisierte, biologisch schwach aktive Triosid *Evonosid*. In ihm ist das Aglykon an 1 Mol *L*-Rhamnose (LXIX, S. 107) und 2 Mol *D*-Glucose gebunden. Durch die Einwirkung von nur geringen Mengen des glucose-abspaltenden Ferments Strophanthobiase (*42, 80, 191*) gelang es, den endständigen Zucker abzutrennen, unter Bildung des *Evobiosids* (*161*). Bei einer nochmaligen Behandlung mit Strophanthobiase trat eine weitere Hydrolyse in Glucose und *Evomonosid* (*114, 161*) ein. Evomonosid ist biologisch dreimal aktiver als das Triosid Evonosid.

Evonosid zeigt eine positive LEGAL-Reaktion und das typische Ultraviolett-Absorptionsspektrum der digitaloiden Aglykone. Die Glykosidspaltung nach der Methode von MANNICH (*100*) führte nicht zum gesuchten Aglykon „Evonogenin", sondern zu drei verschiedenen Substanzen (C, D und E), die möglicherweise Aceton- oder Anhydroverbindungen dieses Genins darstellen. Für das unbekannte „Evonogenin" wurde auf Grund der Elementaranalysen seiner drei Glykoside und der entsprechenden Acetate die Formel (CCXIV) vorgeschlagen, wobei R = H, OH oder CH_3COO bedeuten kann (*161*).

CO ... R

OH ... O

HO ... (CCXIV.)

7. Nebenglykoside des Oleanders.

Adynerin   Neriantin.

Aus den Blättern des Oleanders, *Nerium oleander*, ließen sich, außer den biologisch aktiven Glykosiden Oleandrin (S. 114) und Desacetyloleandrin (S. 113), noch in geringer Menge zwei weitere, inaktive Verbindungen, *Adynerin (119, 209)* und *Neriantin (165, 209)*, isolieren. Der Zuckeranteil des Neriantins besteht aus Glucose, während das Aglykon Adynerigenin wahrscheinlich an *L*-Oleandrose (CVIII, S. 114) gebunden ist.

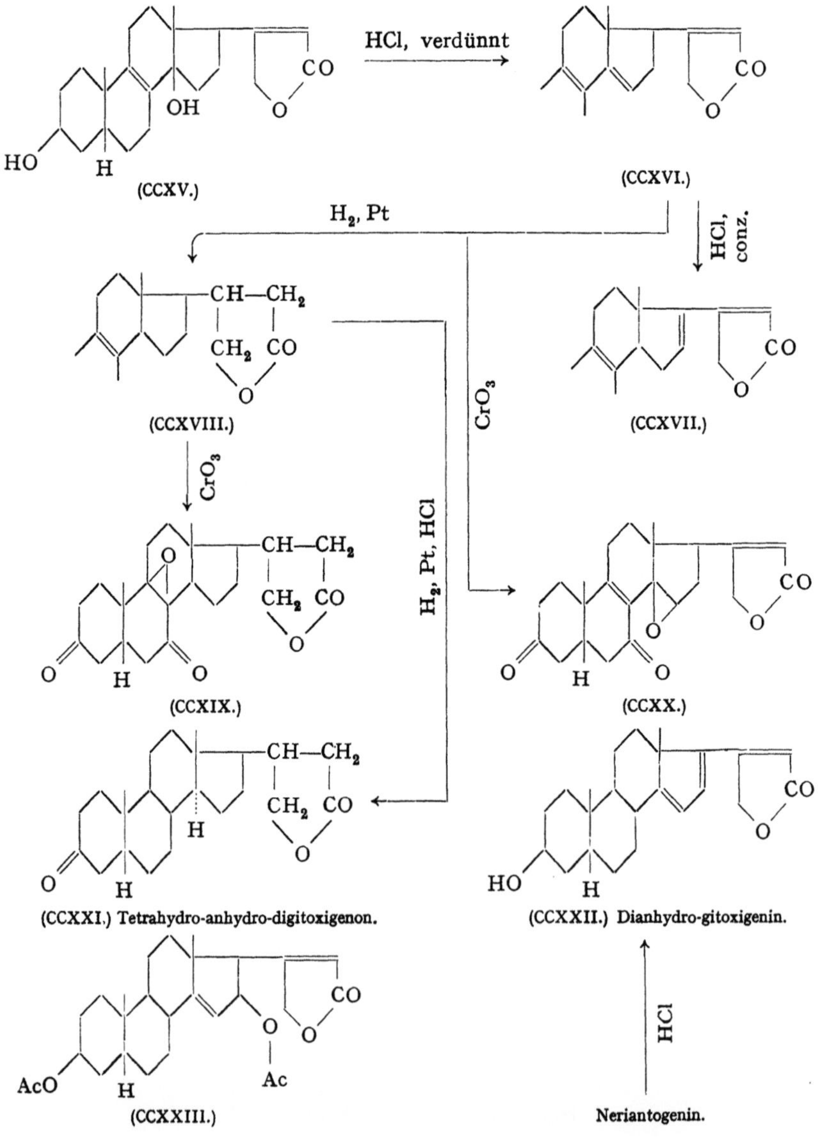

HCl, verdünnt

(CCXV.)   (CCXVI.)

H₂, Pt

HCl, conz.

(CCXVIII.)   (CCXVII.)

CrO₃   CrO₃   H₂, Pt, HCl

(CCXIX.)   (CCXX.)

(CCXXI.) Tetrahydro-anhydro-digitoxigenon.   (CCXXII.) Dianhydro-gitoxigenin.

HCl

(CCXXIII.)   Neriantogenin.

a) Adynerigenin (CCXV?) (*208, 209*) besitzt den unveränderten Lacton-ring der digitaloiden Aglykone und gibt entsprechend dieser Formulierung eine positive LEGAL-Reaktion. Mit Alkali liefert Adynerin eine Iso-verbindung, und zwar unter Reaktionsbeteiligung eines Hydroxyls, das außerordentlich labil gebunden ist. Von den beiden in Adynerigenin nachgewiesenen Doppelbindungen ist diejenige im Lactonring leicht hydrierbar, während die andere mit katalytisch erregtem Wasserstoff unter normalen Bedingungen nicht reagiert und deshalb zwischen den Kohlenstoffatomen 8 und 9 angenommen wurde (*208, 209*). Das zur Iso-verbindung reagierende Hydroxyl müßte sich dann in Nachbarschaft zur $\Delta^{8,9}$-Doppelbindung an $C_{(14)}$ befinden. Eine solche gegenseitige An-ordnung von Doppelbindung und Oxygruppe würde auch die leichte Abspaltbarkeit der letzteren erklären.

Anhydro-adynerigenin, dessen Ultraviolett-Absorptionsspektrum mit der angenommenen Konstitution (CCXVI) übereinstimmt (*213*), nimmt bei der katalytischen Hydrierung unter normalen Bedingungen nur zwei Mole Wasserstoff auf. Die Absättigung (Verschiebung und Hydrie-rung) der verbleibenden Doppelbindung in der Verbindung (CCXVIII) gelingt, wie bei analog gebauten Derivaten der Sterinreihe (*222*), unter Zusatz von Salzsäure. Unter diesen energischen Bedingungen wird jedoch auch das freie Hydroxyl in Stellung 3 eliminiert, und es erwies sich deshalb als notwendig, diese Gruppe vor der Hydrierung durch Veresterung zu schützen. Nach Verseifung und Oxydation des rohen Hydrierungs-produktes erhielt TSCHESCHE (*209*) aus Adynerigenin Tetrahydro-anhydro-digitoxigenon (CCXXI). Durch diese Verknüpfung mit einem Derivat des Digitoxigenins ist das Skelett des Adynerigenins bewiesen und auch gleichzeitig die Haftstelle des sekundären Hydroxyls am Kohlenstoff-atom 3 festgelegt.

Unter dem Einfluß von konzentrierter Salzsäure wird Anhydro-adynerigenin (CCXVI) isomerisiert. Das Umlagerungsprodukt, dem TURNER (*213*) auf Grund des Ultraviolett-Absorptionsspektrums die Konstitution (CCXVII) zuschreibt, läßt sich mit katalytisch erregtem Wasserstoff vollständig absättigen. Das Hydrierungsprodukt ist jedoch amorph und stellt möglicherweise ein Isomerengemisch dar.

Die Oxydation von Anhydro-adynerigenin (CCXVI) mit Chrom-trioxyd führt bei gleichzeitiger Umwandlung der Oxygruppe in Stellung 3 zum Keton, zu einer neutralen Verbindung, die zwei Sauerstoffatome mehr aufweist und für die von FIESER (*28*) nach kritischer Auswertung der gemessenen Ultraviolettabsorption und auf Grund der Elementar-analysen die Konstitution (CCXX) eines ungesättigten Ketooxyds vor-geschlagen wurde. Die Formel (CCXIX) wird für ein, unter analogen Bedingungen erhaltenes Oxydationsprodukt des Tetrahydro-anhydro-adynerigenins (CCXVIII) in Betracht gezogen (*28*).

b) Neriantogenin (209) weist zwei hydrierbare Doppelbindungen und zwei acetylierbare Oxygruppen auf. Mit Mineralsäure liefert Neriantogenin unter Abspaltung eines Hydroxyls Dianhydro-gitoxigenin (CCXXII). Wenn man die hydrierbare Kerndoppelbindung des Neriantogenins zwischen den Kohlenstoffatomen 14 und 15 annimmt, so müßte sich das leicht abspaltbare, sekundäre Hydroxyl in Stellung 16 befinden. Diacetyl-neriantogenin ist jedoch nicht identisch mit Δ^{14}-Anhydro-gitoxigenin-diacetat (CCXXIII) (*119, 202*) und die Konstitution des Neriantogenins bleibt deshalb noch offen. Eine verschiedene Konfiguration sowohl an $C_{(16)}$ (*28*) als auch an $C_{(17)}$ (*209*) gegenüber Δ^{14}-Anhydro-gitoxigenin (CCXXIII) wurde in Betracht gezogen.

8. Glykoside und Aglykone von Coronilla glauca.

allo-Glaucotoxigenin   Corotoxigenin
Glaucorigenin   Coroglaucigenin.

Die Samen von *Coronilla glauca* enthalten herzwirksame Körper vom Typus der digitaloiden Glykoside in einem außerordentlich komplex zusammengesetzten Gemisch, das die Isolierung von einheitlichen Verbindungen nicht gestattete. Stoll und Mitarbeiter (*190*) konnten zeigen, daß dieses Gemisch die Glykoside von mindestens vier verschiedenen Aglykonen enthält, die ausschließlich an Glucose gebunden sind, und zwar im durchschnittlichen Verhältnis von 2 Mol Glucose pro Mol Aglykon. Nachdem die saure Hydrolyse der Gesamtglykoside zu keinem positiven Ergebnis geführt hatte, wurde gefunden, daß die Samen von *Coronilla glauca* ein Ferment enthalten, das zu einer direkten Spaltung der Glykoside in Aglykon und Zucker befähigt ist. Ein Ferment dieser Wirkung wurde bisher nur in *C. glauca* aufgefunden. Nach der enzymatischen Hydrolyse der Gesamtglykoside, die vermutlich von einer teilweisen „Allomerisierung" (Umkehr der Konfiguration an $C_{(17)}$; vgl. S. 127) verbunden ist, gelang es Stoll (*190*), vier verschiedene Aglykone in reiner Form zu isolieren und näher zu charakterisieren.

a) allo-Glaucotoxigenin (CCXXIV) besitzt die Bruttozusammensetzung $C_{23}H_{32}O_6$ ($[\alpha]_D = +27°$). Von den sechs Sauerstoffatomen sind zwei im Lactonring enthalten, der durch seine Ultraviolettabsorption und durch eine positive Legal-Reaktion nachgewiesen wurde. Zwei weitere Sauerstoffatome liegen in Form von leicht veresterbaren Oxygruppen vor, von denen sich eine in Nachbarschaft zum Lactonring befinden muß; denn die durch Einwirkung von Alkali aus *allo*-Glaucotoxigenin bereitete Isoverbindung (CCXXVII) liefert nur mehr ein Monoacetat. In der hypothetischen Formel (CCXXIV) (*190*) für *allo*-Glaucotoxigenin wird in Analogie zu den übrigen digitaloiden Aglykonen ein weiteres Hydroxyl am Kohlenstoffatom 14 angenommen. Dieses ist, wie experimentell festgestellt wurde, nicht veresterbar und wird von Chromtrioxyd nicht an-

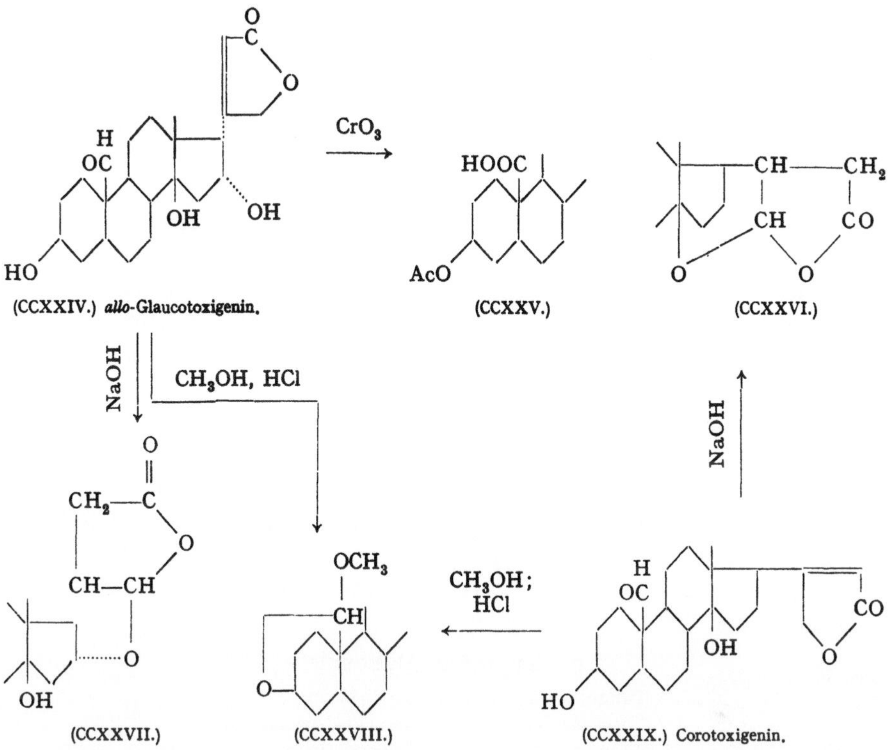

CrO₃

(CCXXIV.) *allo*-Glaucotoxigenin.

(CCXXV.)

(CCXXVI.)

NaOH

CH₃OH, HCl

NaOH

CH₃OH; HCl

(CCXXVII.)

(CCXXVIII.)

(CCXXIX.) Corotoxigenin.

gegriffen. Das letzte Sauerstoffatom ist in einer Aldehydgruppe enthalten, die ein Oxim liefert und wie die entsprechende Gruppierung des Strophanthidins (*93*) mit Chromtrioxyd zu einer Carbonsäure oxydiert werden kann. Daß im Ring A des *allo*-Glaucotoxigenins (CCXXIV) ähnliche Verhältnisse vorliegen wie beim Strophanthidin (*58*), konnte weiter durch die Bildung eines cyclischen Halbacetals (CCXXVIII) gezeigt werden. Die biologische Inaktivität des *allo*-Glaucotoxigenins läßt vermuten, daß der Lactonring 17α-Stellung einnimmt. Die gleiche räumliche Lage müßte auch die sekundäre, zur Isoverbindung (CCXXVII) reagierende Oxygruppe (16α) einnehmen.

b) Glaucorigenin ist isomer mit *allo*-Glaucotoxigenin ($C_{23}H_{32}O_6$) und unterscheidet sich von diesem durch eine gute biologische Aktivität und eine um mehr als 100° nach dem Negativen verschobene spezifische Drehung ($[\alpha]_D = -86°$). Glaucorigenin liefert ebenfalls ein Oxim und ein Diacetat. Im unterschiedlichen Verhalten bei der LIEBERMANNschen Farbreaktion (*97*) und in der großen Differenz der spezifischen Drehungen sehen STOLL und Mitarbeiter (*190*) ein Argument gegen die Annahme, daß Glaucorigenin und *allo*-Glaucotoxigenin sich nur durch eine verschiedene Konfiguration an $C_{(17)}$ voneinander unterscheiden. *allo*-Strophanthidin (*51*, *87*), *allo*-Periplogenin (*88*) und *allo*-Uzarigenin (*135*) unterscheiden sich von den entsprechenden, an $C_{(17)}$ normal gebauten Aglykonen (*88*, *94*, *144*) nur durch eine geringe Drehungsdifferenz (—4 bis +14°). Ein möglicher Einfluß der dem Lactonring benachbarten Oxygruppe in *allo*-Glaucotoxigenin auf das asymmetrische Kohlenstoffatom 17 wird bei diesem Vergleich der Drehungsdifferenzen jedoch nicht berücksichtigt.

c) Corotoxigenin (CCXXIX) $(C_{23}H_{32}O_5)$ weist ein Sauerstoffatom weniger auf, als *allo*-Glaucotoxigenin und Glaucorigenin. Es liefert ein Oxim, ein Monoacetat, ein Isolacton (CCXXVI) und ein cyclisches Halbacetal (CCXXVIII). Die Formel (CCXXIX) trägt diesen experimentellen Befunden, sowie der Tatsache, daß Corotoxigenin biologisch gut aktiv ist, Rechnung. Entsprechend dieser Formulierung unterscheidet sich Corotoxigenin von Digitoxigenin nur durch die Aldehydgruppe an Stelle einer Methylgruppe am Kohlenstoffatom 10.

d) Coroglaucigenin ist ebenfalls biologisch aktiv. Es weist zwei Wasserstoffatome mehr auf als Corotoxigenin und liefert ein Diacetat. Von den fünf Sauerstoffatomen nehmen Stoll und Mitarbeiter (*190*) zwei im Lactonring, eines als tertiäres Hydroxyl und zwei als sekundäre Oxygruppen an.

9. Tanghinia-Glykoside.

Tanghinosid	Veneniferin
Protanghinin	Desacetyl-veneniferin
Tanghinin	Tanghiferin.
Desacetyl-tanghinin	

Aus den Kernen der Frucht von *Tanghinia venenifera* isoliérten Frèrejacque und Hasenfratz (*37*) das genuine, amorphe Glykosid *Tanghinosid*. In ihm ist das Aglykon an 2 Mol Glucose und 1 Mol Thevetose (vgl. Formel XXXVIII, S. 100) gebunden. Ein Hydroxyl des Thevetoseteils ist noch zusätzlich mit Essigsäure verestert.

Durch die Wirkung eines Fermentpräparates aus Hefe gelingt es, die endständige Glucosemolekel abzuspalten, unter Bildung des kristallisierten Biosids *Protanghinin*. Ein weiteres Enzym aus Weinbergschnecken ist befähigt, auch den zweiten Glucoserest zu eliminieren, wobei das kristallisierte Monosid *Tanghinin* entsteht, das sich noch aus einem Mol Aglykon und einem Mol Acetylthevetose zusammensetzt. Im Pflanzenmaterial selbst ist ebenfalls ein glucose-abspaltendes Ferment enthalten, welches das genuine Glykosid Tanghinosid vermutlich über die Zwischenstufe des Protanghinins zu Tanghinin abbaut.

Schließlich gelingt es, die beiden endständigen Glucosemoleküle als Disaccharid zu fassen indem beim Erwärmen von Tanghinosid mit Acetanhydrid und Zinkchlorid Octaacetyl-gentiobiose gebildet wird. Die Acetylgruppe im Thevetoseteil ist außerordentlich leicht hydrolisierbar, und es entsteht daher bei der enzymatischen Spaltung von Tanghinosid

neben Tanghinin stets auch *Desacetyl-tanghinin*. Dieses besteht noch aus
1 Mol Aglykon und 1 Mol Thevetose. Das Aglykon selbst, Tanghinigenin
($C_{23}H_{32}O_5$) konnte bis heute nur in amorpher Form gewonnen werden (*35*).

Aus den Mutterlaugen von Tanghinin ließen sich zwei weitere kristallisierte Monoside der Thevetose, *Veneniferin* (*35*) und *Tanghiferin* (*36*),
isolieren. Veneniferin weist wie Tanghinin im Thevetoseteil eine Acetylgruppe auf, die sich durch milde alkalische Hydrolyse abspalten läßt,
wobei das kristallisierte *Desacetyl-veneniferin* entsteht. Das Aglykon
Veneniferigenin ($C_{23}H_{34}O_4$) konnte nur in amorpher Form gewonnen
werden. Wie alle übrigen Tanghinia-Glykoside (*34*) zeigt auch Tanghiferin
(*36*) eine positive LEGAL- und BALJET-Reaktion, läßt sich als Lacton
titrieren und liefert eine Dihydroverbindung. Die saure Hydrolyse von
Tanghiferin führte zum kristallisierten Aglykon *Tanghiferigenin* der
Bruttozusammensetzung $C_{23}H_{32}O_4$.

IV. Übersichts-

Tabelle 1. Digitaloide Aglykone und

Aglykon	Smp.	$[\alpha]_D$	Literatur	Glykosid	Bruttoformel
Digitoxigenin $C_{23}H_{34}O_4$	250/256°	+ 18°	(49, 24)	Somalin	$C_{30}H_{46}O_7$
				Odorosid A	$C_{30}H_{46}O_7$
				Neriifolin	$C_{30}H_{46}O_8$
				Acetylneriifolin (Cerberin)	$C_{32}H_{48}O_9$
3-Acetat	222/229°	+ 21°	(144, 113, 24)	Thevebiosid	$C_{36}H_{56}O_{13}$
				Thevetin	$C_{42}H_{66}O_{18}$
				Digitoxin	$C_{41}H_{64}O_{13}$
				Purpureaglykosid A	$C_{47}H_{74}O_{18}$
				Digilanid A	$C_{49}H_{76}O_{19}$
Uzarigenin $C_{23}H_{34}O_4$	230—246°	+ 14°	(144)	Odorosid B	$C_{30}H_{46}O_7$
				Uzarin	$C_{35}H_{54}O_{14}$
				Cheirosid H	$C_{35}H_{54}O_{13}$
3-Acetat	268°	+ 8°	(144)	Cheirosid A	$C_{35}H_{54}O_{13}$
Gitoxigenin $C_{23}H_{34}O_5$	235°	+ 34°	(16, 187)	Gitoxin	$C_{41}H_{64}O_{14}$
				Purpureaglykosid B	$C_{47}H_{74}O_{19}$
				Digilanid B	$C_{49}H_{76}O_{20}$
3,16-Diacetat	264°	— 8°	(109, 116 a)	Desacetyloleandrin	$C_{30}H_{46}O_8$
Oleandrigenin $C_{25}H_{36}O_6$ (16-Mono-acetyl-gitoxigenin)	223°	— 8,5°	(119)	Oleandrin	$C_{32}H_{48}O_9$
Digoxigenin $C_{23}H_{34}O_5$	222°	+ 23°	(175, 187)	Digoxin	$C_{41}H_{64}O_{14}$
				α-Acetyldigoxin	$C_{43}H_{66}O_{15}$
3,12-Diacetat	221°	+ 61°	(176)	β-Acetyldigoxin	$C_{43}H_{66}O_{15}$
				Desacetyl-digilanid C	$C_{47}H_{74}O_{19}$
				Digilanid C	$C_{49}H_{76}O_{20}$
Sarmentogenin $C_{23}H_{34}O_5$	267°	+21,5°	(77, 87, 207)		
3,11-Diacetat	120—160°	+ 9°	(86)	Sarmentocymarin	$C_{30}H_{46}O_8$
Periplogenin $C_{23}H_{34}O_5$	235°	+31,5°	(81, 88, 192)	Periplocymarin	$C_{30}H_{46}O_8$
				Emicymarin	$C_{30}H_{36}O_9$
3-Acetat	242°	+ 47°	(88, 181)	Periplocin	$C_{36}H_{56}O_{13}$

* In den Übersichtstabellen 1 und 2 sind nur jene Literaturstellen berück-

tabellen.*

Glykoside bekannter Konstitution.

Smp.	$[\alpha]_D$	Zucker	Letale Dosis (Katze) mg/kg	Literatur
197°	+ 9,5°	D-Cymarose	0,372	(41, 117)
184/206°	— 5°	D-Diginose	0,186	(143, 144)
225°	— 50°	L-Thevetose	0,196	(42, 31, 32)
240°	— 72°	L-Thevetose + CH$_3$COOH	0,147	(33, 42)
210°	— 63°	L-Thevetose + D-Glucose	1,00	(42)
192°	— 67°	L-Thevetose + 2 D-Glucose	0,889	(42)
263°	+ 5°	3 D-Digitoxose	0,325	(24, 14)
268°	+ 12°	3 D-Digitoxose + D-Glucose	0,469	(189, 14)
248°	+ 31°	3 D-Digitoxose + D-Glucose + + CH$_3$COOH	0,361	(187, 14)
150/201°	+ 20°	D-Diginose	2,016	(143, 144)
270°	— 27°	2 D-Glucose	4,586	(220, 14)
304°	— 27°	L-Rhamnose + D-Glucose ·	0,786	(171)
295°	— 24°	D-Fucose + D-Glucose	0,683	(171)
285°	+ 3,5°	3 D-Digitoxose	—	(225, 188, 14)
240°	+ 20°	3 D-Digitoxose + D-Glucose	0,548	(188, 189, 14)
248°	+ 37°	3 D-Digitoxose + D-Glucose + + CH$_3$COOH	0,388	(187, 14)
240°	— 25°	L-Oleandrose	0,300	(119, 14)
250°	— 52°	L-Oleandrose	0,197	(119, 14)
265°	+10,5°	3 D-Digitoxose	0,231	(175, 188, 14)
230°	+ 18°	3 D-Digitoxose + CH$_3$COOH		(188a, 99)
258°	+ 30°	3 D-Digitoxose + CH$_3$COOH		(188a, 99)
268°	+ 12°	3 D-Digitoxose + D-Glucose		(188)
248°	+33,5°	3 D-Digitoxose + D-Glucose + + CH$_3$COOH	0,233	(187, 14)
130°	—12,5°	2-Desoxy-D-xylohexamethylose-3-methyläther	0,202	(77, 87, 41a, 14)
213°	+ 28°	D-Cymarose	0,154	(14, 25, 81, 192)
207°	+ 13°	D-Digitalose	0,152	(94, 87, 14)
209°	+ 23°	D-Cymarose + D-Glucose	0,121	(14, 192)

sichtigt, aus denen die entsprechenden Daten stammen; ansonsten vgl. den Text.

Aglykon	Smp.	$[\alpha]_D$	Literatur	Glykosid	Bruttoformel
Strophanthidin $C_{23}H_{32}O_6$ ·	140/232°	+ 41°	(24, 148, 170)	Cymarin Convallatoxin Convallosid Desgluco- cheirotoxin Cheirotoxin k-Strophanthin-β k-Strophanthosid	$C_{30}H_{44}O_9$ $C_{29}H_{42}O_{10}$ $C_{35}H_{52}O_{15}$ $C_{28}H_{40}O_{10}$ $C_{34}H_{50}O_{15}$ $C_{36}H_{54}O_{14}$ $C_{42}H_{64}O_{19}$
3-Acetat	248°	+ 56°	(148, 181)		
Strophanthidol $C_{23}H_{34}O_6$	142°	+ 37°	(8)	Cymarol	$C_{30}H_{46}O_9$
3,19-Diacetat	194°	+ 49°	(8)		

Tabelle 2. *allo*-Aglykone und digitaloide

Aglykon	Smp.	$[\alpha]_D$	Literatur	Glykoside	Bruttoformel
allo- Periplogenin $C_{23}H_{34}O_5$	250°	+ 41°	(88)	*allo*-Periplocymarin	$C_{30}H_{46}O_8$
3-Acetat	220°	+ 56°	(88)	*allo*-Emicymarin	$C_{30}H_{46}O_9$
allo- Strophanthidin $C_{23}H_{32}O_6$	260°	+ 37°	(7, 51, 87)	*allo*-Cymarin	$C_{30}H_{44}O_9$
Ouabagenin $C_{23}H_{34}O_8$	255°	+ 11°	(100)	Ouabain	$C_{29}H_{44}O_{12}$
Tetraacetat A	291°	+ 7°	(115, 142)		
Tetraacetat B	253°	+ 10°			
Antiarigenin $C_{23}H_{32}O_7$	248°	+ 42°	(18)	α-Antiarin	$C_{29}H_{42}O_{11}$
3-Monobenzoat	307°	+ 27°	(18)	β-Antiarin	$C_{29}H_{42}O_{11}$
Calotropagenin $C_{23}H_{34}O_7$? (unbekannt)	—	—		Calotropin Uscharin	$C_{29}H_{40}O_9$ $C_{31}H_{41}O_8NS$
Anhydrocalo- tropagenin	240°	+ 42°	(46)	Calotoxin	$C_{29}H_{40}O_{10}$
Sarmentosige- nin A $C_{23}H_{32}O_6$	262°	— 16°	(167)	Sarmentosid A	$C_{29}H_{42}O_{10}$
Sarmentosige- nin B $C_{23}H_{34}O_6$	133°	+ 9°	(167)	Sarmentosid B	$C_{36}H_{56}O_{15}$

Smp.	$[\alpha]_D$	Zucker	Letale Dosis (Katze) mg/kg	Literatur
139/205°	+ 35°	*D*-Cymarose	0,110	(*14, 25, 79*)
247°	0°	*L*-Rhamnose	0,079	(*14, 146*)
204°	— 10°	*L*-Rhamnose + *D*-Glucose	0,215	(*168*)
189°	+ 1,3°	*D*-Lyxose	0,096	(*171*)
211°	— 17°	*D*-Lyxose + *D*-Glucose	0,118	(*170, 171*)
195°	+ 34°	*D*-Cymarose + *D*-Glucose	0,128	(*14, 193*)
200°	+ 14°	*D*-Cymarose + 2 *D*-Glucose	0,187	(*14, 193*)
240°	+ 22°	*D*-Cymarose	0,099	(*8*)

Glykoside unbekannter Konstitution.

Smp.	$[\alpha]_D$	Zucker	Letale Dosis (Katze) mg/kg	Literatur
131°	+ 48°	*D-Cymarose*	unwirksam	(*88*)
264°	+ 29°	*D*-Digitalose	unwirksam	(*87, 94*)
150°	+ 43°	*D*-Cymarose	unwirksam	(*51, 87*)
200/241°	— 34°	*L*-Rhamnose	0,116	(*3, 14, 100*)
242°	— 4°	*D*-Gulomethylose	0,116	(*14, 18*)
225°	0°	*L*-Rhamnose	0,103	(*14, 211*)
221°	+ 56°	Methylreduktinsäure	0,111	(*14, 46*)
265°	+ 29°	Methylreduktinsäure? + N,S-haltige Verbindung	0,144	(*14, 47*)
244°	+ 74°	Oxymethylreduktinsäure	0,112	(*14, 47*)
280°	—40,5°	*L*(—)-Talomethylose	0,112	(*166, 167*)
271°	— 4,5°	*D*-Digitalose + *D*-Glucose	unwirksam	(*167*)

Aglykon	Smp.	$[\alpha]_D$	Literatur	Glykosid	Bruttoformel
Adonitoxigenin $C_{23}H_{32}O_6$	$178°$		(*89, 148*)	Adonitoxin	$C_{29}H_{42}O_{10}$
Acetat	$256°$	$-26°$			
Evonogenin $C_{23}H_{34}O_{4-5}$ (unbekannt)	$-$	$-$	(*161*)	Evomonosid Evobiosid Evonosid	$C_{29}H_{44}O_{8\text{-}9}$ $C_{35}H_{54}O_{13\text{-}14}$ $C_{41}H_{64}O_{18\text{-}19}$
Adynerigenin $C_{23}H_{32}O_4$	$242°$	$+18°$	(*119, 209*)	Adynerin	$C_{30}H_{44}O_7$
Neriantogenin $C_{23}H_{32}O_4$	$259°$		(*165, 209*)	Neriantin	$C_{29}H_{42}O_9$
Dianhydro- gitoxigenin $C_{23}H_{30}O_3$ Gitoxigenin?	$211°$	$+573°$	(*99*)	Origidin	$C_{35}H_{54}O_{13}$
Tanghinigenin $C_{23}H_{32}O_5$	amorph		(*35*)	Desacetyltanghinin Tanghinin Protanghinin Tanghinosid	$C_{30}H_{44}O_9$ $C_{32}H_{46}O_{10}$ $C_{38}H_{56}O_{15}$ $C_{44}H_{66}O_{20}$
Veneniferigenin $C_{23}H_{34}O_4$	amorph		(*35*)	Desacetyl- veneniferin Veneniferin	$C_{30}H_{46}O_8$ $C_{32}H_{48}O_9$
Tanghiferigenin $C_{23}H_{32}O_4$	$288°$		(*36*)	Tanghiferin	$C_{32}H_{46}O_9$
allo-Glauco- toxigenin $C_{23}H_{32}O_6$	$236°$	$+27°$	(*190*)		
Corotoxigenin $C_{23}H_{32}O_5$	$221°$	$+42,5°$	(*190*)	Glykosid-Gemisch	
Coroglaucigenin $C_{23}H_{34}O_5$	$250°$	$+23°$	(*190*)		
Glaucorigenin $C_{23}H_{32}O_6$	$228°$	$-86,5°$	(*190*)		

Smp.	$[\alpha]_D$	Zucker	Letale Dosis (Katze) mg/kg	Literatur
263°	— 27°	L-Rhamnose	0,191	(*89, 148*)
240°	— 31°	L-Rhamnose	0,278	(*114, 161*)
202°	— 28°	L-Rhamnose + D-Glucose		(*114, 161*)
203°	— 35°	L-Rhamnose + 2 D-Glucose	0,839	(*114, 161*)
234°	+ 7,5°	L-Oleandrose	unwirksam	(*119, 209*)
208°	0°	D-Glucose	unwirksam	(*165, 209*)
255°	+12,5°	D-Glucose + 2,6-Desoxyhexose		(*99*)
195°	— 55°	L-Thevetose		(*34, 35, 37*)
130°	— 79°	L-Thevetose + CH_3COOH		(*34, 35, 37*)
162°	— 86°	L-Thevetose + D-Glucose + + CH_3COOH		(*37*)
amorph	— 70°	L-Thevetose + 2 D-Glucose + + CH_3COOH		(*37*)
209°	— 53°	L-Thevetose		(*35*)
214°	— 84°	L-Thevetose + CH_3COOH		(*35*)
245°	— 64°	L-Thevetose + CH_3COOH		(*36*)
		durchschnittlich 2 D-Glucose pro Aglykon-Molekül	Gemisch 0,695	(*190*)

Literaturverzeichnis.

(Die jüngst erschienenen Arbeiten *11 a, 25 a, 25 b, 25 c, 25 d, 41 a, 48 a, 83 a, 89 a, 94 a* und *116 a* konnten im Text nicht mehr berücksichtigt werden.)

1. ALLEN, W. M. and M. EHRENSTEIN: 10-Nor-progesterone, a Physiologicaly Active Lower Homolog of Progesterone. Science (New York) **100**, 251 (1944).

2. ANGLIKER, E.: Synthese von *allo*-Uzarigenin; Beitrag zur Konstitution der *allo*-Aglykone. Dissert. Eidgen. Techn. Hochschule Zürich, 1948.

3. ARNAUD, M.: Sur la matière cristallisée active des flèches empoisonnées des Çomalis, extraite du bois d'Ouabaïo. C. R. hebd. Séances Acad. Sci. **106**, 1011 (1888).

4. — Recherches sur l'ouabaïne. C. R. hebd. Séances Acad. Sci. **126**, 346 (1898).

5. BLINDENBACHER, F. u. T. REICHSTEIN: Synthese des L-Glucomethylose-3-methyläthers und seine Identifizierung mit Thevetose. Desoxyzucker. 19. Mitt. Helv. chim. Acta **31**, 1669 (1948).

6. — — Synthese der L-Oleandrose. Desoxyzucker. 21. Mitt. Helv. chim. Acta **31**, 2061 (1948).

7. BLOCH, E. and R. C. ELDERFIELD: Allostrophanthidin. J. org. Chemistry **4**, 289 (1939).

8. BLOME, W., A. KATZ u. T. REICHSTEIN: Cymarol, ein neues herzaktives Glykosid aus *Strophanthus kombé*. Glykoside und Aglykone. 16. Mitt. Pharmac. Acta Helvetiae **21**, 325 (1946).

9. BUTENANDT, A. u. T. F. GALLAGHER: Zur experimentellen Verknüpfung der pflanzlichen Herzgifte mit der Oestron-Gruppe. Ber. dtsch. chem. Ges. **72**, 1866 (1939).

10. BUTENANDT, A. u. J. SCHMIDT-THOMÉ: Überführung von Dehydroandrosteron in 3-Oxy-$\varDelta^5$-aetiocholensäure: ein Beitrag zur Verknüpfung der Androsteron- mit der Corticosteron-Gruppe. Ber. dtsch. chem. Ges. **71**, 1487 (1938).

11. — — Überführung von Dehydro-androsteron in Progesteron: ein einfacher Weg zur künstlichen Darstellung des Schwangerschaftshormons aus Cholesterin. Ber. dtsch. chem. Ges. **72**, 182 (1939).

11 a. BUZAS, A., J. VON EUW und T. REICHSTEIN: Die Glykoside der Samen von *Strophantus sarmentosus* P. DC. II. Glykoside und Aglykone. 52. Mitt. Helv. chim. Acta **33**, 465 (1950).

12. BUZAS, A. u. T. REICHSTEIN: Die zwei durch Abbau von Strophanthidin erhältlichen, an C-17 raumisomeren 3,β,5,14-Trioxy-14-iso-21-norpregnan-19,20-disäuren. Glykoside und Aglykone. 29. Mitt. Helv. chim. Acta **31**, 84 (1948).

13. CARLISLE, C. H. and D. CROWFOOT: The Crystal Structure of Cholesteryl Iodide. Proc. Roy. Soc. (London), Ser. A **184**, 64 (1945).

14. CHEN, K. K.: Pharmacology. The Digitalis Group. Annu. Rev. Physiol. **7**, 677 (1945).

15. CHEN, K. K. and F. A. STELDT: Cerberin and Cerberoside, the Cardiac Principles of *Cerbera Odollam*. J. Pharmacol. exp. Therapeut. **76**, 167 (1942).

16. CLOETTA, M.: Darstellung und chemische Zusammensetzung der aktiven Substanzen aus den Digitalisblättern, ihre pharmakologischen und therapeutischen Eigenschaften. Naunyn-Schmiedebergs Arch. exp. Pathol. Pharmakol. **112**, 261 (1926).

17. DIMROTH, K. u. H. JONSSON: Die sterische Verknüpfung der Ringe C und D bei den Steroiden. Ber. dtsch. chem. Ges. **74**, 520 (1941).

18. DOEBEL, K., E. SCHLITTLER u. T. REICHSTEIN: Beitrag zur Kenntnis des α-Antiarins. Glykoside und Aglykone. 32. Mitt. Helv. chim. Acta **31**, 688 (1948).

19. Ehrenstein, M.: Investigations on Steroids. VIII. Lower Homologs of Hormones of the Pregnane Series: 10-Nor-11-desoxy-corticosterone Acetate and 10-Norprogesterone. J. org. Chemistry **9**, 435 (1944).

20. Ehrenstein, M. and A. R. Johnson: Investigations on Steroids. IX. Some New Polyhydroxy-etiocholanic Acids. J. org. Chemistry **11**, 823 (1946).

21. Elderfield, R. C.: The Chemistry of the Cardiac Glycosides. Chem. Reviews **17**, 187 (1935).

22. — Strophanthin. XXXV. The Nature of "the Acid $C_{23}H_{30}O_8$" from Strophanthidin. J. biol. Chemistry **113**, 631 (1936).

23. Elderfield, R. C., F. C. Uhle and J. Fried: Synthesis of Glucosides of Digitoxigenin, Digoxigenin and Periplogenin. J. Amer. chem. Soc. **69**, 2235 (1947).

24. Elsevier's Encyclopaedia of Organic Chemistry. Vol. 14, Ser. III, 225—271 (1940).

24a. von Euw, J., A. Katz, J. Schmutz u. T. Reichstein: Die Glykoside der Samen von *Strophanthus sarmentosus* P. DC. I. Glykoside und Aglykone. 50. Mitt. Festschrift Paul Casparis; herausg. vom Schweiz. Apotheker-Verein. Zürich: City-Druck A. G. 1949.

25. von Euw, J. u. T. Reichstein: Die Glykoside der Samen von *Strophanthus Nicholsonii* Holm. Glykoside und Aglykone. 34. Mitt. Helv. chim. Acta **31**, 883 (1948).

25a. — — Acovenosid A und Acovenosid B, zwei Glykoside aus dem Samen von *Acokanthera venenata* G. Don. I. Glykoside und Aglykone. 53. Mitt. Helv. chim. Acta **33**, 485 (1950).

25b. — — Die Glykoside der Samen von *Strophanthus Gerrardi* Stapf. Glykoside und Aglykone. 54. Mitt. Helv. chim. Acta **33**, 522 (1950).

25c. — — Die Glykoside der Samen von *Strophanthus hypoleucus* Stapf. Glykoside und Aglykone. 55. Mitt. Helv. chim. Acta **33**, 544 (1950).

25d. — — Die Glykoside der Samen von *Strophanthus speciosus* (Ward et Harv.) Reber. I. Glykoside und Aglykone. 57. Mitt. Helv. chim. Acta **33**, 666 (1950).

26. Evans, E. A. Jr. and R. Schoenheimer: Epi-allocholesterol, a New Isomer of Cholesterol. J. Amer. chem. Soc. **58**, 182 (1936).

27. Fieser, L. F. and M. Fieser: Cortical Steroids: Configurations at C 20 Relative to C 17. Experientia **4**, 285 (1948).

28. — — Natural Products Related to Phenanthrene, 3rd ed., p. 507—577. New York: Reinhold Publ. Corp. 1949.

29. Fieser, L. F. and R. P. Jacobsen: Convallatoxin. J. Amer. chem. Soc. **59**, 2335 (1937).

30. Fieser, L. F. and M. S. Newmann: Ouabain. J. biol. Chemistry **114**, 705 (1936).

31. Frèrejacque, M.: La nériifoline, nouvel hétéroside digitalique de *Thevetia neriifolia*. C. R. hebd. Séances Acad. Sci. **221**, 645 (1945).

32. — Thévétine, nériifoline et monoacétylnériifoline. C. R. hebd. Séances Acad. Sci. **225**, 695 (1947).

33. — Cerbérine et nériifoline. C. R. hebd. Séances Acad. Sci. **226**, 835 (1948).

34. Frèrejacque, M. et V. Hasenfratz: Sur les principes immédiats des amandes de Tanghin. C. R. hebd. Séances Acad. Sci. **222**, 149 (1946).

35. — — Sur les hétérosides digitaliques de *Tanghinia venenifera*. C. R. hebd. Séances Acad. Sci. **222**, 815 (1946).

36. — — Sur la tanghiférine, nouvel hétéroside des amandes de *Tanghinia venenifera*. Identité de la pseudotanghinine et de la désacétyltanghinine. C. R. hebd. Séances Acad. Sci. **223**, 642 (1946).

37. — — Sur le tanghinoside, nouvel hétéroside des amandes fraîches de *Tanghinia venenifera*. C. R. hebd. Séances Acad. Sci. **226**, 268 (1948).

38. Gallagher, T. F. and W. P. Long: Partial Synthesis of Compounds Related to Adrenal Cortical Hormones. II. Some Reactions of an Epoxide of Δ^{11}-Lithochoenic Acid. J. biol. Chemistry **162**, 495 (1946).

39. Goldberg, M. W., J. Sicé, H. Robert u. Pl. A. Plattner: Synthese des *D*-Homo-testosterons und des *D*-Homo-androsten-dions. Über Steroide und Sexualhormone. 144. Mitt. Helv. chim. Acta **30**, 1441 (1947).

40. Gut, M. u. D. A. Prins: Krystallisierte 2-Desoxy-*d*-allose und eine neue Synthese der *d*-Digitoxose. Desoxyzucker. 16. Mitt. Helv. chim. Acta **30**, 1223 (1947).

41. Hartmann, M. u. E. Schlittler: Über afrikanische Pfeilgiftpflanzen. 1. Mitt. *Adenium somalense* Balf. fil. Helv. chim. Acta **23**, 548 (1940).

41 a. Hauenstein, H. u. T. Reichstein: Synthese des 2-Desoxy-*D*-xylohexamethylose-3-methyläthers und seine Identifizierung mit Sarmentose. Desoxyzucker. 25. Mitt. Helv. chim. Acta **33**, 446 (1950).

42. Helfenberger, H. u. T. Reichstein: Thevetin. I. Glykoside und Aglykone. 37. Mitt. Helv. chim. Acta **31**, 1470 (1948).

43. — — Thevetin. II. Glykoside und Aglykone. 39. Mitt. Helv. chim. Acta **31**, 2097 (1948).

44. Hesse, G.: Über das Oleandrin. Ber. dtsch. chem. Ges. **70**, 2264 (1937).

45. Hesse, G. u. K. W. F. Böckmann: Die Synthese der Methylreduktinsäuren. IV. Mitt. über afrikanische Pfeilgifte. Liebigs Ann. Chem. **563**, 37 (1949).

46. Hesse, G. u. F. Reicheneder: Über das afrikanische Pfeilgift Calotropin. I. Liebigs Ann. Chem. **526**, 252 (1936).

47. Hesse, G., F. Reicheneder u. H. Eysenbach: Die Herzgifte im Calotropis-Milchsaft. II. Mitt. über afrikanische Pfeilgifte. Liebigs Ann. Chem. **537**, 67 (1939).

48. Hückel, W.: Substitution, Addition und Abspaltung. Angew. Chem. **53**, 49 (1940).

48 a. Hunger, A. u. T. Reichstein: Glykoside aus *Adenium Honghel* A. DC. Glykoside und Aglykone. 51 Mitt. Helv. chim. Acta **33**, 76 (1950).

49. Hunziker, F. u. T. Reichstein: Abbau von Digitoxigenin zu 3β-Oxy-ätiocholansäure. Glykoside und Aglykone. 11. Mitt. Helv. chim. Acta **28**, 1472 (1945).

50. Jacobs, W. A.: Strophanthin. II. The Oxydation of Strophanthidin. J. biol. Chemistry **57**, 553 (1923).

51. — Strophanthin. XVIII. Allocymarin and Allostrophanthidin. An Enzymatic Isomerization of Cymarin and Strophanthidin. J. biol. Chemistry **88**, 519 (1930).

52. — The Chemistry of the Cardiac Glucosides. Physiologic. Rev. **13**, 222 (1933).

53. Jacobs, W. A. and N. M. Bigelow: The Sugar of Sarmentocymarin. J. biol. Chemistry **96**, 355 (1932).

54. — — Ouabain or *g*-Strophanthin. J. biol. Chemistry **96**, 647 (1932).

55. — — The Strophanthins of *Strophanthus Eminii*. J. biol. Chemistry **99**, 521 (1932).

56. — — Ouabain. II. The Degradation of Isoouabain. J. biol. Chemistry **101**, 15 (1933).

57. — — Trianhydroperiplogenin. J. biol. Chemistry **101**, 697 (1933).

58. Jacobs, W. A. and A. M. Collins: Strophanthin. IV. Anhydrostrophanthidin and Dianhydrostrophanthidin. J. biol. Chemistry **59**, 713 (1924).

59. — — Strophanthin. V. The Isomerisation and Oxydation of Isostrophanthidin. J. biol. Chemistry **61**, 387 (1924).

60. — — Strophanthin. VIII. The Carbonyl Group of Strophanthidin. J. biol. Chemistry **65**, 491 (1925).

61. Jacobs, W. A. and R. C. Elderfield: Strophanthin. XXI. The Correlation of Strophanthidin and Periplogenin. J. biol. Chemistry **91**, 625 (1931).

62. JACOBS, W. A. and R. C. ELDERFIELD: Strophanthin. XXII. The Correlation of Strophanthidin and Periplogenin with Digitoxigenin and Gitoxigenin. J. biol. Chemistry 92, 313 (1931).

63. — — Strophanthin. XXVII. Ring III of Strophanthidin and Related Aglucones. J. biol. Chemistry 97, 727 (1932).

64. — — The Digitalis Glycosides. VII. The Isomeric Dihydrogitoxigenins. J. biol. Chemistry 100, 671 (1933).

65. — — The Structure of the Cardiac Aglueones. J. biol. Chemistry 108, 497 (1935).

66. — — Strophanthin. XXXIII. The Oxydation of Anhydroaglucone Derivatives. J. biol. Chemistry 113, 611 (1936).

67. — — Strophanthin. XXXIV. Cyanhydrin Syntheses with Dihydrostrophanthidin and Derivatives. J. biol. Chemistry 113, 625 (1936).

68. — — The Lactone Group of the Cardiac Aglycones and Grignard Reagent. J. biol. Chemistry 114, 597 (1936).

69. JACOBS, W. A., R. C. ELDERFIELD, TH. B. GRAVE and E. W. WIGNALL: Strophanthin. XX. The Conversion of Isostrophanthidic Acid into the Desoxo Derivative. J. biol. Chemistry 91, 617 (1931).

70. JACOBS, W. A. and E. L. GUSTUS: Strophanthin. XI. The Hydroxyl Groups of Strophanthidin. J. biol. Chemistry 74, 795 (1927).

71. — — The Digitalis Glucosides. I. Digitoxigenin and Isodigitoxigenin. J. biol. Chemistry 78, 573 (1928).

72. — — The Digitalis Glucosides. II. Gitoxigenin and Isogitoxigenin. J. biol. Chemistry 79, 553 (1928).

73. — — The Digitalis Glucosides. III. Gitoxigenin and Isogitoxigenin. J. biol. Chemistry 82, 403 (1929).

74. — — The Digitalis Glucosides. IV. The Correlation of Gitoxigenin with Digitoxigenin. J. biol. Chemistry 86, 199 (1930).

75. — — The Digitalis Glucosides. V. The Oxydation and Isomerisation of Gitoxigenin. J. biol. Chemistry 88, 531 (1930).

76. JACOBS, W. A. and M. HEIDELBERGER: Strophanthin. I. Strophanthidin. J. biol. Chemistry 54, 253 (1922).

77. — — Sarmentocymarin and Sarmentogenin. J. biol. Chemistry 81, 765 (1929).

78. JACOBS, W. A. and A. HOFFMANN: The Structural Relationship of the Cardiac Poisons. J. biol. Chemistry 67, 333 (1926).

79. — — Strophanthin. IX. On Cristalline Kombé Strophanthin. J. biol. Chemistry 67, 609 (1926).

80. — — Strophanthin. X. On K-Strophanthin-β and other Kombé Strophanthins. J. biol. Chemistry 69, 153 (1926).

81. — — Periplocymarin and Periplogenin. J. biol. Chemistry 79, 519 (1928).

82. — — Strophanthin. XV. Hispidus Strophanthin. J. biol. Chemistry 79, 531 (1928).

83. JACOBS, W. A., A. HOFFMANN and E. L. GUSTUS: The Association of the Double Bond with the Lactone Group in the Cardiac Aglucones. J. biol. Chemistry 70, 1 (1926).

83a. KARRER, P. u. P. BANERJEA: Corchortoxin, ein herzwirksamer Stoff aus Jute-Samen. Helv. chim. Acta 32, 2385 (1949).

84. KARRER, W.: Darstellung eines krystallisierten herzwirksamen Glykosides aus *Convallaria majalis*, L. Helv. chim. Acta 12, 506 (1929).

85. KATZ, A.: 3β,11-α-Diacetoxy-ätiocholansäure-methylester. Über Gallensäuren und verwandte Stoffe. 44. Mitt. Helv. chim. Acta 30, 883 (1947).

86. — Konstitution des Sarmentogenins. Glykoside und Aglykone. 36. Mitt. Helv. chim. Acta 31, 993 (1948).

87. Katz, A. u. T. Reichstein: Untersuchung der Samen von *Strophanthus kombé* und einer als „*Semen Strophanthi hispidi*" bezeichneten Handelsdroge sowie Bemerkungen zur Konstitution des Sarmentogenins. Pharmac. Acta Helvetiae **19**, 231 (1944).

88. — — *allo*-Periplocymarin und *allo*-Periplogenin, sowie Beitrag zur Konstitution von Emicymarin ·und *allo*-Emicymarin. Glykoside und Aglykone. 10. Mitt. Helv. chim. Acta **28**, 476 (1945).

89. — — Adonitoxin, das zweite stark herzwirksame Glykosid aus *Adonis vernalis*. Glykoside und Aglykone. 23. Mitt. Pharmac. Acta Helvetiae **22**, 437 (1947).

89 a. Keller, M. u. T. Reichstein: Gofrusid, ein kristallisiertes Glykosid aus den Samen von *Gomphocarpus fructicosus* (L.) R. Br. Glykoside und Aglykone. 49. Mitt. Helv. chim. Acta **32**, 1607 (1949).

90. Kiliani, H.: Über den Milchsaft von *Antiaris toxicaria*. Ber. dtsch. chem. Ges. **43**, 3574 (1910).

91. — Über α- und β-Antiarin und über krystallisiertes Eiweiß aus Antiaris-Saft. Ber. dtsch. chem. Ges. **46**, 667 (1913).

92. — Neues über den Antiaris-Saft. Ber. dtsch. chem. Ges. **46**, 2179 (1913).

93. Koechlin, H. u. T. Reichstein: Abbauversuche an Strophanthidin. Glykoside und Aglykone. 24. Mitt. Helv. chim. Acta **30**, 1673 (1947).

94. Lamb, J. D. and S. Smith: The Glucosides of *Strophanthus Eminii*. J. chem. Soc. (London) **1936**, 442.

94a. Lardon, A.: Die Glykoside der Samen von *Strophanthus Eminii* Asch et Pax. Glykoside und Aglykone. 56. Mitt. Helv. chim. Acta. **33**, 639 (1950).

95. Lardon, A. u. T. Reichstein: Derivate der Ätio-cholansäure mit Sauerstoff in 3- und 11-Stellung. Über Gallensäuren und verwandte Stoffe. 26. Mitt. Helv. chim. Acta **26**, 705 (1943).

96. Lettré, H. u. H. H. Inhoffen: Über Sterine, Gallensäuren und verwandte Naturstoffe, S. 174. Stuttgart: F. Enke. 1936.

97. Liebermann, C.: Über das Oxychinoterpen. Ber. dtsch. chem. Ges. **18**, 1803 (1885).

98. Long, W. P., C. W. Marshall and T. F. Gallagher: Partial Synthesis of Compounds Related to Adrenal Cortical Hormones. IX. Stepwise Degradation of the Side Chain of 3(α), 11(α)-Dihydroxycholanic Acid. J. biol. Chemistry **165**, 197 (1946).

99. Mannich, C. u. W. Schneider: Über die Glykoside von *Digitalis orientalis* L. Arch. Pharmaz. Ber. dtsch. pharmaz. Ges. **279**, 223 (1941).

100. Mannich, C. u. G. Siewert: Über g-Strophanthin (Ouabain) und g-Strophanthidin. Ber. dtsch. chem. Ges. **75**, 737 (1942).

101. — — Über zwei Dehydrierungsprodukte des g-Strophanthins (Ouabains). Ber. dtsch. chem. Ges. **75**, 750 (1942).

102. Marker, R. E., H. M. Crooks, Jr., R. B. Wagner and E. L. Wittbecker: Rearrangement of 17,21-Dibromo-allo-pregnan-3-(β)-ol-20-on-acetate. J. Amer. chem. Soc. **64**, 2089 (1942).

103. Marker, R. E., D. L. Turner, Th. S. Oakwood, E. Rohrmann and P. R. Ulshafer: Some Observations on the Structure of Ouabain. J. Amer. chem. Soc. **64**, 720 (1942).

104. Mason, H. L. and W. M. Hoehn: The Relatively Inert Oxygen Atom of Digoxigenin, Sarmentogenin and the Steroid Compounds of the Adrenal Cortex. J. Amer. chem. Soc. **60**, 2824 (1938).

105. — — The Relation Between Methyl etio-Desoxycholate and the Methyl Dihydroxy-etio-cholanate Derived from Digoxigenin; Methyl 12-epi-etio-Desoxycholate. J. Amer. chem. Soc. **61**, 1614 (1939).

106. Matsubara, T.: Über die Konstitution des Cerberins. Bull. chem. Soc. Japan **12**, 436 (1937).

107. Mattox, V. R., R. B. Turner, L. L. Engel, B. F. McKenzie, W. F. McGuckin and E. C. Kendall: Steroids Derived from Bile Acids. IV. 3,9-Epoxy-Δ^{11}-cholenic-acid and Closely Related Compounds. J. biol. Chemistry **164**, 569 (1946).

108. McKennis, H., Jr. and G. W. Gaffney: A Synthesis of Allocholesterol and Epiallocholesterol. J. biol. Chemistry **175**, 217 (1948).

109. Meyer, K.: Ein neuer Abbau des Gitoxigenins. Glykoside und Aglykone. 12. Mitt. Helv. chim. Acta **29**, 718 (1946).

110. — 3β-Acetoxy-ätio-cholen-(16)-säure-methylester aus Gitoxigenin. Glykoside und Aglykone. 13. Mitt. Helv. chim. Acta **29**, 1580 (1946).

111. — Nachtrag zum Abbau des Gitoxigenins mit Kaliumpermanganat. Glykoside und Aglykone. 15. Mitt. Helv. chim. Acta **29**, 1908 (1946).

112. — 3β-Acetoxy-14-iso-17-iso-ätio-cholansäure-methylester aus Digitoxigenin. Glykoside und Aglykone. 25. Mitt. Helv. chim. Acta **30**, 1976 (1947).

113. Meyer, K. u. T. Reichstein: Überführung digitaloider Lactone in Ketole vom Typus der Corticosteroide. Über Bestandteile der Nebennierenrinde und verwandte Stoffe. 78. Mitt. Helv. chim. Acta **30**, 1508 (1947).

114. Meyrat, A. u. T. Reichstein: Evonosid, ein herzwirksames Glykosid aus den Samen des Pfaffenhütchens, *Evonymus europaea* (L.). Glykoside und Aglykone. 33. Mitt. Pharmac. Acta Helvetiae **23**, 135 (1948).

115. — — Abbau des Ouabagenins. I. Glykoside und Aglykone. 40. Mitt. Helv. chim. Acta **31**, 2104 (1948).

116. Micheel, F.: Die Konfiguration der Digitoxose. Ber. dtsch. chem. Ges. **63**, 347 (1930).

116 a. Mohr, K. u. T. Reichstein: Isolierung von Digitalinum verum aus den Samen von *Digitalis purpurea* L. und *Digitalis lanata* Ehrh. Glykoside und Aglykone. 46. Mitt. Pharmac. Acta Helvetiae **24**, 246 (1949).

117. Müller, R.: Pharmakologische Eigenschaften des Somalin im·Vergleich zu ähnlich konstituierten Herzglucosiden. Helv. physiol. Acta **2**, 203 (1944).

118. Neumann, W.: Quantitative Bestimmung und Molekulargewichtsbestimmung von Digitalisstoffen auf colorimetrischem Wege. Hoppe-Seyler's Z. physiol. Chem. **240**, 241 (1936).

119. — Über Glykoside des Oleanders. Ber. dtsch. chem. Ges. **70**, 1547 (1937).

120. Paist, W. D., E. R. Blout, F. C. Uhle and R. C. Elderfield: Studies on Lactones Related to the Cardiac Aglycones. III. The Properties of β-Substituted $\Delta_{\alpha,\beta}$-Butenolides and a Suggested Revision of the Structure of the Side Chain of the Digitalis-Strophanthus Aglycones. J. org. Chemistry **6**, 273 (1941).

121. Plattner, Pl. A., A. Fürst, F. Koller u. W. Lang: Über eine ergiebige Methode zur Herstellung des Epi-Cholesterins und über das 3α, 5-Dioxycholestan. Über Steroide und Sexualhormone. 154. Mitt. Helv. chim. Acta **31**, 1455 (1948).

122. Plattner, Pl. A. u. H. Heusser: Herstellung digitaloider Aglykone vom Typus des Dianhydro-gitoxigenins. Über Steroide und Sexualhormone. 128. Mitt. Helv. chim. Acta **29**, 727 (1946).

123. Plattner, Pl. A., H. Heusser u. E. Angliker: Ein Beitrag zur Herstellung Δ^{16}-ungesättigter Ketol-acetate; Δ^{16}-21-Acetoxy-allo-pregnenolon-acetat (VII). Über Steroide und Sexualhormone. 125. Mitt. Helv. chim. Acta **29**, 468 (1946).

124. Plattner, Pl. A., H. Heusser u. M. Feurer: Über die reduktive Aufspaltung von Steroid-epoxyden mit Lithiumaluminiumhydrid. IV. Versuche am α-

und β-Cholesterin-oxyd. Über Steroide und Sexualhormone. 161. Mitt. Helv chim. Acta **32**, 587 (1949).

125. Plattner, Pl. A., H. Heusser u. A. B. Kulkarni: Über 3-α,5-Dioxy-koprostan und zwei epimere 3,4-Dioxy-cholestane. Über Steroide und Sexualhormone 155. Mitt. Helv. chim. Acta **31**, 1822 (1948).

126. — — — Über die reduktive Aufspaltung von Steroid-epoxyden mit Lithium-aluminiumhydrid. I. Synthese von 3β,5-Dioxy-koprostan. Über Steroide und Sexualhormone. 156. Mitt. Helv. chim. Acta **31**, 1885 (1948).

127. — — — Über die reduktive Aufspaltung von Steroid-epoxyden mit Lithium-aluminiumhydrid. III. Vereinfachte Synthesen von Derivaten des 5-Oxy-koprostans. Über Steroide und Sexualhormone. 158. Mitt. Helv. chim. Acta **32**, 265 (1949).

128. — — — Über die α-Oxyde des Allo-cholesterins und des Epi-allo-cholesterins. Über Steroide und Sexualhormone. 162. Mitt. Helv. chim. Acta **32**, 1070 (1949).

129. Plattner, Pl. A., H. Heusser u. A. Segre: Synthese des 14-Allo-17-iso-progesterons. Über Steroide und Sexualhormone. 148. Mitt. Helv. chim. Acta **31**, 249 (1948).

130. Plattner, Pl. A. u. W. Lang: Über die Konfiguration der beiden Cholesterin-oxyde und des „*trans*"-Cholestantriols(3-β,5,6). Über Steroide und Sexual-hormone. 106. Mitt. Helv. chim. Acta **27**, 1872 (1944).

131. Plattner, Pl. A., Kd. Meier u. H. Heusser: Eine vereinfachte Synthese von $\Delta^{14;16}$-3β-Acetoxy-20-keto-5-allo-pregnadien. III. Über Steroide und Sexualhormone. 140. Mitt. Helv. chim. Acta **30**, 905 (1947).

132. Plattner, Pl. A., Th. Petrzilka u. W. Lang: Einführung einer Hydroxyl-Gruppe in Stellung 5 des Sterinskeletts durch Hydrierung von 5,6- bzw. 4,5-Oxido-Verbindungen. Über Steroide und Sexualhormone. 94. Mitt. Helv. chim. Acta **27**, 513 (1944).

133. Plattner, Pl. A., L. Ruzicka, H. Heusser u. E. Angliker: Synthese von 14-Oxy-Steroiden. II. Verbindungen der Allo-pregnanolon-Reihe. Über Steroide und Sexualhormone. 136. Mitt. Helv. chim. Acta **30**, 385 (1947).

134. — — — — Synthese von 14-Oxy-Steroiden. III. Verbindungen der 21-Oxy-allo-pregnanolon-Reihe. Über Steroide und Sexualhormone. 137. Mitt. Helv. chim. Acta **30**, 395 (1947).

135. — — — — Synthese von *allo*-Uzarigenin. Beitrag zur Konstitutionsauf-klärung der *allo*-Aglykone. Über Steroide und Sexualhormone. 141. Mitt. Helv. chim. Acta **30**, 1073 (1947).

136. Plattner, Pl. A., L. Ruzicka, H. Heusser u. Kd. Meier: Stereoisomere 14,15-Oxyde der Steroid-Reihe. Über Steroide und Sexualhormone. 134. Mitt. Helv. chim. Acta **29**, 2023 (1946).

137. Plattner, Pl. A., L. Ruzicka, H. Heusser, J. Pataki u. Kd. Meier: Über die Synthese von 14-Oxy-Steroiden. Über Steroide und Sexualhormone. 130. Mitt. Helv. chim. Acta **29**, 942 (1946).

138. Plattner, Pl. A., A. Segre u. O. Ernst: Über die Stereochemie des Stroph-anthidins und des Periplogenins. Über Steroide und Sexualhormone. 143. Mitt. Helv. chim. Acta **30**, 1432 (1947).

139. Plugge, P. C.: Beitrag zur Kenntnis des Cerberins. Arch. Pharmaz. Ber. dtsch. pharmaz. Ges. **231**, 10 (1893).

140. Prins, D. A.: Synthese von *d*-Cymarose. Desoxyzucker. 10. Mitt. Helv. chim. Acta **29**, 378 (1946).

141. Rabald, E. u. J. Kraus: Zur Kenntnis des Strophanthidins. Hoppe-Seyler's Z. physiol. Chem. **265**, 39 (1940).

142. RAFFAUF, R. F. u. T. REICHSTEIN: Weitere Abbauprodukte des Ouabagenins. (II.) Glykoside und Aglykone. 41. Mitt. Helv. chim. Acta 31, 2111 (1948).

143. RANGASWAMI, S. u. T. REICHSTEIN: Die Glykoside von *Nerium odorum* Sol. I. Glykoside und Aglykone. 44. Mitt. Pharmac. Acta Helvetiae 24, 159 (1949).

144. — — Konstitution von Odorosid A und Odorosid B. Die Glykoside von *Nerium odorum* Sol. II. Glykoside und Aglykone. 45. Mitt. Helv. chim. Acta 32, 939 (1949).

145. REICHSTEIN, T. u. H. G. FUCHS: Desoxy-corticosteron und andere Pregnanderivate aus Ätio-lithocholsäure und 3β-Oxy-ätio-cholansäure. Über Bestandteile der Nebennierenrinde und verwandte Stoffe. 34. Mitt. Helv. chim. Acta 23, 658 (1940).

146. REICHSTEIN, T. u. A. KATZ: Konstitution des Convallatoxins. Pharmac. Acta Helvetiae 18, 521 (1943).

147. REICHSTEIN, T. and H. REICH: The Chemistry of the Steroids. Annu. Rev. Biochem. 15, 155 (1946).

148. REICHSTEIN, T. u. H. ROSENMUND: Isolierung eines kristallisierten, stark herzwirksamen Glykosides aus *Adonis vernalis* und seine Identifizierung als Cymarin. Pharmac. Acta Helvetiae 15, 150 (1940).

149. ROSENMUND, H. u. T. REICHSTEIN: Isolierung eines weiteren kristallisierten, stark herzwirksamen Glykosides aus *Adonis vernalis*. Pharmac. Acta Helvetiae 17, 176 (1942).

150. RUZICKA, L., E. HARDEGGER u. C. KAUTER: Über die $\Delta^{3;16}$-3-β-Oxy-ätiocholadiensäure und einige ihrer Umwandlungsprodukte. Über Steroide und Sexualhormone. 101. Mitt. Helv. chim. Acta 27, 1164 (1944).

151. RUZICKA, L. u. H. F. MELDAHL: Über die Konstitution der früher als „Neopregnen-Verbindungen" bezeichneten Hexadecahydro-chrysen-Derivate. Über Steroide und Sexualhormone. 59. Mitt. Helv. chim. Acta 23, 364 (1940).

152. RUZICKA, L. u. A. C. MUHR: Über die Hydrierung der beiden Oxyde von *trans*-Dehydro-androsteron-acetat. Steroide und Sexualhormone. 93. Mitt. Helv. chim. Acta 27, 503 (1944).

153. RUZICKA, L., PL. A. PLATTNER u. A. FÜRST: Über die Beziehungen des $\Delta^{5,6;20,22}$-3,21-Dioxy-nor-choladiensäure-lactons zu Uzarigenin. Über Steroide und Sexualhormone. 69. Mitt. Helv. chim. Acta 24, 716 (1941).

154. RUZICKA, L., PL. A. PLATTNER, A. FÜRST u. H. HEUSSER: Zur Konstitution des α-Anhydro-uzarigenins. Über Steroide und Sexualhormone. 138. Mitt. Helv. chim. Acta 30, 694 (1947).

155. RUZICKA, L., PL. A. PLATTNER u. H. HEUSSER: $\Delta^{20,22}$-3β,5,6β,21-Tetraoxy-nor-allo-cholensäure-lacton-(23 → 21). Über Steroide und Sexualhormone. 108. Mitt. Helv. chim. Acta 27, 1883 (1944).

156. — — — Die Einwirkung von N-Bromsuccinimid auf digitaloide Aglykone. Über Steroide und Sexualhormone. 126. Mitt. Helv. chim. Acta 29, 473 (1946).

157. RUZICKA, L., PL. A. PLATTNER, H. HEUSSER u. O. ERNST: Synthetische Versuche in der Periplogenin-Strophanthidin-Reihe. Über Steroide und Sexualhormone. 123. Mitt. Helv. chim. Acta 29, 248 (1946).

158. RUZICKA, L., PL. A. PLATTNER, H. HEUSSER u. KD. MEIER: Synthese des 3β-Acetoxy-14-oxy-14-allo-ätio-cholansäure-methylesters, eines Abbauproduktes aus Digitoxigenin und zweier Umwandlungsprodukte des Gitoxigenins. 14-Oxy-Steroide. IV. Über Steroide und Sexualhormone. 142. Mitt. Helv. chim. Acta 30, 1342 (1947).

159. RUZICKA, L., PL. A. PLATTNER, H. HEUSSER u. J. PATAKI: Synthese von 14,15-Oxido-Verbindungen der Steroid-Reihe; 3β-Acetoxy-14,15-oxido-17-

iso-allo-ätiocholansäure-methylester. Über Steroide und Sexualhormone. 129. Mitt. Helv. chim. Acta **29**, 936 (1946).

160. Ruzicka, L., T. Reichstein u. A. Fürst: Herstellung von Lactonen vom Typus der Digitalis-Genine. Über Steroide und Sexualhormone. 66. Mitt. Helv. chim. Acta **24**, 76 (1941).

161. Šantavý, F. u. T. Reichstein: Evonosid, ein kristallisiertes, herzwirksames Glykosid aus *Evonymus europaea* L. II. Glykoside und Aglykone. 38. Mitt. Helv. chim. Acta **31**, 1655 (1948).

161a. — — Isolierung von Cymarin aus *Adonis amurensis* (L.). Glykoside und Aglykone. 35. Mitt. Pharmac. Acta Helvetiae **23**, 153 (1948).

162. Sarett, L. H. and E. S. Wallis: The Chemistry of the Steroids. Annu. Rev. Biochem. **16**, 655 (1947).

163. Schmidt, O. Th., W. Mayer u. A. Distelmaier: Die Konstitution und Konfiguration der Digitalose. Liebigs Ann. Chem. **555**, 26 (1944).

164. Schmidt, O. Th. u. E. Wernicke: Die Synthese der Digitalose. Liebigs Ann. Chem. **558**, 70 (1947).

165. Schmiedeberg, O.: Beiträge zur Kenntnis der pharmakologischen Gruppe des Digitalins. Ber. dtsch. chem. Ges. **16**, 253 (1883).

166. Schmutz, J.: Identifizierung der Zuckerkomponente des Sarmentosid A als *L*(—)-Talomethylose. Synthese der kristallisierten *L*(—)-Thalomethylose. Helv. chim. Acta **31**, 1719 (1948).

167. Schmutz, J. u. T. Reichstein: Über zwei neue Glykoside aus Strophanthussamen, die höchstwahrscheinlich *Semen Strophanthi sarmentosi* darstellen. Glykoside und Aglykone. 18. Mitt. Pharmac. Acta Helvetiae **22**, 167 (1947).

168. — — Convallosid, ein stark herzwirksames Glykosid aus *Semen Convallariae majalis* L. Glykoside und Aglykone. 21. Mitt. Pharmac. Acta Helvetiae **22**, 359 (1947).

169. Schoenheimer, R. and E. A. Evans, Jr.: Allocholesterol and Epiallocholesterol. J. biol. Chemistry **114**, 567 (1936).

170. Schwarz, H., A. Katz u. T. Reichstein: „Cheirotoxin", ein herzwirksames Glykosid, sowie andere Inhaltsstoffe von Goldlacksamen (*Cheiranthus Cheiri* L.). Glykoside und Aglykone. 14. Mitt. Pharmac. Acta Helvetiae **21**, 250 (1946).

171. Shah, N. M., K. Meyer u. T. Reichstein: Glykoside aus Goldlacksamen, *Cheiranthus Cheiri* L. II. Glykoside und Aglykone. 43. Mitt. Pharmac. Acta Helvetiae **24**, 113 (1949).

172. Shoppee, C. W.: The Chemistry of the Steroids. Annu. Rev. Biochem. **11**, 103 (1942).

173. — Steroids and Related Compounds. Annu. Rep. Progr. Chem. **43**, 200 (1946).

174. Shoppee, C. W. u. T. Reichstein: Diginin. 1. Mitt. Helv. chim. Acta **23**, 975 (1940).

175. Smith, S.: Digoxin, a New Digitalis Glucoside. J. chem. Soc. (London) **1930**, 508.

176. — Digitalis Glucosides. II. Digoxigenin, the Aglucone of Digoxin. J. chem. Soc. (London) **1930**, 2478.

177. — Digitalis Glucosides. IV. The Existence of two Anhydrodigitoxigenins. J. chem. Soc. (London) **1935**, 1050.

178. — Digitalis Glucosides. V. On the Constitution of Digoxigenin. J. chem. Soc. (London) **1935**, 1305.

179. — Digitalis Glucosides. VI. The Existence of two Anhydrodigoxigenins. J. chem. Soc. (London) **1936**, 354.

180. Sorkin, M. u. T. Reichstein: 3β-Oxy-17-iso-ätio-allo-cholansäure und 3β-Oxy-17-iso-ätio-cholansäure. Über Gallensäuren und verwandte Stoffe. 39. Mitt. Helv. chim. Acta **29**, 1209 (1946).

180a. SORKIN, M. u. T. REICHSTEIN: Derivate der 17-iso-Ätio-desoxycholsäure. Berichtigung zur Stereochemie von Sterinen und Steroiden bezüglich der Substituenten an den Ringen C und D. Über Gallensäuren und verwandte Stoffe. 40. Mitt. Helv. chim. Acta **29**, 1218 (1946).

181. SPEISER, P.: Periplogenin aus Strophanthidin. Glykoside und Aglykone. 47. Mitt. Helv. chim. Acta **32**, 1368 (1949).

182. SPEISER, P. u. T. REICHSTEIN: Konfiguration des Periplogenins und des *allo*-Periplogenins. Glykoside und Aglykone. 28. Mitt. Helv. chim. Acta **30**, 2143 (1947).

183. — — Konfiguration des Periplogenins und *allo*-Periplogenins. II. Glykoside und Aglykone. 31. Mitt. Helv. chim. Acta **31**, 622 (1948).

184. STEIGER, M. u. T. REICHSTEIN: Ein neuer Abbau des Digoxigenins. Helv. chim. Acta **21**, 828 (1938).

185. STEINEGGER, E. u. A. KATZ: Abbau von Glucosiden mit Chromsäure. Glykoside und Aglykone. 17. Mitt. Pharmac. Acta Helvetiae **22**, 1 (1947).

186. STOLL, A.: The Cardiac Glycosides. London: The Pharmaceutical Press. 1937.

187. STOLL, A. u. W. KREIS: Die genuinen Glycoside der *Digitalis lanata*, die Digilanide A, B und C. 2. Mitt. über Herzglycoside. Helv. chim. Acta **16**, 1049 (1933).

188. — — Die Desacetyldigilanide A, B und C. 4. Mitt. über Herzglykoside. Helv. chim. Acta **16**, 1390 (1933).

188a. — — Acetyldigitoxin, Acetylgitoxin und Acetyldigoxin. 5. Mitt. über Herzglucoside. Helv. chim. Acta **17**, 592 (1934).

189. — — Genuine Glucoside der *Digitalis purpurea*, die Purpurea glucoside A und B. 9. Mitt. über Herzglucoside. Helv. chim. Acta **18**, 120 (1935).

190. STOLL, A., A. PEREIRA u. J. RENZ: Über herzwirksame Glykoside und Aglykone der Samen von *Coronilla glauca*. 21. Mitt. über Herzglykoside. Helv. chim. Acta **32**, 293 (1949).

191. STOLL, A. u. J. RENZ: Über Herzglykoside spaltende Enzyme, im besonderen der Strophanthussamen. 16. Mitt. über Herzglykoside. Enzymologia (Den Haag) **7**, 362 (1939).

192. — — Über Periplocin, das genuine, herzwirksame Glykosid der *Periploca graeca*. 15. Mitt. über Herzglykoside. Helv. chim. Acta **22**, 1193 (1939).

193. STOLL, A., J. RENZ u. W. KREIS: k-Strophanthosid, das Hauptglucosid der Samen von *Strophanthus kombé*. 14. Mitt. über Herzglucoside. Helv. chim. Acta **20**, 1484 (1937).

194. STRAIN, W.: The Steroids, in: H. GILMAN's "Organic Chemistry", Vol. II, p. 1341. 2nd. ed. New York: John Wiley and Sons. 1943.

195. TAMM, CH. u. T. REICHSTEIN: Synthese des 2-Desoxy-*D*-fucose-3-methyl-äthers und seine Identifizierung mit *D*-Diginose. Desoxyzucker. 17. Mitt. Helv. chim. Acta **31**, 1630 (1948).

196. TSCHESCHE, R.: Zur Konstitution des Uzarins. Über pflanzliche Herzgifte. I. Hoppe-Seyler's Z. physiol. Chem. **222**, 50 (1933).

197. — Die Konstitution der pflanzlichen Herzgifte. Angew. Chem. **47**, 729 (1934).

198. — Abbau eines Genins der pflanzlichen Herzgifte zu einem Gallensäure-derivat. Über pflanzliche Herzgifte. III. Hoppe-Seyler's Z. physiol. Chem. **229**, 219 (1934).

199. — Ätio-allocholansäure und ihre Identifizierung mit der Abbausäure aus Uzarigenin. Über pflanzliche Herzgifte. V. Ber. dtsch. chem. Ges. **68**, 7 (1935).

200. — Die Chemie der pflanzlichen Herzgifte, Krötengifte und Saponine der Cholangruppe. Ergebn. Physiol., biol. Chem. exp. Pharmakol. **38**, 31 (1936).

201. **Tschesche, R.**: Die Konstitution des Thevetins. Über pflanzliche Herzgifte. XI. Ber. dtsch. chem. Ges. **69**, 2368 (1936).

202. — Zur Kenntnis des Oleandrins. Über pflanzliche Herzgifte. XV. Ber. dtsch. chem. Ges. **70**, 1554 (1937).

203. — Die Chemie der pflanzlichen Herzgifte, Krötengifte, Sapogenine und Alkaloide der Steroidgruppe. Fortschr. Chem. organ. Naturstoffe **4**, 1 (1945).

204. — Die pflanzlichen Herzgifte. Angew. Chem. **59**, 224 (1947).

205. **Tschesche, R. u. K. Bohle**: Die Konstitution des Uzarigenins. Über pflanzliche Herzgifte. VII. Ber. dtsch. chem. Ges. **68**, 2252 (1935).

206. — — Die Konstitution des Digoxigenins. Über pflanzliche Herzgifte. IX. Ber. dtsch. chem. Ges. **69**, 793 (1936).

207. — — Die Konstitution des Sarmentogenins. Über pflanzliche Herzgifte. XIII. Ber. dtsch. chem. Ges. **69**, 2497 (1936).

208. — — Zur Konstitution des Adynerins. Über pflanzliche Herzgifte. XVI. Ber. dtsch. chem. Ges. **71**, 654 (1938).

209. **Tschesche, R., K. Bohle u. W. Neumann**: Die Nebenglykoside des Oleanders. Über pflanzliche Herzgifte XVII. Ber. dtsch. chem. Ges. **71**, 1927 (1938).

210. **Tschesche, R. u. W. Haupt**: Über das Convallatoxin. Über pflanzliche Herzgifte. VIII. Ber. dtsch. chem. Ges. **69**, 459 (1936).

211. — — Über das Antiarin. Über pflanzliche Herzgifte. X. Ber. dtsch. chem. Ges. **69**, 1377 (1936).

212. — — Zur Kenntnis des Ouabains. Über pflanzliche Herzgifte. XIV. Ber. dtsch. chem. Ges. **70**, 43 (1937).

213. **Turner, R. B.**: Structure and Synthesis of Cardiac Genins. Chem. Reviews **43**, 1 (1948).

214. **Uhle, F. C. and R. C. Elderfield**: Synthetic Glycosides of Strophanthidin. J. org. Chemistry **8**, 162 (1943).

215. **Votoček, E.**: Über die Glykosidsäuren des Convolvulins und die Zusammensetzung der rohen Isorhodeose. Ber. dtsch. chem. Ges. **43**, 481 (1910).

216. **Weitz, E. u. A. Scheffer**: Über die Einwirkung von alkalischem Wasserstoffsuperoxyd auf ungesättigte Verbindungen. Ber. dtsch. chem. Ges. **54**, 2327 (1921).

217. **Wenner, V. u. T. Reichstein**: Vereinfachte Methode zur Bereitung von $3\alpha,12\alpha$-Dioxy-ätiocholansäure. Über Gallensäuren und verwandte Stoffe. 30. Mitt. Helv. chim. Acta **27**, 965 (1944).

218. **Wieland, H. u. E. Dane**: Untersuchungen über die Konstitution der Gallensäuren. L. Mitt. Über den Aufbau des Gesamtgerüstes und über die Natur von Ring D. Hoppe-Seyler's Z. physiol. Chem. **216**, 91 (1933).

219. **Windaus, A. u. C. Freese**: Über Digitoxin. Ber. dtsch. chem. Ges. **58**, 2503 (1925).

220. **Windaus, A. u. E. Haack**: Über das Uzarin. Ber. dtsch. chem. Ges. **63**, 1377 (1930).

221. **Windaus, A. u. L. Hermanns**: Über die Verwandtschaft des Cymarins mit anderen Herzgiften des Pflanzenreiches. Ber. dtsch. chem. Ges. **48**, 991 (1915).

222. **Windaus, A., O. Linsert u. H. J. Eckhardt**: Über Iso-dehydro-cholesterin ($\varDelta^6,\varDelta^8$-Cholestadien-3-ol). Liebigs Ann. Chem. **534**, 22 (1938).

223. **Windaus, A. u. G. Schwarte**: Über ein in Chloroform unlösliches Glykosid aus Digitalis-Blättern, das Gitoxin. Ber. dtsch. chem. Ges. **58**, 1515 (1925).

224. **Windaus, A. u. G. Stein**: Über die Formel des Digitoxins. Ber. dtsch. chem. Ges. **61**, 2436 (1928).

225. **Windaus, A., K. Westphal u. G. Stein**: Über das Gitoxin. Ber. dtsch. chem. Ges. **61**, 1847 (1928).

(Eingelaufen am 17. Februar 1950.)

Thyroxine and Related Compounds.

By **C. NIEMANN**, Pasadena, California.

Contents.

Introduction.

In an earlier volume of this series an account was given [HARINGTON (20)] of the studies which led to the characterization of thyroxine as

$$HO-C_6H_2I_2-O-C_6H_2I_2-CH_2 \cdot CH \cdot COO^- \qquad (\overset{|}{+}NH_3)$$

(I.) Thyroxine.

3:5:3′:5′-tetraiodo-*L*-thyronine (I); and the reader is refered to this excellent article for a summary of the literature prior to 1939.

In the following discussion the term "thyroxine-like" activity (or its equivalent) is used to designate a biological response commonly associated with the administration of thyroxine to mammals, i.e., the relief of human myxedemic patients; the maintenance of thyroidectomized rats; an increase in the oxygen consumption of mice or rats; a decrease in the growth rate of rats, etc. In many cases the nature of the test used for the evaluation of a given compound will be apparent from the title of the article refered to.

I. The Relation Between Structure and Thyroxine-like Activity.

1. Halogenated Thyronines.

There is no doubt that the amino acid *DL*-thyronine (II) is devoid of thyroxine-like activity [cf. HARINGTON (*20*), GADDUM (*18, 19*), LEBLOND

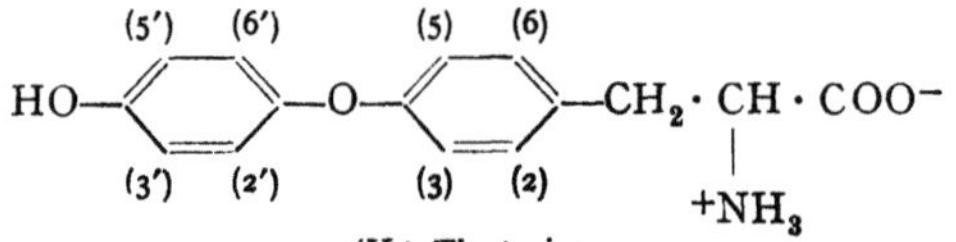

$$HO—\langle\;\rangle—O—\langle\;\rangle—CH_2\cdot CH\cdot COO^-$$

positions: (5′) (6′) (5) (6) / (3′) (2′) (3) (2) ; $+NH_3$

(II.) Thyronine.

and GRAD (*30*)]; and of the three diiodo-*DL*-thyronines that have been prepared, i.e., 3:5-diiodo- [HARINGTON (*20*)], 3′:5′-diiodo- [BLOCK and POWELL (*4*)] and 2′:6′-diiodo-*DL*-thyronine [NIEMANN and McCASLAND (*39*)] it appears that only the 3:5-diiodo-*DL*-thyronine is biologically active. GADDUM (*18, 19*) has estimated that 3:5-diiodo-*DL*-thyronine has an activity of $^1/_{15}$ to $^1/_{40}$ of that of *DL*-thyroxine and LEBLOND and GRAD (*30*) have reported that the former compound definitely has thyroxine-like properties but make no estimate of its potency relative to thyroxine. CORTELL (*12*) has evaluated the activity of 2′:6′-diiodo-*DL*-thyronine using the method described by DEMPSEY and ASTWOOD (*13*) as well as by REINEKE, MIXNER and TURNER (*49*), and he could detect no thyroxine-like activity even though the compound was administered to rats at levels of 500 μg. per day (cf. Table 1).

Table 1. Inactivity of 2′:6′-Diiodo-*DL*-thyronine in the Thiouracil Treated Rat.

Mean thyroid weight (mg. per 100 g. body weight) after the administration of		
0,1% Solution of thiouracil in drinking water	Thiouracil + *DL*-thyroxine (5 μg. per day)	Thiouracil + 2′:6′-diiodo-*DL*-thyronine (500 μg. per day)
15,47 ± 2,30	8,50 ± 2,24	17,19 ± 2,28
18,13 ± 1,63	10,30 ± 1,30	17,69 ± 3,22

It is unfortunate that 3′:5′-diiodo-*DL*-thyronine has not been tested at higher levels, and the only valid conclusion that can be drawn from available data is that this compound is inactive when administered to a human myxedemic patient at levels four times greater than an effective dosage of *DL*-thyroxine. The prevalent belief that 3′:5′-diiodo-*DL*-thyronine is inactive [HARINGTON (*20*), LEBLOND and GRAD (*30*)] appears to be based in part upon the observation that *DL*-thyronine is inactive when administered at relatively high levels and the inference that it can be converted into 3′:5′-diiodo-*DL*-thyronine *in vivo*.

Ten tetrahalogenated-*DL*-thyronines, other than *DL*-thyroxine, have been prepared (cf. Table 2) and it has been found that while all of these compounds exhibit thyroxine-like activity none are as potent as *DL*-thyroxine. Of the eight tetrahalogenated-*DL*-thyronines, prepared by SCHUEGRAF (*55*) (cf. Table 2) and evaluated by ABDERHALDEN and WERTHEIMER (*1*), those containing 3:5-diiodo-substituents were judged to be the most active. Recently LEBLOND and GRAD (*30*) re-evaluated the potencies of five of these compounds and of the tetrahalogenated-*DL*-thyronines containing 3':5'-diiodo-substituents; the order of decreasing

Table 2. Tetrahalogenated-*DL*-Thyronines (other than *DL*-Thyroxine).

No.	Substituent of *DL*-Thyroxine	Reference
(III)	3:5:3':5'-Tetrachloro-	(*55*)
(IV)	3:5:3':5'-Tetrabromo-	(*55*)
(V)	3:5-Dichloro-3':5'-dibromo-	(*55*)
(VI)	3:5-Dichloro-3':5'-diiodo-	(*55*)
(VII)	3:5-Dibromo-3':5'-dichloro-	(*55*)
(VIII)	3:5-Dibromo-3':5'-diiodo-	(*55*)
(IX)	3:5-Diiodo-3':5'-difluoro-	(*38*)
(X)	3:5-Diiodo-3':5'-dichloro-	(*55*)
(XI)	3:5-Diiodo-3':5'-dibromo-	(*25, 55*)
(XII)	3:5-Diiodo-3'-fluoro-5'-iodo-	(*42*)

activity in respect to the 3:5-substituents was found to be, 3:5-diiodo->3:5-dibromo->3:5-dichloro-*DL*-thyronine. The same order of decreasing activity in respect to the 3':5'-substituents was also observed [LEBLOND and GRAD (*30*)] for the tetrahalogenated-*DL*-thyronines containing 3:5-diiodo-substituents, i.e. the 3':5'-diiodo->3':5'-dibromo->3':5'-dichloro-derivatives.

Contrary to the results of ABDERHALDEN and WERTHEIMER (*1*), LEBLOND and GRAD (*30*) found that 3:5-dibromo-3':5'-diiodo-*DL*-thyronine was more active than 3:5-diiodo-3':5'-dibromo-*DL*-thyronine, and it was estimated that the former compound was approximately $^1/_8$ as potent as *DL*-thyroxine. The above relationship is surprising in view of the relatively low activity of 3:5:3':5'-tetrabromo-*DL*-thyronine [GADDUM (*19*), LEBLOND and GRAD (*30*)] and the still lower potency of 3:5-dichloro-3':5'-diiodo-*DL*-thyronine [LEBLOND and GRAD (*30*)]. However, it should be noted that in a recent communication LERMAN and HARINGTON (*31*) estimate the relative activities of 3:5:3':5'-tetrabromo-*DL*-thyronine and 3:5:3':5'-tetrachloro-*DL*-thyronine to be $^1/_{15}$ and $^1/_{300}$ respectively of that of *DL*-thyroxine.

Data obtained by CORTELL (*12*) and given in Table 3 clearly demonstrate the thyroxine-like activity of 3:5-diiodo-3':5'-difluoro- and 3:5-

diiodo-3'-fluoro-5'-iodo-*DL*-thyronine. Further it appears [Cortell (*12*)] that 3:5-diiodo-3':5'-difluoro-*DL*-thyronine is less potent than 3:5-diiodo-3'-fluoro-5'-iodo-*DL*-thyronine and that the former compound at a level of 74 μg. per day is less effective than *DL*-thyroxine at 5 μg. per day in the thiouracil-treated rat. Although a direct comparison of the relative activities of 3:5-diiodo-3':5'-difluoro- and 3:5-diiodo-3':5'-dichloro-*DL*-thyronine has not yet been made, it may be infered from the above data that their activities are of the same order of magnitude.

Table 3. Evaluation of Thyroxine-like Activity of Fluorine Containing Thyronines in the Thiouracil Treated Rat.

DL-Thyronine derivative (and dose)	Mean thyroid weight (mg. per 100 g. of body weight) after the administration of:		
	0,1% Solution of thiouracil in drinking water	Thiouracil plus *DL*-thyroxine (5 μg. per day)	Thiouracil plus *DL*-thyronine derivative
3'-Fluoro- (277 μg. per day)	20,19 $\pm$ 5,04	9,79 $\pm$ 2,63	20,14 $\pm$ 4,23
3'-Fluoro-3:5-diiodo- (515 μg. per day) .	20,19 $\pm$ 5,04	9,79 $\pm$ 2,63	5,36 $\pm$ 0,57
3'-Fluoro-5'-iodo-3:5-diiodo- (635 μg. per day)	18,79 $\pm$ 3,65	8,33 $\pm$ 2,22	5,60 $\pm$ 0,99
3':5'-Difluoro-3:5-diiodo- (545 μg. per day)	18,79 $\pm$ 3,65	8,33 $\pm$ 2,22	6,89 $\pm$ 1,80

Of the mono-, di-, and tri-halogenated-*DL*-thyronines that have been prepared (cf. Table 4) and not discussed previously, the only known monohalogenated-*DL*-thyronine, i.e., 3'-fluoro-*DL*-thyronine, has been found to be devoid of thyroxine-like activity [Cortell (*12*), Table 3]. Though it has been intimated that 3:5-dichloro- and 3:5-dibromo-*DL*-thyronine possess a low order of potency [Schuegraf (*55*), Abderhalden and Wertheimer (*1*)], Leblond and Grad (*30*) consider 3:5-dichloro-*DL*-thyronine to be inactive. The 3':5'-difluoro-*DL*-thyronine has not been tested, principally because the relatively large quantities of the compound needed to demonstrate its expected inactivity have not been available. In view of the reported greater potency of 3:5-dibromo-3':5'-diiodo-*DL*-thyronine relative to 3:5-diiodo-3':5'-dibromo-*DL*-thyronine [Leblond and Grad (*30*)] it is unfortunate

Table 4. Mono-, Di- and Tri-halogenated-*DL*-Thyronines.

No.	Substituent of *DL*-Thyronine	Reference
(XIII)	3'-Fluoro-	(*42*)
(XIV)	3':5'-Difluoro-	(*38*)
(XV)	3:5-Dichloro-	(*55*)
(XVI)	3:5-Dibromo-	(*55*)
(XVII)	3:5-Diiodo-	(*20*)
(XVIII)	3':5'-Diiodo-	(*4*)
(XIX)	2':6'-Diiodo-	(*3*)
(XX)	3:5-Diiodo-3'-fluoro-	(*42*)

that the relative activities of 3:5-dibromo- and 3:5-diiodo-*DL*-thyronine have not been re-evaluated.

Observations made during the past ten years have confirmed HARINGTON's conclusion (*20*) that thyroxin-like activity is developed only when halogen atoms are present in the 3 and 5 positions of the thyronine nucleus. No explanation has been given as to why this requirement is necessary and why maximal thyroxine-like activity is attained with the 3:5:3':5'-tetraiodo compound.

2. Isomers of Thyroxine.

Of the three isomers of *DL*-thyroxine that have been synthesized, i.e., β:β-di-(3:5-diiodo-4-hydroxyphenyl)-α-amino propionic acid (XXI) [HARINGTON and MCCARTNEY (*25*)], 3:5-diiodo-4-(2':4'-diiodo-3'-hydroxy-

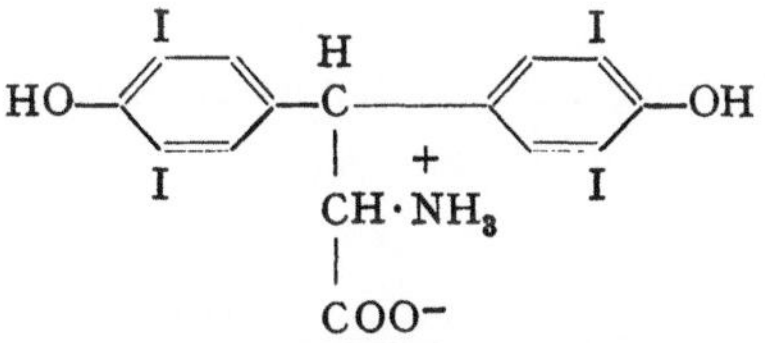

(XXI.)

phenoxy)-phenylalanine ("meta"-thyroxine; XXII) [NIEMANN and REDEMANN (*43*)], and 3:5-diiodo-4-(3':5'-diiodo-2'-hydroxyphenoxy)-phenyl-

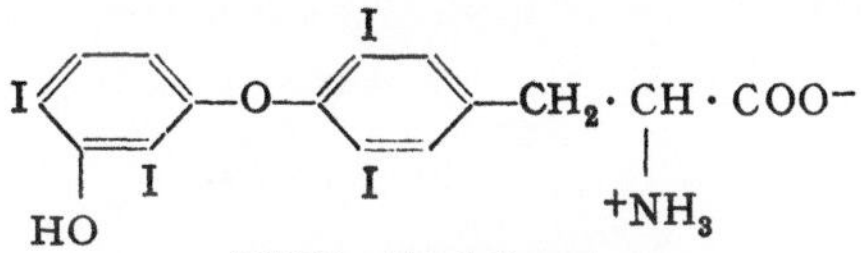

(XXII.) "Meta"-thyroxine.

alanine termed "ortho"-thyroxine (XXIII) [NIEMANN and MEAD (*41*)], only the latter compound was found to have thyroxine-like activity

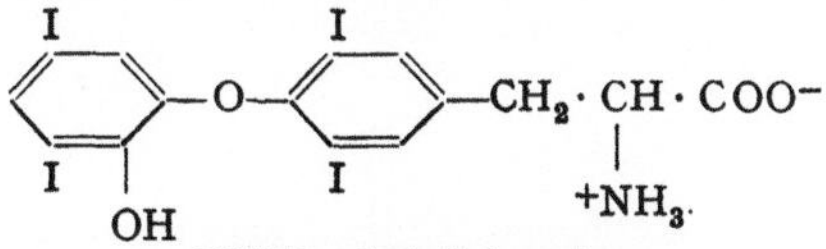

(XXIII.) "Ortho"-thyroxine.

[GADDUM (*18, 19*); BOYER, JENSEN and PHILLIPS (*10*)]. It has been estimated by the latter authors that the activity of the so-called "ortho" *DL*-thyroxine (XXIII) in the thyroidectomized rat is $^1/_{25}$ to $^1/_{50}$ of that of *DL*-thyroxine or approximately the same as that of 3:5-diiodo-*DL*-

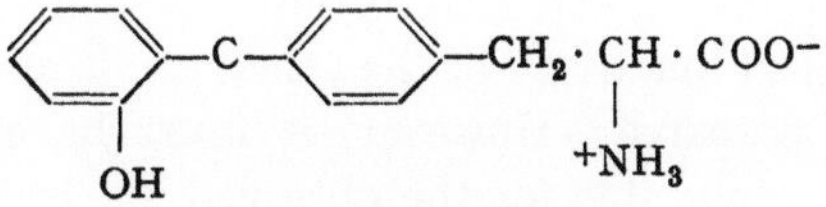

(XXIV.) "Ortho"-thyronine.

thyronine. UNGNADE (*58*) has synthesized 4-(2'-hydroxyphenoxy)-*DL*-phenylalanine (XXIV), or "ortho"-*DL*-thyronine and found that its diiodo-derivative which presumably is 4-(3':5'-diiodo-2'-hydroxyphen-

$$\text{(XXV.)}$$

oxy)-*DL*-phenylalanine (XXV) was devoid of thyroxine-like activity in the tadpole test when administered at levels 100 times greater than an effective dose of *DL*-thyroxine. Thus, both in the thyronine and "ortho"-thyronine series it appears that thyroxine-like activity is developed only if iodine (halogen) atoms are present in the 3 and 5 positions.

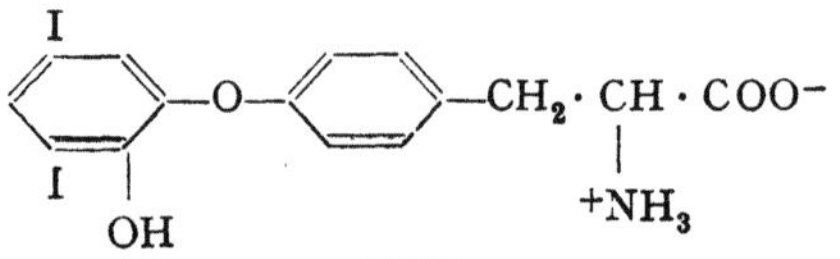

It has been suggested [NIEMANN and REDEMANN (*43*), NIEMANN and MEAD (*41*)] that physiological activity in the case of thyroxine is in part dependent upon the equilibrium:

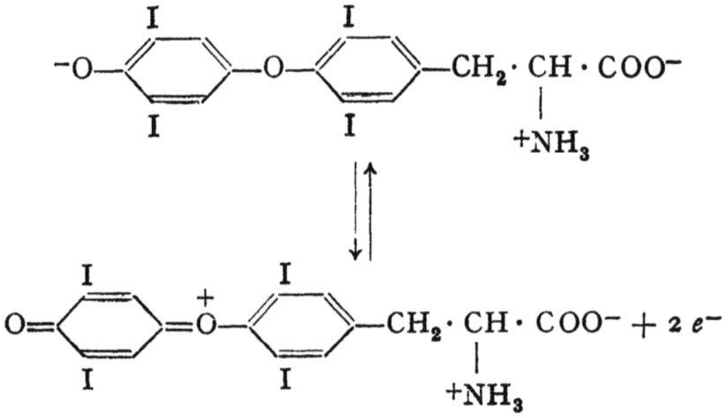

and it is likely that the above reaction would proceed via a semi-quinone intermediate, i.e.,

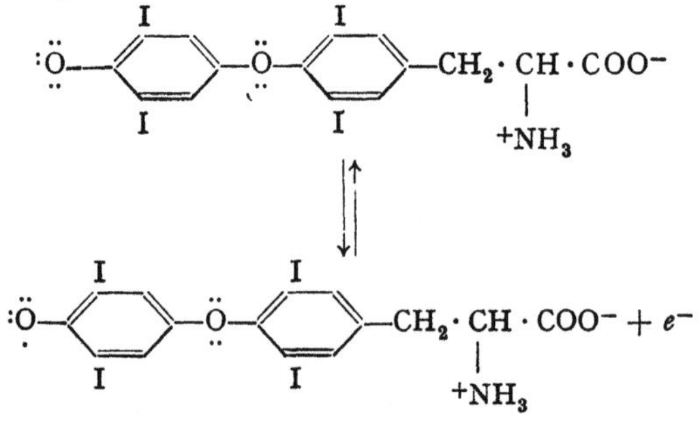

The above hypothesis is supported by the observed physiological activity of *DL*-thyroxine and *DL*-"ortho"-thyroxine and by the demonstrated physiological inactivity of the other two isomers of *DL*-thyroxine that have been prepared. However, it must be admitted that other factors could be responsible for the observed inactivity of the latter two compounds. In the case of the so-called "meta"-thyroxine (XXII) the position of the iodine atoms in the second ring is not known with certainty, and it is possible that they occupy the 4' and 6' positions rather than the 2' and 4' positions as indicated in formula (XXII); in either event the

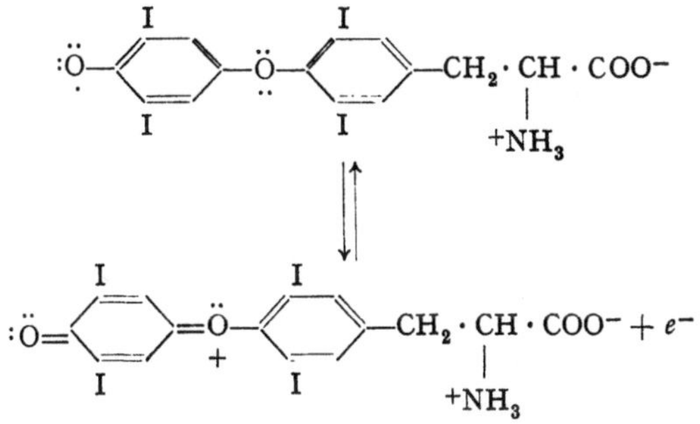

$$\ddot{O} - \langle\!\langle\, I \,\rangle\!\rangle - \ddot{O} - \langle\!\langle\, I \,\rangle\!\rangle - CH_2 \cdot \underset{\underset{+NH_3}{|}}{CH} \cdot COO^-$$

$$\ddot{O} = \langle\!\langle\, I \,\rangle\!\rangle = \overset{+}{\ddot{O}} - \langle\!\langle\, I \,\rangle\!\rangle - CH_2 \cdot \underset{\underset{+NH_3}{|}}{CH} \cdot COO^- + e^-$$

iodine atoms are in different positions than those in thyroxine and "ortho"-thyroxine. It appears wise to defer acceptance of the above hypothesis until it can be demonstrated that the proposed equilibra are operative in both *in vitro* and *in vivo* systems.

It has been shown [HARINGTON (*20*)] that naturally occurring thyroxine possesses the *L*-configuration. GADDUM (*19*) observed that while both *D*- and *L*-thyroxine appeared to be active, the *L*-isomer was clearly the more potent. In view of a contemporary report [SALTER, LERMAN and MEANS (*53*)] of the equivalent activity of the *D*- and *L*-isomers it appears that there was a tendency to rationalize this surprising lack of stereochemical specificity by postulating a facile transformation of the *D*-isomer to the *L*-isomer via the intermediate α-keto acid which was known to possess thyroxine-like properties [HARINGTON (*20*)]. In contrast to the above FOSTER, PALMER, and LELAND (*14*) reported that *L*-thyroxine was twice as active as *DL*-thyroxine when judged by the calorigenic effect produced in the guinea pig; and this observation was subsequently confirmed by REINEKE and TURNER (*50*). More recent studies by these latter authors (*51*) also suggest that the activity of *DL*-thyroxine is due solely to the presence of the *L*-isomer.

Although it has been proposed [REINEKE (*48*)] that the earlier results were due to the use of *L*-thyroxine preparations that were incompletely resolved, it should be noted that PITT-RIVERS and LERMAN (*45*) have contested this view and estimate the potency of *D*-thyroxine as $^1/_8$ to $^1/_{10}$ of that of *L*-thyroxine. It appears that the question of the intrinsic physiological activity or inactivity of *D*-thyroxine can not be answered solely on the basis of biological assays; and what is needed is direct information in respect to the rate of *in vivo* conversion of the *D*- to the *L*-isomer.

3. Thyroxine Derivatives.

A number of derivatives of *DL*-thyroxine have been prepared by the alkylation or acylation of one or more of the functional groups present in the molecule. It has been shown [Harington (*20*); Gaddum (*19*), Frieden an Winzler (*16*)] that there is little or no loss in activity when the α-amino group in *DL*-thyroxine is acylated with either a glycyl or *DL*-alanyl rest. While the preceding dipeptides appear to be as potent as *DL*-thyroxine, the corresponding N-acetyl-*DL*-thyroxine is markedly less active though in the latter case the activity at high doses is prolonged [Gaddum (*19*)].

From these limited data it is difficult to be certain that the observed activities are to be explained by the assumption that the above derivatives are two dipeptides and slowly in the case of the inactive *per se* but are hydrolyzed rapidly *in vivo* in the case of the acetyl derivative to give *DL*-thyroxine. The only other acyl derivative of *DL*-thyroxine that has been evaluated is O,N-diacetyl-*DL*-thyroxine which Gaddum (*19*) reports simply as being active. No information could be found regarding the activity of the N-lactyl-*DL*-thyroxine reported by Harington and co-workers (*20*).

Loeser, Ruland and Trikojus (*32*) prepared O-methyl-*DL*-thyroxine (XXVI), O,N-dimethyl-3:5-diiodo-*DL*-thyronine (XXVII) and O,N-

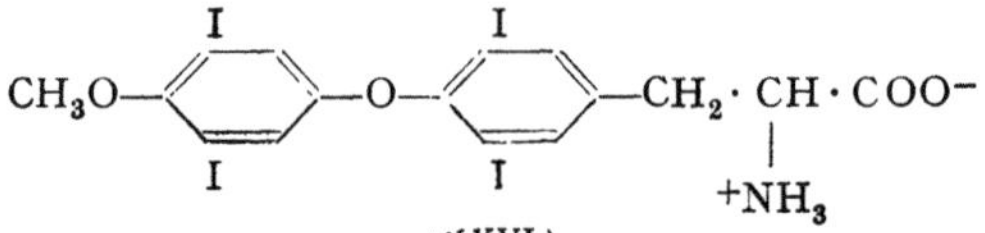

$$CH_3O-\langle\,\rangle-O-\langle\,\rangle-CH_2\cdot CH\cdot COO^-$$

(XXVI.)

$$CH_3O-\langle\,\rangle-O-\langle\,\rangle-CH_2\cdot CH\cdot COO^-$$

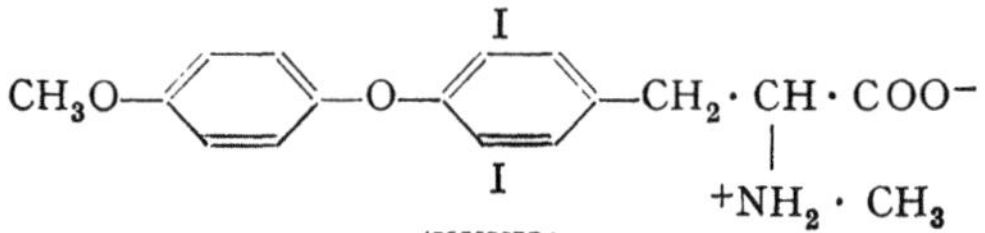

(XXVII.)

dimethyl-3:5-diiodo-*DL*-tyrosine. The latter compound, in common with 3:5-diiodo-*DL*-tyrosine, was devoid of activity and the O,N-dimethyl-3:5-diiodo-*DL*-thyronine (XXVII) was found to be less effective than 3:5-diiodo-*DL*-thyronine. In contrast to the above and to the report of Myers (*36*), the O-methyl ether of *DL*-thyroxine (XXVI) was found to be more active than *DL*-thyroxine though the difference was not great. In addition the methyl ether also produced a more rapid response.

It is clear that Loeser, Ruland and Trikojus (*32*) believe that the O-methyl ether of *DL*-thyroxine is active *per se* and that the greater potency and more rapid response observed with this compound is due to superior resorption. It is regrettable that these investigators have not found it possible to continue their studies since the experiments which they indicate as being profitable for future work would enable one to judge the correctness of the above conclusions with more confidence than is now possible. It is questionable that a demethylation is as unlikely as LOESER, RULAND and TRIKOJUS (*32*) appear to imply; and until this point is settled one cannot preclude the possibility of *in vivo* conversion of the O-methyl ether of *DL*-thyroxine to *DL*- or *L*-thyroxine or a physiologically active oxidation product thereof. It is surprising that the properties of *DL*-thyroxine O-methyl ether have failed to arouse the interest of other investigators, particularly in view of the fact that of all of the isomers, derivatives, homologs and analogs of *DL*-thyroxine that have been prepared, it alone has been reported to be more active than the reference compound *DL*-thyroxine.

Two additional ethers of *DL*-thyroxine, viz., the 4″-hydroxyphenyl ether (XXVIII) and the 4″-hydroxy-3″:5″-diiodophenyl ether (XXIX)

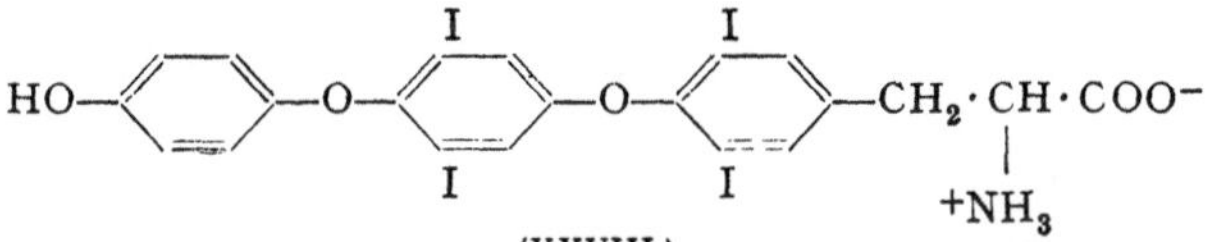

$$HO-\!\!\bigcirc\!\!-O-\!\!\bigcirc\!\!-O-\!\!\bigcirc\!\!-CH_2\cdot CH\cdot COO^- \;\;|\;\; {}^+NH_3$$

(XXVIII.)

have been prepared and both of these compounds have been reported to be inactive [BOVARNICK, BLOCH and FOSTER (*9*)]. While there can be

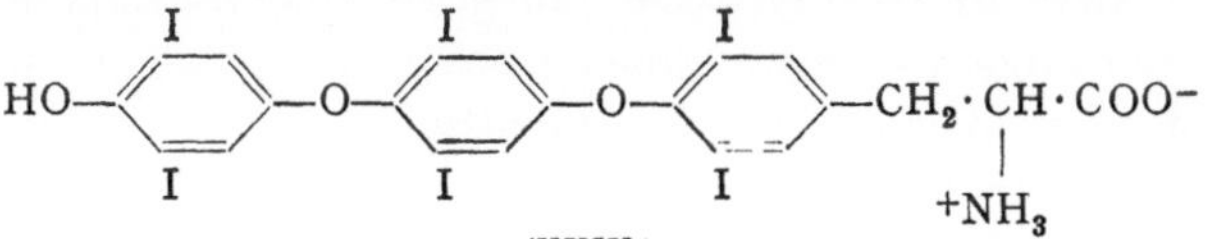

$$HO-\!\!\bigcirc\!\!-O-\!\!\bigcirc\!\!-O-\!\!\bigcirc\!\!-CH_2\cdot CH\cdot COO^- \;\;|\;\; {}^+NH_3$$

(XXIX.)

little doubt that the above compounds are less potent than *DL*-thyroxine, it is doubtful that they should be regarded as being inactive since they were subjected only to a cursory examination [cf. NIEMANN and REDEMANN (*43*)].

Thus, of the known derivatives of *DL*-thyroxine three, viz., N-glycyl-, N-*DL*-alanyl-, and O-methyl-*DL*-thyroxine appear to be at least as active as *DL*-thyroxine itself. However, in all three cases the mode of action is obscure and any explanation at this time would be purely speculative.

4. Homologs and Analogs of Thyroxine.

Before the obligatory structural requirements for thyroxine-like activity were well known, a number of diphenyl ether derivatives were examined for this property. Thus, SLOTTA and SOREMBA (*56*) prepared and tested 4-phenoxy-β-phenylethylamine, 4-phenoxy-α-aminophenylacetic acid, 4-phenoxy-β-phenylalanine, 4′-iodo-4-phenoxy-β-phenylalanine, and 4′-amino-β-phenylalanine. As would now be expected, all of the above compounds were found to be inactive since none of them possess 3:5-dihalogen substituents, — a basic requirement for thyroxine-like activity [HARINGTON (20)].

In 1930 LAW and JOHNSON (28) synthesized an analog of DL-thyronine in which the ethereal oxygen atom present in DL-thyronine was replaced by a sulfur atom. This latter amino acid was named thiothyronine (XXX). Although LAW and JOHNSON indicated their intention

$$HO-\underset{}{\bigcirc}-S-\underset{}{\bigcirc}-CH_2 \cdot CH \cdot COO^-$$
$$\underset{+NH_3}{|}$$

(XXX.) Thiothyronine.

to prepare the corresponding analog of DL-thyroxine they apparently failed to do so and this compound, i.e., 3:5:3′:5′-tetraiodo-DL-thio-

$$HO-\underset{I}{\overset{I}{\bigcirc}}-S-\underset{I}{\overset{I}{\bigcirc}}-CH_2 \cdot CH \cdot COO^-$$
$$\underset{+NH_3}{|}$$

(XXXI.)

thyronine (XXXI) was only recently synthesized by HARINGTON (23). When tested on tadpoles 3:5:3′:5′-tetraiodo-DL-thiothyronine accelerated metamorphosis, and its activity in this respect appeared to be approximately $^1/_5$ of that of DL-thyroxine. In acute toxicity experiments the analog was non-toxic to mice in doses up to 0,5 g./kg. when administered subcutaneously or 0,25 g./kg. intravenously.

The glycine homolog of DL-thyroxine, i.e., 3:5-diiodo-4-(3′:5′-diiodo-4′-hydroxyphenoxy)-DL-phenylglycine (XXXII) has been synthesized

$$HO-\underset{I}{\overset{I}{\bigcirc}}-O-\underset{I}{\overset{I}{\bigcirc}}-CH \cdot COO^-$$
$$\underset{+NH_3}{|}$$

(XXXII.)

and it has been reported that this compound possesses thyroxine-like activity [FRIEDEN and WINZLER (16)]. When evaluated on the basis of response in the thiouracil treated rat the homolog (XXXII) was judged to have $^1/_{500}$ of the potency of DL-thyroxine whereas in the tadpole metamorphosis test the homolog appeared to possess $^1/_3$ of the activity of the reference compound DL-thyroxine.

It has been noted previously that the α-keto acid analogous with DL-thyroxine, i.e., 3:5-diiodo-4-(3′:5′-diiodo-4′-hydroxyphenoxy)-phe-

$$HO-\underset{I}{\overset{I}{\bigcirc}}-O-\underset{I}{\overset{I}{\bigcirc}}-CH_2CO \cdot COOH$$

(XXXIII.)

nylpyruvic acid (XXXIII) is known to possess thyroxine-like activity [HARINGTON (*20*)], and the estimate that it is about $^1/_4$ as active as *DL*-thyroxine [CANZANELLI, GUILD, and HARINGTON (*11*)] apparently has been confirmed by FRIEDEN and WINZLER (*16*).

Considerable interest has been shown in other compounds which differ from thyroxine only in respect to the nature of the side chain. Thyroxamine (XXXIV), first prepared by HARINGTON (*20*), was originally

$$HO-\langle\ \rangle-O-\langle\ \rangle-CH_2\cdot CH_2\cdot NH_2$$

(XXXIV.) Thyroxamine.

considered to possess little or no thyroxine-like activity [GADDUM (*18, 19*)]. However, LOESER and TRIKOJUS (*33*) questioned this conclusion and more recently FRIEDEN and WINZLER (*16*), in common with LOESER and TRIKOJUS (*33*), have shown that the amine (XXXIV) does exhibit thyroxine-like properties. In fact in the thiouracil treated rat the activity of thyroxamine (XXXIV) appears to be approximately $^1/_2$ of that of *DL*-thyroxine [FRIEDEN and WINZLER (*16*)]. It would be of interest to know whether N-acyl derivatives of the amine (XXXIV) are as active as the parent compound.

Replacement of the alanine side chain in *DL*-thyroxine by a carboxyl group to give 3:5-diiodo-4-(3':5'-diiodo-4'-hydroxyphenoxy)-benzoic acid (XXXV) results in a marked decrease in activity [FRIEDEN and WINZLER

$$HO-\langle\ \rangle-O-\langle\ \rangle-COOH$$

(XXXV.)

(*16*)], and this benzoic acid derivative appears to have about the same order of potency as the glycine homolog of *DL*-thyroxine (XXXII). NIEMANN and MCCASLAND (*40*) prepared a derivative of the above substituted benzoic acid, i.e., 3:5-diiodo-4-(3':5'-diiodo-4'-hydroxyphenoxy)-hippuric acid (XXXVI) and CORTELL (*12*) found that while this latter

$$HO-\langle\ \rangle-O-\langle\ \rangle-CO\cdot NH\cdot CH_2\cdot COOH$$

(XXXVI.)

compound (XXXVI) possesses thyroxine-like properties in the thiouracil treated rat, its activity is certainly less than $^1/_{100}$ of that of *DL*-thyroxine.

In their abstract of a paper presented at the First International Congress of Biochemistry MACLAGAN and SHEAHAN (*34*) give a list of twenty analogs of thyroxine which have been evaluated in respect to their effect on oxygen consumption in mice. Of the twenty compounds listed only three, i.e., thyroxamine (XXXIV), 3:5-diiodo-tyrosine, and 3:5-diiodo-4-(3′:5′-diiodo-4′-hydroxyphenoxy)-benzoic acid (XXXV) had been tested previously. The report of these authors will be awaited with interest since, for example, a direct comparison of the activities of thyroxine, thyramine (XXXIV), and 3:5-diiodo-4-(3′:5′-diiodo-4′-hyd-roxyphenoxy)-dihydrocinnamic acid (XXXVII) [MACLAGAN and

$$HO\text{—}\underset{I}{\overset{I}{\bigcirc}}\text{—O—}\underset{I}{\overset{I}{\bigcirc}}\text{—}CH_2\cdot CH_2\cdot COOH$$

(XXXVII.)

SHEAHAN (*34*)] will permit one to arrive at a decision in respect to the role of the side chain in the thyroxine molecule with more confidence than is now possible.

5. General Remarks on Thyromimetic Activity.

In view of the fact that *L*-thyroxine may be characterized by its ffect upon a variety of physiological or pathological processes, convenience or special interest has frequently determined the method used for the biological evaluation of a particular compound or group of compounds. Extensive direct comparisons of the activities of *L*-thyroxine and thyromimetic compounds other than *L*-thyroxine are rare, and many conclusions concerning the relation between chemical structure and thyroxine-like activity are dependent upon comparisons whose validity may be questioned. In the following discussion an attempt will be made to limit the conclusions to those that appear to be reasonably well founded.

Present information indicates that thyromimetic activity in mammals is a property of compounds having the general formula,

$$R_1, R_3, R_2 \Big\{ \underset{(3')\ (2')}{\overset{(5')\ (6')}{(4')\bigcirc}}\text{—O—}\underset{(3)\ (2)}{\overset{(5)}{\underset{X}{\overset{X}{\bigcirc}}}}(1) \Big\} R_4$$

where $R_1 = $ OH or OCH_3 in the 4′- or 2′-positions; R_2 and $R_3 = $ I, Br, Cl, F, or H, either singly or in combination, in the 3′- and 5′-positions; $X = $ I, Br, Cl, and, possibly, F in the 3:5-positions; and R_4 may represent the following groups:

$$-CH_2 \cdot CH \cdot COO^-, \qquad -CH_2 \cdot CH \cdot COOH, \qquad -CH_2 \cdot CH \cdot COOH,$$
$$\overset{|}{{}^+NH_3} \qquad\qquad \overset{|}{HN \cdot CO \cdot CH_2NH_2} \qquad\qquad \overset{|}{HNCO \cdot CH \cdot CH_2}$$
$$\overset{|}{NH_2}$$

$$-CH_2 \cdot CH \cdot COOH, \qquad -CH_2 \cdot CO \cdot COOH, \qquad -CH_2 \cdot CH_2NH_2,$$
$$\overset{|}{HN \cdot CO \cdot CH_3}$$

$$-CH \cdot COO^-, \qquad\qquad -COOH, \qquad \text{or} \qquad -CO \cdot NH \cdot CH_2 \cdot COOH.$$
$$\overset{|}{{}^+NH_3}$$

While no thyromimetic isomer, homolog, or analog of DL-thyroxine has been prepared with the R_4 group in other than the 1-position, there appears to be no good reason why other positions, i.e., the 2-position, should be excluded. Further studies may establish the fact that the diphenyl ether oxygen atom can be replaced by a sulfur atom with retention to some degree of thyromimetic effect. The fact that thyroxine-like activity is not abolished by major changes in the nature of the R_4 group leaves one with the impression that the critical structural elements are, two halogen atoms in the 3:5 positions and the hydroxyl (or an analogous group) in the 2' or 4' positions of the diphenyl ether nucleus. This conclusion is not inconsistent with the current belief that the circulating thyroid hormone is L-thyroxine and not thyroglobulin or a thyroxine containing peptide [HARINGTON (22), TAUROG and CHAIKOFF (57), and LAIDLAW (27)].

II. The Synthesis of DL- and L-Thyroxine.

The general method originally developed by HARINGTON and BARGER (24) for the synthesis of DL-thyroxine not only has been used for the preparation of this amino acid but also, with minor modification, for the synthesis of many of its isomers, homologs, and analogs.

The original synthesis is outlined in Scheme 1.

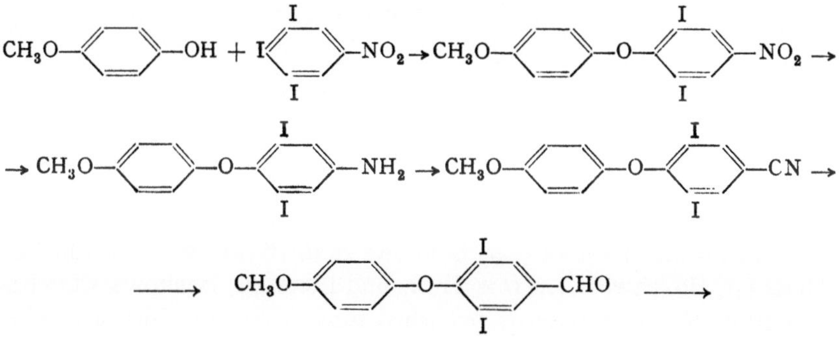

$$CH_3O-\!\!\!\left\langle\!\!\bigcirc\!\!\right\rangle\!\!-OH + I-\!\!\!\overset{I}{\underset{I}{\left\langle\!\!\bigcirc\!\!\right\rangle}}\!\!-NO_2 \rightarrow CH_3O-\!\!\!\left\langle\!\!\bigcirc\!\!\right\rangle\!\!-O-\!\!\!\overset{I}{\underset{I}{\left\langle\!\!\bigcirc\!\!\right\rangle}}\!\!-NO_2 \rightarrow$$

$$\rightarrow CH_3O-\!\!\!\left\langle\!\!\bigcirc\!\!\right\rangle\!\!-O-\!\!\!\overset{I}{\underset{I}{\left\langle\!\!\bigcirc\!\!\right\rangle}}\!\!-NH_2 \rightarrow CH_3O-\!\!\!\left\langle\!\!\bigcirc\!\!\right\rangle\!\!-O-\!\!\!\overset{I}{\underset{I}{\left\langle\!\!\bigcirc\!\!\right\rangle}}\!\!-CN \rightarrow$$

$$\longrightarrow CH_3O-\!\!\!\left\langle\!\!\bigcirc\!\!\right\rangle\!\!-O-\!\!\!\overset{I}{\underset{I}{\left\langle\!\!\bigcirc\!\!\right\rangle}}\!\!-CHO \longrightarrow$$

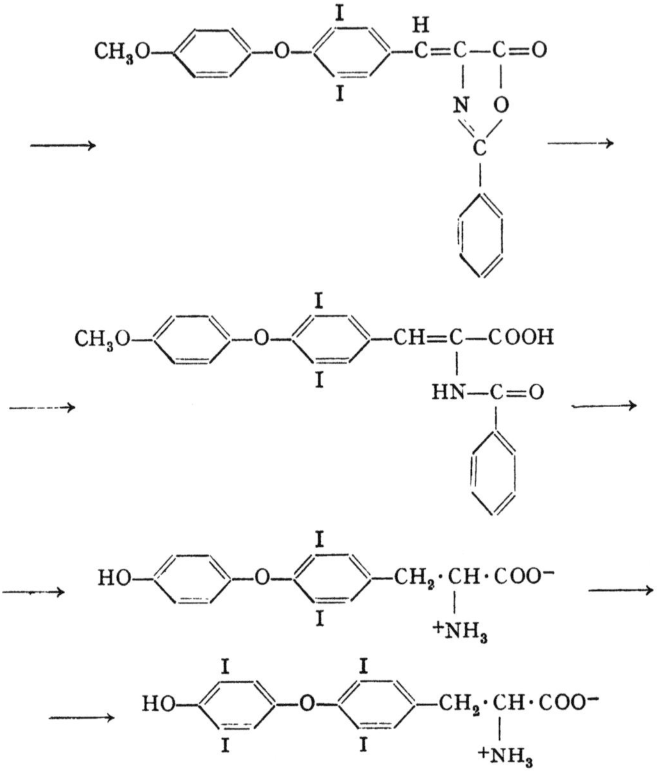

Scheme 1. Thyroxine synthesis according to HARINGTON and BARGER (24).

The modifications that have been introduced [NIEMANN and REDE-MANN (43)] and which are of general interest are mainly those based upon the selection of more suitable conditions for the preparation of two of the intermediates, i.e., 3:5-diiodo-4-(4′-methoxyphenoxy)-nitrobenzene (XXXVIII) and 3:5-diiodo-4-(4′-methoxyphenoxy)-benzonitrile (XXXIX).

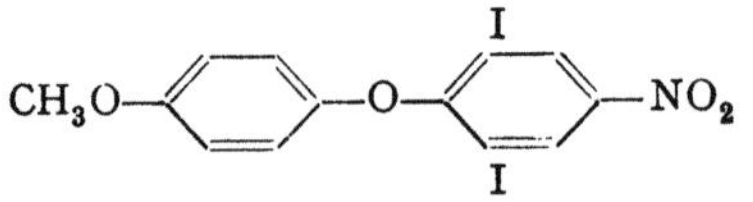

(XXXVIII.)

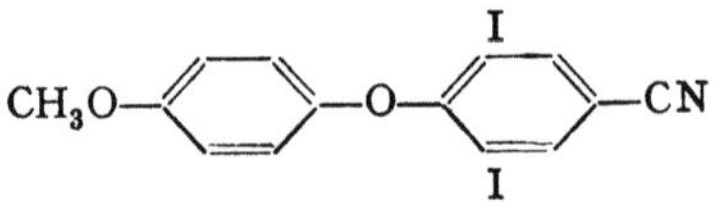

(XXXIX.)

Numerous attempts have been made to find a more practical route to *L*- or *DL*-thyroxine than that afforded by the original procedure of HARINGTON and BARGER (24), BORROWS *et al.* [BORROWS, CLAYTON and HEMS (5); BORROWS, CLAYTON, HEMS and LONG (7); BORROWS, CLAYTON and HEMS (6)] have recently published three papers in which a number of successful and unsuccessful attempts to develop new methods for the synthesis of *DL*-thyroxine are recorded.

Previous investigators have repeatedly failed in attempts to convert *DL*-thyronine (II) into *DL*-thyroxine (I) by direct iodination; and in view of the extensive studies of Borrows, Clayton, and Hems (5) along these lines, all of which were unsuccessful, it may be concluded that there is little point in expending further effort in this direction.

Borrows, Clayton and Hems (5) have pointed out that it would be possible to simplify the Harington-Barger (24) synthesis of *DL*-thyroxine if it were feasible to condense the monomethyl ether of hydroquinone with a derivative of 3:4:5-triiodobenzene other than 3:4:5-triiodonitrobenzene. Although no success was achieved along these lines, the recognition that successful reaction of a triiodo-compound was dependent upon activation of the halogen atom in the 4-position by a para or ortho nitro group did lead to a new synthesis of *DL*-thyroxine. This synthesis [Borrows, Clayton and Hems (5)] is illustrated by the following series of reactions.

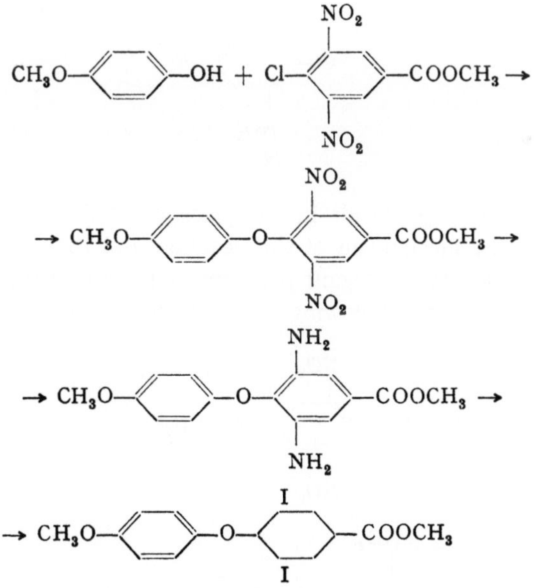

$$CH_3O\!-\!\langle\ \rangle\!-\!OH \;+\; Cl\!-\!\underset{NO_2}{\overset{NO_2}{\langle\ \rangle}}\!-\!COOCH_3 \;\rightarrow$$

$$\rightarrow CH_3O\!-\!\langle\ \rangle\!-\!O\!-\!\underset{NO_2}{\overset{NO_2}{\langle\ \rangle}}\!-\!COOCH_3 \;\rightarrow$$

$$\rightarrow CH_3O\!-\!\langle\ \rangle\!-\!O\!-\!\underset{NH_2}{\overset{NH_2}{\langle\ \rangle}}\!-\!COOCH_3 \;\rightarrow$$

$$\rightarrow CH_3O\!-\!\langle\ \rangle\!-\!O\!-\!\underset{I}{\overset{I}{\langle\ \rangle}}\!-\!COOCH_3$$

(XL.)

The methyl 3:5-diiodo-4-(4′-methoxyphenoxy)-benzoate (XL) was transformed into 3:5-diiodo-4-(4′-methoxyphenoxy)-benzaldehyde (XLI)

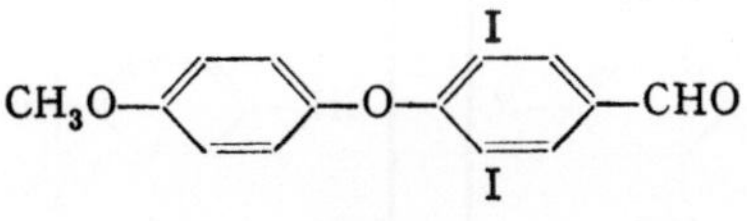

$$CH_3O\!-\!\langle\ \rangle\!-\!O\!-\!\underset{I}{\overset{I}{\langle\ \rangle}}\!-\!CHO$$

(XLI.)

via the McFadyen-Stevens reaction, and the latter compound converted into *DL*-thyroxine as described by Harington and Barger (*24*).

While the above synthesis demonstrated the practicability of a new route involving derivatives of 2:6-dinitrodiphenyl ether, the relative unavailability of suitable starting materials led Borrows, Clayton, Hems, and Long (*7*) to consider means of remedying this deficiency. It was found that compounds of the general formula,

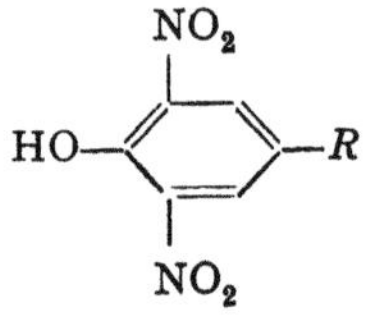

$$HO-\underset{NO_2}{\overset{NO_2}{\underset{|}{\overset{|}{\bigcirc}}}}-R$$

where $R = CH_3$ or CHO or $CH_2 \cdot CH_2 \cdot COOC_2H_5$, could be converted into the corresponding chloro-compounds (XLII) by reaction of the phenol

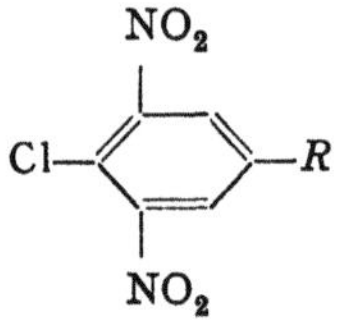

$$Cl-\underset{NO_2}{\overset{NO_2}{\underset{|}{\overset{|}{\bigcirc}}}}-R$$

(XLII.)

with phosphorus oxychloride in the presence of diethylaniline. A consideration of the mechanism of this reaction and that of the Ullmann-Nadi reaction led to an elegant procedure for the preparation of dinitrodiphenyl ethers by the following series of conversions:

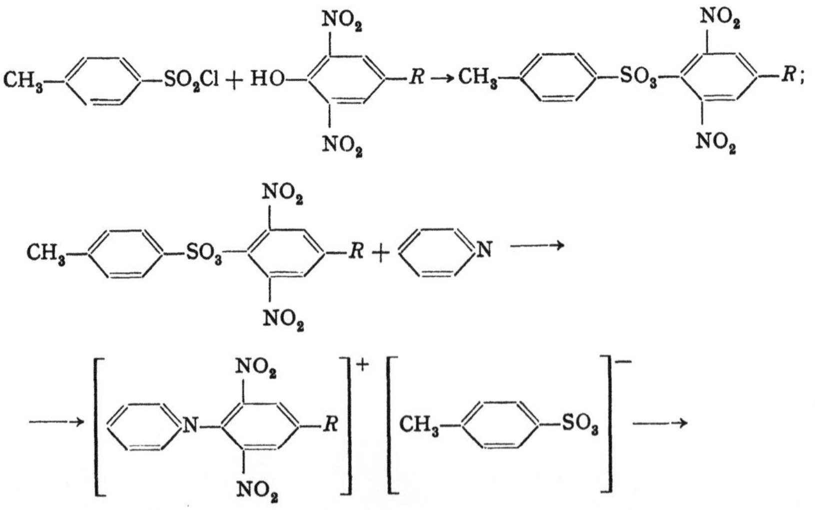

$$CH_3-\bigcirc-SO_2Cl + HO-\underset{NO_2}{\overset{NO_2}{\bigcirc}}-R \rightarrow CH_3-\bigcirc-SO_3-\underset{NO_2}{\overset{NO_2}{\bigcirc}}-R;$$

$$CH_3-\bigcirc-SO_3-\underset{NO_2}{\overset{NO_2}{\bigcirc}}-R + \bigcirc N \longrightarrow$$

$$\longrightarrow \left[\bigcirc N-\underset{NO_2}{\overset{NO_2}{\bigcirc}}-R\right]^+ \left[CH_3-\bigcirc-SO_3\right]^- \longrightarrow$$

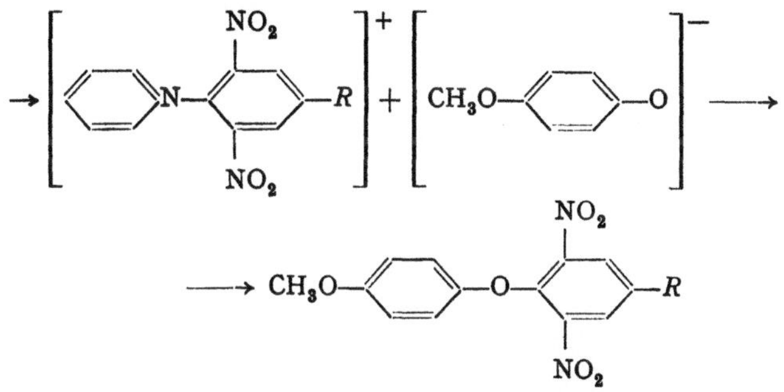

$$\left[\text{pyridyl–N–(2,6-dinitrophenyl)–}R\right]^{+} + \left[CH_3O\text{–}C_6H_4\text{–}O\right]^{-} \longrightarrow$$

$$\longrightarrow CH_3O\text{–}C_6H_4\text{–}O\text{–}(2,6\text{-dinitrophenyl)–}R$$

Considerable effort was expended [BORROWS, CLAYTON, HEMS and LONG (7)] in determining the most suitable conditions for the above condensation, and the results of their investigation were applied to still another synthesis of *DL*-thyroxine [BORROWS, CLAYTON and HEMS (6)]. While several alternative routes were indicated at some of the intermediate stages the method apparently favored involved the series of reactions outlined in Scheme 2:

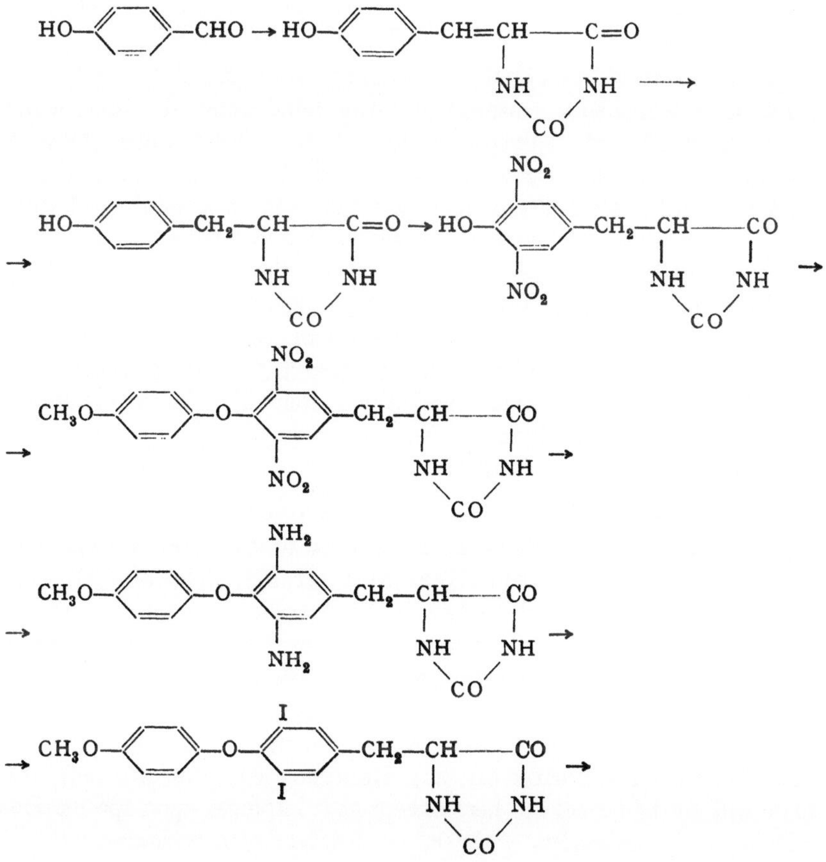

$$\rightarrow \text{HO}-\langle\!=\!\rangle-\text{O}-\langle\!=\!\rangle-\text{CH}_2\cdot\text{CH}\cdot\text{COO}^- \rightarrow$$

$$\rightarrow \text{HO}-\langle\!=\!\rangle-\text{O}-\langle\!=\!\rangle-\text{CH}_2\cdot\text{CH}\cdot\text{COO}^-$$

Scheme 2. Thyroxine synthesis according to BORROWS, CLAYTON and HEMS (6).

The yield of *DL*-thyroxine from *p*-hydroxybenzaldehyde was 14%.

The above procedure, or obvious modifications thereof, appears to be useful not only for a more practical synthesis of *DL*-thyroxine than hitherto has been available but also for the synthesis of numerous isomers, homologs, and analogs of this important amino acid. While a number of compounds of the latter type can be prepared via the HARINGTON-BARGER synthesis, others can not, and it is to be anticipated that the second synthesis developed by BORROWS, CLAYTON and HEMS (6) will find considerable application in both the former and latter instances.

In a recent communication CHALMERS, DICKSON, ELKS and HEMS (*11 a*) have described a synthesis of *L*-thyroxine from *L*-tyrosine, which from the standpoint of over-all yield, i. e. 26%, and the availability of starting materials, is clearly the most practical route to this amino acid. This new synthesis of *L*-thyroxine is based upon the successful 3:5-dinitration of *L*-tyrosine, the monoacetylation of the compound to give 3:5-dinitro-N-acetyl-*L*-tyrosine, esterification of the carboxyl group, and condensation of the 3:5-dinitro-N-acetyl-*L*-tyrosine ethyl ester with *p*-methoxyphenol, after a prior treatment with *p*-toluenesulfonyl chloride in the presence of pyridine, to give 3:5-dinitro-4-(4'-methoxyphenoxy)-N-acetyl-*L*-phenylalanine ethyl ester. The latter compound was converted into *L*-thyroxine essentially as described previously by BORROWS, CLAYTON and HEMS (6).

It is now well established that tyrosine or tyrosine containing *proteins* can be simultaneously iodinated and oxidized to give either thyroxine or thyroxine containing proteins [HARINGTON (*21, 22*), REINEKE (*48*)]. The thyro-active iodinated proteins have aroused considerable interest because of their usefulness in a number of agricultural applications [REINEKE (*48*)] and because of the possibility of their being a potential source of *L*- or *DL*-thyroxine [REINEKE (*48*); BORROWS, HEMS and PAGE (*8*)]. Since little can be added to the extensive reviews of this subject that are now available [HARINGTON (*21, 22*); REINEKE (*48*); LEBLOND (*29*)] this topic will not be considered here except as it impinges upon speculations relative to *the mechanism of the in vivo synthesis of L-thyroxine.*

At no time has it been considered that *L*-thyroxine is formed from precursors other than *L*-tyrosine or 3:5-diiodo-*L*-tyrosine, — a suggestion originally made by HARINGTON and BARGER (*24*). With the knowledge that thyroxine can be obtained from tyrosine by the action of iodine [cf. HARINGTON (*21, 22*); REINEKE (*48*) for an extensive survey of this topic], JOHNSON and TEWKESBURY (*26*) visualized the formation of thyroxine from 3:5-diiodotyrosine as proceeding via the following transformations:

$$2\ \text{HO}-\!\!\underset{\text{I}}{\overset{\text{I}}{\bigcirc}}\!\!-\text{CH}_2\cdot\underset{\overset{|}{\text{NH}_2}}{\text{CH}}\cdot\text{COOH} \xrightarrow{\ -2\,\text{H}\ }$$

$$\rightarrow\ \text{O}=\!\!\underset{\text{I}}{\overset{\text{I}}{\bigcirc}}\!\!-\text{CH}_2\cdot\underset{\overset{|}{\text{NH}_2}}{\text{CH}}\cdot\text{COOH}\ +\ \cdots\text{O}-\!\!\underset{\text{I}}{\overset{\text{I}}{\bigcirc}}\!\!-\text{CH}_2\cdot\underset{\overset{|}{\text{NH}_2}}{\text{CH}}\cdot\text{COOH}\ \rightarrow$$

$$\rightarrow\ \text{O}=\!\!\underset{\text{I}}{\overset{\text{I}}{\bigcirc}}\!\!\underset{\substack{|\\ \text{CH}_2\\ |\\ \text{CH}\cdot\text{NH}_2\\ |\\ \text{COOH}}}{}\!\!-\text{O}-\!\!\underset{\text{I}}{\overset{\text{I}}{\bigcirc}}\!\!-\text{CH}_2\cdot\underset{\overset{|}{\text{NH}_2}}{\text{CH}}\cdot\text{COOH}\ \rightarrow$$

$$\rightarrow\ \text{HO}-\!\!\underset{\text{I}}{\overset{\text{I}}{\bigcirc}}\!\!-\text{O}-\!\!\underset{\text{I}}{\overset{\text{I}}{\bigcirc}}\!\!-\text{CH}_2\cdot\underset{\overset{|}{\text{NH}_2}}{\text{CH}}\cdot\text{COOH}\ +\ \text{CH}_3\cdot\underset{\overset{\|}{\text{NH}}}{\text{C}}\cdot\text{COOH}$$

HARINGTON (*21*) has suggested a similar but more detailed mechanism which is dependent upon free radical intermediates, viz.:

$$R-\!\!\underset{\text{I}}{\overset{\text{I}}{\bigcirc}}\!\!-\ddot{\text{O}}\!:^{-}\ \xrightarrow{\ -e^{-}\ }\ R-\!\!\underset{\text{I}}{\overset{\text{I}}{\bigcirc}}\!\!-\ddot{\text{O}}\cdot\ ;\ R-\!\!\underset{\text{I}}{\overset{\text{I}}{\bigcirc}}\!\!=\ddot{\text{O}}\ ;\ \text{etc.}$$

$$R-\!\!\underset{\text{I}}{\overset{\text{I}}{\bigcirc}}\!\!-\ddot{\text{O}}\cdot\ +\ R-\!\!\underset{\text{I}}{\overset{\text{I}}{\bigcirc}}\!\!=\ddot{\text{O}}\ \longrightarrow$$

$$\rightarrow\ R-\!\!\underset{\text{I}}{\overset{\text{I}}{\bigcirc}}\!\!-\ddot{\text{O}}-\!\!\underset{\text{I}}{\overset{\text{I}}{\bigcirc}}\!\!-\ddot{\text{O}}\!:^{-}+R\cdot$$

$$\text{where } R = -\text{CH}_2\cdot\underset{\overset{|}{^{+}\text{NH}_3}}{\text{CH}}\cdot\text{COO}^{-}\quad\text{or}\quad-\text{CH}_2\cdot\underset{\overset{|}{\text{HN}\cdot\text{CO}\cdot R'}}{\text{CH}}\cdot\text{COO}^{-}$$

It is questionable whether one should formulate a reaction mechanism in which two of a number of resonance hybrids are visualized as the reacting species. For this reason and others an alternative mechanism which involves a carbonium ion intermediate appears to be preferable [Neuberger (37)], i.e.,

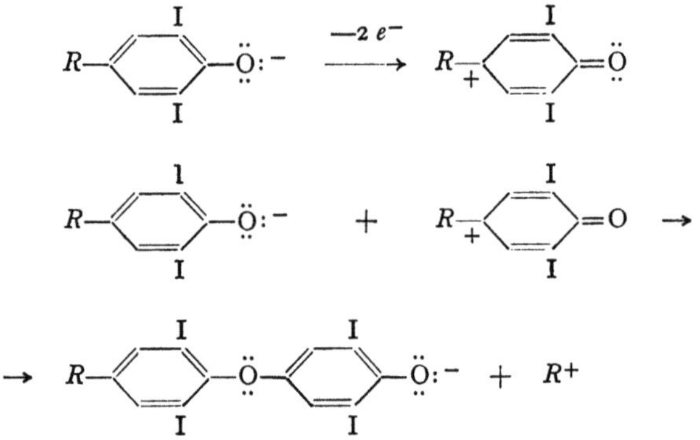

The above speculations are based in large part upon the earlier observations of Bamberger (2, 3) and Pummerer (46, 47) and more recent studies of Westerfeld and Lowe (59). The absence of pertinent data does not permit a definitive choice to be made between the various reaction mechanisms suggested above, or in fact still others, involving peroxide or hydroperoxide intermediates. The numerous side reactions ordinarily encountered in the *in vitro* oxidation of 3:5-diiodotyrosine and its derivatives [Pitt-Rivers (44)] makes it difficult to study the reaction of interest by techniques commonly used for disclosing or verifying possible mechanisms. Rimington and Lawson (52) have given an account of the views held in regard to the mechanism of the *in vivo* oxidation of 3:5-diiodotyrosine but it is clear that here also the decisive experiment is still to be performed.

It is of interest to note that Saul and Trikojus (54) have apparently been able to convert 3:5-diiodo-4-hydroxyphenyl-lactic acid (XLIII) into the lactic acid analog of thyroxine (XLIV) by a method similar to that used for the conversion of 3:5-diiodotyrosine into thyroxine.

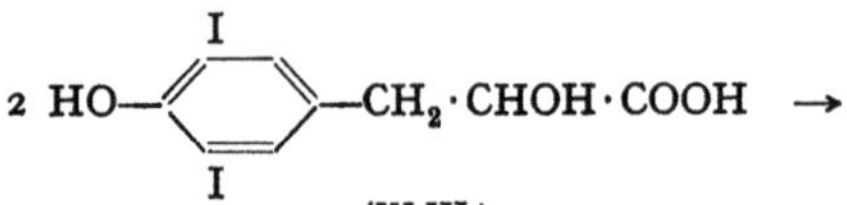

(XLIII.)

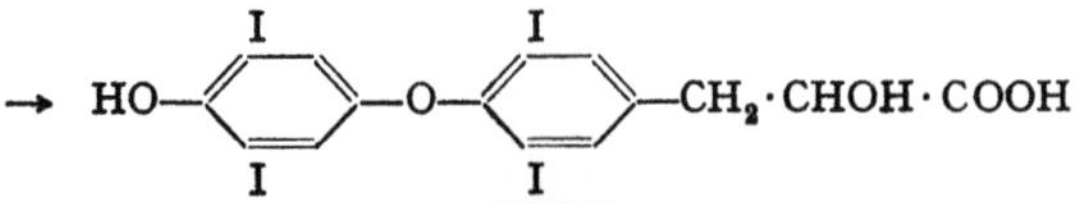

(XLIV.)

III. Inhibition of the Action of Thyroxine by Structurally Related Compounds.

WOOLLEY (*60*) was the first to call attention to the possibility of inhibiting the action of thyroxine by structurally related compounds when demonstrating that several ethers of N-acetyl-3:5-diiodo-*L*-tyrosine antagonized the action of thyroxine upon tadpoles. The compounds which WOOLLEY (*60*) considered as effective thyroxine antagonists in the above system are given below (XLV–XLVIII).

$$\text{C}_6\text{H}_5-\text{CH}_2-\text{O}-\text{C}_6\text{H}_2\text{I}_2-\text{CH}_2\cdot\text{CH}(\text{NH}\cdot\text{CO}\cdot\text{CH}_3)\cdot\text{COO}^-$$

(XLV.)

$$\text{O}_2\text{N}-\text{C}_6\text{H}_4-\text{CH}_2-\text{O}-\text{C}_6\text{H}_2\text{I}_2-\text{CH}_2\cdot\text{CH}(\text{NH}\cdot\text{CO}\cdot\text{CH}_3)\cdot\text{COO}^-$$

(XLVI.)

$$\text{O}_2\text{N}-\text{C}_6\text{H}_4-\text{CH}_2-\text{CH}_2-\text{O}-\text{C}_6\text{H}_2\text{I}_2-\text{CH}_2\cdot\text{CH}(\text{NH}\cdot\text{CO}\cdot\text{CH}_3)\cdot\text{COO}^-$$

(XLVII.)

$$(n)\ \text{C}_4\text{H}_9-\text{O}-\text{C}_6\text{H}_2\text{I}_2-\text{CH}_2\cdot\text{CH}(\text{NH}\cdot\text{CO}\cdot\text{CH}_3)\cdot\text{COO}^-$$

(XLVIII.)

N-Acetyl-3:5-diiodo-*L*-tyrosine and N-acetyl-O-methyl-*DL*-thyroxine were reported to have no inhibitory properties [WOOLLEY (*60*)]. FRIEDEN and WINZLER (*17*) have confirmed WOOLLEY's observations in respect to the inhibitory effect of ethers of N-acetyl-3:5-diiodo-*L*-tyrosine in thyroxine-tadpole systems and have presented evidence which indicates that the antagonism of thyroxine by structurally related compounds may be a competitive process.

FRIEDEN and WINZLER (*17*) have shown that in the thyroxine-tadpole system the benzyl ether of 3:5-diiodo-*L*-tyrosine (XLIX) is more effective

$$\text{C}_6\text{H}_5-\text{CH}_2-\text{O}-\text{C}_6\text{H}_2\text{I}_2-\text{CH}_2\cdot\text{CH}(^+\text{NH}_3)\cdot\text{COO}^-$$

(XLIX.)

$$\text{C}_6\text{H}_5-\text{CH}_2-\text{O}-\text{C}_6\text{H}_2\text{I}_2-\text{COO}^-$$

(L.)

as an inhibitor than the corresponding N-acetyl derivative (XLV), and that the former compound is surpassed in inhibitory activity by the benzyl ether of 3:5-diiodo-4-hydroxy benzoic acid (L). This latter compound was also judged to be more effective as an inhibitor than the analogous 3:5-diiodo-4-methoxybenzoic acid (LI) and 3:5-diiodo-4-(4'-nitrobenzyloxy)-benzoic acid (LII). Anisic acid (LIII) and 4-benzyloxybenzoic acid (LIV) appear to be devoid of inhibitory properties [FRIEDEN and WINZLER (*17*)].

$$CH_3O{-}C_6H_2(I)_2{-}COO^-$$

(LI.)

$$NO_2{-}C_6H_4{-}CH_2{-}O{-}C_6H_2(I)_2{-}COO^-$$

(LII.)

$$CH_3O{-}C_6H_4{-}COOH$$

(LIII.)

$$C_6H_5{-}CH_2{-}O{-}C_6H_4{-}COOH$$

(LIV.)

It should be noted that FRIEDEN and WINZLER (*17*) have also demonstrated that with the tadpole 3:5-diiodo-4-benzyloxybenzoic acid inhibits the thyromimetic activity of compounds other than thyroxine. These data have been used to support a speculation regarding the mode of action of thyroxine and of other compounds possessing thyroxine-like properties [FRIEDEN and WINZLER (*17*)].

WOOLLEY's observations (*60*) in respect to the protection of mice to acetonitrile poisoning by benzyl ethers of N-acetyl-3:5-diiodo-*L*-tyrosine do not offer a convincing demonstration that compounds structurally related to thyroxine can inhibit the action of the latter compound in mammals. Recently, MACLAGAN, SHEAHAN and WILKINSON (*35*) have found that the increase in the oxygen consumption of mice associated with the subcutaneous administration of thyroxine is depressed when the latter compound is given simultaneously with relatively large doses of 3:5-diiodo-4-benzyloxybenzoic acid (L) or 3:5-diiodo-anisaldehyde dimethyl acetal (LV). However, when administered alone neither (L) nor (LV) caused a decisive decline in metabolism.

$$CH_3O{-}C_6H_2(I)_2{-}CH(OCH_3)_2$$

(LV.)

CORTELL (*12*) has examined a number of analogs of *DL*-thyroxine in respect to their effectiveness in antagonizing the characteristic response produced by the subcutaneous injection of *DL*-thyroxine in thiouracil treated rats. Of the compounds tested, i. e. 3'-fluoro-*DL*-thyronine, 3:5-diiodo-3'-fluoro-*DL*-thyronine, 3:5-diiodo-3'-fluoro-5'-iodo-*DL*-thyronine, 3:5-diiodo-3':5'-difluoro-*DL*-thyronine, 2':6'-diiodo-*DL*-thyronine, and 3:5-diiodo-4-(3:5-diiodo-4'-hydroxyphenoxy)-hippuric acid, only a single one, i.e., 2':6'-diiodo-*DL*-thyronine antagonized the action of thyroxine when both compounds were administered simultaneously to thiouracil treated rats. As in the studies reported by MACLAGAN, SHEAHAN and WILKINSON (*35*) the antagonist was effective only when given in relatively large doses and was without demonstrative effect when given alone. It is of interest to note that CORTELL (*12*) was able to show that 2':6'-diiodo-*DL*-thyronine, under favorable circumstances, antagonized the action of thyroglobulin as well as that of *DL*-thyroxine. Some of CORTELL's data (*12*) are summarized in Tables 5 and 6.

Table 5. Inhibition of Action of Thyroxine by 2':6'-Diiodo-*DL*-Thyronine in the Thiouracil Treated Rat*

Dose in μg./day/rat		Mean thyroid weight in mg./100 gm. body weight after the administration of:		
DL-Thyroxine	Analog	Thiouracil alone	Thiouracil + *DL*-thyroxine	Thiouracil + *DL*-thyroxine + analog
5	260	15,96 ± 2,45	7,83 ± 1,12	7,21 ± 1,36
5	500	15,47 ± 2,30	8,50 ± 2,24	13,09 ± 1,42
5	500	18,13 ± 1,63	10,30 ± 1,30	16,11 ± 2,57
7	2500	15,96 ± 2,45	6,11 ± 0,83	11,71 ± 0,97

Table 6. Inhibition of Action of Thyroglobulin by 2':6'-Diiodo-*DL*-thyronine in the Thiouracil Treated Rat[a].

Thyroglobulin solution (ml.)[b]	Analog μg./day/rat	Mean thyroid weight in mg./100 gm. body weight after the administration of:		
		Thiouracil alone	Thiouracil + thyroglobulin	Thiouracil + thyroglobulin + analog
0,012	500	17,40 ± 3,82	7,99 ± 1,38	12,05 ± 4,14
0,023	500	17,40 ± 3,82	4,98 ± 0,77	5,56 ± 0,82
0,045	500	17,40 ± 3,82	5,21 ± 0,78	4,89 ± 0,64
0,012	2500	15,96 ± 2,45	6,22 ± 0,90	10,30 ± 1,77
0,023	5000	15,96 ± 2,45	4,96 ± 0,64	5,70 ± 0,84

There is little doubt that the action of *DL*-thyroxine and, possibly, that of thyroglobulin can be inhibited by a number of structural analogs

---

* Thiouracil administered as a 0,1% solution in drinking water.
[a] Thiouracil administered as a 0,1% solution in drinking water.
[b] 0,012 ml. solution, approximately equivalent to 5 μg. of *DL*-thyroxine.

of *DL*-thyroxine. The presence of an iodine atom, or atoms, in an aromatic (benzenoid) nucleus of a compound devoid of thyroxine-like activity appears to be a necessary characteristic for inhibitory action. However, it is evident that the relationship of the structure of the inhibitor to that of thyroxine may indeed be of a remote nature.

References.

1. Abderhalden, E. u. E. Wertheimer: Studien über den Einfluß von Substitutionen im Thyroxinmolekül auf dessen Wirkung. Z. ges. exp. Med. **63**, 557 (1928).

2. Bamberger, E. u. F. Brody: Über 2:4-Dimethyl-phenylhydroxylamine und über 2:4-Dimethylchinol. Ber. dtsch. chem. Ges. **33**, 3642 (1900).

3. Bamberger, E. u. A. Rising: Über Mesitylchinol. Ber. dtsch. chem. Ges. **33**, 3636 (1900).

4. Block, P., Jr. and G. Powell: The Synthesis of 3′:5′-Diiodothyronine. J. Amer. chem. Soc. **64**, 1070 (1942).

5. Borrows, E. T., J. C. Clayton and B. A. Hems: The Synthesis of Thyroxine and Related Substances. I. The Preparation of Tyrosine and Some of its Derivatives, and a New Route to Thyroxine. J. chem. Soc. (London) **1949**, 185.

6. — — — The Synthesis of Thyroxine and Related Substances. III. The Synthesis of Thyroxine from 2:6-Dinitrodiphenyl Ethers. J. chem. Soc. (London) **1949**, 199.

7. Borrows, E. T., J. C. Clayton, B. A. Hems and A. G. Long: The Synthesis of Thyroxine and Related Substances. II. The Preparation of Dinitrodiphenyl Ethers. J. chem. Soc. (London) **1949**, 190.

8. Borrows, E. T., B. A. Hems and J. E. Page: The Synthesis of Thyroxine and Related Substances. IV. Polarographic Determination of Thyroxine. J. chem. Soc. (London) **1949**, 204.

9. Bovarnick, M., K. Bloch and G. L. Foster: An Analog of Thyroxine. J. Amer. chem. Soc. **61**, 2472 (1939).

10. Boyer, P. D., C. W. Jensen and P. H. Phillips: Activity of Certain Isomers of Thyroxine. Proc. Soc. exp. Biol. Med. **49**, 171 (1942).

11. Canzanelli, A., R. Guild and C. R. Harington: Note on the Ketonic Acid Analogous with Thyroxine. Biochemic. J. **29**, 1617 (1935).

11 a. Chalmers, J. R., S. T. Dickson, J. Elks and B. A. Hems: The Synthesis of Thyroxine and Related Substances. V. A Synthesis of *L*-Thyroxine from *L*-Tyrosine. J. chem. Soc. (London) **1949**, 3424.

12. Cortell, R. E.: Private communication to the author.

13. Dempsey, E. W. and E. B. Astwood: Determination of the Rate of Thyroid Hormone Secretion at Various Environmental Temperatures. Endocrinology **32**, 509 (1943).

14. Foster, G. L., W. W. Palmer and J. P. Leland: A Comparison of the Calorigenic Potencies of *L*-Thyroxine, *DL*-Thyroxine and Thyroid Gland. J. biol. Chemistry **115**, 467 (1936).

15. Frieden, E. and R. J. Winzler: The Synthesis of the Glycine Homolog of Thyroxine. J. Amer. chem. Soc. **70**, 3511 (1948).

16. — — The Thyroxine-like Activity of Compounds Structurally Related to Thyroxine. J. biol. Chemistry **176**, 155 (1948).

17. — — Competitive Antagonists of Thyroxine and Structurally Related Compounds. J. biol. Chemistry **179**, 423 (1949).

18. GADDUM, J. H.: Quantitative Observations of Thyroxine and Allied Substances. I. The Use of Tadpoles. J. Physiology **64**, 246 (1927–28).

19. — Quantitative Observations of Thyroxine and Allied Substances. II. Effects on the Oxygen Consumption of Rats. J. Physiology **68**, 383 (1929–30).

20. HARINGTON, C. R.: Chemistry of the Iodine Compounds of the Thyroid. Fortschr. Chem. organ. Naturstoffe **2**, 103 (1939).

21. — Newer Knowledge of the Biochemistry of the Thyroid Gland. J. chem. Soc. (London) **1944**, 193.

22. — Thyroxine: its Biosynthesis and its Immunochemistry. Proc. Roy. Soc. (London), Ser. B **132**, 223 (1944).

23. — Synthesis of a Sulfur-containing Analogue of Thyroxine. Biochemic. J. **43**, 434 (1948).

24. HARINGTON, C. R. and G. BARGER: Chemistry of Thyroxine. III. Constitution and Synthesis of Thyroxin. Biochemic. J. **21**, 169 (1927).

25. HARINGTON, C. R. and W. MACCARTNEY: Synthesis of an Isomeride of Thyroxine and of Related Compounds. J. chem. Soc. (London) **1929**, 892.

26. JOHNSON, T. B. and L. B. TEWKESBURY, Jr.: The Oxidation of 3:5-Diiodotyrosine to Thyroxine. Proc. nat. Acad. Sci. U.S.A. **28**, 73 (1942).

27. LAIDLAW, J. C.: Nature of the Circulating Thyroid Hormone. Nature (London) **164**, 927 (1949).

28. LAW, G. H. and T. B. JOHNSON: The Chemistry of Diaryl Sulfides. III. The Synthesis of Thiothyronine. J. Amer. chem. Soc. **52**, 3623 (1930).

29. LEBLOND, C. P.: Iodine Metabolism. Adv. Biol. Med. Physics **1**, 353 (1948).

30. LEBLOND, C. P. and B. GRAD: Thyroxine-like Activity of Chloro- and Bromo-thyronine Derivatives. J. Pharmacol. exp. Therapeut. **94**, 125 (1948).

31. LERMAN, J. and C. R. HARINGTON: The Physiologic Activity of Tetrabromo- and Tetrachlorothyronine. J. clin. Invest. **27**, 546 (1948).

32. LOESER, A., H. RULAND u. V. M. TRIKOJUS: Darstellung, Eigenschaften und biologische Wirkungen von Derivaten (Äthern) des Thyroxins, Dijodthyronins und Dijodtyrosins. Naunyn-Schmiedebergs Arch. exp. Pathol. Pharmakol. **189**, 664 (1938).

33. LOESER, A. u. V. M. TRIKOJUS: Pharmakologie des Thyroxamins. Naunyn-Schmiedebergs Arch. exp. Pathol. Pharmakol. **191**, 563 (1939).

34. MACLAGAN, N. F. and M. M. SHEAHAN: The Effect of Thyroxine Analogues on Oxygen Consumption in Mice. Abstr. No. 318/9, 1st Internat. Congress of Biochemistry, Cambridge (England), 1949.

35. MACLAGAN, N. F., M. M. SHEAHAN and J. H. WILKINSON: Inhibitory Effect of Thyroxine Analogs on Oxygen Consumption in Mice. Nature (London) **164**, 699 (1949).

36. MYERS, C. S.: Some Derivatives of Diiodotyrosine and Thyrosine. The Action of Acetic Anhydride on Diiodotyrosine. J. Amer. chem. Soc. **54**, 3818 (1932).

37. NEUBERGER, A.: Metabolism of Proteins and Amino Acids. Annu. Rev. Biochem. **18**, 243 (1949).

38. NIEMANN, C., A. A. BENSON and J. F. MEAD: The Synthesis of 3′,5′-Di-fluoro-*dl*-thyronine and 3,5-Diiodo-3′,5′-difluoro-*dl*-thyronine. J. Amer. chem. Soc. **63**, 2204 (1941).

39. NIEMANN, C. and G. E. MCCASLAND: The Synthesis of 2′:6′-Diiodo-*dl*-thyronine. J. Amer. chem. Soc. **66**, 1870 (1944).

40. — — 3,5-Diiodo-4-(4′-hydroxyphenoxy)-hippuric Acid and 3,5-Diiodo-4-(3′,5′-diiodo-4′-hydroxyphenoxy)-hippuric Acid. J. Amer. chem. Soc. **66**, 1984 (1944).

41. NIEMANN, C. and J. F. MEAD: The Synthesis of *DL*-3:5-Diiodo-4-(3′:5′-diiodo-2′-hydroxyphenoxy)-phenylalanine, a Physiologically Active Isomer of Thyroxine. J. Amer. chem. Soc. **63**, 2685 (1941).

42. Niemann, C., J. F. Mead and A. A. Benson: The Synthesis of 3'-Fluoro-*dl*-thyronine and Some of its Iodinated Derivatives. J. Amer. chem. Soc. 63, 609 (1941).

43. Niemann, C. and C. E. Redemann: The Synthesis of *DL*-3:5-Diiodo-4-(2':4'-diiodo-3'-hydroxyphenoxy)-phenylalanine, a Physiologically Inactive Isomer of Thyroxine. J. Amer. chem. Soc. 63, 1549 (1941).

44. Pitt-Rivers, R.: The Oxidation of Diiodothyroxine Derivatives. Biochemic. J. 43, 223 (1948).

45. Pitt-Rivers, R. and J. Lerman: The Physiological Activity of the Optically Active Isomers of Thyroxine. Endocrinology 5, 223 (1948).

46. Pummerer, R. u. F. Frankfurter: Über die Oxydation der Phenole. I. Über ein neues organisches Radikal. Ber. dtsch. chem. Ges. 47, 1472 (1914).

47. Pummerer, R. u. A. Rieche: Über die Oxydation der Phenole. IX. Über aromatische Peroxyde und einwertigen Sauerstoff. Ber. dtsch. chem. Ges. 59, 2161 (1926).

48. Reineke, E. P.: Thyroactive Iodinated Proteins. Vitamins and Hormones 4, 207 (1946).

49. Reineke, E. P., J. P. Mixner and C. W. Turner: Effect of Graded Doses of Thyroxine on Metabolism and Thyroid Weight of Rats Treated with Thiouracil. Endocrinology 36, 64 (1945).

50. Reineke, E. P. and C. W. Turner: The Recovery of *L*-Thyroxine from Iodinated Casein by Direct Hydrolysis with Acid. J. biol. Chemistry 149, 563 (1943).

51. — — The Relative Thyroidal Potency of *L*- and *DL*-Thyroxine. Endocrinology 36, 200 (1945).

52. Rimington, C. and A. Lawson: Anti-thyroid Drugs. Annu. Rep. chem. Soc. London 44, 247 (1948).

53. Salter, W. T., J. Lerman and J. H. Means: The Calorigenic Action of *D*- and *L*-Thyroxine. J. clin. Invest. 14, 37 (1935).

54. Saul, J. A. and V. M. Trikojus: The Conversion of *DL*-3:5-Diiodo-4-hydroxy-phenyllactic Acid Into an Analog of Thyroxine. Biochemic. J. 42, 80 (1948).

55. Schuegraf, K.: Halogensubstitutionsprodukte des Thyronines (Desjod-thyroxins). Helv. chim. Acta 12, 405 (1929).

56. Slotta, K. H. u. K. H. Soremba: Synthesen thyroxinähnlicher Substanzen aus Diphenyläther. Ber. dtsch. chem. Ges. 69, 566 (1936).

57. Taurog, A. and I. L. Chaikoff: The Nature of the Circulating Thyroid Hormone. J. biol. Chemistry 176, 639 (1948).

58. Ungnade, H. E.: The Synthesis of *DL*-"Ortho"-thyronine. J. Amer. chem. Soc. 63, 2091 (1941).

59. Westerfeld, W. W. and C. Lowe: The Oxidation of *p*-Cresol by Peroxidase. J. biol. Chemistry 145, 463 (1942).

60. Woolley, D. W.: Structural Analogues Antagonistic to Thyroxine. J. biol. Chemistry 164, 11 (1946).

(Received, February 4, 1950.)

Penicillin and its Place in Science.

By A. H. Cook, Nutfield, England.

Contents.

Introduction.

The meteoric rise of penicillin from the time when it was no more than a little known curiosity in 1940 to its recognition a few years later as a medical advance transcending in importance that of the sulfonamides and earlier contributions to chemotherapy, has tended to obscure many of the other scarcely less notable advances to which penicillin has given rise.

Thus the intervening years have witnessed the production of penicillin on such a gigantic scale and the solution of difficulties of a kind not hitherto contemplated that it may with truth be said that a completely new industry has come into being. The experience in this new field has borne additional fruit in the production of streptomycin and chloromycetin, and so far to a smaller extent in exploratory work on the therapeutic applicability of aureomycin and several other more recent anti-biotics. Again the development of penicillin has led to the recognition of the wide occurrence and many of the implications of antibiosis in general. It has meant not merely the unravelling of the chemistry of the penicillins themselves, but also the unfolding of extensive fields of organic chemistry which had previously escaped study.

It is with such aspects that this account is concerned rather than exclusively with the narrower questions of the structure of the penicillins, or with purely medical matters which lie outside the province of this work.

History of Penicillin and its Development.

The antibiosis due to penicillin elaborated by *Penicillium notatum* by no means represents the first recognition of this general phenomenon, nor indeed its first therapeutic application. Probably the earliest mention of the latter more limited aspect concerns the use of streptococci in curing experimental animal infections of anthrax (*72*) which indeed provided the first intimation of the existence of antibiosis against a pathogenic organism (*128*). Only a few years later saw the isolation of the first crystalline antibiotic, now termed mycophenolic acid, from a *Penicillium* mould, an antibiotic which has been since further investigated (*28*). Still at about the same period the local application of "proteins" from *Pseudomonas pyocyaneus* was favoured as accelerating the heating of ulcers (*102*), thus leading to the introduction of "pyocyanase", the first bacterial antibiotic to find therapeutic use (*73*).

During the ensuing forty years, widely differing fields of study have revealed many phenomena which must be due to the effect of one organism (usually a microorganism) on another. Sometimes these phenomena take the form of modification of sexual characteristics (*54*), or of stimulation (sometimes self-stimulation) (*172–175*); mostly, however, they clearly present cases of incompatibility resulting in restricted growth of one of the competing organisms or its death (*53, 101, 104, 166, 167*). The development of such inhibitory properties is often delicately dependent on such factors as the age of the cultures, the p_H of the medium, and external influences such as light and aeration, but it is beyond doubt that in the great majority of instances the effects are ultimately due to the production of definite chemical entities, the so-called antibiotics.

Not only has antibiosis been recognised for several decades, but there were more than a few attempts to isolate the inhibitory substances (*169, 176*), and with the indifferent success which was all that the techniques available at the time permitted, a modicum of clinical work was achieved with crude antibiotics. For example, culture filtrates of *Aspergillus fumigatus* were tentatively employed in treating tuberculosis (*161*) though subsequent research has shown that the otherwise deleterious action of at least one of the antibiotics present, helvolic acid, precludes any very useful action. Finally, it is worth recalling that although the therapeutic value of antibiotics has always been in the forefront of scientific speculation, their possible wider significance has not escaped comment. Thus their recognition as being of far from exceptional occurrence, but indeed of general importance in controlling the natural microbial population of the soil (*141*) suggests that they may have a bearing on soil fertility and even occasionally on biologically induced soil toxicity as in the very pronounced case of the toxicity of the soil of Wareham Heath, Dorset, England, towards conifers (*52, 115*). It is but a short step from these considerations to attempt to modify, by deliberately adding appropriate antibiotics, the natural dynamic equilibrium of the soil population, for example when that balance is conducive to the development of economically important fungal plant diseases such as Panama disease of the banana and the various wilt diseases (*e.g.*, of hops, the tomato, dahlia and carnation). Of these possible advances, however, we stand only on the threshold, for the biological control of plant disease organisms in the soil is complicated by other factors such as metabolic destruction of the antibiotics and adaptative changes in the antagonised organisms.

From the above discussion it will be clear that when FLEMING (*78*) (1929) observed cultures of *Staphylococcus* undergoing lysis owing to fungus infection and so clearly and specifically recognised the potentialities of "penicillin", which was the term applied at the time to the crude metabolism filtrate, the recognition of the antibiotic did not excite the attention and imagination to the extent suggested by its later pre-eminence. Though the application of "penicillin" to infected areas was clearly envisaged, though the suppression of sensitive organisms so that the non-sensitive *Bacillus influenzae* could be recognised in their presence (*79*), and even though the substantial lack of toxicity of crude "penicillin" was convincingly demonstrated (*77*), the time was not ripe for its extended therapeutic use. Penicillin had arrived as a bright star not in an otherwise empty firmament but in a sky in which a considerable number of antibiotic stars, of less brilliance it is true, had already been discerned. It only began to shine forth with its present brilliance after another decade had brought its advance of chemical technique, of engineering experience, and above all of chemotherapeutic achievement with the sulfonamides.

The intervening decade was not, however, quite without its contribution to the understanding of penicillin. Thus it was shown that penicillin was produced on a synthetic medium and that it was a surprisingly unstable acid which could be extracted from the faintly acidified metabolism solution (*63, 139, 140*); but the tempo of these advances was only speeded up when a concentrate of the active material (the term "penicillin" now applies to the specific antibiotic rather than to the untreated metabolism solution) was obtained in a form suitable for pharmacological and chemotherapeutic trials which led to results of outstanding promise (*33, 61*) and so to large-scale laboratory production. Here the obstacles were so baffling that the general reader today can only with difficulty, if at all, fully appreciate them (*34*).

The original FLEMING culture of *Penicillium* had been retained and was ultimately identified as *P. notatum* (*157*) but the highest yield of the antibiotic then attained amounted, as is now known, to only 2–3 mg./litre. Chemical instability was very marked outside the p_H range of 3 to 9 and towards alcohols, many heavy-metal ions and other chemicals. Contamination of the crude solutions by air-borne bacteria resulted in rapid inactivation through the production of a specific enzyme, penicillinase, by the penicillin-resistant organisms (*30, 71, 103, 180*). The early production of penicillin in large numbers of relatively small bottles or fermentation flasks was especially vulnerable in this respect, the inclusion of the contents of a single contaminated bottle often entailing the loss of the whole batched yield. Moreover, it was gradually established that there were several penicillins, similarly constituted as it was later established, but produced in at first uncontrolled and bewildering fashion. It was soon clear that the large-scale production of penicillin so obviously desirable at a time when Great Britain was already at war called for knowledge and resources of a kind not hitherto contemplated and, excluding medical experience with penicillin, the ensuing eight years have seen mycological, engineering and purely chemical advances which can only be described as phenomenal.

It is with these aspects that later sections of this account are concerned.

Some Biochemical and Microbiological Aspects of Penicillin.

During the period under review the successful production of penicillin on a large scale embodied advances in many directions, but all these advances were obviously dependent on reliable potency tests which may be therefore usefully reviewed here, especially for their reflection of the chemistry of the antibiotic.

Penicillin Assay Methods.

Dilution Assays.

The earliest estimates of potency of penicillin solutions were made by the method of serial dilution, *i.e.*, by making up cultures with a standardised inoculum of a sensitive organism and including, in regular steps, decreasing amounts of the antibiotic solution; the potency is indicated by the dilution required to inhibit the growth of the test organism to an arbitrary extent under standardised conditions, as judged, for example, by the opacity of the medium (*63, 181*). *Staphylococcus aureus*, which is particularly sensitive, has usually been the test organism, but *Pneumococcus*, *H. influenzae*, and haemolytic streptococcus (*98*) have also been frequently used among many others (*80, 96, 116, 134*). The use of the latter organism permits the ultramicro determination of mixed penicillin by observing the opacity of small drops of culture in presence of varying quantities of penicillins (*39*). The practice of assaying an antibiotic against several organisms provides an additional characteristic of the antibiotic; different antibiotics with their different relative potencies towards a series of sensitive organisms present "bacterial spectra" which reflect their non-identity (*168*). The technique has on several occasions been used to assist in identifying penicillins as in the case of synthetic benzylpenicillin (*1*).

The method of serial dilution may be used on a micro-scale (*105*), or for the determination of low concentrations of penicillins, for example, in body fluids either in small or capillary culture tubes (*136*), or using the slide-cell method (*76*). Solid or semisolid media (*92*) and much shortened assay periods by using very active organisms go some way towards lightening the burdensome nature of serial dilution assays (*108, 135, 177*).

Penicillin Standards.

So far mention has only been made of relative potencies and as the pure antibiotic was not to become available for some years, a standard, necessarily arbitrary, was called for. The first standard was a relatively crude dried preparation of which the unit was regarded as that quantity which at a dilution of 1:50 under controlled conditions completely inhibited the growth of *Staphylococcus aureus* (*1*). This unit, the "Oxford unit", was also defined in terms of the plate assay method described below (*60*). As more laboratories became concerned with penicillin, the need for a more rigid standard was felt and in addition to laying down more precise conditions of testing batched standards of commercial calcium penicillin, chemically pure sodium benzylpenicillin, and ultimately crystalline sodium benzylpenicillin as the "International Standard" and calcium penicillin as the "International Working Standard" were adopted. It was decided that the penicillin activity contained in 0.6 microgram of pure crystalline sodium benzylpenicillin should be regarded as the International Unit of Penicillin, the unit so defined being approximately equivalent to the original "Oxford unit" (*143*).

The Cup-Plate Method.

The earliest work on penicillin (*78*) had included an approximate measure of potency by seeding or streaking an agar plate with the test organism which was subjected to the action of the antibiotic diffusing from a solution dropped into a trough cut in the solid medium. This device, the principle of which has been subjected to a large number of variations, is the basis of the most widely used method of assaying penicillin, by observing after a period of incubation the diameter of the zone of inhibition caused by penicillin diffusing through a seeded agar plate from a "cup" formed from a short cylinder of glass tubing or porcelain (*60, 91*). Many workers prefer to dispense with the cylindrical cups by putting the penicillin into holes cut in the agar (*76*), or on to filter paper discs carrying the solution under test (*145, 165*).

Assays must be constantly standardised against preparations of known potency, for the relation between zone and potency is subject to a number of different variables according to the precise method employed. On the other hand, the method is generally free from some of the limitations which might have been anticipated, *e.g.*, the presence of moderate amounts of some of the common organic solvents such as acetone or chloroform has little effect; still, the need for constant vigilance was emphasised by the quite unexpected finding that concentrated as distinct from the more usual dilute (M/50) phosphate buffer gave a much exaggerated and erroneous result for penicillin preparations made up in this medium (*119*).

However, despite such anomalies, the "cup-plate" method is much less labour- and time-consuming than the serial dilution assay, and has become the usual method in academic research and in routine production control (*62, 143*).

Other Assays.

Both the serial dilution and plate methods resolve themselves into a visual inspection of the turbidity produced by bacterial growth, and it was a logical step therefore to attempt to measure the inhibition turbidimetrically in a single suitable culture and relate the inhibition to the amount of penicillin incorporated. Most approaches of this kind first aimed to construct a curve showing the relation between activity and bacterial growth or light transmission through the cultures under selected conditions (*83, 85, 113, 127*). Convenient modifications consisted in using rapidly growing test organisms or larger inocula of *Staphylococcus aureus* (*84*), but despite improved exactness in assaying pure penicillin preparations there have been many indications that the method may give misleading results with impure samples, partly inactivated penicillin, or low concentrations as in body fluids (*143*).

A few biochemical effects have been utilised as the basis of penicillin activity. For example in one method penicillin in stepwise quantity is added to respiring *Staphylococcus aureus* cultures until a concentration is reached at which respiration is inhibited. In another the restricted production of nitrite from nitrate by *S. aureus* in presence of penicillin is made the basis of assay; after culturing in presence of the unknown solution and known quantities of penicillin, the nitrite concentration is determined from the intensity of a colour reaction and the test sample compared with that of the standards (*89*).

All the biological and biochemical assays proving inconveniently time-consuming, it was always desirable to have an assay based upon a characteristic physical or chemical property of the antibiotic molecule; now with a much fuller understanding of the chemistry of penicillin several such assays have been devised.

When a solution of a penicillin (I) (for significance of R, see below) is heated for a short time in acetate buffer at $p_H = 4{,}6$, an ultraviolet absorption at 3220 Å is increased, and the intensity at this point can be

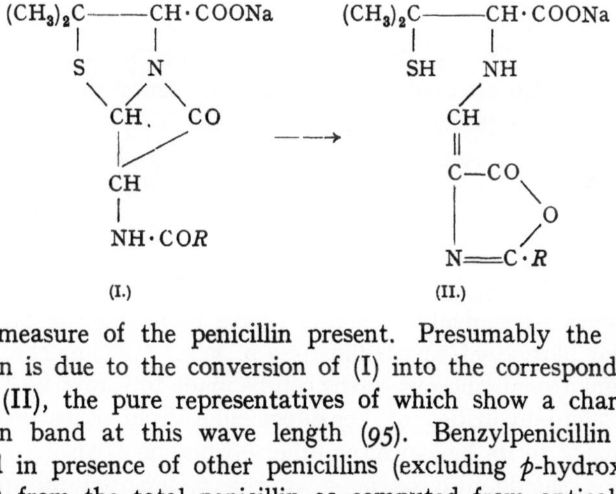

$$
\begin{array}{ccc}
(CH_3)_2C\!-\!-\!-\!CH\cdot COONa & & (CH_3)_2C\!-\!-\!-\!CH\cdot COONa \\
|| & & || \\
SN & & SHNH \\
CHCO & \longrightarrow & CH \\
CH & & C\!-\!COO \\
NH\cdot COR & & N\!=\!=\!C\cdot R \\
\text{(I.)} & & \text{(II.)}
\end{array}
$$

made a measure of the penicillin present. Presumably the increased absorption is due to the conversion of (I) into the corresponding penicillenate (II), the pure representatives of which show a characteristic absorption band at this wave length (*95*). Benzylpenicillin may be estimated in presence of other penicillins (excluding *p*-hydroxybenzyl-penicillin) from the total penicillin as computed from optical rotation together with the difference in transmission at 280 and 263 mμ (*90*). Like other chemical assays, this method does not distinguish between the further varieties of penicillin, but although unaffected by the normal impurities in penicillin, it is not easily applicable to penicillin in body fluids. Somewhat similar considerations would seem to apply to the adaptation of infrared absorption characteristics of crystalline penicillin in analytical general practice (*41*).

Penicillin preparations are quickly inactivated in presence of alkali (*31*) with the production primarily of penicilloates, a change which has in several ways been applied to penicillin assay. Thus the newly formed acidic group may be titrated directly (*131*). Again, unlike the original penicillin, the penicilloates prove unstable towards iodine which appears to oxidise the fission products of the thiazolidines and thus provides a titrimetric

$$(CH_3)_2C\text{———}CH\cdot COOH$$

$$\begin{array}{ccc} & | & \quad | \\ & S & \quad NH \\ & \diagdown & \diagup \\ & CH & \\ & | & \\ & CH\cdot COOH & \\ & | & \\ & NH\cdot CO\cdot R & \end{array}$$

Penicilloic acid.

measure; the assay is, however, computed empirically (individual pure thiazolidines consuming 8,5–9,0 atoms of iodine per mole) from the difference in results before and after inactivation (*37, 90, 125, 151, 171*). Similar and apparently equally satisfactory is a rapid method using hydrogen peroxide as the oxidising agent [(*89*); see also (*181*)]. Still again, penicillinase inactivates the penicillins by converting them into penicilloates which can be estimated by titrating the liberated carboxyl group (*94, 126*). Finally, in this connection the penicilloates formed on alkali inactivation are readily hydrolysed by warm aqueous acid to yield the corresponding (decarboxylated) aldehyde.

Most of the foregoing analytical methods are obviously non-specific and with few exceptions permit only the estimation of total penicillin. The elucidation of the nature of a mixture of unknown penicillins can be satisfactorily carried out only by the rather laborious methods of partition chromatography (*75*), which achieved a high degree of perfection in the original work on penicillin and which have more recently been used to isolate new biosynthetic penicillins (see p. 208). A simple chromatogram using standardised siliceous earths can be made to suffice for the separation of micro-quantities of benzylpenicillin from other penicillins as a preliminary to its biological or other estimation (*159*).

Mention should also be made of the preferential precipitation of certain salts of benzylpenicillin by means of which the latter may often be isolated from mixtures especially if they be rich in that particular component. An example is the precipitation of the N-ethylpiperidine salt of benzylpenicillin which in favourable circumstances is 98.6% complete (*49*) and which thus lends itself to analytical use (*144*).

Production of Penicillin.

While advances in this direction are, with the exception of the improvement in assay techniques and the use of precursors, of less immediate interest to the organic chemist, they are still of sufficient importance as factors facilitating the chemical study of antibiotics to warrant their brief review here.

In addition to factors of purely chemical or structural origin and those associated with chemical engineering aspects of penicillin production which lie outside the scope of this account, the phenomenal production of penicillin may be traced to:

a) improvements in the culture medium, and
b) selection of more productive mould strains.

The two studies are interrelated, for different mould strains respond in an irregular manner to different media, and it is scarcely useful or even possible to do more than note the main topics.

a) Culture media. – To appreciate the developing factors in their proper perspective it must be recalled that for several years penicillin was produced almost exclusively in surface culture (*122*). Many improvements succeeded in raising the titre of penicillin from ca. 4 units/ml. to about 200 units/ml., although the usual commercial level was only about 60 units/ml. This mode of production in small vessels was associated with special problems of inoculating, stacking, temperature control, and harvesting of large numbers of bottles; and while the yields were comparatively low and liable to serious loss from the many possible sources of infection, the tendency was to work with synthetic media containing glucose or glucose-lactose mixtures and mineral salts, special attention being paid to trace elements of which copper, zinc, aluminium and chromium seemed to be the most important. Latterly the importance of cobalt has also been suggested (*154*). Lactose seems consistently more desirable than glucose for submerged as well as surface culture (*123*) though its use is somewhat limited by availability. Zinc seems of special significance in controlling the formation of notatin (*86*), another antibiotic which is a flavine-protein complex and which seems to be therapeutically valueless. Such minor factors exert as well a pronounced effect on the production of pigments and other acidic materials which often accompany penicillin to a late stage of its purification and which formerly were regular contaminants of commercial penicillin.

The general character of the yellow pigmented concomitants recalls the pigment chrysogenin earlier isolated from *P. chrysogenum*; one of

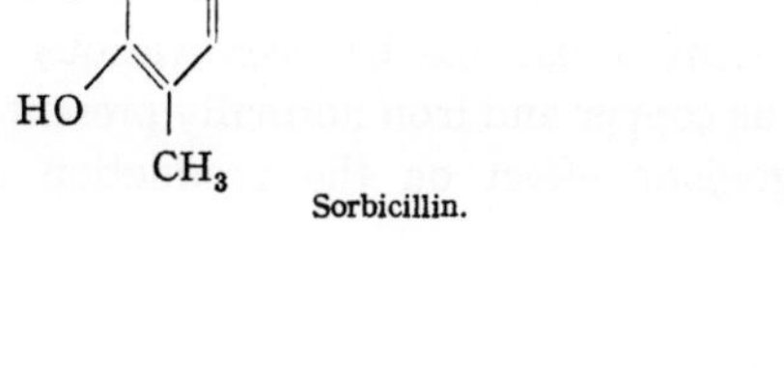

$$\text{CH}_3 \overset{\text{OH}}{\underset{\text{CH}_3}{\overset{|}{\underset{\text{HO}}{\bigcirc}}}} \text{CO} \cdot \text{CH} : \text{CH} \cdot \text{CH} : \text{CH} \cdot \text{CH}_3$$

Sorbicillin.

these pigments, sorbicillin, has been examined in more detail and been assigned the accompanying structure (*68*).

This is only one of the interesting substances which have from time to time been observed in crude penicillin or formed simultaneously. Ergosterol in the mould mycelium (*142, 156*), tiglic, furoic and pyromucic acids and structurally related compounds, phenylacetic acid and indolyl-3-acetic acids (*69*) are among others, some of them isolated from "clinical" penicillin. Perhaps special interest centers on a concomitant in crude penicillin which tended to destroy the antibiotic and which was ultimately identified as *p*-hydrooxyphenylacetic acid, a compound which in controlled quantity is effective as a precursor of *p*-hydrooxybenzylpenicillin. More recently, compounds which are almost certainly the result of inactivation of penicillins themselves have been detected in penicillin preparations; the detection of *d*-penicillamine in these circumstances is especially notable (*162*). Of quite different interest is the finding that impure penicillins contain uncharacterised substances which much enhance the therapeutic effectiveness of the crystalline antibiotics (*97*). The enhancement is noticed with the various natural penicillins and is not reflected in terms of unitage. Possibly these findings are to be correlated with the effect of *o*-hydroxyphenylacetic acid which is likewise present in impure penicillin and believed to enhance its activity (*74*).

With the introduction of submerged fermentation and of improved mould strains the increased titres afforded by the use of corn steep liquor, outweighed any disadvantage of the presence of protein deposits in the crude harvested penicillin solution, and purely synthetic media became practically obsolete.

Corn steep liquor, which was formerly a waste material, is the liquor obtained on steeping maize in 0.5% aqueous sulfur dioxide as a preliminary in the manufacture of starch, and its introduction in the production of penicillin was one of the most important factors in increasing output. Both β-phenylethylamine and tyramine have been isolated from corn steep liquor and these bases are, as mentioned elsewhere in this review (p. 207), capable of acting as precursors of benzyl- and *p*-hydroxybenzyl-penicillins. It appears therefore that their presence in corn steep liquor may account for part of its efficacy though they are not alone responsible. Much remains to be done on the effective organic constituents, therefore, especially as their occurrence in steep liquors seems to vary unaccountably.

The inorganic components also, probably have some value as the ash from the liquor to some extent stimulates production of penicillin (*110, 111*). The mineral requirements of the mould have been clearly shown, however, to represent a balance between various elements, especially certain ones such as copper and iron normally present in traces and which exhibit an antagonistic effect on the production of penicillin; many

.heavy metals exert in addition a quite distinct and chemically defined deleterious action on penicillin already synthesised.

For such reasons it would be valuable to elucidate the nature of the effective constituents, particularly the organic ones, with the object of reverting to a synthetic medium. Attacks were early made on the problem but it proved unusually difficult, and much effort has been expended on attempts to use natural or artificial substitutes for corn steep liquor, which shall increase the yield of penicillin and not merely stimulate mycelial growth.

In this respect extracts of ground peas (*65*) and also cottonseed meal (*87*) have some value though it is doubtful if either is much if at all superior to corn-steep liquor when the added effect of chemically defined precursors is taken into account. Boric acid and sodium citrate lead to a substantial increase in penicillin (*112*) though these experiments were carried out in presence of corn steep liquor and the effect may not be of a useful magnitude in an otherwise purely synthetic medium; it might well be also that they would give rise to difficulties in processing the culture filtrates, as might many other "natural" media (*129*). The effect of the active fraction of corn steep liquor which is probably of protein nature has been said to be reproduced by a mixture of glutamic acid, histidine and arginine (*170*) but other workers believe that leucine is the most effective of aminoacids (*153*). Such apparent contradictions doubtless arise from the use of different conditions and mould strains and illustrate the complexity of the task of elucidating the optimum composition of the medium. Clearly insufficient is yet known about the biochemical origin of penicillin despite a great deal of knowledge of the composition of the medium during fermentation (*106*) and speculation on the immediate genesis of the antibiotic (*99*).

b) Productive mould strains. – The production of penicillin is, as is mentioned below, a not uncommon characteristic of *Penicillia* and *Aspergilli*; indeed of 241 representatives of *P. notatum* and *P. chrysogenum* examined under various conditions of surface and submerged culture all but a very small minority had some activity in this respect, and a few proved very active (*137, 138*).

Of special importance, however, as a guide to the development of similar work, was the success attendant upon the systematic examination of artificially induced *mutants* giving more satisfactory yields of penicillins; the effect of these improvements was particularly felt in production of penicillin by submerged fermentation. Further advances since the conclusion of the war-time Anglo-American project on penicillin are almost impossible to evaluate from the literature and possibly the best available illustration lies in the evolution of a strain (*Q 176*) which produced almost twenty times the amount of penicillin obtainable from the original mould. The latter (*NRRL 832*) was first isolated from a melon in Peoria* and yielded 40–80 units/ml. A selected single-spore culture (*NRRL 1951. B 25*) obtained from it afforded 100–200 units/ml., and this in turn by X-ray irradiation furnished a mutant (*X. 1612*) producing 300–500 units/ml. Finally, ultraviolet irradiation of *X. 1612* provided *Q. 176* yielding 1000 units/ml. (*40*).

The Structure of the Penicillins.

Owing to the impossibility at the time of obtaining pure preparations, early speculations on the chemical nature of penicillin were based on the examination of some relatively crude samples. Thus although at first even the presence of significant amounts of nitrogen was debatable, it was soon apparent that hydrolysis of impure penicillin preparations (ca. 25–30%) with hot mineral acids gave an α-aminoacid in quantities approximately proportional to the original biological potency and which was thus probably a significant degradation product (*32*). This material, penicillamine, is also formed when penicillin is inactivated with alkali followed by treatment with mercuric chloride in a slightly acid solution. Meanwhile rapid progress in U.S.A. had led to the crystallisation of sodium benzylpenicillin and to the recognition of sulfur as one of the constituent elements. Almost simultaneously sulfur was recognised in penicillin being studied in Great Britain (*27*) and was related to its degradation product penicillamine which was ultimately assigned the empirical formula, $C_5H_{11}O_2NS$. The penicillamine obtained from benzyl-penicillin in U.S.A. was undoubtedly identical with that isolated on this side of the Atlantic and with that obtained from a novel form of penicillin, *n*-amylpenicillin, prepared by hydrogenating that commonly being studied in Great Britain at the time (*48*). That penicillamine was in fact the hitherto unknown D-β,β-dimethylcysteine was very shortly clear from degradative evidence as well as from its synthesis (*70*). Penicillamine has been synthesised in a considerable number of other ways and its resolution improved.

At this juncture the non-identity of "British" and "American" penicillins which had long been suspected now became indisputable for it became impossi ble to accommodate penicillamine and phenylacetic acid, a degradation product which had been recognised in U.S.A. (*120*), with the analytical data accumulating for penicillin preparations in Great Britain.

It may be mentioned incidentally that alkaline degradation of benzylpenicillin affords also phenyl-levulinic acid, a curious product as its genesis remains obscure (*155*).

Returning to the plurality of the penicillins, the evidence, moreover, was soon extended, for example, by the isolation of different immediate derivatives such as those formed with benzylamine, and different degradation products. Thus it was that by about the end of 1943 no less than four natural penicillins had been recognised:

Penicillin – I (= F) = Δ^2-Pentenylpenicillin.

Dihydropenicillin – I (= diH-F) (= "Gigantic Acid") = *n*-Amylpenicillin.

Penicillin – II (= G) = Benzylpenicillin.

Penicillin – III (= X) = *p*-Hydroxybenzylpenicillin.

The earlier terminology—"I", "F", etc. is now obsolete and replaced by the more "systematic" terms such as "Δ^2-pentenylpenicillin".

Of these, Δ^2-pentenylpenicillin was the main product of surface culture in Great Britain; *n*-amylpenicillin was produced from it by catalytic hydrogenation but was also a metabolic product of *Aspergillus giganteus* (*132*), and benzylpenicillin was the main product of submerged fermentation in U.S.A. *p*-Hydroxybenzylpenicillin was first recognised as an irregular product of *P. notatum* (NRRL 1249. B 21), and later as a regular if quantitatively variable component of deep fermentation penicillin (*82*). *n*-Heptylpenicillin (penicillin *K*) was recognised somewhat later (*27*); "flavacidin" which was obtained from *Aspergillus flavus* and which appeared at one time to be an isomeride of Δ^2-pentenylpenicillin has finally been identified as *n*-amylpenicillin (*36, 88*; cf. also *181*).

From this point three divergent trends can be recognised: *a)* the recognition of penicillins or penicillin-like substances by an ever lengthening list of moulds; *b)* the artificial modifications of *p*-hydroxybenzylpenicillin; and *c)* the biosynthesis of new penicillins by utilising the synthetic power of selected strains of mould with the assistance of appropriate precursors.

a) As described above the faculty of producing penicillins of varying compositions is exhibited by many natural, X-ray, and ultraviolet mutants of moulds of the *P. notatum – P. chrysogenum* groups, and systematic study in this field has been in large measure responsible for the development of high yielding strains. Many other *Penicillia*, *P. baculatum*, *P. fluorescens* and more remote members such as *P. griseofulvum*, *P. griseoroseum*, *P. citreoroseum*, etc., have a similar though so far less well developed ability. Many *Aspergilli* such as *A. flavus*, *A. parasiticus*, *A. giganteus*, *A. oryzae*, *A. niger*, *A. nidulans*, etc., and a few unrelated moulds such as *Malbranchea pulchella* (*13*) and *Trichophyton mentagrophytes* (*13*) also produce penicillin-like substances though in only a very few cases has the nature of the antibiotic been confirmed by isolation of any of the penicillins concerned or their characteristic transformation products, or by such means as correlation of their biological properties (*e.g.*, their bacterial spectra or stability towards penicillinase) with those of known penicillins. Separation of the penicillins by means of partition chromatography is, of course, the most satisfactory demonstration of their nature, and paper chromatography is likewise useful (*109*).

b) p-Hydroxybenzylpenicillin has, by virtue of its phenolic group, given rise to a series of artificial penicillins prepared by mild halogenation of the parent compound or by coupling it with various diazotised amines including arsenical bases (*64*). Many of the crystalline artificial penicillins

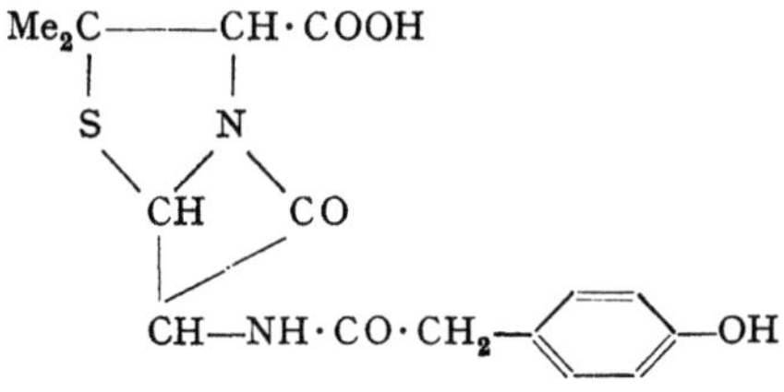

$$\text{Me}_2\text{C}\!-\!\!-\!\!-\!\!-\text{CH}\cdot\text{COOH}$$

p-Hydroxybenzylpenicillin.

so obtained had very high activities when assayed against *Staphylococcus aureus*, some higher than sodium benzylpenicillin itself. Such studies, however, well illustrate the difficulty of usefully comparing a series of antibiotics for it must be remembered that in effect the unit of potency of benzylpenicillin has been standardised by reference to the effects of serialised amounts of the antibiotic on a test organism, i.e. to a standard curve; different antibiotics should therefore only be compared if they exhibit the same shape of "standard" curve, and since this is rarely the case, apparently high individual potencies may be very misleading. It is perhaps not surprising, therefore, that so far no therapeutically valuable modifications seem to have emerged from such work.

While dealing with chemical modifications it is appropriate to mention here that many different crystalline salts of various penicillins have been obtained derived from both inorganic and organic bases (see references, p. 240). Of these the benzylamine and triethylamine salts of benzyl-penicillin played important parts in the isolation of the pure natural and synthetic material, while the N-methylpiperidine, N-ethylpiperidine and N-ethylmorpholine salts of the same penicillin are specially valuable in isolating benzylpiperidine from mixtures with other penicillins. By reaction with diazoalkanes, methyl, ethyl, *n*-butyl and benzylhydryl esters of crude penicillin (*121*), methyl Δ^2-pentenylpenicillin (*50*), benzyl and *p*-iodobenzyl benzylpenicillin (*51, 130, 152, 178*), and crystalline methyl and ethyl benzylpenicillin (*118, 150*) have been prepared. These esters possess a lower *in vitro* potency than the corresponding salts, but some at least show a higher *in vivo* activity due to their enzymic hydrolysis and their resulting lower excretion (*59, 121*).

Some recent achievements in effecting chemical reactions of the carboxyl group would, a few years ago, have seemed impossible of attainment in view of the instability of the penicillins. Not only has free benzyl-penicillin been obtained in crystalline form (as an adduct with isopropyl-ether) (*160*) but it has been converted into its anhydride (*55*) and a mixed anhydride with acetic acid, by means of thionyl chloride, and thence into what were previously seemingly inaccessible derivatives such as benzylpenicillinamide and β-diethylaminoethyl benzylpenicillin (*66*). The former compound is notable because while possessing considerable anti-biotic potency it is unaffected by penicillinase. These preparations clearly show that experience with crude or minute concentrations of penicillin — experience which suggested an instability precluding all but the simplest chemical manipulation — is not a reliable guide now that much larger quantities of penicillin are available.

c) The early finding of COGHILL, MOYER and WARD (*42*) that phenyl-acetic acid stimulated the production of penicillin in surface culture by 30–50% was for some time overshadowed by the introduction of corn-steep liquor into penicillin production in deep culture. In U.S.A. the view appeared to prevail that the stimulus was due to hormone-like properties of phenylacetic acid, whereas in Great Britain the usual view was that the acid was incorporated into penicillin. That phenylalanine and many other artificial compounds had a similar stimulatory action (*147*), and that β-phenylethylamine and tyramine could be isolated from corn-steep liquor (*117*) strengthened this view. The latter became even more convincing with the showing that a strain which normally produced exceedingly little if any benzylpenicillin began to elaborate a considerable proportion of its penicillin in this form in presence of phenylacetic acid; moreover, abnormal amounts of *p*-hydroxybenzylpenicillin were similarly produced in presence of *p*-hydroxyphenylacetic acid (*58*). Finally, by means of deuterophenylacetyl-N^{15}-valine it was shown that while an almost negligible amount of N^{15} was incorporated into the resulting penicillin, some 92% of the benzylpenicillin produced contained deuterium and thus was derived by direct uptake of the (deutero) phenylacetyl moiety from the precursor (*42*).

The use of phenylacetyl derivatives has since become common practice in improving the fermentation yield of benzylpenicillin (*124, 146*). Not all strains of penicillin-producing moulds respond to any very favourable extent to the administration of phenylacetyl or *p*-hydroxyphenylacetyl compounds as precursors and it is even more remarkable that no acids or acid derivatives corresponding to other natural penicillins (*e.g.*, comproic acid) have been found to exercise any favourable influence on the production of the antibiotics. Furthermore, no other conceivable fragments of the benzylpenicillin molecule have been found to be of any value, and phenylacetic and *p*-hydroxyphenylacetic acid (with near derivatives thereof) remain the sole means of directly influencing the natural production of benzyl- and *p*-hydroxybenzyl-penicillin respectively (*38*).

Table 1. Biosynthetic Penicillins (*42, 43–47, 67, 107, 148*).

Penicillin formed	Precursor used	Activity, units/mg.	Differential assay ratio
Sodium-*p*-methoxybenzyl-penicillin	*N*-(2-hydroxyethyl)-*p*-methoxy-phenylacetamide	1510	0,82
Sodium-*p*-nitrobenzyl-penicillin	*N*-*p*-nitrophenylacetyl-*DL*-valine	1700 (?)	0,86
Sodium-*p*-fluorobenzyl-penicillin	*N*-(2-hydroxyethyl)-*p*-fluorophenyl-acetamide	1650	0,89
Sodium-*m*-fluorobenzyl-penicillin	*N*-(2-hydroxyethyl)-*m*-fluorophenyl-acetamide	2340	0,76
Sodium-*o*-fluorobenzyl-penicillin	*N*-(2-hydroxyethyl)-*o*-fluorophenyl-acetamide	1340	1,08
Sodium-*p*-chlorobenzyl-penicillin	*N*-*p*-chlorophenylacetyl-*DL*-valine	2460	0,73
Sodium-*p*-bromobenzyl-penicillin	*N*-(γ-*p*-bromophenylbutyryl-*DL*-valine	2270	0,65
Sodium-*p*-iodobenzyl-penicillin	*N*-(2-hydroxyethyl)-*p*-iodophenyl-acetamide	2800 (?)	0,67
Sodium-2-thiophene-methylpenicillin	*N*-(2-hydroxyethyl)-2-thiophen-acetamide	1685	1,13
Sodium-phenoxymethyl-penicillin	*N*-(2-hydroxyethyl)-phenoxyacet-amide	1670	0,87
Sodium-*p*-tolylmercapto-methyl-penicillin	*p*-Tolylmercaptoacetyl-*DL*-valine	1285·(?)	0,83

In view of the above facts it is no less than astonishing that incorporation of many additional nutrients which are often though not exclusively derivatives of aryl-acetic acids comparable with the above-mentioned precursors, has been shown to lead to their uptake with the formation of "unnatural" semisynthetic penicillins. Several of the latter have been isolated as salts in the pure crystalline state (Table 1).

The isolation of these new penicillins would hardly have been possible without the partition chromatography which had so materially assisted the study of the natural penicillins, and their recognition could not so certainly have been achieved without the evidence of differential assays. It is obvious that on a weight or molar basis the new penicillins may be more or less active than the predominating benzylpenicillin formed in absence of the specific precursor. The absolute activity of the harvested solutions is thus no reliable guide to the biosynthesis of a penicillin, for the synthesis of even an equivalent amount of a semi-artificial penicillin may lead to an apparent drop in potency.

While surveying the range of penicillin-like antibiotics this may be an appropriate juncture to mention that the total synthesis of benzyl-penicillin (see p. 236) by the interaction of D-penicillamine and the inter-mediate (III) (benzylpenaldic acid) has been applied to similar condensations

$$C_6H_5 \cdot CH_2 \cdot CO \cdot NH \cdot \overset{\overset{\textstyle COOH}{\textstyle |}}{C} = CHOH$$

(III.) Benzylpenaldic acid.

using cysteine itself and other substituted cysteines. No very high activities have been obtained by this means and very little study has been given to the weakly active solutions so obtained but the supposition is obviously that the activities are due to artificial penicillins with a ring-structure comparable with that of benzylpenicillin but with other substituents in place of the *gem*-dimethyl groups of the natural antibiotic.

It is worth noting in passing how changed the position and outlook is since penicillin first attracted wide recognition. Forgotten is the concept of penicillin as an isolated phenomenon; forgotten also the view that the production of penicillin is an activity of quite exceptional organisms; finally, completely transformed is the belief that the activity of penicillin is associated with a single specific chemical structure. Specificity certainly seems to reside in the ring structures of the penicillins but variation in the carboxyl, *gem*-dimethyl and acyl groups permits of a degree of flexibility which is astonishing in view of the high specificity of most growth factors.

The chemistry of Δ^2-pentenylpenicillin, benzylpenicillin, n-amyl-penicillin and to a smaller extent p-hydroxybenzylpenicillin has led to entirely similar conclusions, and there is no reason to doubt that all the natural penicillins are similarly constituted and derived from D-penicillamine.

Comprehensive accounts of the various degradations of the penicillins have been given elsewhere, and the section immediately following is concerned rather with the over-all development of the currently accepted structural formula of the penicillins than the compilation of all their known reactions.

The penicillins had the general empirical formula $C_9H_{11}O_4N_2S \cdot R$ where R was benzyl in the case of benzylpenicillin. The recognition of Δ^2-pentenoic, n-caproic, and p-hydroxyphenylacetic acid in the ultimate hydrolysis products of the appropriate penicillins revealed $R = = CH_3 \cdot CH_2 \cdot CH:CH \cdot CH_2$; n-C_5H_{11}- and $HO \cdot C_6H_4 \cdot CH_2$- in the case of Δ^2-pentenyl, n-amyl and p-hydroxybenzyl-penicillins respectively.

As described above, the various penicillins afforded penicillamine by relatively drastic hydrolysis with mineral acids. It had early been observed, however, that penicillin solutions were inactivated on the acid side of neutrality, the inactivation being rapid at $p_H = 2$ and due to isomerisation to the so-called *penillic acids*, $C_9H_{11}O_4N_2S \cdot R$. Now an alternative preparation of penicillamine from the penicillins consisted in treating them with alkali followed by mercuric chloride when penicillamine was precipitated as a mercaptide. Treatment of the penillic acids with mercuric chloride gave rise, however, not to penicillamine but to a series of new thiol compounds, the *penillamines*. $C_8H_{11}O_2N_2S \cdot R$. The latter were stable to acid hydrolysis and clearly acid and alkali inactivation of the penicillins led to different transformations. The changes and the salient chemical features of the products are shown in Table 2.

Table 2. Salient Chemical Features of Some Penicillin Derivatives.

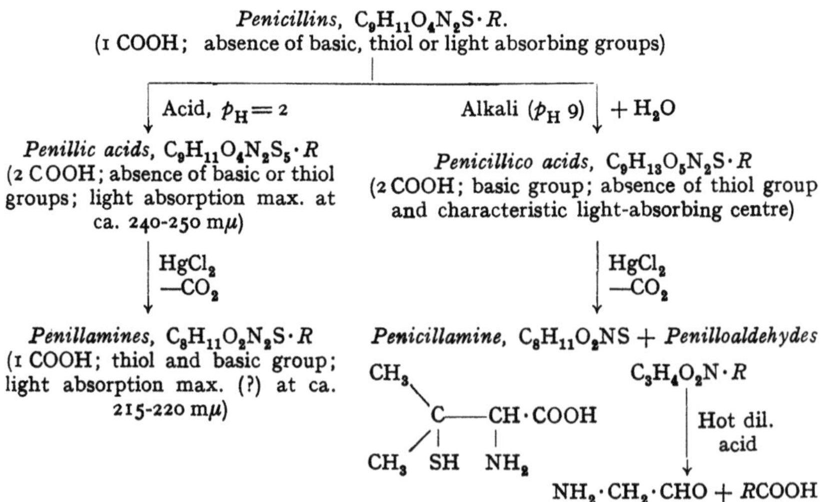

The penicilloic acids have not themselves been isolated in the free condition as they are unstable .and readily liberate carbon dioxide;

the decarboxylated compounds, the *penilloic acids*, $C_8H_{13}O_3N_2S \cdot R$, are better known as synthetic materials. Beginning, then, with the penilloaldehydes, their aldehydic and acylamido nature suggested their formulation as acylamido-acetaldehydes, structures which were quickly confirmed in the cases of *n*-amyl- and benzylpenilloaldehydes, and later in others as well, by syntheses such as the following:

$$n\text{-}C_5H_{11}COCl \quad + \quad NH_2CH_2 \cdot CH(OEt)_2 \!\!\searrow$$
$$\!\!\rightarrow n\text{-}C_5H_{11}CO \cdot NH \cdot CH_2 \cdot CH(OEt)_2$$
$$n\text{-}C_5H_{11}CONHK \quad + \quad BrCH_2 \cdot CH(OEt)_2 \!\!\nearrow$$

$$\downarrow$$

n-Amylpenilloaldehyde dinitrophenylhydrazone.

All the properties of the penicilloic and the penilloic acids were consistent with their formulation as thiazolidines, ring structures derivable from the aldehyde group of one moiety and the thiol and amine groups of the penicillamine component. The penilloic acids were soon represented therefore as in (IV) while the penicilloic acids became as in (V), the placing of the second labile carboxyl being consistent with its lability. The general correctness of these formulae and of the synthetical approaches was confirmed by syntheses of the following kind:

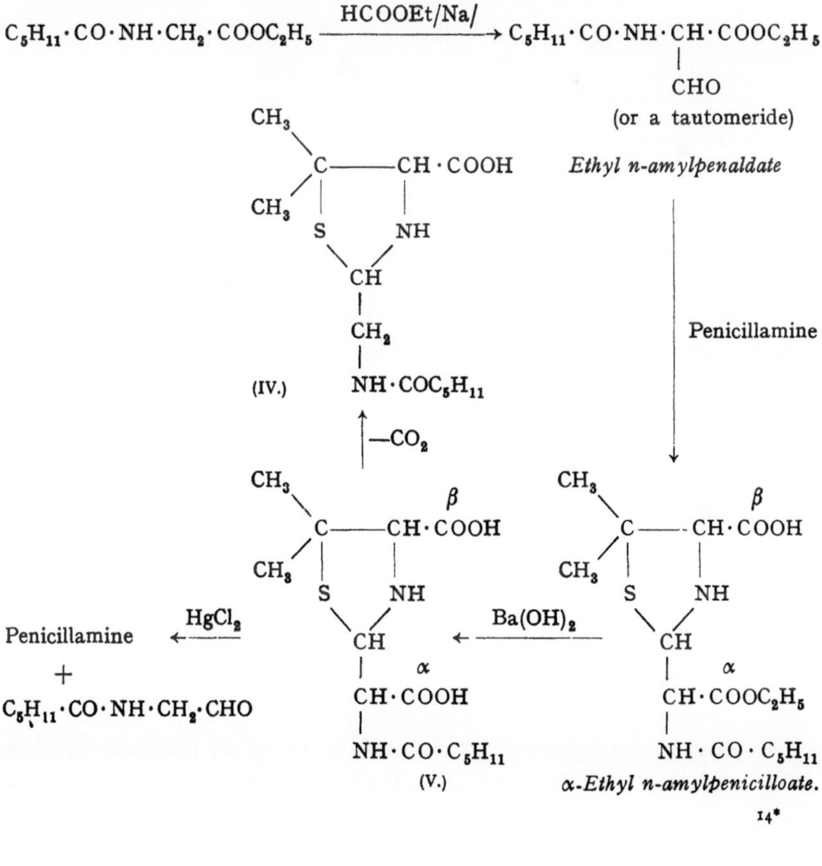

$$C_5H_{11} \cdot CO \cdot NH \cdot CH_2 \cdot COOC_2H_5 \xrightarrow{\;\;HCOOEt/Na/\;\;} C_5H_{11} \cdot CO \cdot NH \cdot CH \cdot COOC_2H_5$$

with a branch $|$ to CHO

(or a tautomeride)

Ethyl n-amylpenaldate

Penicillamine

(IV.)

$$\uparrow \; -CO_2$$

Penicillamine

+

$$C_5H_{11} \cdot CO \cdot NH \cdot CH_2 \cdot CHO$$

$\xleftarrow{\;HgCl_2\;}$

$\xleftarrow{\;Ba(OH)_2\;}$

(V.)

α-Ethyl n-amylpenicilloate.

The location of the labile carboxyl was placed beyond all doubt by study of the α-benzylamide of benzylpenicilloic acid, formed on inactivating the penicillin by means of benzylamine; cleavage of this product and hydrogenation of the aldehyde moiety led to a serine derivative identical with that (VI) obtained otherwise. (It is worth noticing in passing that although the same conclusion was also drawn in other ways, the experiments just mentioned establish that the labile (α) carboxyl is also that which is only potentially present in the antibiotics themselves; the latter thus owe their acidic properties to the β-carboxyl.)

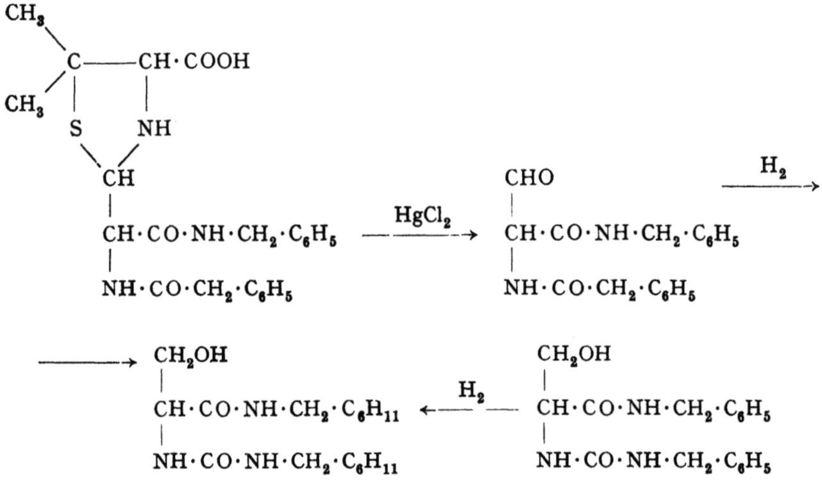

$$
\begin{array}{l}
\mathrm{CH_3}\!\diagdown \\
\quad\ \ \mathrm{C}\!\!-\!\!-\!\!\mathrm{CH\cdot COOH} \\
\mathrm{CH_3}\!\diagup\ \big|\qquad\ \big| \\
\qquad\ \mathrm{S}\qquad \mathrm{NH} \\
\qquad\ \ \diagdown\,\diagup \\
\qquad\quad \mathrm{CH} \\
\qquad\quad\ \big| \\
\qquad\ \ \mathrm{CH\cdot CO\cdot NH\cdot CH_2\cdot C_6H_5} \\
\qquad\quad\ \big| \\
\qquad\ \ \mathrm{NH\cdot CO\cdot CH_2\cdot C_6H_5}
\end{array}
\xrightarrow{\;\mathrm{HgCl_2}\;}
\begin{array}{l}
\mathrm{CHO} \\
\big| \\
\mathrm{CH\cdot CO\cdot NH\cdot CH_2\cdot C_6H_5} \\
\big| \\
\mathrm{NH\cdot CO\cdot CH_2\cdot C_6H_5}
\end{array}
\xrightarrow{\;\mathrm{H_2}\;}
$$

$$
\xrightarrow{\qquad}
\begin{array}{l}
\mathrm{CH_2OH} \\
\big| \\
\mathrm{CH\cdot CO\cdot NH\cdot CH_2\cdot C_6H_{11}} \\
\big| \\
\mathrm{NH\cdot CO\cdot NH\cdot CH_2\cdot C_6H_{11}}
\end{array}
\xleftarrow{\;\mathrm{H_2}\;}
\begin{array}{l}
\mathrm{CH_2OH} \\
\big| \\
\mathrm{CH\cdot CO\cdot NH\cdot CH_2\cdot C_6H_5} \\
\big| \\
\mathrm{NH\cdot CO\cdot NH\cdot CH_2\cdot C_6H_5}
\end{array}
$$

(VI.)

These findings relating to the inactivation of penicillin by means of acid and alkali supplied the basis for all the later work on penicillin.

The inability of the penillamines to furnish penicillamine together with their possession of the β (penicillamine) carboxyl and a thiol grouping, implied that the remainder of the molecule must be wholly attached to the penicillamine N-atom, and the stability, absorption spectrum, and

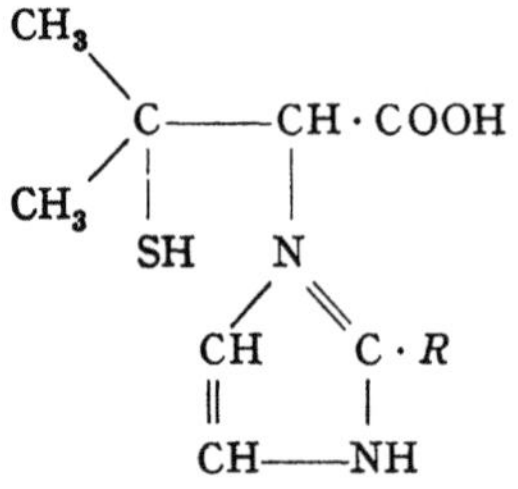

$$
\begin{array}{l}
\mathrm{CH_3}\!\diagdown \\
\quad\ \ \mathrm{C}\!\!-\!\!-\!\!\mathrm{CH\cdot COOH} \\
\mathrm{CH_3}\!\diagup\ \big|\qquad\ \big| \\
\qquad\ \mathrm{SH}\qquad \mathrm{N} \\
\qquad\quad\ \ \diagup\ \diagdown \\
\qquad\quad \mathrm{CH}\quad\ \mathrm{C\cdot R} \\
\qquad\quad\ \|\qquad\ \big| \\
\qquad\quad \mathrm{CH}\!\!-\!\!-\!\!\mathrm{NH} \\[4pt]
R = \mathrm{C_5H_9}\ \text{etc.} \\[2pt]
\qquad\quad\ \ (\text{VII.})
\end{array}
\qquad\qquad
\begin{array}{l}
\mathrm{CH_3}\!\diagdown \\
\quad\ \ \mathrm{C}\!\!-\!\!-\!\!\mathrm{CH\cdot COOH} \\
\mathrm{CH_3}\!\diagup\ \big|\qquad\ \big| \\
\qquad\ \mathrm{S}\qquad\ \mathrm{N} \\
\qquad\ \ \diagdown\ \diagup\ \diagdown \\
\qquad\quad \mathrm{CH}\quad\ \mathrm{CH\cdot R} \\
\qquad\quad\ \big|\qquad\ \big| \\
\mathrm{HOOC\cdot C}\!=\!\!=\!\!\mathrm{N} \\[4pt]
(\text{VIII.})\ \textbf{Penillic acids.}
\end{array}
$$

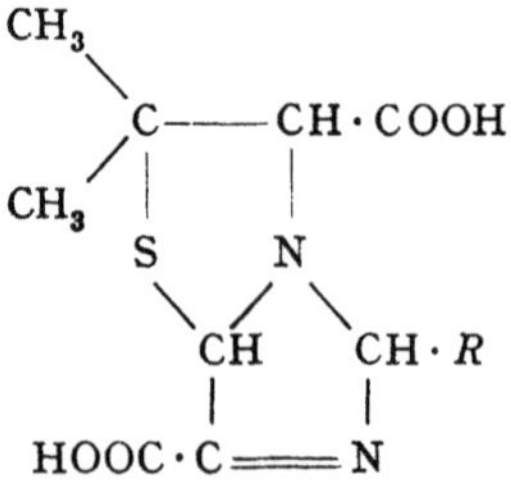

other properties all pointed to the residue being an imidazole nucleus (VII). These structures were later confirmed by the synthesis of the

appropriate optically active compounds as shown below, completely
identical with the penillamines of natural derivation:

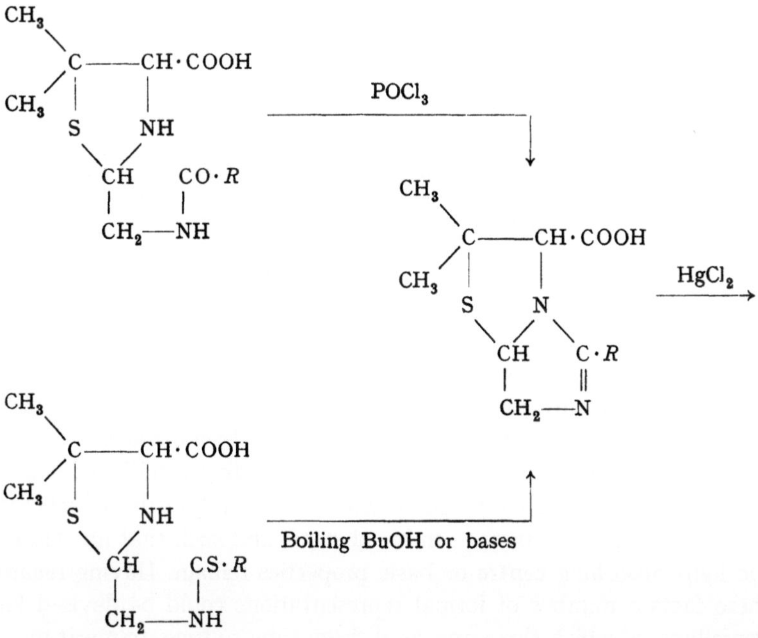

$$CH_3\big/C{-\!-}CH\cdot COOH,\; CH_3\big\backslash,\; S,\; NH,\; CH,\; CO\cdot R,\; CH_2{-\!-}NH \quad\xrightarrow{POCl_3}\quad CH_3\big\backslash C{-\!-}CH\cdot COOH,\; CH_3\big/,\; S,\; N,\; CH,\; C\cdot R,\; CH_2{-\!-}N \quad\xrightarrow{HgCl_2}\quad (VII)$$

$$CH_3\big/C{-\!-}CH\cdot COOH,\; CH_3\big\backslash,\; S,\; NH,\; CH,\; CS\cdot R,\; CH_2{-\!-}NH$$

Boiling BuOH or bases

Penillic acids, having regard to their conversion into penillamines
with the appearance of thiol and basic properties and the liberation of
carbon dioxide, together with their absorption spectra suggesting an
α,β-unsaturated acid structure, were given the constitution (VIII) or
a tautomeride thereof. Dimethyl benzylpenillate was synthesised by
the following method:

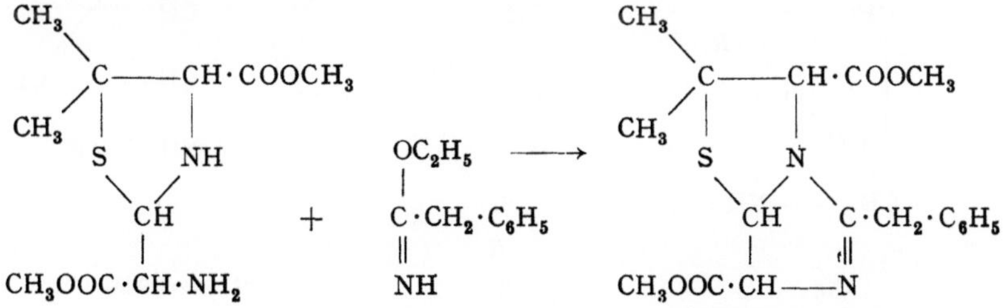

$$CH_3\big\backslash C{-\!-}CH\cdot COOCH_3,\; CH_3\big/,\; S,\; NH,\; CH,\; CH_3OOC\cdot CH\cdot NH_2 \;+\; OC_2H_5,\; C\cdot CH_2\cdot C_6H_5,\; NH \;\longrightarrow\; CH_3\big\backslash C{-\!-}CH\cdot COOCH_3,\; CH_3\big/,\; S,\; N,\; CH,\; C\cdot CH_2\cdot C_6H_5,\; CH_3OOC\cdot CH{-\!-}N$$

Dimethyl benzylpenillate.

It was fortunate that from an optically pure aminocarbomethoxy-
methyl thiazolidine derived from D-penicillamine the same configuration
as that of the derivative obtained from natural sources was realised.
Benzylpenillic acid is quantitatively an important by-product in the
synthesis of benzylpenicillin by the interaction of penicillamine and
2-benzyl-4-hydroxymethyleneoxazolone (see below); moreover a com-

pound with apparently the same ring-structure as benzylpenillic acid was obtained in the following way, the thiazoline (IX) also being formed:

$$
\begin{array}{ccc}
CH_3\diagdown & & \\
CH_3\diagup C\text{---}CH\cdot COOH & & \\
\quad \; SH \quad NH_2 & & \\
\end{array}
$$

$$
\begin{array}{ll}
CH(OC_2H_5)_5\text{---}CS\cdot CH_2\cdot C_6H_5 & \\
\quad\; | \qquad\qquad\qquad\; | & \\
CH_3OOC\cdot CH\text{--------}NH &
\end{array}
$$

$$
\begin{array}{ll}
CH_3\diagdown & \\
CH_3\diagup C\text{---}CH\cdot COOH & \\
\qquad\; S \qquad\; N & \\
\qquad CH \qquad C\cdot CH_2\cdot C_6H_5 & \\
CH_3COO\cdot CH\text{---}N &
\end{array}
$$

$$
\begin{array}{l}
C_2H_5O\cdot CH\cdot S\cdot C\cdot CH_2\cdot C_6H_5 \\
\quad\qquad | \qquad\quad \| \\
CH_3OOC\cdot CH\text{---}N
\end{array}
$$

(IX.)

Nevertheless, benzylpenillic acid remains the sole representative of the series to have been synthesised, the above method, successful in the case of the one representation, failing to lead to *n*-amylpenillic acid.

The penicillins are isomerides of the corresponding penillic acids and anhydrides of the corresponding penicilloic acids, such that the α-carboxyl is only latent or present in the combined state, and such that no characteristic light absorbing centre or basic properties remain. Having regard for these facts a number of formal representations could be devised for the penicillins, of which three appeared, from time to time, to merit more detailed consideration (X—XII):

(X.)   (XI.)   (XII.) Penicillins.

Without recounting the experiments designed to lead to (X) or similar structures, this formulation was ultimately rejected on the results of the X-ray crystallographic examination of benzylpenicillin; these results showed indubitably that the penicillins must have a less compact structure than that represented by (X). Decision between the remaining possibilities (XI) and (XII) presented great difficulty because each suggested structures for which there were no close analogies.

Thus while at the outset only very few thiazolidines were known, oxazolones bearing a single (even simple) substituent in the 4-position as in (XI) represented structures of almost unknown potentialities. Indeed, the prime objections to (XI) were based on the view that such a thiazolidine structure might be expected to exhibit basic properties (unlike the penicillins) while an alternative view held that as an oxazolone comparable perhaps with 2-phenyloxazolone, the structure might well exhibit acylating properties which would render the co-existence of the oxazolone ring and the thiazolidine NH-group incompatible within the same molecule. 2-Phenyloxazolone, it may be mentioned, was comparatively well-kown; it is obtainable by treating hippuryl chloride, which is almost certainly the hydrochloride of the oxazolone, with diazomethane or with weak bases, and reacts rapidly with amines to give substituted hippuramides. It was, however, quickly pointed out that in undergoing inactivation to penicilloates or, as in the case of the inactivation of benzyl-penicillin with benzylamine to the α-benzylamide of benzylpenicilloic acid, the penicillins do in fact behave like oxazolones.

On the other hand, while (XII) as an acylthiazolidine could be held to portray a substance devoid of basic properties, there was no reason to suppose that it portrayed, because of the β-lactam ring, a substance with the known instability of the penicillins. Indeed, several simpler β-lactams were known or were synthesised shortly after and were found to be surprisingly stable towards alkalis, amines and acids. Moreover, the derivation of the penillic acids from (XII) seemed to offer more difficulty than from (XI) if only for the reason that it must have involved the $NH \cdot CO \cdot R$ group which would hardly be expected to prove a centre of reactivity. It must be admitted, however, that the similar derivation from (XI) is only formally less difficult, and that near structural parallels of the change from penicillins to penillic acids remain unknown. Indeed, now that the structures of the penillic acids and the penicillins (XII) have become firmly established one can perceive that the formation of the former represents another of those rearrangements, like the WAGNER-MEERWEIN change in terpene chemistry, which are associated with particular structures and which in the present state of knowledge of organic chemistry are so unpredictable.

The penicilloic and penillic acid changes are, however, not the only remarkable transformations undergone by the penicillins. Thus new products emerged as the results of submitting the antibiotics to various mild treatments with the object of throwing light on their structure.

For example, it was found that heating methyl benzylpenicillin in inert solvents, especially in the presence of a trace of iodine, led to still another isomeride termed methyl benzylpenillonate. Study of the mono-basic acid, benzylpenillonic acid obtained on mild hydrolysis suggested that the new compound had the structure of an acylthiazolidine. This suggestion was born out by a study of the hydrogenolysis of the ester which gave in the first place a desulfurised product, methyl dethiobenzyl-

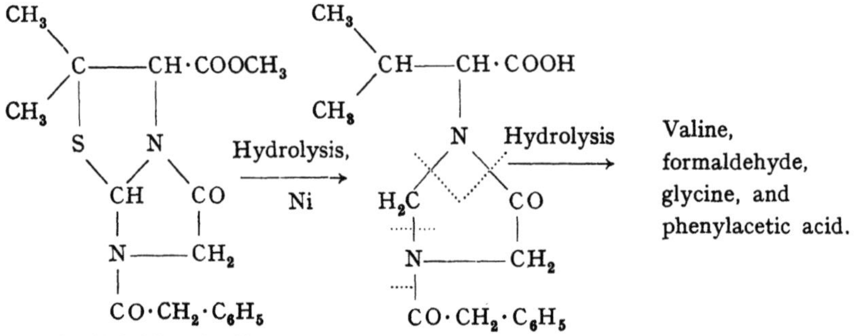

(XIII.) Methyl benzylpenillonate.

penillonate, which in turn was broken down by hydrolysis into formaldehyde, glycine, valine, and phenylacetic acid. These facts could only reasonably be accommodated on the formula (XIII) for methyl benzylpenillonate in which the four-membered lactam ring had been expanded to an imidazolone structure. Methyl benzylpenillonate has been obtained synthetically by thermal rearrangement of methyl benzylpenicillenate, though this preparation does not add any material support to the suggested structure; compounds having the penillonate structure have so far not been synthesised by any rational means.

Two further reactions of benzylpenicillin deserve special mention because of their bearing on the problem of the structure of the penicillins. The first of these concerns the reaction which takes place when benzylpenicillin is inactivated by means of mercuric chloride in organic solvents. The product of such treatment when carried out with the methyl ester of benzylpenicillin was isomeric with the original material, but contained a thiol group and also exhibited characteristic light absorption. The suggestion that this new product, methyl benzylpenicillenate, contained an oxazolone unit, as in (XIV) was almost immediately confirmed by its yielding the sodium salt of 2-benzyl-4-hydroxymethylene-oxazolone by treatment with sodium hydroxide. Methyl benzylpenicillenate therefore appeared indeed to have structure (XIV), particularly as its treatment with Raney nickel led to the formation of a dethio compound which likewise afforded the sodium salt of 2-benzyl-4-hydroxymethylene-oxazolone and which therefore must have had structure (XVI). At the time this work had special interest in that for the first time benzylpenicillin had afforded an oxazolone by degradation, and the existence of the oxazolone ring system in penicillin itself thus received some support.

The second series of reactions having particular interest for their bearing on the structural problem concerned the desulfurisation of benzylpenicillin. Treatment of the sodium salt with Raney nickel yielded a mixture composed of one neutral and two acidic compounds. The

(XIV.) Methyl benzylpenicillenate.   (XVI.)

(XV.)

neutral material proved to be identical with N-phenylacetyl-$L(+)$-alanine*iso*butylamide (XVII) which was synthesised from the azide of

Benzylpenicillin

(XVII.) N-Phenylacetyl-
-$L(+)$-alanine*iso*butylamide

(XIX.)

(XVIII.) N-Phenylacethyl-
-$L(+)$-alanyl-$D(-)$-valine.

Desulfurisation of Benzylpenicillin.

N-phenylacetyl-$L(+)$-alanine*iso*butylamine. One of the acidic products was shown to be N-phenylacetyl-$L(+)$-alanyl-$D(-)$-valine (XVIII), which was of special interest because of the configuration of the optically active carbon atoms. Of these, the *D*-configuration of the valine part of the molecule had already emerged, in the first place during the early studies of penicillamine; the isolation of this new hydrogenolysis product proved the *L*-configuration of the asterisked carbon atom (XVIII). Moreover, the nature of these substances appeared to establish for the first time the existence of a bond in penicillin between the penicillamine nitrogen atom and the latent and labile carboxyl liberated during the formation of penicilloic acids. The existence of this bond was still more clearly evidenced by the third hydrogenolysis product which was a mono-basic acid, $C_{16}H_{20}O_2N_4$, giving on mild hydrolysis a dibasic acid which was identical with *D*-α-dethio-benzylpenicilloic acid. Several other reactions showed the general parallelism between this dethio-benzyl-penicillin and penicillin itself; and a detailed study of its infrared absorption spectrum compared with the spectra of related synthetic compounds showed that the new product could only reasonably be formulated as a β-lactam as in (XIX) [see also (*35*)].

One thus had a series of reaction suggesting the presence of an oxazolone ring in penicillin, well balanced by another series of reactions suggesting the presence of a β-lactam ring in the antibiotic.

Many other reactions leading to the inactivation of the penicillins, chiefly benzylpenicillin, led to known degradation products such as the penicilloic acids, and there were in addition a few which led to still further new structures. For example, it was shown that methyl benzylpenicillin reacted with ammonium thiocyanate in acetic anhydride to give a new, biologically inactive product in which a molecule of thiocyanic acid had formally been included in the penicillin molecule. As it was known that oxazolones yielded 1-acylthiohydantoins under such treatment, the behaviour of penicillin at first suggested that it also contained an oxazolone ring. On this supposition the product of reaction with ammonium thiocyanate, would receive the representation (XX) as a substituted thiazolidine. However, closer study revealed no basic centre as would be required by the thiazolidine formulation; and, moreover, the compound could not be cleaved like other thiazolidines. As a result of detailed study among related ring systems, it was therefore concluded that the new product could best be represented by the thiodihydrouracil structure (XXI), a formulation which was supported by the fact that a model β-lactam (XXII) under similar conditions gave a product comparable to the dihydrothiouracil (XXIII).

Again, therefore, chemical evidence which at first suggested the correctness of the oxazolone formulation for the penicillins was later recorded as more probably supporting the alternative β-lactam formulation.

$$CH_3 \underset{CH_3}{\diagup} C \text{----} CH \cdot COOCH_3$$

(XX.)

(XXI.)

(XXII.)

(XXIII.)

Because of the indeterminate nature of the chemical evidence, efforts to synthesise the penicillins were spread over a wide field, being directed in the first place mainly towards the synthesis of oxazolone structures and later to a large extent, especially in U.S.A., to β-lactam structures. Indeed, an acceptable decision between the formulations (XI) and (XII) (p. 214) in favour of the latter was ultimately furnished, not so much by the study of the reaction of penicillin, as by examination of its crystallography and more especially of its infrared absorption characteristics.

$\lambda_{max.}$ at 5.75 μ.

(XXIV.)

$\lambda_{max.}$ at 5.67 μ.

(XXV.)

With special reference to the latter studies, it appeared that benzylpenicillin was characterised by an absorption band at 5.67 μ which could only be associated with a β-lactam ring. Model β-lactams were examined as they became available, and these showed a similar band, though at somewhat higher wavelength. For example, the simple model lactam (XXIV) showed a characteristic absorption band at 5.75 μ, the small difference in the position of maximum intensity in these characteristic bands being ascribed to the effect of the "fused" thiazolidine ring in penicillin itself; the effect is clearly seen in the lactam (XXV) when compared with (XXIV) (*138 a*).

As a result, therefore, of what must be an unsurpassed intensity of study, covering many fields nearly and more distantly related to the antibiotics, penicillin was finally ascribed the *β-lactam structure* (XII; p. 214) and was revealed not merely as a compound with features so far unique among other natural compounds, but with a structural lability making it impossible in our present state of knowledge of organic chemistry to pronounce upon the detail of its structure from chemical evidence alone. It would be neither true nor reasonable to discount the efforts of so many chemists by making it appear that the crystallographer and spectroscopist were alone able to reveal the structures of these fascinating compounds. It is more true to say that the work of the organic chemist and the physical chemist was, as it should be, complementary: although the structural organic chemist was unable to reach a definite conclusion as a result of his degradation studies, physical studies alone would not have been able to suggest any solution of the problem without first having the benefit of the results of the structural investigations to build upon.

Penicillin and Preparative Organic Chemistry.

The extensive work required for the elucidation of the structure of the penicillins, and the even more extensive attempts to synthesise the antibiotics, are clear indications of the many contributions which the subject has made towards structural and preparative organic chemistry. At the outset of the work, very little was known about the three heterocyclic systems, namely the thiazolidine, β-lactam and oxazolone ring structures, around which so many aspects of the work centred. New methods of synthesis had to be devised and the stability and other chemical characteristics of these individual systems with varying substitution noted. In this way completely new fields of organic chemistry have been revealed, which will surely have their value in the future, quite irrespective of their connection with the study of penicillin. In the following brief account, no attempt has been made to compress within reasonable compass all the innumerable facts which have emerged in this way, but attention is directed rather towards the outstanding developments.

β-Lactams.

The suggestion that this ring-system occurred in penicillin and ultimately its proof by means of infrared absorption data directed attention to

this hitherto little known four-membered ring structure. In earlier work,
due mainly to STAUDINGER, only relatively simple numbers of the β-lactam
system had been synthesised, and these mostly by the addition of ketens
to imines:

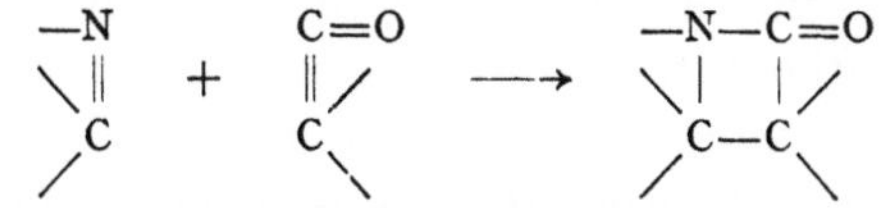

$$\begin{array}{ccc}
\diagdown\!-N & C=O & -N-C=O \\
\diagdown\|\ \ + & \|\diagup & \diagdown\,|\ \ \,|\diagup \\
\diagup C & C & \diagup C-C\diagdown \\
\diagup & \diagdown & \diagup\ \ \ \diagdown
\end{array}$$

In renewed study, some more complex examples of this reaction came
to light and it was hoped that by appropriate substitution, penicillin
itself might become available on these lines. For example, efforts were
made to induce benzylidene-aniline to react with diazo-acetone in the
presence of silver oxide, the anticipation being that a keten would be
formed *in situ* as is shown below, although in fact in this, as in similar
instances, no β-lactam could be isolated:

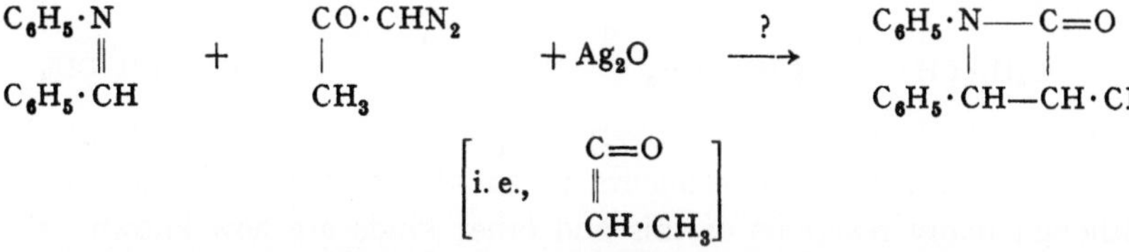

$$
\begin{array}{ccccc}
C_6H_5\cdot N & & CO\cdot CHN_2 & & C_6H_5\cdot N\!-\!\!-\!C=O \\
\| & + & | & +\,Ag_2O \quad \xrightarrow{\ ?\ } & |\qquad | \\
C_6H_5\cdot CH & & CH_3 & & C_6H_5\cdot CH\!-\!CH\cdot CH_3
\end{array}
$$

$$
\left[\ \text{i. e.,}\quad
\begin{array}{c}
C=O \\
\| \\
CH\cdot CH_3
\end{array}
\ \right]
$$

In this relationship it was a subsidiary objective of some importance
in connection with studies of the infrared absorption characteristics of

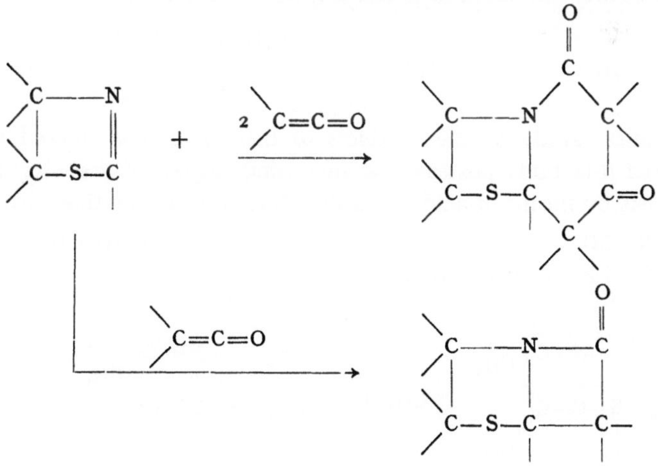

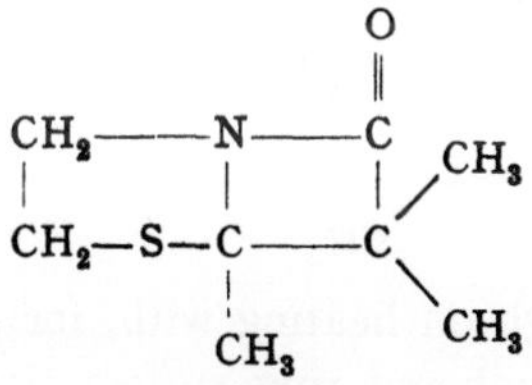

(XXVI.)

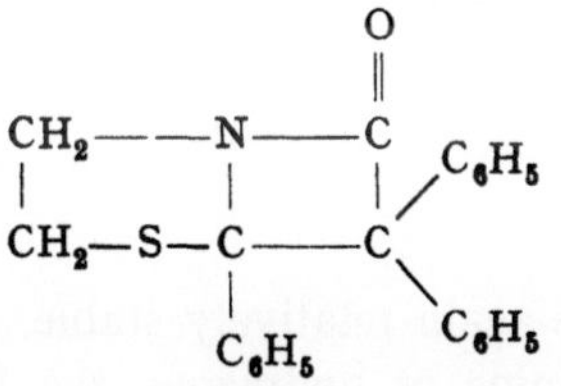

(XXVII.)

β-lactams to obtain such compounds containing a thiazolidine ring fused to the four-membered structures. In seeking this objective it was attempted to react ketenes with thiazolines in the hope of securing addition across the C=N bond, as in the original STAUDINGER syntheses. Most of these attempts were without the desired success, the products being often derived from the thiazolines by addition of two molecules of the appropriate ketene, and thus from fused thiazolidine-piperidinedione structures. In certain instances, for example in the addition of diphenylketen to 2-phenylthiazoline and of dimethylketen to 2-methylthiazoline, reaction took the desired course and furnished fused thiazolidine β-lactams (XXVI) and (XXVII) as reference substances.

Other previously known syntheses of the β-lactam ring, such as the REFORMATSKY reaction between an α-bromo ester and an imine, e.g.,

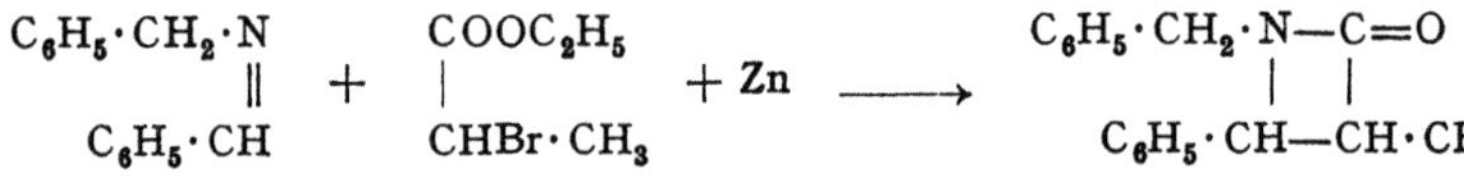

$$C_6H_5 \cdot CH_2 \cdot N{=}C_6H_5 \cdot CH \ + \ COOC_2H_5{-}CHBr \cdot CH_3 \ + \ Zn \ \longrightarrow \ C_6H_5 \cdot CH_2 \cdot N{-}C{=}O,\ C_6H_5 \cdot CH{-}CH \cdot CH_3$$

proved suitable for only relatively simple substituted lactams, as did also the removal of the elements of an alcohol from β-amino esters, although many reactions of this and other kinds are now known. For example, it has been shown that the interaction of diazomethane and certain isocyanates provides in some instances a direct route to β-lactams, though clearly the method is not a general one; e.g.,

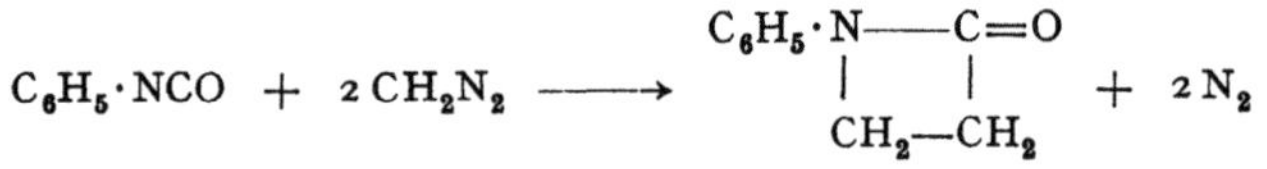

$$C_6H_5 \cdot NCO \ + \ 2\,CH_2N_2 \ \longrightarrow \ C_6H_5 \cdot N{-}C{=}O,\ CH_2{-}CH_2 \ + \ 2\,N_2$$

Chemical study of the products of these reactions showed that all non-fused β-lactams possessed a surprising degree of stability towards hydrolysis by means of acid or alkali. Moreover, on treating with amines

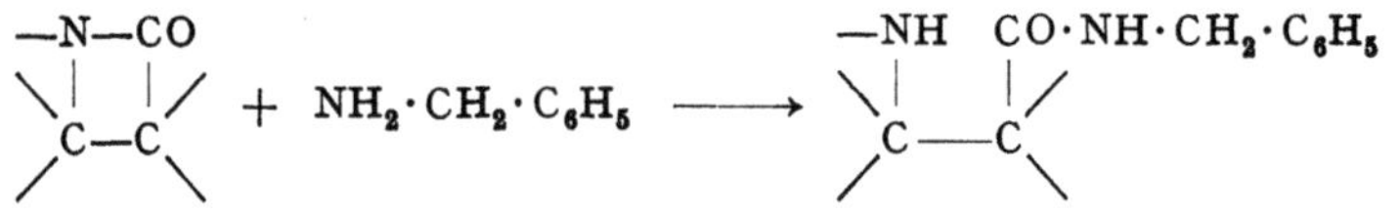

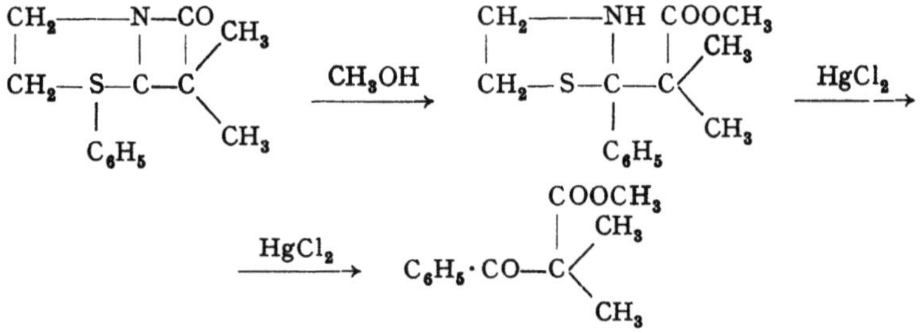

$$\text{--N--CO} \diagdown \text{C--C} \diagup \ + \ NH_2 \cdot CH_2 \cdot C_6H_5 \ \longrightarrow \ \text{--NH}\quad CO \cdot NH \cdot CH_2 \cdot C_6H_5 \diagdown \text{C--C} \diagup$$

they are again relatively stable, although on heating with, for example, benzylamine or hydrazine, the four-membered ring suffers cleavage in the expected manner. Fused thiazolidine-β-lactams more closely resembled penicillin though they also were much more stable than the antibiotics.

Not only had these results an interesting bearing on the behaviour of the four-membered β-lactam ring, which might otherwise have been thought to be extremely unstable, but they were at the time still more interesting in relation to the problem of the constitution of penicillin. Superficially they lent little support to the view that the lability of penicillin was due to its containing such a four-membered ring, although in view of the overwhelming evidence adduced by the spectroscopist there can be no doubt of its presence. One must indeed conclude that the peculiar instability of penicillin is due not to the conjunction of the thiazolidine and β-lactam rings alone, but also to some, at present undefined other features of substitution of the whole molecule. It is perhaps worth noting that the reaction of benzylpenicillin with thiocyanic acid which is characteristic of the antibiotic and leads to a dihydro-thiouracil (see above, p. 218) is in fact paralleled by other β-lactams so that there is not lacking some connection between the antibiotic and synthetic β-lactams:

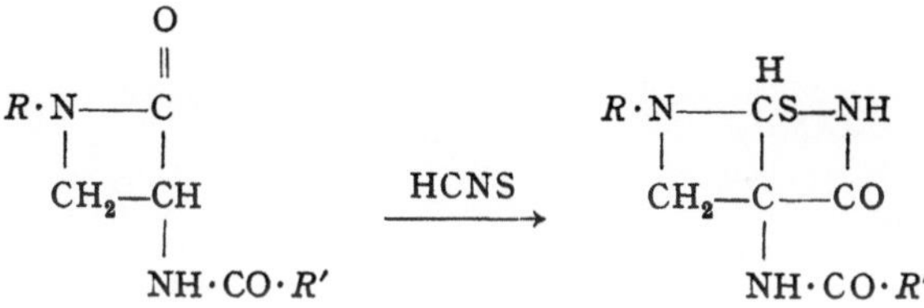

$$
\begin{array}{ccc}
\begin{array}{l}
\quad\quad\;\; \overset{\displaystyle O}{\overset{\|}{}} \\
R\cdot N\!-\!\!-\!\!C \\
\;\;|\quad\quad| \\
CH_2\!-\!CH \\
\quad\quad| \\
\quad\; NH\cdot CO\cdot R'
\end{array}
&
\xrightarrow{\;HCNS\;}
&
\begin{array}{l}
\quad\quad\;\;\overset{\displaystyle H}{} \\
R\cdot N\!-\!\!-\!\!CS\!-\!NH \\
\;\;|\quad\;\;|\quad\;\;| \\
CH_2\!-\!C\!-\!\!-\!CO \\
\quad\quad| \\
\quad\; NH\cdot CO\cdot R'
\end{array}
\end{array}
$$

Thiazolidines.

The thiazolidine structure early came into consideration following the recognition of the inactivation of penicillin by means of alkali, as the resulting penicilloates have a thiazolidine nucleus. This ring system also was previously only little known though its members are now well recognised and are most easily prepared by the interaction of carbonyl compounds in wide variety with α-amino-β-thiols:

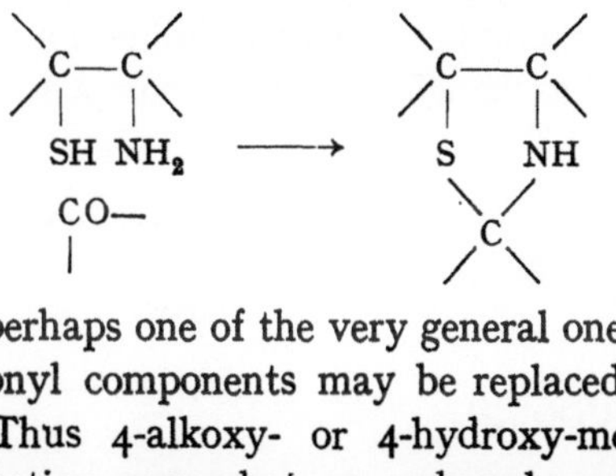

$$
\begin{array}{ccc}
\begin{array}{c}
\diagdown\quad\;\;\diagup \\
C\!-\!C \\
\diagup\;|\;\;|\;\diagdown \\
SH\;\;NH_2 \\
| \\
CO\!- \\
|
\end{array}
&
\longrightarrow
&
\begin{array}{c}
\diagdown\quad\;\;\diagup \\
C\!-\!\!-\!C \\
\diagup\;|\;\;|\;\diagdown \\
S\quad\;\;NH \\
\diagdown\;\diagup \\
C \\
\diagup\;\diagdown
\end{array}
\end{array}
$$

The reaction is perhaps one of the very general ones of organic chemistry and the carbonyl components may be replaced by many of their near derivatives. Thus 4-alkoxy- or 4-hydroxy-methyleneoxazolones function in this reaction somewhat as carbonyl compounds and thus ultimately, though not directly, provide thiazolidines as shown below.

In certain instances thiazolidines are obtainable in other ways, for example by reducing thiazoline compounds which are themselves often

$$CH_3O \cdot CH = C \underset{|}{\overset{|}{}} CO$$

$$\underset{CH_3}{\overset{CH_3}{\diagdown}} C \underset{\underset{SH}{|}}{\overset{}{}} CH \cdot COOCH_3 \quad + \quad \underset{NH_2;HCl}{\overset{N \quad O}{}} \qquad \xrightarrow{\text{Pyridine}}$$

$$\xrightarrow{\text{Pyridine}} \underset{CH_3}{\overset{\cdot CH_3}{\diagdown}} C \underset{S \quad NH}{\overset{}{}} CH \cdot COOCH_3$$

$$CH \\ CH_3OOC \cdot CH \cdot NH \cdot CO \cdot CH_2 \cdot C_6H_5$$

easily prepared by the interaction of α-amino-β-thiols with imino ethers or by cyclisation of N-acylamino-β-thiols; e.g.,

$$\underset{CH_3}{\overset{CH_3}{\diagdown}} C \underset{SH \quad NH_2}{\overset{}{}} CH \cdot COOCH_3 \quad + \quad \underset{NH}{\overset{EtO}{\diagdown}} CR \quad \longrightarrow \quad \underset{CH_3}{\overset{CH_3}{\diagdown}} C \underset{S \quad N}{\overset{}{}} CH \cdot COOCH_3 \quad \overset{}{CR}$$

$$R \cdot COCl/NaHCO_3 \qquad\qquad \text{Ethereal HCl}$$

$$\underset{CH_3}{\overset{CH_3}{\diagdown}} C \underset{SH \quad NH}{\overset{}{}} CH \cdot COOCH_3 \\ COR$$

Again still other thiazolidines can be obtained from nearly related ring systems such as oxazolidines or iminazolidines on treating with appropriate thiolamines by exchange of carbonyl components as is shown below:

$$\underset{CH}{\overset{CH_2 - CH_2}{}} \\ C_6H_5 \cdot CH_2 \cdot N \qquad N \cdot CH_2 \cdot C_6H_5 \\ CH \\ CH \cdot COOC_2H_5 \\ N = N \cdot Ar$$

$$\underset{CH_3}{\overset{CH_3}{\diagdown}} C \underset{SH \quad NH_2}{\overset{}{}} CH \cdot COOH \qquad \longrightarrow \qquad \underset{CH_3}{\overset{CH_3}{\diagdown}} C \underset{S \quad NH}{\overset{}{}} CH \cdot COOH \\ CH \\ CH \cdot COOC_2H_5 \\ N = N \cdot Ar$$

Unacylated thiazolidines are almost invariably crystalline bases which in aqueous media suffer dissociation into their components to varied extents. Owing to this instability, many of them, according to their substitution, exhibit thiol reactions in aqueous solution, and nearly all of the thiazolidines may be split into their components, for example, by fixation of the thiol by means of mercuric chloride as a precipitated mercaptide. This is, of course, the procedure which was adopted in the original isolation of penicillamine from penicillin and explains why in this and in many other instances the solutions only exhibited the reactions of thiols after the thiol component had been isolated from its mercaptide. The characteristic properties of thiazolidines which do not bear an acyl group on the nitrogen atom are considerably modified after acylation. Thus the acylated compounds show a much higher stability towards hydrolysis; and moreover on oxidation such compounds give rise to well-defined sulfoxides or sulfones, according to the reagent employed. This is in marked contrast to the parent thiazolidines which on oxidation afford among the significant materials only the oxidation products of the thiol components:

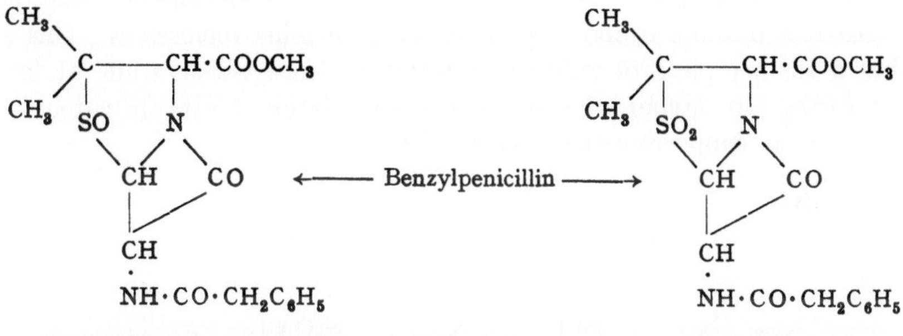

$$\begin{array}{ccc}
\mathrm{CH_3}\!\!\diagdown & & \\
\quad\ \mathrm{C}\!-\!\!-\!\!-\mathrm{CH\cdot COOCH_3} & & \\
\mathrm{CH_3}\!\!\diagup\ \ |\qquad\quad | & & \\
\qquad \mathrm{SO}\quad\ \ \mathrm{N} & & \\
\qquad\ \ \diagdown\quad\diagup & \longleftarrow \text{Benzylpenicillin} \longrightarrow & \\
\qquad\ \ \mathrm{CH}\quad\mathrm{CO} & & \\
\qquad\ \ | & & \\
\qquad\ \ \mathrm{CH} & & \\
\qquad\ \ \cdot & & \\
\ \ \mathrm{NH\cdot CO\cdot CH_2C_6H_5} & &
\end{array}$$

Left structure: ring with $\mathrm{(CH_3)_2C}$, $\mathrm{CH\cdot COOCH_3}$, SO, N, CH, CO, CH, and $\mathrm{NH\cdot CO\cdot CH_2C_6H_5}$.

Right structure: same skeleton with $\mathrm{(CH_3)_2C}$, $\mathrm{CH\cdot COOCH_3}$, SO_2, N, CH, CO, CH, and $\mathrm{NH\cdot CO\cdot CH_2C_6H_5}$.

All these facts had in turn their bearing on the structural problem. For example, it was found that benzylpenicillin could be oxidised either to a sulfoxide or to a sulfone in presence of sodium periodate or hydrogen peroxide respectively. Again, penicillin proved stable to the action of iodine under mild conditions, and these facts supported the formulation of the antibiotic as an acylthiazolidine, that is to say they supported the β-lactam formulation rather than the thiazolidine-oxazolone representation.

Oxazolones.

Only a few simple representatives of the oxazolone series were known prior to the study of the penicillins. Thus 2-phenyl-5-oxazolone and a few others had been obtained by either direct or indirect dehydration of α-acylamido acids,—a method which is in principle general, though beset by many practical difficulties owing to the sensitivity of the oxazolones.

$$CH_2\cdot COOH,\ NH\cdot CO\cdot C_6H_5 \longrightarrow CH_2\cdot COCl,\ NH\cdot CO\cdot C_6H_5 \longrightarrow HCl\left\{ \begin{array}{c} CH_2{-}CO \\ N\quad O \\ C \\ C_6H_5 \end{array}\right. \longrightarrow \begin{array}{c} CH_2{-}CO \\ N\quad O \\ C \\ C_6H_5 \end{array}$$

It is interesting that among the indirect methods may be listed the conversion of acylamido acids into the corresponding acid chlorides which pass into the desired oxazolones on treating with diazomethane or even with bases such as sodium acetate or pyridine. The effectiveness of such reagents makes it almost certain that the so-called acid chlorides are in fact only the hydrochlorides of the oxazolones, a suggestion which is of especial interest in view of the very prolonged studies of the inactivation of benzylpenicillin by means of substantially anhydrous hydrogen chloride. The product of this reaction appears in fact to be a hydrochloride of an oxazolone and since it cannot be reconverted to benzylpenicillin by a reagent such as those mentioned above, it seems inescapable that the oxazolone formula cannot represent the penicillins themselves. This is but a further piece of indirect chemical evidence which, while at first appearing to favour the oxazolone formulation must ultimately be assessed as supporting the β-lactam formula.

$$\overset{CH_3}{\underset{CH_3}{}}C\!\!-\!\!CH\cdot COOH,\ S,\ N,\ CH,\ CO,\ CH,\ NH\cdot CO\cdot CH_2\cdot C_6H_5 \xrightarrow{\ HCl\ } \overset{CH_3}{\underset{CH_3}{}}C\!\!-\!\!CH\cdot COOH,\ S,\ NH,\ CH,\ HCl\left\{\begin{array}{c}CH{-}CO\\ N\quad O\\ C{-}CH_2\cdot C_6H_5\end{array}\right. \xrightarrow{\ H_2O\ etc.\ } \text{Benzylpenicilloic acid derivatives.}$$

The chemical nature of representative oxazolones recalls in some respects that of the penicillins themselves, though their behaviour is much modified by the presence of doubly bound (alkylidene or arylidene) substituents or by certain other groupings. Thus the ring is readily opened by means of amines under conditions similar to those obtaining during the formation of the benzylamide of benzylpenicilloic acid.

In view of the comparatively ready formation of oxazolones from α-acylamido acids, there were many attempts to convert penicilloates and their near derivatives into penicillins by way of oxazolones. The acceptance of the β-lactam formula for the penicillins by no means rendered these attempts hopeless, for it was always possible that any thiazolidineoxazolone formed intermediately would undergo spontaneous rearrangement into the biologically active lactam structure; e.g.,

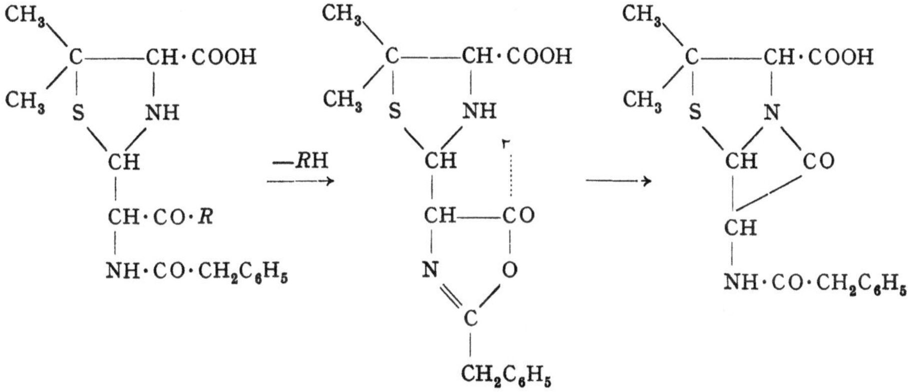

$$
\begin{array}{ccc}
\overset{CH_3}{\underset{CH_3}{\diagdown}}C\!\!-\!\!-\!\!CH\cdot COOH & \overset{CH_3}{\underset{CH_3}{\diagdown}}C\!\!-\!\!-\!\!CH\cdot COOH & \overset{CH_3}{\underset{CH_3}{\diagdown}}C\!\!-\!\!-\!\!CH\cdot COOH \\
\quad S\quad NH & \quad S\quad NH & \quad S\quad N \\
\quad CH & \quad CH & \quad CH\quad CO \\
CH\cdot CO\cdot R & CH\!\!-\!\!-\!\!CO & CH \\
NH\cdot CO\cdot CH_2C_6H_5 & N\quad O & NH\cdot CO\cdot CH_2C_6H_5 \\
 & C & \\
 & CH_2C_6H_5 &
\end{array}
$$

$-RH \longrightarrow \qquad \longrightarrow$

It may be said at once that none of the many attempts of this kind which were made had any practical success although not a few of the experiments to cyclise penicilloic acids led in fact to biological activities which were the equal of those at present attainable by means of the single known synthesis of benzylpenicillin as described below. A study of the stereochemistry of the intermediates involved shows, however, that oxazolone formation is perhaps not the only factor of importance to be taken into consideration. The penicilloates contain three asymmetrical carbon atoms, the configuration of one of which is determined by that of the penicillamine used in its synthesis. The configuration of the remaining two asymmetric carbon atoms (*) cannot be so closely controlled for, in fact, both are usually introduced simultaneously by means of intermediates which themselves have no asymmetry, as, for example, in the typical preparation below:

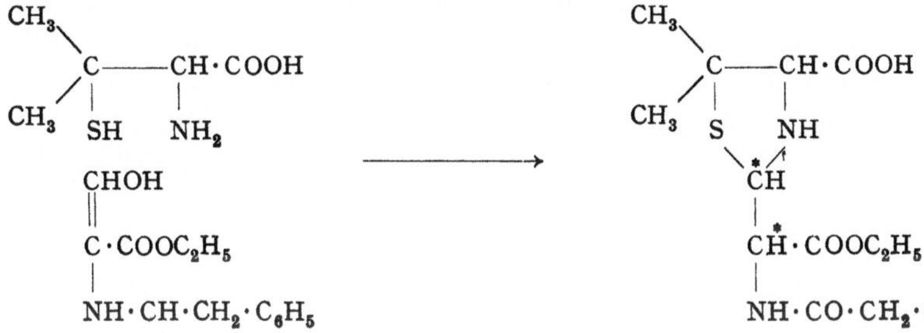

$$
\begin{array}{ccc}
\overset{CH_3}{\underset{CH_3}{\diagdown}}C\!\!-\!\!-\!\!CH\cdot COOH & & \overset{CH_3}{\underset{CH_3}{\diagdown}}C\!\!-\!\!-\!\!CH\cdot COOH \\
\quad SH\quad NH_2 & \longrightarrow & \quad S\quad NH \\
\quad CHOH & & \quad \overset{*}{C}H \\
\quad C\cdot COOC_2H_5 & & \quad \overset{*}{C}H\cdot COOC_2H_5 \\
NH\cdot CH\cdot CH_2\cdot C_6H_5 & & NH\cdot CO\cdot CH_2\cdot C_6H_5
\end{array}
$$

By a laborious separation, some penicilloates have been obtained in individual configurations which, of course, remain undetermined. The determination of these configurations is, however, perhaps of less interest and immediate importance because of a further circumstance. When optically active α-acylamido acids are treated with dehydrating agents, racemisation usually takes place, and any oxazolone which is produced is also usually optically inactive. In attempting the synthesis of penicillins *via* penicilloates this obviously was likely to prove a limitation, although it is interesting that the formation of certain crude oxazolones at room temperature could be effected without loss of optical activity. This was clearly shown in the case of the oxazolone derived from benzoyl-*L*-leucine; the oxazolone nature of the product was indicated by its rapid reaction with thiocyanic acid, the product being the optically active 4-*iso*butyl-2-thiohydantoin derivative:

Benzoyl-*L*-leucine.

Following the then current views on the structure of the penicillins as compounds containing both thiazolidine and oxazolone rings, a large proportion of the new work on oxazolones was concerned with attempts to make 4-aldehyde derivatives (XXVIII) for the purpose of condensing them with penicillamine or its near derivatives. It may be said at once that all such attempts failed to yield compounds with the desired carbonyl reactivity, and it seems that formyl oxazolones in fact exist as 4-hydroxymethylene-oxazolones (XXIX). Two general methods for the preparation of such compounds were widely used.

The first procedure involved condensation of acyl-glycines with ethyl orthoformate under dehydrating conditions, followed by hydrolysis of the resulting 4-ethoxymethylene-oxazolone as shown below:

(XXVIII.)   (XXIX.)   NaOH

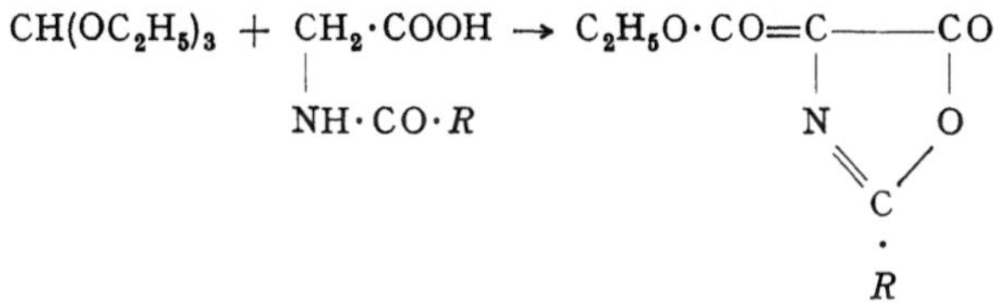

The second method consisted in acylating an acetal of α-formylglycine and cyclising the acyl compound, mostly using phosphorous tribromide with simultaneous loss of a molecule of alcohol:

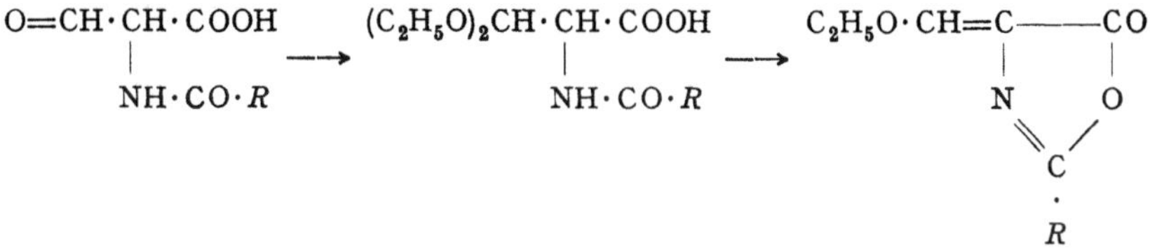

In renewed study of the latter method, it appeared that cyclisation under mild conditions afforded solutions which probably contained the more desirable acetals of 4-formyl-oxazolones (XXX). The main evidence for this was that the crude products reacted with amines to yield penaldic acetal amides:

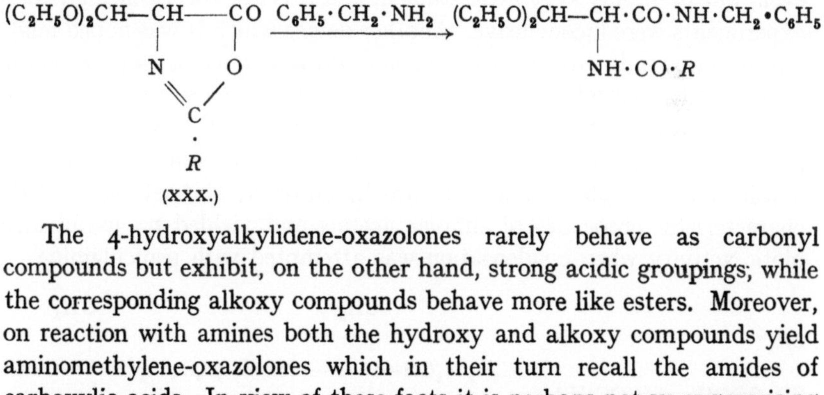

(XXX.)

The 4-hydroxyalkylidene-oxazolones rarely behave as carbonyl compounds but exhibit, on the other hand, strong acidic groupings, while the corresponding alkoxy compounds behave more like esters. Moreover, on reaction with amines both the hydroxy and alkoxy compounds yield aminomethylene-oxazolones which in their turn recall the amides of carboxylic acids. In view of these facts it is perhaps not very surprising that the compounds under discussion failed to react with penicillamine and related compounds to give thiazolidines. The primary reaction, in fact, which takes place between, for example, 4-hydroxymethylene-2-benzyloxazolone and penicillamine is the formation of a complex aminomethylene oxazolone, that is to say, of a penicillenic acid. As described below, benzylpenicillenic acid is the main product in the synthesis of benzylpenicillin by the interaction of penicillamine and 4-hydroxymethylene-3-benzyloxazolone. Because of this prompt reaction with the amino group of penicillamine, attention was turned to the possibility of effecting the reaction so that condensation first took place between

the oxazolone and the sulfur atom as in the general scheme indicated
below. No such reactions have, however, led to significant success in

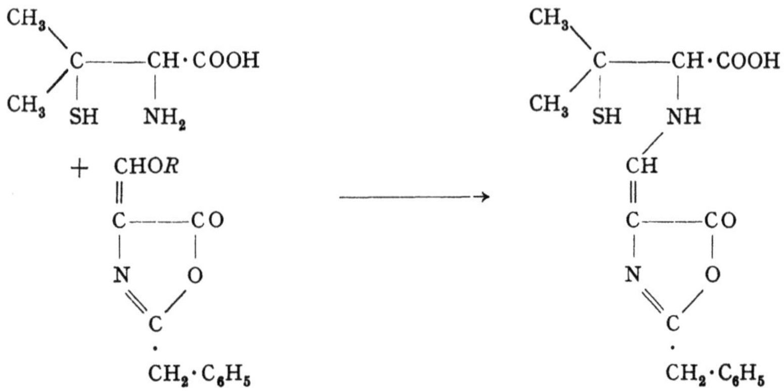

view of the difficulty of liberating the free amino group without dis-
rupting the bonds already established.

Naturally, attempts were made to obtain the desired compounds
indirectly, for example, by ozonolysis of 2-benzyl-4-styryl-4-methyl-
oxazolone, but the ozonolysis of heterocyclic compounds of this kind has
even now been only very little studied, and it is not surprising that these
experiments were inconclusive. Another device which it was hoped might
afford compounds with the desired reactivity was concerned with attempts
to synthesise oxazolones (XXXI) carrying a second substituent in the
4-position, in addition to the formyl grouping which would thereby be
prevented from enolising. Products formally of this kind were, in fact,
obtained in the form of acetals which, however, showed none of the
characteristic properties of simpler acetals and yielded no useful antibiotic activity when condensation was attempted with penicillamine.

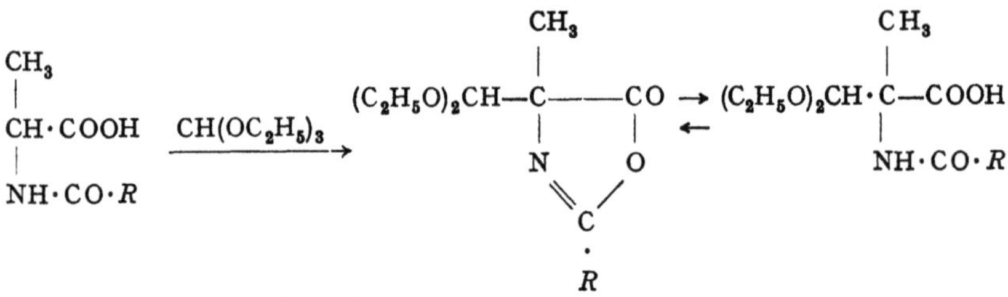

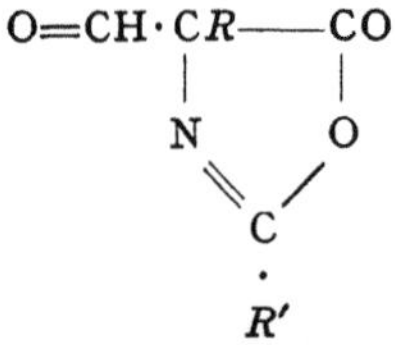

$(R = (n)C_5H_{11}$ or $CH_2 \cdot C_6H_5)$

(XXXI.)

Although oxazolones carrying a simple substituent in the 4-position are so unstable, the related compounds carrying a 4-alkylidene or 4-arylidene grouping are stable ctrystalline compounds, many of which have been known for a long time as products of the ERLENMEYER reaction, e. g.,

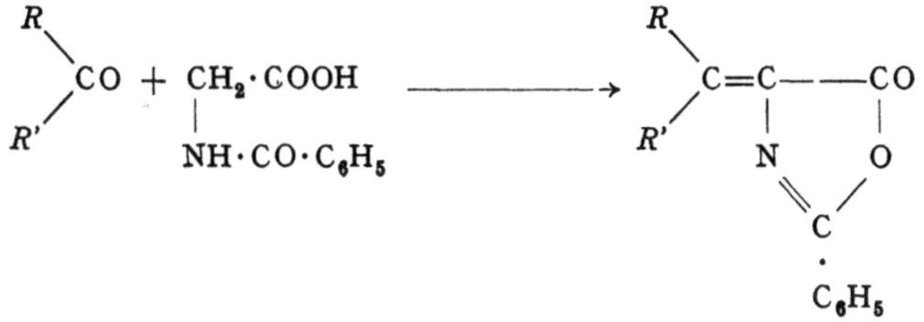

$$\begin{array}{c}
R \\
\diagdown \\
CO + CH_2 \cdot COOH \\
R' \diagup | \\
 NH \cdot CO \cdot C_6H_5
\end{array}
\longrightarrow
\begin{array}{c}
R \\
\diagdown \\
C{=}C{-}{-}{-}CO \\
R' \diagup | | \\
 N O \\
 \diagdown \diagup \\
 C \\
 \cdot \\
 C_6H_5
\end{array}$$

Oxazolones of this kind as well, have received renewed study during recent years, since they provided a convenient source of substituted cysteines and, as already described, several representatives were used in the preparation of penicillamine. 4-Alkylidene or 4-arylidene oxazolones have also been obtained in other ways, for example, by dehydrating appropriate α-acylamido-β-hydroxy acids or their derivatives, as well as from the corresponding haloacylamido acids. For example,

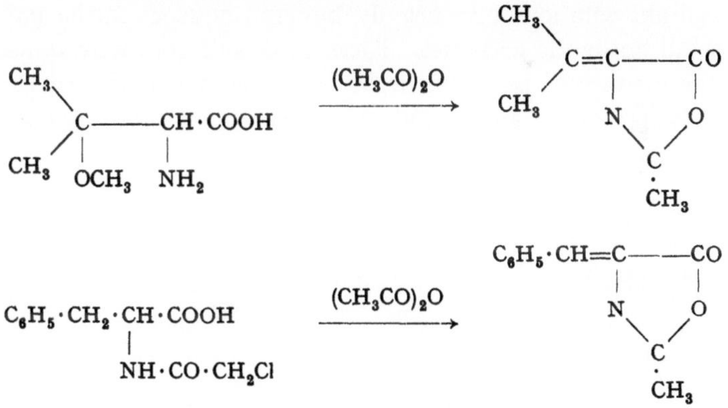

$$\begin{array}{c}
CH_3 \\
\diagdown \\
C{-}{-}{-}CH \cdot COOH \\
CH_3 \diagup | | \\
 OCH_3 NH_2
\end{array}
\xrightarrow{(CH_3CO)_2O}
\begin{array}{c}
CH_3 \\
\diagdown \\
C{=}C{-}{-}{-}CO \\
CH_3 \diagup | | \\
 N O \\
 \diagdown \diagup \\
 C \\
 \cdot \\
 CH_3
\end{array}$$

$$C_6H_5 \cdot CH_2 \cdot \underset{\underset{NH \cdot CO \cdot CH_2Cl}{|}}{CH} \cdot COOH
\xrightarrow{(CH_3CO)_2O}
\begin{array}{c}
C_6H_5 \cdot CH{=}C{-}{-}{-}CO \\
 | | \\
 N O \\
 \diagdown \diagup \\
 C \\
 \cdot \\
 CH_3
\end{array}$$

It need hardly be mentioned that such reactions have been given close attention because of the possibility of applying them to the cyclisation of penicilloate derivatives to obtain penicillins, though once again these attempts have been attended by no significant success.

The Synthesis of Penicillin.

As already related, attempts towards this end were directed, to a large extent, towards the oxazolone formulation (XI; p. 214), and towards the conclusion of the whole project many experiments were in addition directed towards the β-lactam structure (XII). These attempts were so diverse in nature that it is a matter of some difficulty to do justice to all the ingenuity to which they gave rise, in a short review. Thus there were many attempts, starting with penicilloic acids, or near derivatives thereof, to cyclise such compounds either to oxazolones or to β-lactams. At first it was hoped that these attempts would in fact lead to oxazolones, though later these experiments were continued in the expectation that if oxazolones were at first formed they would, possibly spontaneously, undergo rearrangement to the β-lactam structure which by that time was the accepted representation for penicillin. The difficulty of all these reactions, as well as others which approached the problem from different directions, was to ensure that the final stage at least should be carried out under conditions which would leave any penicillin unaffected. For example, in direct attempts to dehydrate penicilloic acids, the chief difficulty which was early appreciated was to effect this dehydration under substantially neutral conditions, for the usually acidic dehydrating agents would assuredly quickly inactivate any penicillin, probably to give a penillic acid.

Perhaps it was for this reason that even attempts to dehydrate penicilloic acids by means of phosphorous oxychloride and spraying the resultant solutions into heavily buffered aqueous media gave only very small antibiotic activities. These weak activities were quickly lost after the manner of penicillin itself, but their magnitude made it clear that they precluded any useful synthesis of penicillin. Consequently

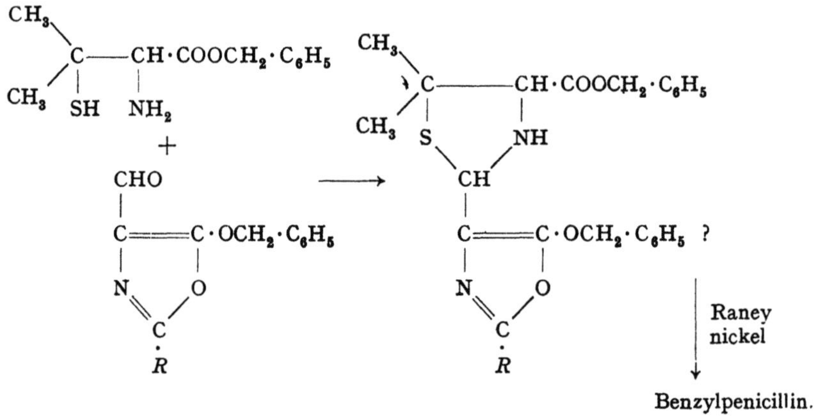

$$\begin{array}{ccc}
\text{penicilloic acid thiol} & \longrightarrow & \text{thiazolidine intermediate} & \xrightarrow{\text{Raney nickel}} & \text{Benzylpenicillin.}
\end{array}$$

when more precise means of differentiating penicillin as distinct from other antibacterial products (for example, by the use of a variety of test organisms to give characteristic bacterial spectra and by the characteristic inactivation of the penicillins by means of penicillinase) had been developed, the attention of most laboratories in this field had shifted to other lines of approach; the precise nature of the small activities produced by the means under discussion remains therefore unelucidated. Among the devices examined for avoiding the use of acidic dehydrating agents, there was the preparation of azides of the penicilloic acids, which, it was hoped, might lose hydrazoic acid and thus pass into oxazolones or their equivalents, β-lactams. Still again it was attractive, in view of the instability of oxazolone structures bearing a single substituent in the 4-position to attempt the synthesis of related alkoxy-oxazoles which might, under mild conditions, be finally transformed into the desired oxazolones. Typical syntheses of this kind are shown below, and particular emphasis was placed on the corresponding benzyloxy-

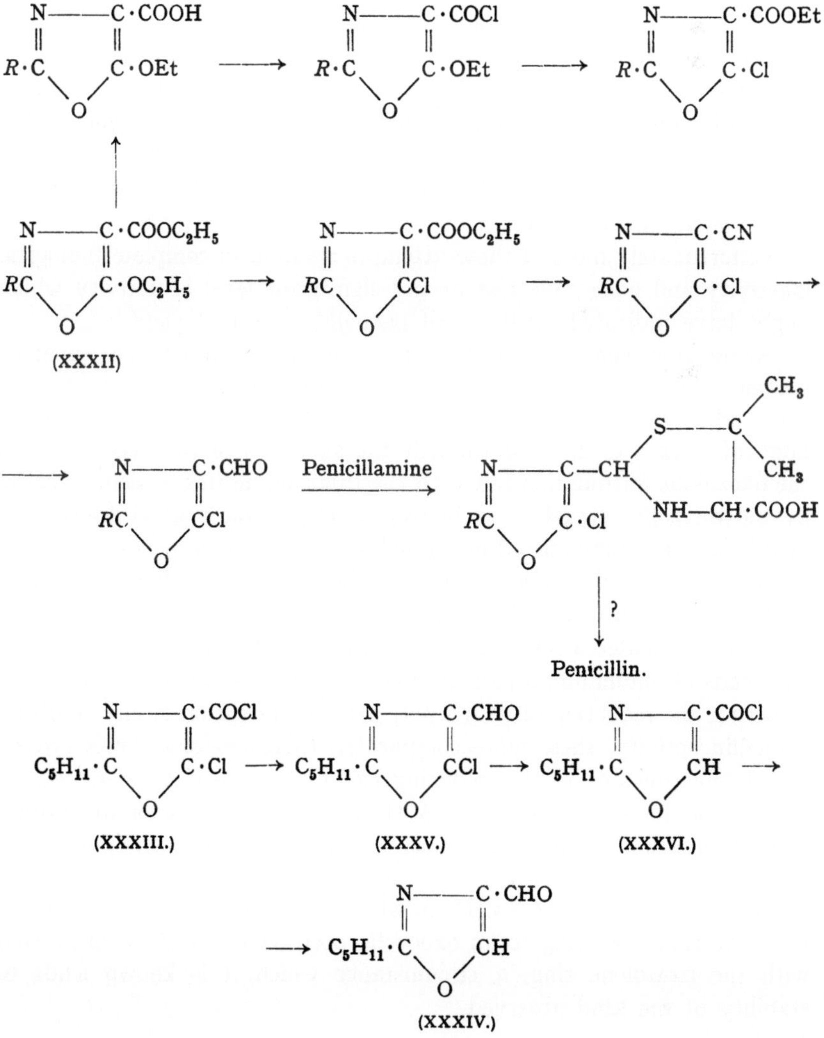

$$
\begin{array}{ccc}
\underset{R\cdot C \diagdown \quad \diagup C\cdot OEt}{\overset{N \text{——} C\cdot COOH}{\underset{O}{\| \quad \|}}}
\longrightarrow
\underset{R\cdot C \diagdown \quad \diagup C\cdot OEt}{\overset{N \text{——} C\cdot COCl}{\underset{O}{\| \quad \|}}}
\longrightarrow
\underset{R\cdot C \diagdown \quad \diagup C\cdot Cl}{\overset{N \text{——} C\cdot COOEt}{\underset{O}{\| \quad \|}}}
\end{array}
$$

(upward arrow to first structure)

$$
\underset{RC \diagdown \quad \diagup C\cdot OC_2H_5}{\overset{N \text{——} C\cdot COOC_2H_5}{\underset{O}{\| \quad \|}}}
\longrightarrow
\underset{RC \diagdown \quad \diagup CCl}{\overset{N \text{——} C\cdot COOC_2H_5}{\underset{O}{\| \quad \|}}}
\longrightarrow
\underset{RC \diagdown \quad \diagup C\cdot Cl}{\overset{N \text{——} C\cdot CN}{\underset{O}{\| \quad \|}}}
\longrightarrow
$$

(XXXII)

$$
\longrightarrow
\underset{RC \diagdown \quad \diagup CCl}{\overset{N \text{——} C\cdot CHO}{\underset{O}{\| \quad \|}}}
\xrightarrow{\text{Penicillamine}}
\underset{RC \diagdown \quad \diagup C\cdot Cl}{\overset{N \text{——} C\text{—}CH}{\underset{O}{\| \quad \|}}}
\begin{array}{l}
\diagup S\text{——}C \diagup CH_3 \\
\qquad\qquad \diagdown CH_3 \\
\diagdown NH\text{—}CH\cdot COOH
\end{array}
$$

$$
\downarrow \, ?
$$

Penicillin.

$$
\underset{C_5H_{11}\cdot C \diagdown \quad \diagup C\cdot Cl}{\overset{N \text{——} C\cdot COCl}{\underset{O}{\| \quad \|}}}
\longrightarrow
\underset{C_5H_{11}\cdot C \diagdown \quad \diagup CCl}{\overset{N \text{——} C\cdot CHO}{\underset{O}{\| \quad \|}}}
\longrightarrow
\underset{C_5H_{11}\cdot C \diagdown \quad \diagup CH}{\overset{N \text{——} C\cdot COCl}{\underset{O}{\| \quad \|}}}
\longrightarrow
$$

(XXXIII.)   (XXXV.)   (XXXVI.)

$$
\longrightarrow
\underset{C_5H_{11}\cdot C \diagdown \quad \diagup CH}{\overset{N \text{——} C\cdot CHO}{\underset{O}{\| \quad \|}}}
$$

(XXXIV.)

oxazole because of the possibility, unfortunately unrealised, of removing the benzyl group by hydrogenolysis. Further, in this connection, were attempts to build up structures containing a chloroxazole ring as is shown below, the object being to remove the chlorine atom finally by mild hydrolysis so that an oxazolone ring would result; in one instance at least the thiazolidine ($R = C_6H_5$) had a low order of antibiotic activity. The genesis of this approach is of more than passing interest as a study of oxazole derivatives, and suggested itself because of the unexpected behaviour of the acid corresponding to (XXXII) ($R = C_5H_{11}$). When this acid was converted into its chloride and the product reduced catalytically, the compound obtained was found to be ethyl 2-amyl-5-chlorooxazole-4-carboxylate, formed by a rearrangement which appeared to be general. In a similar way the chloro-acid chloride (XXXIII) was reduced catalytically to the aldehyde (XXXIV), presumably *via* the chloro-aldehyde (XXXV) which underwent instantaneous rearrangement to (XXXVI) followed by further reduction. These are but some of the outstanding attempts to elaborate the oxazolone ring system with the thiazolidine structure derived from penicillamine or often from penicillamine esters already intact.

Unfortunately most of these attempts resulted in complete biological inactivity and none gave rise to any significant level of activity which might have indicated synthesis of penicillin in useful yield.

Along somewhat comparable lines, bearing in mind the apparent incompatibility of the thiazolidine and oxazolone, or alternatively of thiazolidine and β-lactam rings, in the penicillin structure, a considerable body of work was directed towards the synthesis of the major part of the oxazolone formulation but with the thiazolidine ring system replaced by the thiazoline structure as in (XXXVII). Some general approaches of this kind are summarised in the following reaction schemes, and some of these attempts did appear to lead to the desired thiazoline-oxazolones, for example [(XXXVII); $R = C_5H_{11}$, $CH_2 \cdot C_6H_5$]; but here an unexpected difficulty presented itself. Whereas simple thiazolines may be reduced by means of aluminium amalgam, under conditions which would appear to permit the reduction of (XXXVII) with the retention of any resulting penicillin activity, these more complicated thiazoline-oxazolones proved completely resistant to this reducing agent and indeed to many others too drastic to lead to success. A study of the ultraviolet absorption spectra of the relevant compounds led finally to the conclusion that this resistance to reduction is due to the thiazoline-oxazolones having in fact the structure (XXXVIII) in which the double bond has migrated from the thiazoline ring to an exocyclic position where it is conjugated with the oxazolone ring, a circumstance which it is known leads to stability of the kind observed.

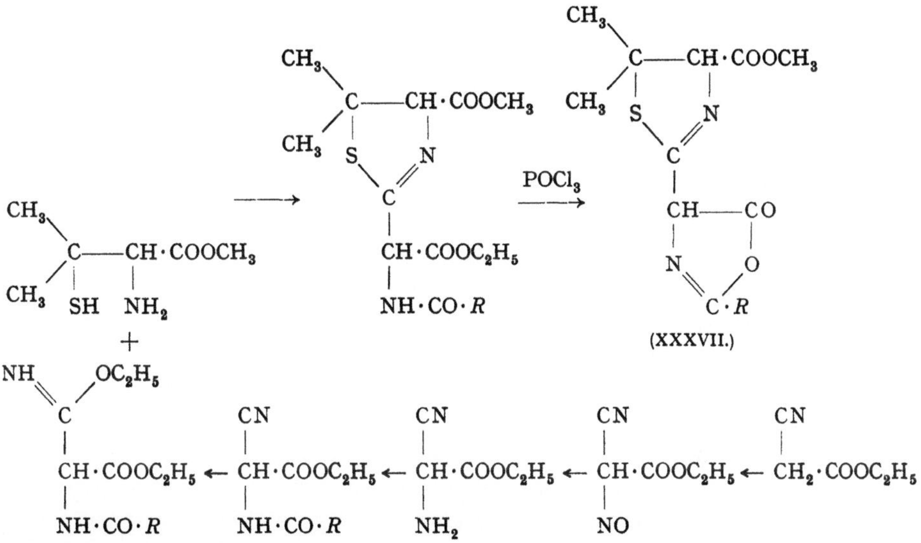

(XXXVII.)

Naturally, this obstacle suggested experiments to circumvent it by the synthesis of oxazolones (XXXIX) in which the oxazolone bearing an additional substituent in the 4-position would be unable to take part in a migration of the double bond as just described. As in so many attempts to synthesise penicillins or similar structures which should have the biological activity of the natural antibiotics, these last experiments

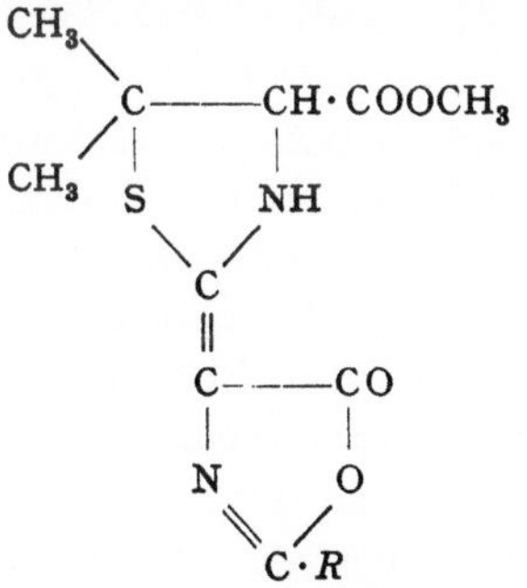

(XXXVIII.)

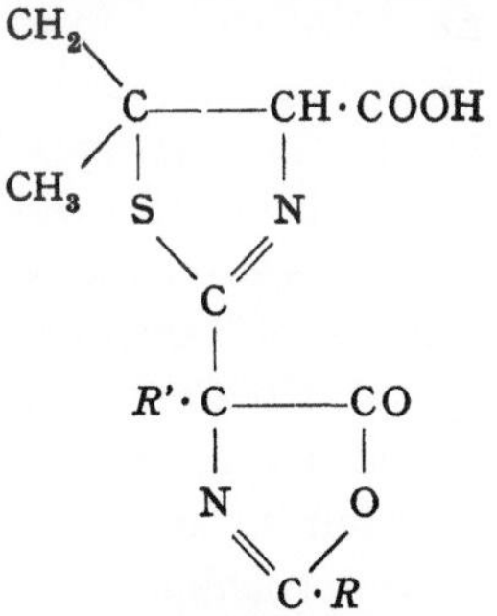

(XXXIX.)

also encountered unforeseen difficulties. For example, whereas the simpler compounds had been built up starting with cyanacetic esters which had been nitrosated, it was found that similar treatment of the corresponding

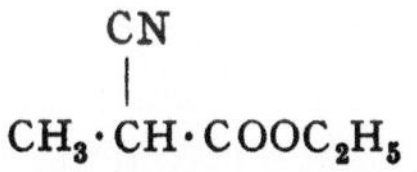

(XL.)

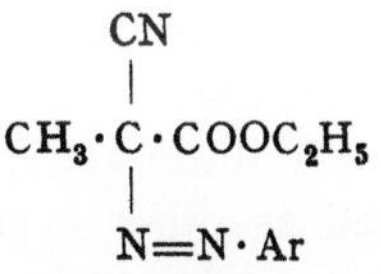

(XLI.)

α-cyanopropionic esters (XL) failed to effect the desired nitrosation. Moreover, a seemingly alternative preparation based on the coupling of the cyanopropionic esters with diazonium salts with the intention of reducing azo-compounds (XLI) all resulted in failure because of the surprising lack of reactivity of the cyanopropionic ester in these reactions.

Although later study showed that the compounds which should be written formally as 4-formyl-oxazolones had in fact the structure of 4-hydroxymethylene-oxazolones, evertheless a very large body of experiments was concerned with attempts to condense such oxazolone derivatives with penicillamine or its esters. The fact that such oxazolone compounds lacked all the reactivity of carbonyl compounds did not of course preclude their ultimately affording thiazolidines and thus providing sources of penicillins.

In view of the undefined reactivity of the components, and indeed of the behaviour of any penicillin synthesised under the conditions obtaining in these various attempts, many of these experiments were empirical in the sense that they were concerned with noting the effect of various changes in experimental conditions on the small biological activities which often resulted. When in time penicillin was recognised as having a β-lactam ring in its structure, these experiments became even more empirical, for clearly if the resulting activities were due to penicillin, the chemical changes leading to them were more complex than it had been necessary to postulate when the oxazolone formulation was under consideration. In addition, the recognition of the penicillenic acids as oxazolone derivatives and their synthesis by the interaction of penicillamine and appropriate oxazolones helped to divert attention from the possibility of this reaction affording the antibiotics themselves. So it was that these reactions, which it is now known provide the sole proven synthesis of penicillin, had been given attention even in the earliest days of attempted synthesis of penicillins, although they were only recognised as providing penicillin itself after prolonged study.

It is only fair to add that this comparatively tardy recognition of the only known penicillin synthesis was not so much due to the chemists' lack of perception as to the need for devising a synthesis which should give a useful yield of penicillin and so perhaps render unnecessary its biological production.

The earliest experiments to condense D-(—)-penicillamine with an oxazolone used 2-benzyl-4-methoxymethylene-oxazolone, the product appearing to have an *in vivo* activity as well as an *in vitro* activity of 0,5 unit/ml. Quickly it was found that other oxazolones as well led to small bacteriostatic activity, though in some instances, using penicillamine as well as other cysteines, the main products were isolated as inactive compounds, either thiazolidines or penicillenates. Indeed,

the primary reaction between penicillamine or a comparable component
on the one hand and a 4-hydroxymethylene or 4-alkoxymethylene
oxazolone on the other consisted in the attachment of the oxazolone
molecule to the nitrogen atom of the mercapto amine, as in the synthesis
of benzylpenicillenic acid (XLII) described earlier. Under certain

(XLII.) Benzylpenicillenic acid.

(XLIII.)

(XII.)

conditions two molecules of the oxazolones were found to react with
one molecule of the mercapto amine with the formation presumably
of the compound to be represented as (XLIII).

This and other considerations suggested that possibly an important
factor which might make for more complete success was concerned with
ensuring that the primary reaction between the oxazolone and penicillamine components should be concerned with reaction with the mercapto
rather than with the amino group. Thus it was that a considerable body
of experiment attempted to carry out such condensations with penicillamine derivatives in which the nitrogen atom carried a substituent chosen
so as to be easily eliminated at a convenient point later. A typical approach
is shown below:

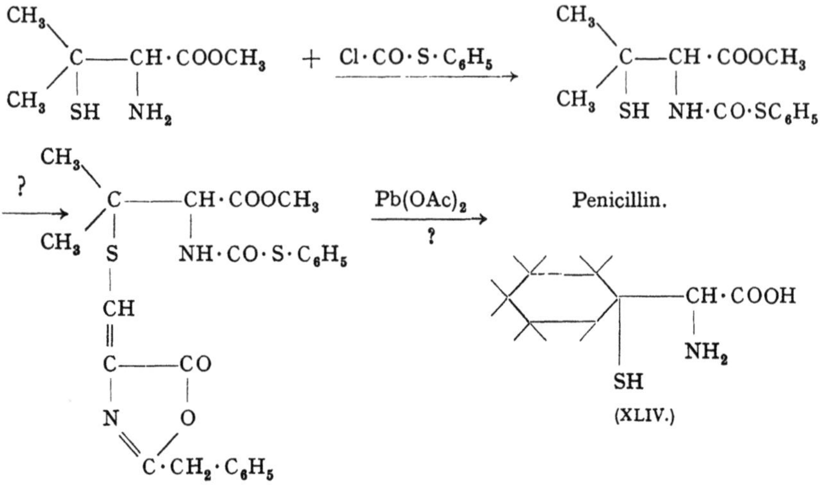

$$
\underset{\text{SH NH}_2}{\underset{\text{CH}_3}{\overset{\text{CH}_3}{\diagdown}}\text{C}-\text{CH}\cdot\text{COOCH}_3} \;+\; \text{Cl}\cdot\text{CO}\cdot\text{S}\cdot\text{C}_6\text{H}_5 \longrightarrow \underset{\text{SH NH}\cdot\text{CO}\cdot\text{SC}_6\text{H}_5}{\underset{\text{CH}_3}{\overset{\text{CH}_3}{\diagdown}}\text{C}-\text{CH}\cdot\text{COOCH}_3}
$$

$$
\overset{?}{\longrightarrow}\; \underset{\text{S} \quad \text{NH}\cdot\text{CO}\cdot\text{S}\cdot\text{C}_6\text{H}_5}{\underset{\text{CH}_3}{\overset{\text{CH}_3}{\diagdown}}\text{C}-\text{CH}\cdot\text{COOCH}_3}
$$

(thiazolidone ring: S—CH=C—CO—N—O, with C·CH$_2$·C$_6$H$_5$)

$$
\overset{\text{Pb(OAc)}_2}{\underset{?}{\longrightarrow}} \quad \text{Penicillin.}
$$

$$
\underset{\text{SH}}{}\quad \text{C}-\text{CH}\cdot\text{COOH},\quad \text{NH}_2
$$

(XLIV.)

As so often, however, all these attempts led to no more success as either the substituents proved too firmly attached or it was found that the remaining thiol group with a labile nitrogen N substituent in place proved insufficiently reactive.

So it was that despite many unsuccessful attempts to attain relatively high yields of penicillin and despite the fact that the structural goal seemed to have undergone considerable change, the small activities observed on condensing *D*-penicillamine with appropriate oxazolones remained the most promising subjects for further study. As more facts were revealed the accumulating evidence pointed more and more to this reaction as in fact leading to penicillins albeit in only very small yield, approximating to 0.06 per cent. For example, if the activity had been due to some otherwise unrecognised product from penicillamine (and it will be recalled that many thiazolidines, penicillamine esters, and other near derivatives of penicillamine showed weak bacteriostatic activity), then it would have been very remarkable that the activity resulted only from *D*-penicillamine or from the *DL*-compound and not from *L*-penicillamine. It is not without interest to recall that certain other α-amino-β-thiol acids such as *DL*-cysteine, *DL*-thiothreonine, *DL*-β-mercaptoleucine, and similar synthetic α-amino-β-thiol acids such as (XLIV) [see also (*164*)] often, though not invariably, afforded small biological activities under similar conditions, so that it seems that a whole group of penicillins, many of them probably unknown in nature, await fuller examination. The biological properties of some of the incompletely purified penicillins obtained in this way have been recorded without any outstanding properties being revealed (*56*). Then again it seemed significant that the product presumably benzylpenicillin from one of the above reactions, had the same instability towards methanol, acid, and penicillinase as the natural antibiotic. Still more remarkably, it was shown that the activity of the synthetic material, although only at the time known in dilute solution, had the same relative effect towards a range of bacteria as penicillin itself.

It was such facts which suggested carrying out the synthetic reaction using *DL*-penicillamine containing radioactive sulfur. The resulting active solution, again presumably containing benzylpenicillin, was diluted with natural benzylpenicillin and the mixture submitted to the usual concentration procedure. The result was that the recovered benzylpenicillin salt and also the derived benzylpenillic acid contained radioactive sulfur in almost constant proportion,—a result which could hardly have arisen had the synthetic activity been due to some product other than benzylpenicillin.

Known methods of penicillin concentration applied to larger quantities of solution containing the synthetic biologically active material gave a product possessing 30–50 units/mg., even this material showing infrared absorption characteristics seemingly identical with those of benzylpenicillin. On renewed concentration by means of counter-current extraction, the synthetic active material was finally obtained as its triethylammonium salt which proved to be completely identical in every respect, including its infrared spectrum, with benzylpenicillin of natural origin (*163*).

Subsequently it appeared in not unanticipated fashion that benzylpenicillenic acid is the essential intermediate in this synthesis (*57*) and that benzylpenillic acid is a major by-product (*100*), being produced from the penicillenic acid. A similar reaction has been carried out with *L*- and *DL*-penicillamine (*114*). However, the main interest of this work consists evidently in the complete synthesis of the natural antibiotic. That this synthesis is by no means a rational one, that the yield is no more than about 0.1%, and that the synthesis can scarcely compete with the fermentative preparation of benzylpenicillin, only emphasises the value of the prize which the organic chemist still has to win.

Concluding Remarks.

The foregoing account of work on the penicillins, work which has been almost completely compressed into the last decade, and the major part of which indeed was carried out over about five years, makes no attempt to review in detail all the aspects, important as they are, of this new subject. The object has been, rather, to show that stupendous as has been the impact of the penicillins on medicine, it has as well an importance as a milestone along many of the roads of science. Perhaps for the first time it has focussed attention on the natural phenomena of antibiosis; it is leading to new concepts and techniques in elucidating the metabolism of bacteria; it has most effectively opened up many hitherto neglected fields of heterocyclic organic chemistry; and it has been the means of bringing into existence an industry which even ten years ago was completely unknown.

References.

The inconveniently numerous sources of information make it impracticable to cite all the relevant references individually. Only salient or very recent communications are specifically instanced therefore, though it is believed that the following general references ensure a practically complete survey within the limitations of this review.

In a few instances reference has been made to originally secret reports; Keys to these citations will be found in "The Chemistry of Penicillin" (Princeton Univ. Press, 1949).

General References.

1. The Chemistry of Penicillin. Princeton Univ. Press. 1949.
2. BENEDICT, R. G. and A. F. LANGLYKKE: Antibiotics. Annu. Rev. Microbiol. 1, 193 (1947).
3. BOETS, J.: Antibiotics. Meded. Vlaam. Chem. Ver. 10, 207 (1948).
4. CHAIN, E.: The Chemical Constitution of Penicillin. Rend. ist. super. sanita (Rome) 10, 1072 (1947).
5. — The Chemistry of Penicillin. Annu. Rev. Biochem. 17, 657 (1948).
6. — Chemical Properties and Structure of the Penicillins. Endeavour 7, 83, 152 (1948).
7. COOK, A. H.: The Chemistry of the Penicillins. Quart. Rev. Chem. Soc. London 2, 203 (1948).
8. CORRAN, H. S.: The Technical Development of Fermentation Processes. Chem. and Ind. **1950, 86.**
9. CUTTING, W. C.: Penicillin, in Action of Antibiotics in Vivo. Annu. Rev. Microbiol. 3, 137 (1949).
10. FLEMING, A.: Antibiotics. Rept. Proc. 4th Intern. Congr. Microbiol. 95, 1947 (1949).
11. FLOREY, H. W. *et al.*: Antibiotics. London: Oxford University Press. 1949.
12. FOSTER, J. W.: Chemical Activities of Fungi. New York: Academic Press Inc. 1949.
13. GEERLING, M. C.: The Structure and Synthesis of Penicillin. Chem. Weekbl. 43, No. 10, 153 (1947).
14. GEMEINHARDT, K.: The Origin of Antibiotic Substances in Microbes. Pharmaz. Ztg. 83, 90 (1947).
15. HAGEMANN, G.: The Present State of the Penicillin Problem—the Chemical Problem. Produits pharm. 4, 55, 112 (1949).
16. HAYWARD, E. G.: Penicillin and Other Antibiotics. New York: Scudder, Stevens & Clark. 1949.
17. IRVING, G. W. and H. T. HERRICK: Antibiotics. New York: Chemical Publishing Co. 1949.
18. MAJOR, R. T.: Cooperation of Science and Industry in the Development of Antibiotics. Chem. Engng. News 26, 3186, 3244 (1948).
19. PEQUERAS, V. M.: Molecular Structure of Penicillin. Farm. nueva 11, 183 (1946).
20. PRATT, R. and J. DUFRENOY: Antibiotics. Philadelphia: Lippincott Co. 1950.

21. REGNA, P. P.: Recent Advances in Antibiotic Research. Chem. and Ind. **275,** **295** (1948).

22. SCANGA, F.: A Monographic Study on Antibiotics. Rend. ist. super. sanita (Rome) **11,** 655 (1948).

23. WAKSMAN, S. A.: Microbiological Antagonisms and Antibiotic Substances. New York: Commonwealth Fund. 1947.

24. — Antibiotics. Biol. Rev. **23,** 452 (1948).

25. — Antibiotics and Life. Rept. Proc. 4th Intern. Congr. Microbiol. **71,** 1947 (1949).

26. WINTERSTEINER, O. and J. D. DUTCHER: Chemistry of Antibiotics. Annu. Rev. Biochem. **18,** 574 (1949).

Special References.

27. ABBOT LABORATORIES: A. 17, 20, 21, 26.

28. ABRAHAM, E. P.: The Effect of Mycophenolic Acid on the Growth of *Staphylococcus aureus* in Heart Broth. Biochemic. J. **39,** 398 (1945).

29. ABRAHAM, E. P., W. BAKER, E. CHAIN and R. ROBINSON: Pen. 88.

30. ABRAHAM, E. P. and E. CHAIN: An Enzyme from Bacteria Able to Destroy Penicillin. Nature (London) **146,** 837 (1940).

31. — — Purification and Some Physical and Chemical Properties of Penicillin. Brit. J. exp. Pathol. **23,** 103 (1942).

32. ABRAHAM, E. P., E. CHAIN, W. BAKER and R. ROBINSON: Penicillamine, a Characteristic Degradation Product of Penicillin. Nature (London) **151,** 107 (1943). Pen. 67, 91, 97.

33. ABRAHAM, E. P., E. CHAIN, C. M. FLETCHER, A. D. GARDNER, N. G. HEATLEY, M. A. JENNINGS and H. W. FLOREY: Further Observations on Penicillin. Lancet II, 177 (1941).

34. ABRAHAM, E. P., E. CHAIN, H. W. FLOREY, E. R. HOLIDAY and R. ROBINSON: Nitrogenous Character of Penicillin. Nature (London) **149,** 356 (1942).

35. ADKINS, H., W. BRUTSCHY and M. MCWHIRTER: Desthiobenzylpenicillin. J. Amer. chem. Soc. **70,** 2610 (1948).

36. ADLER, M. and O. WINTERSTEINER: A Reinvestigation of Flavicidin, the Penicillin Produced by *Aspergillus flavus.* J. biol. Chemistry **176,** 873 (1948).

37. ALICINO, J. F.: Iodometric Method for the Assay of Penicillin Preparations. Ind. Engng. Chem., Analyt. Edit. **18,** 619 (1948).

38. ARNSTEIN, H. V. A., J. R. CATCH, A. H. COOK and I. M. HEILBRON: CPS. 377.

39. BABUDIER, B. and A. GRIGNOLD: Three New Methods for the Microdetermination of Penicillin. Farm. sci. e tec. (Pavia) **2,** 189 (1947).

40. BACHUS, M. P., J. F. STAUFFER and M. J. JOHNSON: Penicillin Yields from New Mould Strains. J. Amer. chem. Soc. **68,** 152 (1946).

41. BARNES, R. B., R. C. GORE, E. F. WILLIAMS, S. G. LINSLEY and E. M. PETERSON: Infra-red Analysis of Crystalline Penicillins. Analyt. Chemistry **19,** 620 (1947).

42. BEHRENS, O. K.: In: The Chemistry of Penicillin, p. 657. Princeton Univ. Press. 1949.

43. BEHRENS, O. K., J. CORSE, J. P. EDWARDS, L. GARRISON, R. G. JONES, Q. F. SOPER, F. R. VAN ABEELE and C. W. WHITEHEAD. Biosynthesis of Penicillins. IV. New Crystalline Biosynthetic Penicillins. J. biol. Chemistry **175,** 793 (1948).

44. BEHRENS, O. K., J. CORSE, D. E. HUFF, R. G. JONES, Q. F. SOPER and C. W. WHITEHEAD: Biosynthesis of Penicillins. III. Preparation and Evaluation of Precursors for New Penicillins. J. biol. Chemistry **175,** 771 (1948).

45. Behrens, O. K., J. Corse, R. G. Jones, E. C. Kleiderer, Q. F. Soper, F. R. van Abeele, L. M. Larson, J. C. Sylvester, W. J. Harris and H. E. Carter: Biosynthesis of Penicillins. II. Utilisation of Deuterophenylacetyl-N^{15}-DL-valine in Penicillin Biosynthesis. J. biol. Chemistry 175, 765 (1948).

46. Behrens, O. K., J. Corse, R. G. Jones, M. J. Mann, Q. F. Soper, F. R. van Abeele and Ming-Chien Chiang: Biosynthesis of Penicillins. I. Biological Precursors for Benzylpenicillin (Penicillin G). J. biol. Chemistry 175, 751 (1948).

47. Behrens, O. K. and M. J. Kingkade: Biosynthesis of Penicillins. VIII. Studies with New Biosynthetics on Penicillin Resistance. J. biol. Chemistry 176, 1047 (1948).

48. Bentley, R., J. R. Catch, A. H. Cook, J. A. Elvidge, R. H. Hall and I. M. Heilbron: Pen. 99, 102, 105.

49. Bond, C. R., L. J. Bellamy, A. R. Graham, T. Henshall, T. E. V. Horsley and G. F. Hall: The Determination of Benzylpenicillin by Precipitation with N-Ethylpiperidine. Analyst 74, 79 (1949).

50. Boon, W. R., H. C. Carrington and G. G. Freeman: CPS. 28.

51. Boon, W. R., H. C. Carrington and G. A. Snow: CPS. 646.

52. Brian, P. W.: The Production of Antibiotics by Micro-organisms in Relation to Biological Equilibria in Soil. Symposia Soc. exp Biol. 3, 357 (1949).

53. Brown, W.: The Physiology of Host-Parasite Relations. Botanic. Rev. 2, 236 (1936).

54. Burgeff, H.: Untersuchungen über Sexualität und Parasitismus bei Mucorineen. I. Bot. Abh. 4, 1 (1924).

55. Carpenter, F. H.: Anhydride of Benzylpenicillin. J. Amer. chem. Soc. 70, 2954 (1948).

56. Carpenter, F. H., G. W. Stacy, D. S. Genghof, A. H. Livermore and V. du Vigneaud: The Preparation and Antibacterial Properties of the Crude Sodium Salts of Some Synthetic Penicillins. J. biol. Chemistry 176, 915 (1948).

57. Carpenter, F. H., R. A. Turner and V. du Vigneaud: Benzylpenillic Acid as an Intermediate in the Synthesis of Benzylpenicillin (Penicillin G). J. biol. Chemistry 176, 893 (1948).

58. Catch, J. R., A. H. Cook and I. M. Heilbron: CPS. 291.

59. Cavallito, C. J., F. K. Kirchner, L. C. Miller, J. H. Bailey, J. W. Klimek, W. F. Warner, C. M. Suter and M. L. Tainter: The Benzyl Ester of Penicillin. Science (New York) 102, 150 (1945).

60. Chain, E., C. M. Fletcher, A. D. Gardner, M. A. Jennings and H. W. Florey: Further Observations on Penicillin. Lancet 1941, II, 177.

61. Chain, E., H. W. Florey, A. D. Gardner, M. A. Jennings, J. Orr-Ewing, A. F. Sanders and N. G. Heatley: Penicillin as a Chemotherapeutic Agent. Lancet II, 226 (1940).

62. Cholden, A. S.: A Simplified Technique for the Agar-Cup Assay of Penicillin. J. Bacteriol. 47, 402 (1944).

63. Clutterbuck, P. W., R. Lovell and H. Raistrick: The Formation from Glucose by Members of the *Penicillium chrysogenum* Series of a Pigment, an Alkali-soluble Protein, and "Penicillin", the Active Material of Fleming. Biochemic. J. 26, 1907 (1932).

64. Coghill, R. D., F. H. Stodola and J. L. Wachtel: In: The Chemistry of Penicillin, p. 680. Princeton Univ. Press. 1949.

65. Cook, R. P., W. J. Tulloch, M. B. Brown and J. Brodie: Factors in Aqueous Extracts of Peas Responsible for Penicillin Production. Biochemic. J. 39, 23 (1945).

66. COOPER, D. E. and S. B. BINKLEY: Penicillin Amide. J. Amer. chem. Soc. 70, 3966 (1948).
67. CORSE, J., R. G. JONES, Q. F. SOPER, C. W. WHITEHEAD and O. K. BEHRENS: Biosynthesis of Penicillins. V. Substituted Phenylacetic Acid Derivatives as Penicillin Precursors. J. Amer. chem. Soc. 70, 2837 (1948).
68. CRAM, D. J.: Mould Metabolism. II. The Structure of Sorbicillin, a Pigment Produced by the Mould *Penicillium notatum*. J. Amer. chem. Soc. 70, 4240 (1948).
69. CRAM, D. J. and M. TISCHLER: Mould Metabolism. I. Isolation of Several Compounds from Clinical Penicillin. J. Amer. chem. Soc. 70, 4238 (1948).
70. CROOK, H. M.: In: The Chemistry of Penicillin, p. 455. Princeton Univ. Press. 1949.
71. DUTHIE, E. S.: The Production of Penicillinase by Organisms of the *Subtilis* Group. Brit. J. exp. Pathol. 25, 76 (1944).
72. EMMERICH, R.: Die Heilung des Milzbrandes. Arch. Hyg. Bakteriol. 6, 442 (1887).
73. EMMERICH, R. u. O. Löw: Bakteriolytische Enzyme als Ursache der erworbenen Immunität und die Heilung von Infektionskrankheiten durch dieselben. Z. Hyg. Infekt.-Krankh. 31, 1 (1899).
74. FISCHBACH, H., T. E. EBLE and J. LEVINE: o-Hydroxy-phenylacetic Acid from an Amorphous Penicillin. Science (New York) 106, 373 (1947).
75. FISCHBACH, H., M. MUNDELL and T. E. EBLE: Determination of Penicillin K by Partition Chromatography. Science (New York) 104, 84 (1946).
76. FLEMING, A.: In Vitro Tests of Penicillin Potency. Lancet I, 732 (1942).
77. — On the Specific Antibacterial Properties of Penicillin and Potassium Tellurite. J. Pathol. Bacteriology 35, 831 (1932).
78. — The Antibacterial Action of Cultures of a Penicillium, with Special Reference to their use in the Isolation of *Bacillus influenzae*. Brit. J. exp. Pathol. 10, 226 (1929).
79. FLEMING, A. and I. G. MACLEAN: On the Occurrence of Influenza Bacilli in the Mouths of Normal People. Brit. J. exp. Pathol. 11, 127 (1930).
80. FLEMING, A. and C. SMITH: Estimation of Penicillin in Serum. Lancet 252, 401 (1947).
81. FLOREY, H. W. and M. A. JENNINGS: Some Biological Properties of Highly Purified Penicillin. Brit. J. exp. Pathol. 23, 120 (1942).
82. FOSTER, J. W.: Chemical Activities of Fungi, p. 573. New York: Academic Press, Inc. 1949.
83. — Quantitative Estimation of Penicillin. J. biol. Chemistry 144, 285 (1942).
84. FOSTER, J. W. and B. L. WILKER: Microbiological Aspects of Penicillin. II. Turbidimetric Studies of Penicillin Inhibition. J. Bacteriol. 46, 377 (1942).
85. FOSTER, J. W. and H. B. WOODRUFF: Microbiological Aspects of Penicillin. VI. Procedure for the Cup Assay of Penicillin. J. Bacteriol. 46, 187 (1943).
86. FOSTER, J. W., H. B. WOODRUFF and L. E. McDANIEL: Microbiological Aspects of Penicillin. IV. Production of Penicillin in Submerged Cultures of *Penicillium notatum*. J. Bacteriol. 46, 421 (1943).
87. FOSTER, J. W., H. B. WOODRUFF, D. PERLMAN, L. E. McDANIEL, B. L. WILKER and D. HENDLIN: Microbiological Aspects of Penicillin. IX. Cottonseed Meal as a Substitute for Corn Steep Liquor in Penicillin Production. J. Bacteriol. 51, 695 (1946).
88. FRIED, J., W. L. KOERBER and O. WINTERSTEINER: The Chemical Nature of Flavicidin. J. biol. Chemistry 163, 341 (1946).
89. GOTH, A. and M. T. BUSH: Rapid Method for the Estimation of Penicillin. Ind. Engng. Chem., Analyt. Edit. 16, 451 (1944).

90. GRENFELL, T. C., J. A. MEANS and E. V. BROWN: Studies on the Naturally Occurring Penicillins. An Assay Method for Penicillin G. J. biol. Chemistry **170**, 527 (1947).

91. HEATLEY, N. G.: A Method for the Assay of Penicillin. Biochemic. J. **38**, 61 (1944).

92. HEILMAN, D. H.: A Method for Standardizing Penicillin. Amer. J. med. Sci. **207**, 477 (1944).

93. HEILMAN, D. H. and W. E. HERREL: The Use of FLEMING's Modification of the Wright Slide-Cell Technique for Determining Penicillin in Body Fluids. Amer. J. clin. Pathol. **15**, 7 (1945).

94. HENRY, R. J., R. D. HOUSEWRIGHT, A. S. HERRING, M. C. EMENS and J. C. HARTLEY: Manometric Methods of Assaying Penicillinase and Penicillin, Kinetics of the Penicillin-Penicillinase Reaction, and the Effect of Inhibitors on Penicillinase. J. biol. Chemistry **167**, 559 (1947).

95. HERRIOTT, R. M.: A Spectrophotometric Method for the Determination of Penicillin. J. biol. Chemistry **164**, 725 (1946).

96. HIGUCHI, K. and W. H. PETERSON: Estimation of Types of Penicillin in Broths and Finished Products. A Microbiological Method. Analyt. Chemistry **19**, 68 (1947).

97. HOBBY, G. L., T. F. LENERT and B. HYMAN: The Effect of Impurities on the Chemotherapeutic Action of Crystalline Penicillin. J. Bacteriol. **54**, 305 (1947).

98. HOBBY, G. L., K. MEYER and E. CHAFFEE: Activity of Penicillin in vitro. Proc. exp. Biol. Med. **50**, 277 (1942).

99. HOCKENHULL, D. J. D., K. RAMACHANDRAN and T. K. WALKER: Biosynthesis of the Penicillins. Arch. Biochemistry **23**, 160 (1949).

100. HOLLEY, R. W., F. H. CARPENTER, A. H. LIVERMORE and V. DU VIGNEAUD: A Synthesis of Benzylpenillic Acid. Science (New York) **108**, 136 (1948).

101. HOLMAN, W. L.: In: Newer Knowledge of Bacteriology and Immunology. Chicago: 1942.

102. HONL, J. u. J. BUKOVSKY: Therapie der Schenkelgeschwüre mit Bakterienproteinen. Zbl. Bakteriol., Parasitenkunde, Infektionskrankh. **26**, 305 (1899).

103. HOUSEWRIGHT, R. D. and R. J. HENRY: Production, Partial Purification and Practical Application of Penicillinase. J. biol. Chemistry **167**, 553 (1947).

104. HOYMAN, W. G.: Effect of Growth-inhibiting Substances Present in Nutrient Solutions of the Aspergillus Species. Phytopathology **28**, 9 (1938).

105. JACKSON, E. R.: A Microplate Method for Penicillin Assay. J. Bacteriol. **51**, 407 (1946).

106. JOHNSON, M. J.: Metabolism of Penicillin-Producing Moulds. Ann. New York Acad. Sci. **48**, 57 (1946).

107. JONES, R. G., Q. F. SOPER, O. K. BEHRENS and J. CORSE: Biosynthesis of Penicillins. VI. N-2-Hydroxyethyl Amides of some Polycyclic and Heterocyclic Acetic Acids as Penicillin Precursors. J. Amer. chem. Soc. **70**, 2843 (1948).

108. JOSLYN, D. A.: Penicillin Assay. Science (New York) **99**, 21 (1944).

109. KLUENER, R. G.: A Paper Chromatographic Method for the Estimation of Penicillin Entities. J. Bacteriol. **57**, 107 (1949).

110. KNIGHT, S. G. and W. C. FRAZIER: The Effect of Corn Steep Liquor Ash on Penicillin Production. Science (New York) **102**, 617 (1945).

111. KOFFLER, H., S. G. KNIGHT and W. C. FRAZIER: The Effect of Certain Mineral Elements on the Production of Penicillin in Shake Flasks. J. Bacteriol. **53**, 115 (1947).

112. KOFFLER, H., S. G. KNIGHT, W. C. FRAZIER and R. H. BURRIS: Metabolic Changes in Submerged Penicillin Fermentations on Synthetic Media. J. Bacteriol. **51**, 385 (1946).

113. LEE, S. W., E. J. FOLEY, J. A. EPSTEIN and J. H. WALLACE: Improvements in the Turbidimetric Assay for Penicillin. J. biol. Chemistry **152**, 485 (1944).

114. LIVERMORE, A. H., F. H. CARPENTER, R. W. HOLLEY and V. DU VIGNEAUD: Crystalline *DL*-Benzylpenicillenic Acid. J. biol. Chemistry **175**, 721 (1948).

115. LUCAS, C. E.: External Metabolites and Ecological Adaptation. Symposia Soc. exp. Biol. **3**, 336 (1949).

116. MALLEN, M. S. and E. L. HUBE: Critical Study of Some Methods of Penicillin Determination. II. Determination of Penicillin by Chemical and Physico-chemical Methods. Arch. inst. cardiol. Mes. **18**, 533 (1948).

117. MEADE, T. H., M. V. STACK, D. D. STEWART and W. BRADLEY: CPS. 275.

118. MERCK and Co., Inc.: M. 126.

119. — M. 49.

120. — Report April-July, 1943.

121. MEYER, K., G. L. HOBBY and E. CHAFFEE: Esters of Penicillin. Science (New York) **97**, 205 (1943).

122. MOYER, A. J. and R. D. COGHILL: Penicillin. VIII. The Production of Penicillin in Surface Cultures. J. Bacteriol. **51**, 57 (1946).

123. — — Penicillin. IX. The Laboratory Scale Production of Penicillin in Submerged Cultures by *Penicillium notatum* WESTLING NRRL 832. J. Bacteriol. **51**, 79 (1946).

124. — — The Effect of Phenylacetic Acid on Penicillin Production. J. Bacteriol. **53**, 329 (1947).

125. MUNDELL, M., H. FISCHBACH and T. E. EBLE: The Chemical Assay of Penicillin. J. Amer. pharmac. Assoc. **35**, 375 (1946).

126. MURTAUGH, J. J. and G. B. LEVY: Chemical Method for the Determination of Penicillin. J. Amer. chem. Soc. **67**, 1042 (1945).

127. OSGOOD, E. E. and B. CAMPBELL: A Simple, Rapid and Quantitative Method for the Determination of Penicillin. J. clin. Invest. **23**, 948 (1944).

128. PASTEUR, L. et JOUBERT: Chimie Physiologique — Charbon et Septicemie. C. R. hebd. Séances Acad. Sci. **85**, 101 (1877).

129. PERLMAN, D.: Production of Penicillin on Natural Media. Bull. Torrey bot. Club **76**, 79 (1949).

130. PFIZER and Co., Inc.: P. 21.

131. — P. 30.

132. PHILPOT, F. J.: A Penicillin-like Substance from *Aspergillus giganteus* WEHM. Nature (London) **152**, 725 (1943).

133. POPE, C. G.: Pen. 39, 50.

134. PREVOT, A. R.: Rapid Penicillin Titration by Inhibition of Reduction of Janus Green by *Clostridium perfringens*. Ann. Inst. Pasteur **72**, 471 (1946).

135. RAKE, G. and H. P. JONES: A Rapid Method for the Estimation of Penicillin. Proc. Soc. exp. Biol. Med. **54**, 189 (1943).

136. RAMMELKAMP, C. H.: A Method for Determining the Concentration of Penicillin in Body Fluids and Exudates. Proc. Soc. exp. Biol. Med. **51**, 95 (1942).

137. RAPER, K. B.: The Development of Improved Penicillin-Producing Moulds. Ann. New York Acad. Sci. **48**, 41 (1946).

138. RAPER, K. B. and D. F. ALEXANDER: Penicillin. V. Mycological Aspects of Penicillin Production. J. Elisha Mitchell sci. Soc. **61**, 74 (1945).

138 a. RARMUSSEN, R. S.: Spectroscopy in Structure Determination and its Application to Penicillin. Fortschr. Chem. organ. Naturstoffe **5**, 331 (1948).

139. Reid, R. D.: Some Properties of an Antibiotic Substance Produced by a Mould. J. Bacteriol. **29**, 215 (1935).

140. — The Ability of a Mould or its Metabolic Products to Inhibit Bacterial Growth. J. Bacteriol. **27**, 28 (1934).

141. Salisbury, E. J.: Antibiotics and Competition. Nature (London) **153**, 170 (1944).

142. Savard, K. and G. A. Grant: Ergosterol from the Mycelium of *Penicillium notatum* (submerged culture). Science (New York) **104**, 459 (1946).

143. Scudi, J. V. and H. B. Woodruff: In: The Chemistry of Penicillin, p. 1032. Princeton Univ. Press. 1949.

144. Sheehan, J. C., W. J. Mader and D. J. Cram: Chemical Assay Methods for Penicillin G. J. Amer. chem. Soc. **68**, 2407 (1946).

145. Sherwood, M. B., E. A. Falco and E. J. de Beer: A Rapid, Quantitative Method for the Determination of Penicillin. Science (New York) **99**, 247 (1944).

146. Singh, K. and M. J. Johnson: Evaluation of the Precursors for Penicillin G. J. Bacteriol. **56**, 339 (1948).

147. Smith, E. L., A. E. Bide and F. A. Robinson: CPS. 226.

148. Soper, Q. F., C. W. Whitehead, O. K. Behrens, J. Corse and R. G. Jones: Biosynthesis of Penicillins. VII. Oxy- and Mercapto-acetic Acids as Penicillin Precursors. J. Amer. chem. Soc. **70**, 2849 (1948).

149. Squibb Institute for Medical Research: S. 3.

150. — S. 96.

151. — S. 51.

152. — S. 52.

153. Stone, R. W., H. T. Patterson and M. A. Farrel: Chemical Adjuvants Affecting Penicillin Production on Synthetic Media. J. Bacteriol. **51**, 598 (1946).

154. Strait, L. A., J. Dufrenoy, R. Pratt and V. Lamb: Enhancement of Penicillin Effectiveness by Traces of Cobalt. J. Amer. pharmacol. Assoc. Sci. Ed. **37**, 133 (1948).

155. Sullivan, W. R. and W. E. Scott: α-Phenyllevulinic Acid, a Product of the Alkaline Degradation of Penicillin G. J. Amer. chem. Soc. **70**, 2810 (1948).

156. Tappi, G.: The Biosynthesis of Sterols by the Action of some Strains of Penicillium. II. Ergosterol from a Strain of *Penicillium notatum*. Gazz. chim. ital. **78**, 311 (1948).

157. Thom, C.: Mycology Presents Penicillin. Mycologia **37**, 460 (1945).

158. — The Biological Whereabout of the Penicillia. J. Bacteriol. **48**, 120 (1944).

159. Thorn, J. A. and M. J. Johnson: Direct Estimation of Penicillin G in Small Broth Samples. Analyt. Chemistry **20**, 614 (1948).

160. Trenner, N. R. and R. P. Buhs: Crystalline Form of Benzylpenillic Acid. J. Amer. chem. Soc. **70**, 2897 (1948).

161. Vaudremer, A.: Action de l'extrait filtré d'*Aspergillus fumigatus* sur les bacilles tuberculeux. C. R. Séances Soc. Biol. Filiales Associées **74**, 218 (1913).

162. Vecchio, G., V. Vecchio and R. Argenziano: Chemical Nature of Substances which Accompany Penicillin During Ether Extraction. II. Penicillins, Inactive but Activatable Precursors of Natural Penicillins. Bull. Soc. ital. Biol. speriment. **23**, 1023 (1947).

163. Vigneaud, V. du, F. H. Carpenter, R. W. Holley, A. H. Livermore and J. R. Rachele: Synthetic Penicillin. Science (New York) **104**, 431 (1946).

164. Vigneaud, V. du, G. W. Stacey and D. Todd: The Synthesis of DL-β, β-Diethylcysteine and DL-β-Ethyl-β-Methylcysteine. J. biol. Chemistry **176**, 907 (1948).

165. VINCENT, J. G. and H. W. VINCENT: Filter-paper-disc Modification of the Oxford-cup Penicillin Determination. Proc. Soc. exp. Biol. Med. **55**, 162 (1944).

166. WAKSMAN, S. A.: Antagonistic Relations of Micro-organisms. Bacteriol. Rev. **5**, 231 (1941).

167. — Associative and Antagonistic Effects of Micro-organisms. Soil Sci. **43**, 51 (1937).

168. WAKSMAN, S. A. and H. C. REILLY: An Agar-streak Method for Assaying Antibiotic Substances. Ind. Engng. Chem., Analyt. Edit. **17**, 556 (1945).

169. WEINDLING, R.: Studies on a Lethal Principle Effective in the Parasitic Action of *Trichoderma lignorum* on *Rhizoctonia solani* and other Soil Fungi. Phytopathology **24**, 1153 (1934).

170. WHITE, A. G. C., L. O. KRAMPITZ and C. H. WORKMAN: The Synthetic Medium for the Production of Penicillin. Arch. Biochemistry **8**, 303 (1945).

171. WILD, A. M.: Iodometric Method of Estimation of Penicillin. J. Soc. chem. Ind. **67**, 90 (1948).

172. WILL, H.: Altes und Neues über die Riesenkolonien der Saccharomyceten, Mycoderma-Arten und Torulaceen. I. Riesenkolonien auf festem Nährboden auf und innerhalb Nährflüssigkeiten. Allgemeine Wachstumserscheinungen. Die Faktoren, welche die Wachstumsform beeinflussen. Zbl. Bakteriol., Parasitenkunde Infektionskrankh., Abt. II **50**, 1 (1920).

173. — Altes und Neues über die Riesenkolonien der Saccharomyceten, Mycoderma-Arten und Torulaceen. II. Die „typische Zonenbildung" der Riesenkolonien. Wachstumsform der Riesenkolonien der Gattung Saccharomyces. Zbl. Bakteriol., Parasitenkunde Infektionskrankh., Abt. II **50**, 294 (1920).

174. — Altes und Neues über die Riesenkolonien der Saccharomyceten, Mycoderma-Arten und Torulaceen. III. Die Wachstumsformen der Riesenkolonien der übrigen Saccharomyceten, der Mycoderma-Arten und Torulaceen. Zbl. Bakteriol., Parasitenkunde, Infektionskrankh., Abt. II **50**, 317 (1920).

175. — Altes und Neues über die Riesenkolonien der Saccharomyceten, Mycoderma-Arten und Torulaceen. IV. Die Grundformen der Riesenkolonien. Zbl. Bakteriol., Parasitenkunde, Infektionskrankh., Abt. II **50**, 410 (1920).

176. WILSON, E. E.: Effects of Fungous Extracts upon the Initiation and Growth of the Perithecia of *Venturia inaequalis* (CKE) WINT in Pure Culture. Phytopathology **17**, 835 (1927).

177. WILSON, U.: A New Rapid Method for Penicillin Assay. Nature (London) **152**, 475 (1943).

178. WINTHROP CHEM. Co., Inc.: W. 11.

179. WISE, W. S. and G. H. TWIGG: Rapid Method for the Chemical Estimation of Penicillin. Analyst **73**, 393 (1948).

180. WOODRUFF, H. B. and J. W. FOSTER: Microbiological Aspects of Penicillin. VII. Bacterial Penicillinase. J. Bacteriol. **49**, 7 (1945).

181. WOODWARD, C. R.: Production of Aspergillic Acid by Surface Cultures of *Aspergillus flavus.* J. Bacteriol. **54**, 375 (1947).

(Received, March 9, 1950.)

Sennosides A and B, the Active Principles of Senna.

By **A. Stoll** and **B. Becker**, Basel, Switzerland.

With 1 Figure.

Contents.

I. Historical.

The senna drugs of commerce consist of the leaves and pods of plants of the *Cassia* species, the main varieties being *Cassia angustifolia*, obtained from Africa, and *C. acutifolia* which is cultivated in Southern India. The great importance which senna has attained is due to the fact that it is one of the most reliable laxatives we possess and that, in consequence of this specific property, it has found unusually widespread application.

The earliest mention of senna occurs in the 9th century when it first appeared among the medicaments used by the Arabs and somewhat later among those of the Greeks. It seems that Serapion the Elder was the first to describe and recommend senna. Some time afterwards, it was also mentioned as a medicinal plant by an Egyptian doctor named Isaac Judaeus.

Strangely enough, although varieties of *Cassia* were recognized in folk medicine many centuries ago as medicinal plants, they were at first employed for other purposes than those customary at the present day. Thus, a 12th century document by Masawach ben Hamech, court physician to the Caliph Alhakem of Cairo, records that senna may be used as a cooling agent in affections of the eye and as a remedy against leprosy. It was not until several centuries later that the true importance of senna as a purgative was recognized. Paracelsus (*10*) and later Lonicerus (*8*), Bock (*3*) as well as Matthiolus (*9*) recommended the drug as the most reliable and least harmful of all laxative agents.

About 1850, a number of chemists began investigating the nature of the active principles of senna. It has taken nearly 100 years, however, before the task which they had set themselves could be brought to a satisfactory conclusion.

The most important finding resulting from the chemical investigations carried out during the second half of the 19th century was that the active principles of senna are derived from anthraquinone and are probably glycosides. Nevertheless, it was not possible until recently to isolate homogeneous crystalline substances. Although it was known that cathartic acid, prepared by Dragendorff and Kubly (*5, 7*), undoubtedly played an important part, Tschirch and Hiepe (*18*) were able to demonstrate that the various cathartic acid preparations at that time commercially available were not homogeneous compounds but amorphous mixtures of variable composition. The last two investigators subsequently devoted themselves to a study of the active principles of senna but later workers, e.g. Tutin (*19*) were unable to confirm their results. Although Tutin succeeded in isolating a large number of substances from senna, practically none of these possessed the specific action of the drug. Our own experiments have shown that Tutin would have been unable to extract the true carriers of the senna effect with the technique he employed and that they must have been left behind in the drug (*10*).

In the following decades, research workers once more turned their attention to other anthraquinone drugs. It was found that many substances previously regarded as anthraquinone glycosides exist in the plant in the form of anthranol glycosides, but it was not until about 1930 that this knowledge also led to fruitful results in the investigations on senna which had recently been resumed.

In 1936, Straub and Gebhardt (*17*) demonstrated that the active principles of senna must also be glycosides of anthranol. A few years later, we succeeded in isolating the two main active principles of senna in pure crystalline form. These two closely related compounds were designated as *sennoside A* and *sennoside B* and, approximately a year ago, we were able to bring our investigation of them to a provisional conclusion by establishing their structure and confirming it by partial synthesis (*14*).

II. General Considerations.

As we have mentioned, the sennosides A and B, the two main genuine active principles of senna, belong to the *anthraglycosides*. They can therefore be split into an aglycone and a sugar. As we will show later, the sugar component consists of *D*-glucose while the two aglycone fractions, termed *sennidin A* and *sennidin B*, both derive from the same anthrone. Although, in these introductory remarks, I do not wish to anticipate the later sections of the present survey, it will be useful to illustrate at this point somewhat more precisely the position of sennidins A and B among the anthraquinones (Scheme 1). The parent substance, anthraquinone, was prepared by LAURENT as long ago as 1840, by oxidation

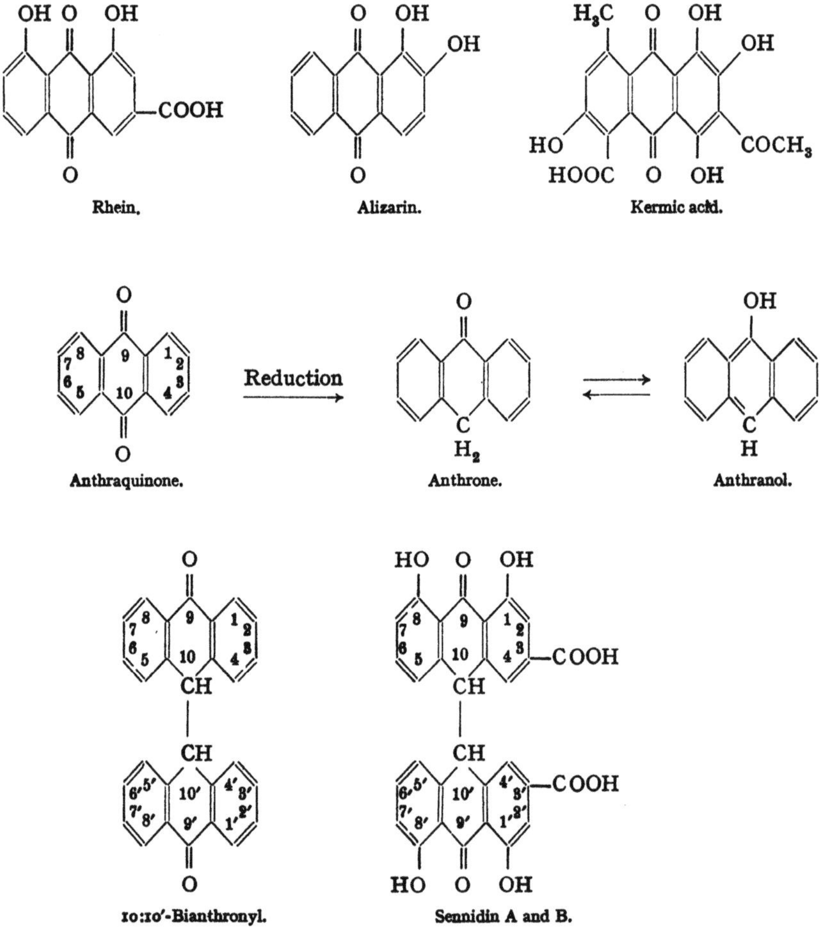

Rhein.

Alizarin.

Kermic acid.

Anthraquinone.

Reduction

Anthrone.

Anthranol.

10:10′-Bianthronyl.

Sennidin A and B.

Scheme 1.

Interrelationship between the Sennidins and some Anthraquinones.

of anthracene with nitric acid. Reduction of anthraquinone with tin and glacial acetic acid yields anthrone which is desmotropic with anthranol.

The first three formulas in Scheme 1 are those of *rhein, alizarin* and *kermic acid*. Rhein was isolated from rhubarb and, as we shall see later, is the parent substance of the sennidins. It possesses two hydroxyl groups, viz. one at position 1 and one at position 8, while the carboxyl group responsible for its acid character is located in $C_{(3)}$. Alizarin is the most important of the other hydroxy-anthraquinones. As well known, it occurs in madder root in the form of *ruberythric acid*, a glycoside in which it is combined with the disaccharide primverose [6-(β-D-xylosido)-D-glucose]. The primverose is attached to the hydroxyl group at position 2 and can be split off relatively easily with the formation of alizarin. Alizarin is a typical mordant dye, and in the ancient Orient it had already found widespread application despite the difficulties of madder dyeing.

Kermic acid is of particular interest because it is of animal origin, being obtained from the dried bodies of the kermes insect, the female of a particular variety of cochineal or scale insect. The structural formula of kermic acid is still not quite certain, and it may be that the hydroxyl group at $C_{(2)}$ and the acetyl group at $C_{(3)}$ should be interchanged.

The structures on the last line of Scheme 1 refer to some compounds in which two anthrone residues are linked together by a carbon-carbon bridge. On the left we have 10:10'-bianthronyl which is prepared synthetically by the union of two molecules of anthrone, with elimination of an atom of hydrogen from position 10 in each. This bianthronyl is also the parent substance of sennosides A and B (Scheme 1).

III. Isolation of the Senna Glucosides (*15, 16*).

At the outset of our investigations on the active principles of senna we knew only that they were derivatives of anthraquinone and, as a guide to their isolation, we employed the BORNTRÄGER *color reaction* which, as is well known, depends upon the production of a red coloration when hydroxy-anthraquinones are treated with alkali. The color varies according to the number and position of the hydroxygroups and other substituents. After STRAUB and GEBHARDT (*17*) had shown in 1936 that the active principles of *Folia Sennae* are present mainly in the reduced form and not as anthraquinone glycosides, it was realized that the colorimetric determination must be preceded by oxidation to the anthraquinone stage as well as by a cleavage of the glycosides. With this in mind, we were able to make correct use of the BORNTRÄGER reaction.

The senna aglycones give a brilliant yellow solution in alkali, the well-known red coloration developing only after oxidation. The latter can be effected in various ways, e.g. by exposure to the quartz lamp or by shaking the warm solution with oxygen or air. The nature of the oxidizing agent is, however, important in that it affects the intensity and the shade of the coloration produced. We observed that, using 3% hydrogen peroxide as oxidizing agent, an oxidation process can be developed which could be conveniently standardized. This gave a brilliant wine red color of reproducible intensity which decreased only imperceptibly during the first thirty minutes and which did not become appreciably paler for several hours. For measuring the color intensity, the ZEISS-PULFRICH photometer or the photoelectric colorimeter of HAVEMANN was employed. Using this absolute colorimetric method a reliable determination of the active glycoside content in senna was secured.

Thus, it was possible to follow the increase in concentration of the glycosides during the course of the process of isolation and to evaluate quantitatively the fractionation process. It was soon found that the senna glucosides are acids, a property upon which the following method of isolation was based.

Owing to the acid nature of these active principles, they are mostly present in the drug as water soluble salts and, in this form, are only extracted in small quantities by anhydrous solvents such as absolute ethanol. Extraction with water results in a very pronounced swelling of the material and is therefore impracticable. Moreover, water would also extract enormous quantities of other water-soluble compounds present in the drug. The only possible means of extraction is therefore that with aqueous organic solvents, which can be employed in different ways. Either the glucosides can be converted by means of organic bases into salts which are soluble in organic solvents or else they may be liberated by means of acids and extracted in the form of free acids.

The second route proved to be the more practicable, particularly when the drug was first extracted with chloroform and ethanol in order to remove the greater part of the impurities. Then the drug was further extracted with a methanolic solution of oxalic acid with the result that the sennosides were liberated and passed into the methanol. The principal advantage of the acid extraction is that relatively few impurities are removed along with the glucosides. This is evident from the fact that, on concentrating the methanol extract, sennoside A at once separates in crystalline form and, after reprecipitation via the triethylamine salt, is obtained in an almost pure condition. If the mother liquors from sennoside A are treated with calcium chloride and methanolic ammonia until the neutral point is reached, a precipitate appears containing a high percentage of the calcium salt of sennoside B. On adding oxalic acid to a suspension of this salt in methanol and filtering off the calcium oxalate, almost pure sennoside B is obtained from the filtrate. When the latter filtrate is treated with water and concentrated in vacuo to a small volume, the sennoside B separates within 1–2 days in a well-defined, crystalline form.

The yield of crystalline sennosides obtained from 1 kg. of the drug amounts to 3–4,5 gm. of sennoside A and 3–5 gm. of sennoside B, depending upon the quality of the starting material.

IV. Determination of the Molecular Weights of the Senna Glucosides and their Aglycones (*12*).

Certain special characteristics of the sennosides A and B, to which we will refer later, placed several difficulties in the way of determining their molecular weights by the usual methods. The question of whether the anthranol residue is present in the monomolecular or bimolecular form could not be answered either by a calcium determination in the calcium salt or by direct titration of the sennosides with caustic soda, but could only be decided by an estimation of the molecular weight. The poor solubility of the sennosides and their instability in hot solution were, however, obstacles to the direct determinations. We overcame

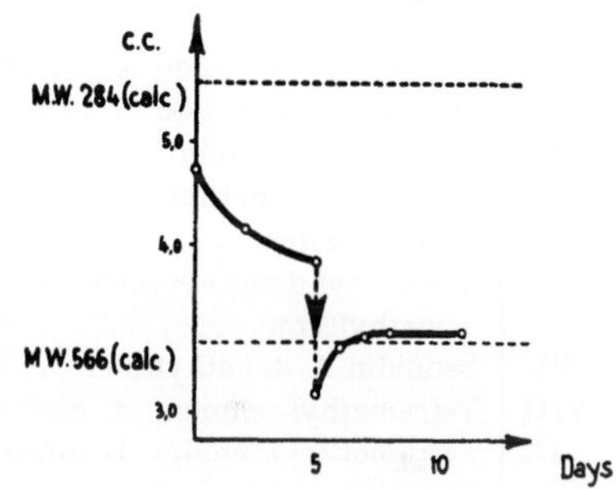

Fig. 1. Determination of the Molecular Weight of Sennidin A by Isothermal Distillation of Sennidin A Dimethylester (44.9 mg.) with Azobenzene (31.35 mg.) in Chloroform (11.32 ml.).

this difficulty by preparing derivatives of the sennosides, employing mild methods which did not affect the overall structure, and then determining the molecular weights of the sennosides A and B indirectly by means of these derivatives. The solubilities of the derivatives, however, were also unsuitable for the cryoscopic determination and for the RAST method; and, strangely enough, the ebullioscopic method also failed.

Eventually, we found that the method of isothermal distillation, as described by BARGER and modified by SIGNER, (*1, 11*) offered a means of examining these sensitive compounds in the absence of oxygen and, thus, we were able to obtain satisfactory values. It may be said in advance that all the determinations pointed to the bimolecular formula; the sennosides A and B are therefore composed of two anthracene residues.

The compounds used for carrying out these determinations were: the acetyl derivatives, the methyl derivatives and the acetyl-methyl derivatives, the added substance being azobenzene in every case. Figure 1 provides an example of how an isothermal distillation proceeds, the compound used in this case being sennidin A dimethyl ester.

The curve gives the molecular weight of sennidin A dimethyl ester as 559, while the calculated value for the bimolecular formula would be 566.

The molecular weights of the sennoside derivatives investigated are summarized in Table 1.

Table 1. Calculated and Experimentally Determined Molecular Weights of Some Sennoside Derivatives.

No.	Name of Substance	Molecular weight		
		Calculated		Found
		monomolecular	bimolecular	
I	Decaacetyl-sennoside A	641 = Equivalent Weight		636
II	Decaacetyl-sennoside A dimethylester	656	1310	1090
III	Decaacetyl-sennoside B dimethylester	656	1310	1220
IV	Dimethyl-sennoside B dimethylester ..	460	918	886
V	Octoacetyl-dimethyl-sennoside B di-methylester......................	628	1254	1241
VI	Octoacetyl-dimethyl-sennoside A di-methylester......................	628	1254	1218
VII	Sennidin A dimethylester	284	566	559
VIII	Tetramethyl-sennidin A dimethylester	312	622	545
IX	Tetramethyl-sennidin B dimethylester	312	622	605

It was thus clearly established that the sennosides and the aglycones, the sennidins, must be formulated as bimolecular, a finding which was of great importance for the further elucidation of their structure.

V. Elucidation of the Structure of Sennosides A and B and their Partial Synthesis (*14*).

It seemed reasonable to begin this study with the oxidation to anthraquinone derivatives (*15*). The first oxidation experiments, both with sennoside A and with sennoside B, yielded the already well-known compound rhein, which is 1:8-dihydroxyanthraquinone-3-carboxylic acid (p. 250). The sugar component was identified as *D*-glucose which was present in the proportion, 1 molecule sugar to 1 anthraquinone residue, indicating that 1 molecule of sennoside contains 2 molecules of *D*-glucose. It still remained undecided, however, in which position (*13*) the two glucose molecules are linked in the sennidins.

Although we have not yet given any evidence on this point, let us assume that the most probable stage of oxidation of the sennosides is that of an anthranol. The sugar could then be combined with the anthranol residue either in the α-position, i.e. attached to the OH-group in 1 or 8, or in the position 9 or 10, attached to the meso-hydroxyl group:

$$\left[\begin{array}{c}\text{HO}\quad\text{OH}\quad\text{OH}\\[\text{anthranol skeleton, positions } 8,9,1,7,2,6,3,5,10,4]\text{—COOH}\end{array}\right]_2 \;-\,2\,\text{H}\quad\text{or}\quad\left[\begin{array}{c}\text{HO}\quad\text{OH}\\[\text{anthracene skeleton, position }10]\text{—COOH}\\\text{OH}\end{array}\right]_2 \;-\,2\,\text{H}$$

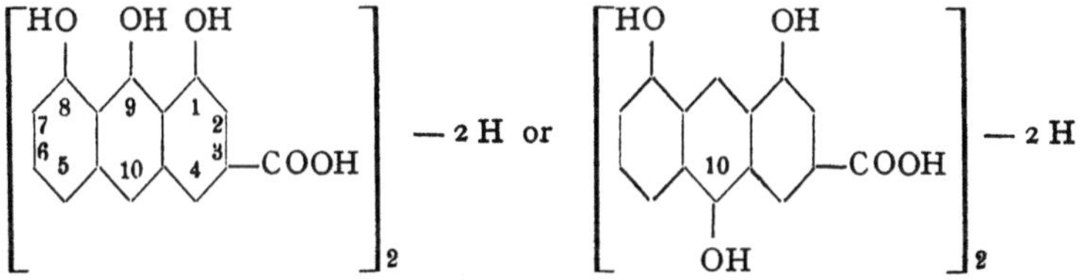

The first evidence on these questions was provided by comparative experiments on compounds prepared by the acetylation and methylation of the sennosides and their aglycones. On acetylation of the sennoside aglycones, the sennidins, with a mixture of acetic anhydride and sulfuric acid, tetraacetyl compounds were obtained, the esters of which yielded, upon mild oxidation, two mols of 1 : 8-diacetyl-rhein ester. This shows that only the α-hydroxyl groups and not the meso-hydroxyl groups have reacted during this acetylation. When the sennosides were acetylated under the same conditions, the greater part of the sugar was split off; when they were acetylated in pyridine, however, decaacetyl-sennosides were produced in which each of the two glucose residues had taken up four acetyl groups and each of the anthranol residues only a single acetyl group. In this case, therefore, only one α-position was acetylated from which we may conclude that the sugar is combined with the other α-hydroxyl group. Once again, the meso-hydroxyl group did not react.

Although it was then beyond doubt that the glucose is attached to one of the α-hydroxyl groups of the anthranol residue, it still remained to be decided whether the —OH group concerned is that at $C_{(1)}$ or at $C_{(8)}$. In order to answer this question, we treated the sennidins with diazomethane and thus obtained the tetramethyl-sennidin dimethyl esters, oxidation of which yielded 2 mols of 1:8-dimethyl-rhein methyl ester. On treating the sennosides in the same manner the two sennoside dimethylether diesters were obtained. Here again, as during the formation of the decaacetyl compounds, only one of the two α-hydroxyl groups reacted, the other being blocked by the sugar. The oxidation of either of the two sennoside dimethylether diesters with chromic acid in glacial acetic acid yielded the same monohydroxy-monomethoxy-anthraquinone-3-carboxylic acid methyl ester. These conversions are demonstrated in Scheme 2 (p. 256).

Scheme 2 also shows that on carrying out the oxidation with acetic anhydride, the corresponding monoacetyl compound was formed directly. The same compound could also be obtained by subsequent acetylation of the previously mentioned monohydroxy ether.

Sennidin A
or + CH$_2$N$_2$ ⟶ Sennidin A-tetramethylether diester
Sennidin B or
Sennidin B-tetramethylether diester
⟶ oxidation ⟶

⟶

H$_3$CO O OCH$_3$

2

—COOCH$_3$

O

1:8-Dimethoxy-anthraquinone-3-
carboxylic acid methyl ester

Sennoside A
or + CH$_2$N$_2$ ⟶ Sennoside A-dimethylether diester
Sennoside B or
Sennoside B-dimethylether diester
⟶ oxidation (CH$_3$CO)$_2$O ⟶

⟶ Monoacetoxy-monomethoxy anthraquinone-3-carboxylic acid methyl ester.

Scheme 2.
Oxidation of Sennidin Tetramethylether Diesters and
Sennoside Dimethylether Diesters.

This rhein derivative must have been identical either with 1-acetoxy-
8-methoxy-anthraquinone-3-carboxylic acid methyl ester (I) or with
the 1-methoxy-8-acetoxy ester (II) which were previously unknown.
The 1-methoxy-8-acetoxy ester (II) was prepared synthetically and was

H$_3$CO O OCO·CH$_3$

8   1

3   —COOCH$_3$

O

(I.) 1-Acetoxy-8-methoxy-
anthraquinone-3-carboxylic
acid methyl ester.

H$_3$C·COO O OCH$_3$

—COOCH$_3$

O

(II.) 1-Methoxy-8-acetoxy-
anthraquinone-3-carboxylic
acid methyl ester.

shown to be identical with the methoxy-acetoxy-anthraquinone-3-
carboxylic acid methyl ester obtained by oxidation and acetylation of
the dimethylether diesters of sennosides A and B. The total synthesis
of the 1-methoxy-8-acetoxy ester (*13*) is represented in Scheme 3.

This synthesis was based on the process worked out by EDER (*6*) for
the synthesis of chrysophanol (1:8-dihydroxy-3-methyl-anthraquinone).
Starting from 3-nitro-phthalic acid, 3-nitrophthalic anhydride was
condensed with *m*-cresol to give 2′-hydroxy-4′-methyl-2-benzoyl-3-nitro-
benzoic acid. On reacting this product with diazomethane, the
ester was obtained but no etherification occurred. Methylation of the
2′-hydroxyl group was successfully effected, however, with dimethyl

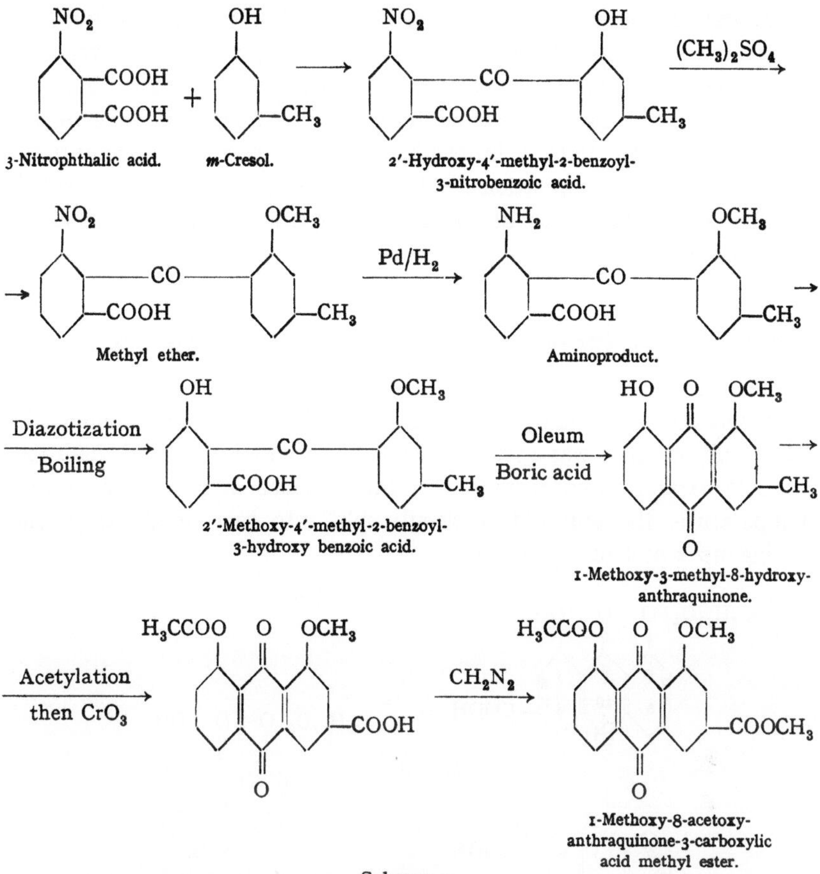

3-Nitrophthalic acid.   *m*-Cresol.   2'-Hydroxy-4'-methyl-2-benzoyl-
3-nitrobenzoic acid.

$(CH_3)_2SO_4$

Methyl ether.   Aminoproduct.

Pd/H_2

Diazotization
Boiling

2'-Methoxy-4'-methyl-2-benzoyl-
3-hydroxy benzoic acid.

Oleum
Boric acid

1-Methoxy-3-methyl-8-hydroxy-
anthraquinone.

Acetylation
then CrO_3

CH_2N_2

1-Methoxy-8-acetoxy-
anthraquinone-3-carboxylic
acid methyl ester.

Scheme 3.

Synthesis of 1-Methoxy-8-acetoxy-anthraquinone-3-carboxylic Acid Methyl Ester.

sulfate. Catalytic reduction with palladium in glacial acetic acid converted the nitro group into an amino group which, in turn, gave a hydroxyl group upon diazotization and boiling. Treatment of 2'-methoxy-4'-methyl-2-benzoyl-3-hydroxybenzoic acid with oleum in the presence of boric acid resulted in the formation of 1-methoxy-3-methyl-8-hydroxy-anthraquinone. On subjecting its 8-acetyl derivative to vigorous oxidation with chromic acid, the methyl group was converted into a carboxyl group. Finally, the rhein derivative so obtained was esterified with diazomethane, yielding 1-methoxy-8-acetoxy-anthraquinone-3-carboxylic acid methyl ester (Scheme 3).

This somewhat roundabout method of structural proof was necessary merely in order to show that, in the sennosides A and B, the sugar is attached to the hydroxyl group at $C_{(8)}$ of the anthranol skeleton and that, consequently, only the hydroxyl group at position 1 is able to react on methylation or acetylation.

It was still necessary, however, to find the answers to several questions before the structure of the sennosides could be further elucidated. Our subsequent investigations may be split up into the following sections (*14*): 1. Reductive cleavage of the sennosides and the sennidins. 2. Investigation of the meso-compounds. 3. Determination of the position of the anthrone oxygen atom. 4. The relationship between sennoside A and sennoside B. 5. The partial syntheses of the sennosides and the total synthesis of *rac*. sennidin.

1. Reductive Cleavage of the Sennosides and the Sennidins.

The first insight into the constitution of the sennosides and the sennidins was provided by the action of reducing agents on the sennosides. The result obtained was a surprising one; even under very mild conditions, such as catalytic hydrogenation in the presence of palladium at room temperature, the sennoside molecule split into two equal halves when taking up 1 mol of hydrogen.

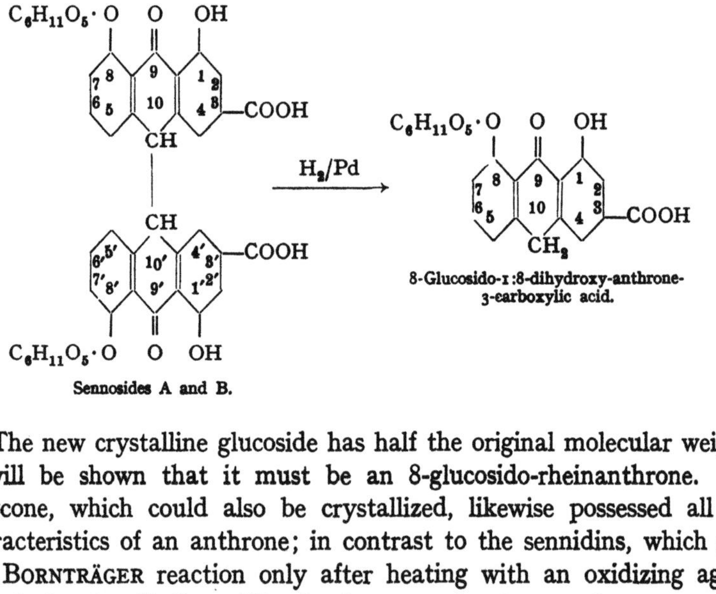

$C_6H_{11}O_5 \cdot O \quad O \quad OH$

$H_2/Pd \longrightarrow$

$C_6H_{11}O_5 \cdot O \quad O \quad OH$

8-Glucosido-1:8-dihydroxy-anthrone-3-carboxylic acid.

$C_6H_{11}O_5 \cdot O \quad O \quad OH$

Sennosides A and B.

The new crystalline glucoside has half the original molecular weight; it will be shown that it must be an 8-glucosido-rheinanthrone. The aglycone, which could also be crystallized, likewise possessed all the characteristics of an anthrone; in contrast to the sennidins, which give the Bornträger reaction only after heating with an oxidizing agent, its solution in alkali rapidly develops a red color merely on exposure to air. Normal acetylation of the aglycone with acetic anhydride in pyridine, followed by esterification of the carboxyl group with diazomethane, yielded a triacetoxy-anthracene-3-carboxylic acid methyl ester which readily crystallized. Analysis of the latter compound and determination of its molecular weight, together with its intense fluorescence in ultraviolet light, provided sufficient proof of its anthranol structure.

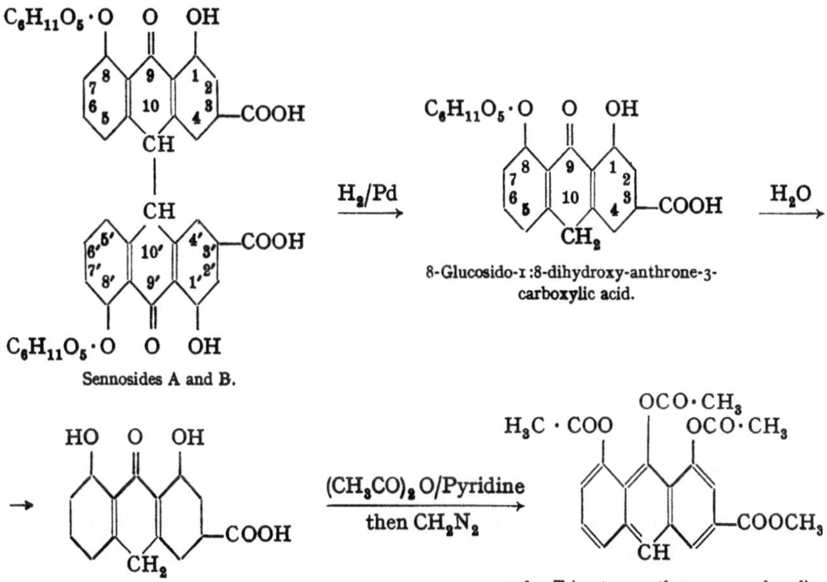

$C_6H_{11}O_5 \cdot O$ O OH
COOH
CH
CH
COOH
$C_6H_{11}O_5 \cdot O$ O OH
H_2/Pd
$C_6H_{11}O_5 \cdot O$ O OH
COOH
CH_2
H_2O
HO O OH
COOH
CH_2
$(CH_3CO)_2O$/Pyridine
then CH_2N_2
$OCO \cdot CH_3$
$H_3C \cdot COO$
$OCO \cdot CH_3$
$COOCH_3$
CH

Sennosides A and B.

8-Glucosido-1:8-dihydroxy-anthrone-3-carboxylic acid.

1:8:9-Triacetoxy-anthracene-3-carboxylic acid methyl ester.

After this reductive cleavage, it had still to be decided whether the rheinanthrone derivatives thus obtained derive from 9- or from 10-anthrone (cf. the formulas). It will be shown below that it was possible to decide this question in favor of the 9-rheinanthrone structure.

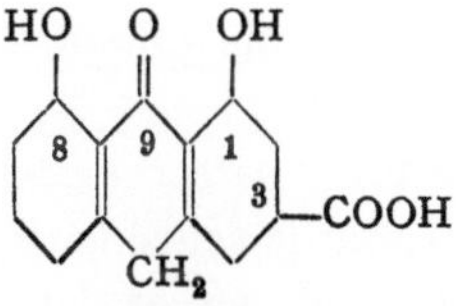

HO O OH
COOH
CH_2

9-Rheinanthrone.

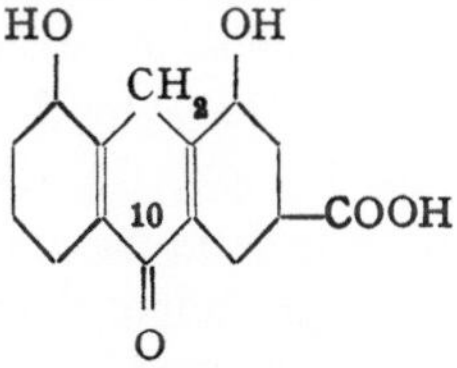

HO OH
CH_2
COOH
O

10-Rheinanthrone.

A further interesting result provided by the reductive cleavage was the fact that such products obtained from sennoside A and from sennoside B were found to be identical, the anthrone glucosides obtained from both sennosides even having the same rotatory power.

An improved method for the reductive cleavage of sennosides and sennidins is, to allow sodium dithionite to react with the esters of the glycosides or the salts of the aglycones. In every instance the previously mentioned rheinanthrone was obtained and could be identified as a triacetyl compound.

Theoretically, three types of linkage between the two rheinanthrone molecules are possible as shown below by the formulas. Other linkage types are out of the question since, in the case of the two remaining positions in the sennosides where juncture could occur, the hydroxyl group at $C_{(1)}$ is free, whereas that at $C_{(8)}$ carries a sugar molecule.

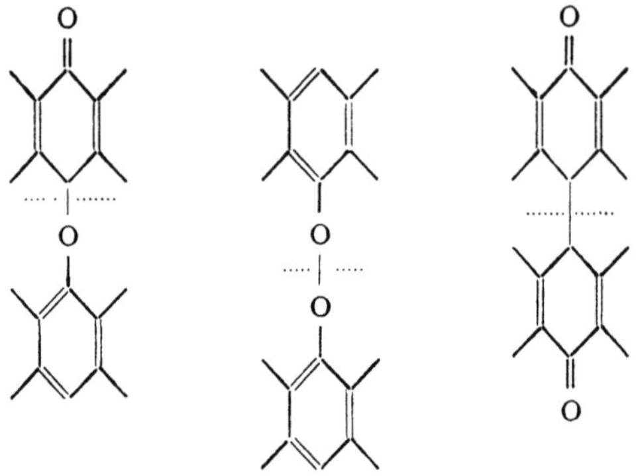

The possible existence of a simple oxygen bridge was ruled out by the fact that the sennidins possess great resistance to heating with strong acids such as concentrated hydrochloric acid. This would not be the case if an ether bridge were present. Moreover, on treatment of the sennidins with reag nts that attack the hydroxyl group, that oxygen atom which does not take part in bridge formation would have become manifest by the appearance of an unsymmetrical product; however, no such compound has ever been observed.

The stability of the sennidins towards concentrated acids also excludes the formula with the double oxygen bridge, for it is known that the few compounds of analogous structure which have been described do not show a peroxide character but behave as simple ethers. They would, therefore, also be split by acids.

Thus, the only formula which is in harmony with the entire behaviour of the sennidins (including their stability towards acids) is that containing a carbon-carbon linkage. On the other hand, an explanation for the splitting of this bond on catalytic reduction with hydrogen or on treatment with sodium dithionite was not immediately obvious. In fact, according to EDER's papers, for example, compounds containing a carbon-carbon bridge are not split by hydrogen (6).

On the other hand, BARNETT, in 1923, succeeded in obtaining a good yield of the monomolecular anthrone by reduction of 10:10′-bianthronyl with tin in a mixture of glacial acetic and hydrochloric acids in the presence of platinum chloride as a catalyst (2).

In principle, this proved that it was possible to split a carbon-carbon linkage with reducing agents. We still had to explain, however, why the cleavage of the sennidins could be effected with extremely mild reducing agents while much more vigorous conditions were necessary for the cleavage of dihydro-dianthrone. An answer to this problem

was obtained by comparing the results of reductive cleavage carried
out on a series of different sennidin derivatives.

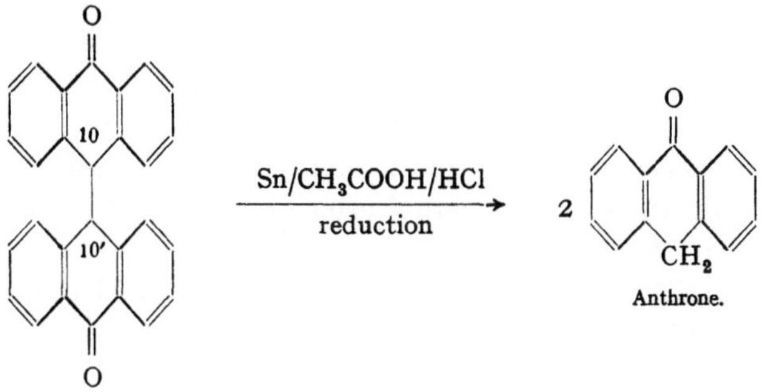

$$\text{Sn/CH}_3\text{COOH/HCl} \xrightarrow{\text{reduction}}$$

10:10'-Bianthronyl.

Anthrone.

Like the unsubstituted sennidin, 1:1'-dimethyl-sennidin dimethyl
ester, which has a free α-hydroxyl group on each anthrone residue, was
split by reduction with hydrogen in the presence of palladium catalyst
to give the ester of 1-methyl-rheinanthrone. On the other hand,

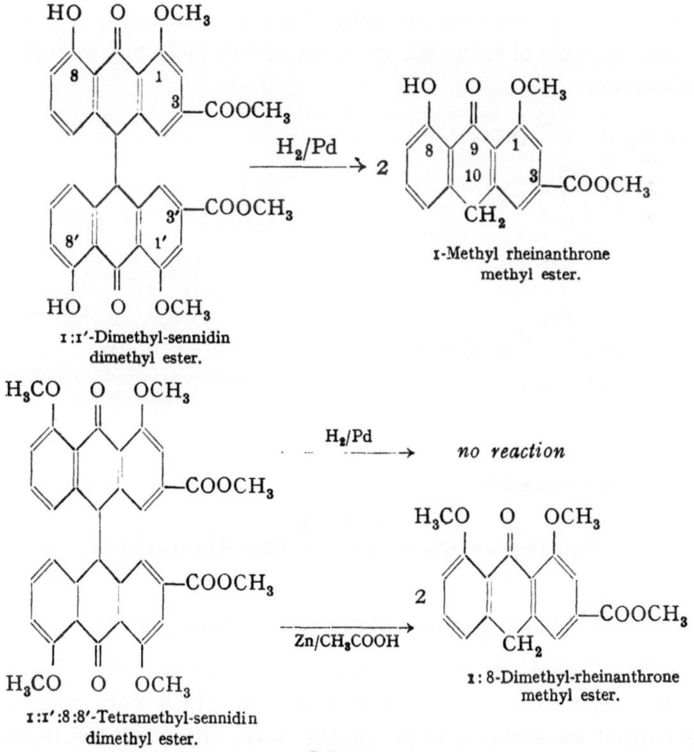

$$\xrightarrow{\text{H}_2\text{/Pd}} 2$$

1:1'-Dimethyl-sennidin
dimethyl ester.

1-Methyl rheinanthrone
methyl ester.

$$\xrightarrow{\text{H}_2\text{/Pd}} \text{no reaction}$$

$$\xrightarrow{\text{Zn/CH}_3\text{COOH}} 2$$

1:1':8:8'-Tetramethyl-sennidin
dimethyl ester.

1:8-Dimethyl-rheinanthrone
methyl ester.

Scheme 4.

Some Reduction Products of 1:1'-Dimethyl-Sennidin Dimethyl
Ester and 1:1':8:8'-Tetramethyl-Sennid Dimethylin Ester.

$1:1':8:8'$-tetramethyl-sennidin dimethyl ester remained unchanged under similar conditions, as well as on treatment with sodium dithionite. Even after allowing the reaction to proceed for three times as long and raising the temperature, 80% of the starting material could still be recovered. It was necessary to resort to treatment with zinc in boiling glacial acetic acid, that is to conditions under which the unsubstituted dihydro-dianthrone is also split, before reductive cleavage occurred with the formation of the methyl ester of $1:8$-dimethyl rheinanthrone (Scheme 4, p. 261).

In order that cleavage may take place under mild conditions it is therefore essential that at least one free hydroxyl group should be present in the α-position in the anthrone nucleus. If both α-hydroxyl groups are blocked, so that the molecule resembles that of dihydro-dianthrone, the carbon-carbon bond can only be broken under more energetic conditions. The proof that reductive cleavage may occur under appropriate conditions was thus largely complete; and at the same time it became very probable that the sennosides possess a formula of the dihydro-dianthrone $(10:10'$-bianthronyl) type. The reductive cleavage then takes place in the manner as represented in Scheme 5, according to which one molecule of sennoside gives rise to two molecules of 8-glucosido-rheinanthrone.

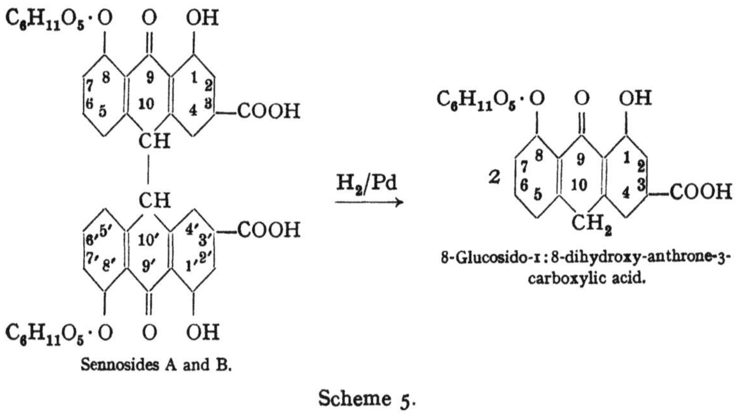

8-Glucosido-$1:8$-dihydroxy-anthrone-3-carboxylic acid.

Sennosides A and B.

Scheme 5.

Reductive Cleavage of the Sennosides.

2. Investigation of the Meso-Compounds.

The final proof of the presence of the carbon-carbon bond came when we prepared crystalline derivatives in which both meso-oxygen atoms carried an acetyl group. In this way, one was able to rule out the possibility of an ether linkage between the two halves of the sennoside molecule.

The tetraacetyl derivatives of the sennidins obtained by the action of acetic anhydride in the presence of some sulfuric acid have already been mentioned. The four acetyl groups occupy the four α-positions, the meso-oxygen atoms remaining unacetylated. On the other hand, both the sennidins themselves and their tetraacetyl derivatives yielded hexaacetyl compounds on treatment with acetic anhydride in pyridine. Apparently, enolization had taken place under the influence of the pyridine, followed by acetylation of the meso-hydroxyl groups thus formed (Scheme 6).

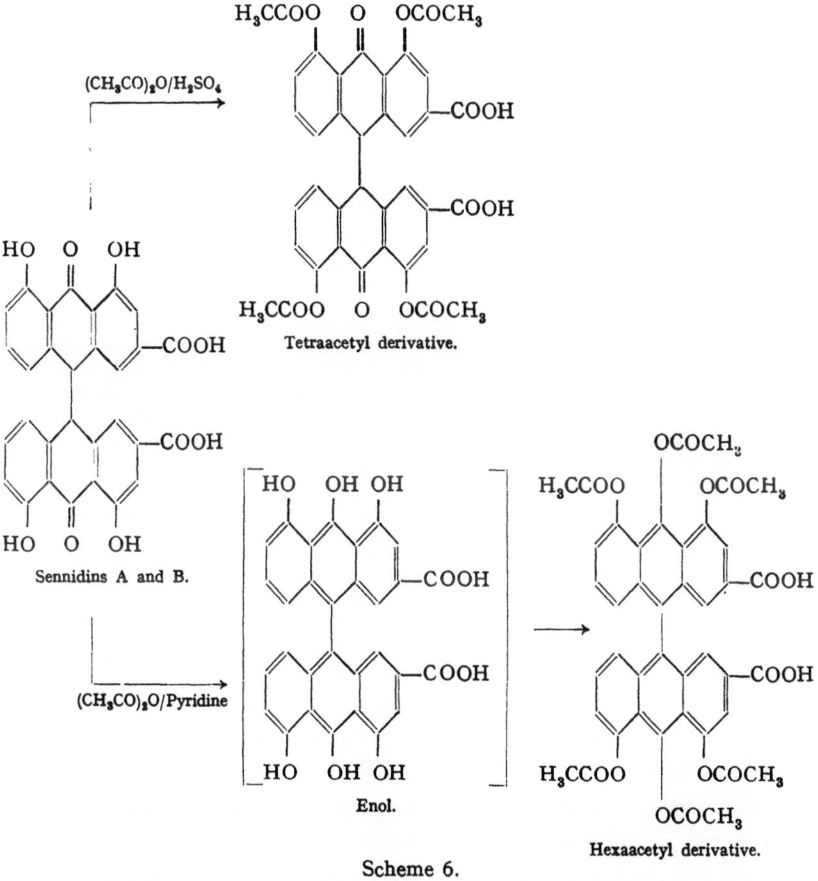

Tetraacetyl derivative.

Sennidins A and B.

Enol.

Hexaacetyl derivative.

Scheme 6.

Acetylation of the Sennidins under Certain Conditions.

Here again the behavior was analogous to that of dihydro-dianthrone which likewise resists acetylation in a mixture of acetic anhydride and sulfuric acid but is converted to the corresponding dianthrol diacetate upon treatment with acetic anhydride in pyridine.

The formation of the hexaacetyl derivative of the sennosides is, therefore, dependent upon the conversion of the quinoid ring system into a benzoid one, a transformation which is accompanied by a marked increase in fluorescence and a greater sensitivity towards oxygen. However, the stability can be considerably increased by esterification of the carboxyl groups.

It should be emphasized that the hexaacetyl compounds obtained from sennidin A and from sennidin B proved to be identical.

In a further study the behavior of these meso-acetyl compounds with various reducing agents were examined, and as expected it was found that they were completely resistant to catalytic hydrogenation and to reduction with sodium dithionite or zinc in glacial acetic acid. Decomposition of these benzoid compounds could, in fact, only be effected under the vigorous conditions of the PERKIN reduction with stannous chloride in a mixture of glacial acetic and hydrochloric acids. Such a treatment resulted in a simultaneous splitting off of all the ester and ether groups, so that both the hexaacetyl-sennidin dimethyl ester and the tetramethyl-mesodiacetyl-sennidin dimethyl ester yielded unsubstituted rheinanthrone, as formulated in Scheme 7.

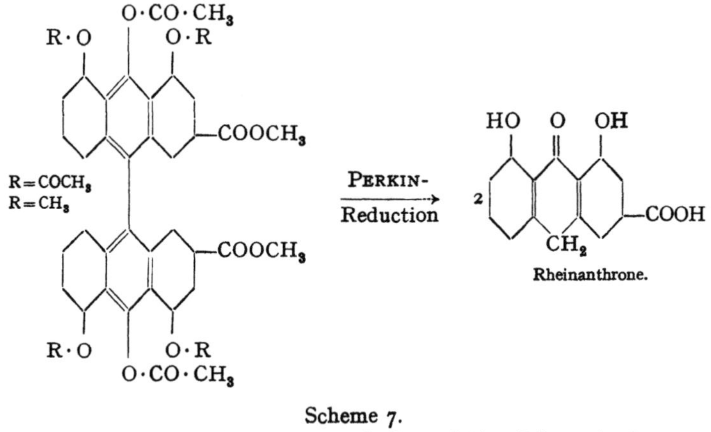

Scheme 7.

PERKIN Reduction of Hexaacetyl-Sennidin Dimethylester and Tetramethyl-mesodiacetyl-sennidin Dimethyl Ester.

The behavior in this reaction is again completely analogous to that of the model substance, viz. dianthranol diacetate, the latter being likewise unattacked by zinc in glacial acetic acid but decomposing to the simple anthrone on PERKIN reduction with corresponding elimination of the meso-acetyl groups.

3. Determination of the Position of the Anthrone Oxygen Atom.

A further problem to be settled regarding the constitution of the sennosides and the sennidins was that of the position of the anthrone oxygen atom. Neither the 9-anthrone nor the 10-anthrone of rhein was known.

As Perkin (4) has shown, the reduction of a hydroxy-anthraquinone to the anthrone can take place either at $C_{(9)}$ or at $C_{(10)}$, depending upon whether the α-hydroxyl group is free or substituted. According to Perkin, the free α-hydroxyl group forms a chelate ring with the neighboring ketonic oxygen atom and thus protects it from the action of the reducing agent. In other words, the oxygen atom farther from the α-hydroxyl group is preferentially reduced. If, however, the α-hydroxyl group is acetylated, the formation of the chelate ring is prevented and the protection against reduction is lost. In this case, the oxygen atom which is located next to the acetylated hydroxyl group is preferentially reduced, and at the same time the acetyl group is split off with the formation of the isomeric unsubstituted anthrone. The reduction of rhein (1:8-dihydroxy-anthraquinone-3-carboxylic acid) under the conditions given by Perkin must therefore yield a 9-anthrone, whereas the reduction of diacetylrhein would lead to the formation of a 10-rhein (Scheme 8).

HO O OH   HO O OH
        —COOH   —COOH
                          CH$_2$
        O

Rhein.   9-Rheinanthrone.

H$_3$CCOO O OCOCH$_3$ OH   OH
                                   CH$_2$
        —COOH   —COOH
        O   O

Diacetyl-rhein.   Perkin Red.   10-Rheinanthrone.

Scheme 8.
Perkin Reduction of Rhein and Diacetyl-rhein.

The 9-rheinanthrone, as well as the 1:8:9-triacetoxy-anthracene-3-carboxylic acid methyl ester prepared from it, proved to be identical with the corresponding compounds obtained from the sennosides. Thus, further confirmation was provided for the structures previously assigned to the sennosides and all the compounds prepared from them.

4. The Relationship Between Sennoside A and Sennoside B.

One final question still remained to be settled: How far do sennoside A and sennoside B differ from one another? Although the two glucosides resemble each other very closely, an exact comparison reveals unmistakable differences in their melting points, solubilities and behavior during crystallization.

The following formula shows that the sennidins possess two asymmetric carbon atoms, one at position 10 and another at position 10′; they are, therefore, composed of two structurally identical asymmetric systems. Theoretically, four isomers are possible, a (+)-form, a (—)-form, a racemate and a meso-form.

Sennidins A and B.

An examination of the sennidins and their derivatives in polarized light, previously carried out only with a few members of the more readily crystallized B-series, revealed that sennidin A and its derivatives do, in fact, exhibit a strong positive rotation, whereas sennidin B and the compounds derived from it are optically inactive.

The literature contains descriptions of a number of compounds isolated from drugs which were presumed to have the 10:10′-bianthronyl structure and which were likewise expected to exhibit rotatory power. So far, however, it has not been possible to detect optical activity in any of these compounds. An explanation of this fact may perhaps be found in the following observations. In our case, rotation of polarized light was first detected on an amorphous preparation of sennidin A. On repeated recrystallization from organic solvents, however, the optical rotation decreased rapidly until, finally, an optically inactive preparation was obtained. Since all samples described in the literature were crystalline, the possibility cannot be excluded that they had lost their optical activity during the very process of recrystallization.

If we take all these facts into consideration, the difference between sennidin A and sennidin B can only be of a purely stereochemical nature. Sennidin A must thus be the optically active, laevorotatory form and sennidin B the intramolecularly compensated *meso*-form. If sennidin B were not the *meso*-form but the racemate, its glucoside, viz. sennoside B (being a compound of a racemate with *D*-glucose) would⁻have to be resolvable into *D*-glucosido-(+)-sennidin (i. e. sennoside A) and *D*-glucosido-(—)-sennidin. Under all conditions which have so far been tried, however, sennoside B has behaved as a homogeneous compound.

The above formulation of the isomerism between sennoside A and sennoside B is, moreover, in complete harmony with the disappearance of the optical activity on reductive cleavage of sennidin A, as well as with the fact that the monomolecular cleavage products obtained from sennoside A and from sennoside B are identical. This identity depends on the fact that, with the disappearance of the asymmetric center at $C_{(10)}$, only the optical activity resulting from the presence of sugar remains.

As far as I know, this is the first time that an optically active aglycone of an anthra-glycoside was found among this pharmaceutically and medicinally important class of compounds. We consider it very probable that sennidin A is not an isolated instance but represents the prototype of optically active compounds having the dihydro-dianthrone structure.

5. The Synthesis of Racemic Sennidin and Partial Synthesis of Sennosides A and B.

The correctness of a structure determined by degradation can best be confirmed by synthesis. In the first place, therefore, we attempted to synthesize a racemic sennidin in order to confirm the proposed formula; and we then tried to build up the sennosides A and B again by partial synthesis from the two glucosido-anthrones obtained by reductive cleavage of the glucosides. For the synthesis of sennidin, we first prepared 9-rheinanthrone from rhein and then treated this with the calculated quantity of oxygen in the presence of palladium catalyst, using the same apparatus which had been previously employed for the reductive cleavage

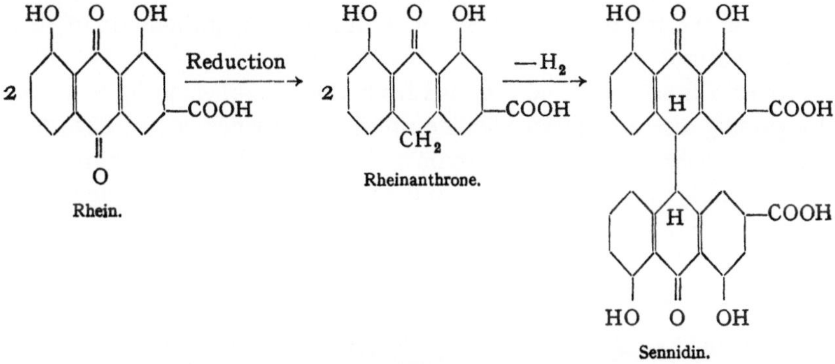

Scheme 9.
Conversion of Rhein into Sennidin.

of sennidin. This reaction gave rise to a single dehydrogenation product, viz. the desired racemic sennidin (Scheme 9) which was isolated and characterized either as such or in the form of its tetraacetyl-dimethyl ester. The yield was 60—70%.

Since rhein is obtainable synthetically, this sequence of conversions represents the total synthesis of sennidin.

The re-synthesis of the sennosides from 8-glucosido-rheinanthrone can be accomplished with a number of oxidizing agents. It is effected most smoothly in alkaline solution by catalytic dehydrogenation with the calculated quantity of oxygen (Scheme 10).

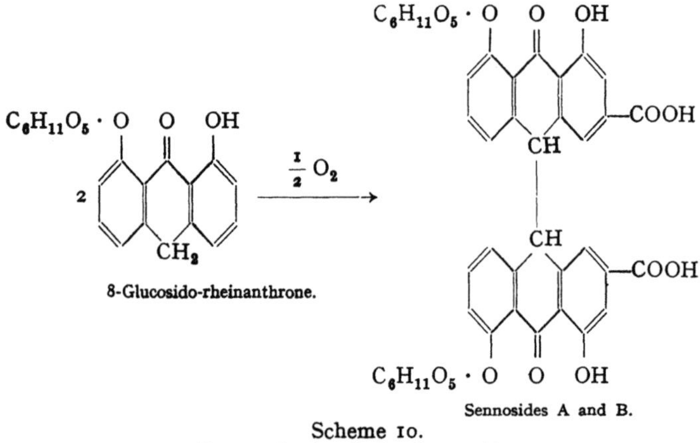

$$\text{8-Glucosido-rheinanthrone} \quad \xrightarrow{\tfrac{1}{2}\,O_2} \quad \text{Sennosides A and B.}$$

Scheme 10.
Re-synthesis of the Sennosides.

On acidifying the mixture of sennosides so obtained, sennoside A crystallized out first, followed by sennoside B. These synthetically obtained sennosides agreed in all their properties, including the optical rotations, with the natural sennosides isolated from the drug. The optical antipode of sennoside A, viz. D-glucosido-(—)-sennidin, which theoretically should also have been formed, could not be detected with certainty either in the mother liquors of the synthetic preparations or in those of the natural products.

Since the sennosides are formed from glucosido-rheinanthrone merely by passing air through an alkaline solution and since, as we have seen, they are split merely by catalytic reduction with hydrogen, it seems very possible that they take part in the cellular metabolism in the manner of a redox system.

VI. Pharmacological Observations.

Although senna leaves and pods have been used for so long as medicinal agents, very little is known regarding the pharmacodynamic action of the active principles. Experiments have indeed been undertaken by STRAUB (*17*) and others to determine the form in which the active principles of senna reach the intestine. Mainly on the basis of their protracted action, e.g. 8 hours after administration, STRAUB assumed that degradation products, such as the aglucones, are responsible for the increase in intestinal peristalsis. Nevertheless, much still remains to be done in this field none too easy for experimental research.

At least as far as the chemical basis for the action of senna is concerned, the investigations of the pharmacologist have been considerably facilitated by having at his disposal not only the cleavage products of the active principles and compounds representing various stages of oxidation and reduction but also the pure active principles, the sennosides themselves.

References.

1. BARGER, G.: Eine mikroskopische Methode der Molekulargewichtsbestimmung. Ber. dtsch. chem. Ges. **37**, 1754 (1904).

2. BARNETT, E., de BARRY and M. A. MATTHEWS: Studies in the Anthracene Series. IV. J. chem. Soc. (London) **123**, 380 (1923).

3. BOCK: Kreuterbuch, p. 356. 1565.

4. CROSS, E. J. and A. G. PERKIN: Reduction Products of the Hydroxyanthraquinones. J. chem. Soc. (London) **1930**, 292.

5. DRAGENDORFF, G. u. M. KUBLY: Über die Bestandteile der Sennesblätter. Z. Chem. **1866**, 411.

6. EDER, R. u. F. HAUSER: Neue Untersuchungen über das Chrysarobin. Arch. Pharm. **263**, 436 (1925).

7. GENSZ, A.: Über die Cathartinsäure der Senna. Diss. Dorpat. 1893.

8. LONICERUS: Kreuterbuch, p. 103. 1564.

9. MATTHIOLUS: New Kreuterbuch, p. 430. 1626.

10. PARACELSUS: Sämtliche Werke, **3**, 405, 535 und **555**.

11. SIGNER, R.: Über eine Abänderung der Molekulargewichtsbestimmungsmethode nach BARGER. Liebigs Ann. Chem. **478**, 246 (1930).

12. STOLL, A. u. B. BECKER: Die Bestimmung des Molekulargewichtes der Sennoside. Festschrift PAUL CASPARIS, Bern. Schweiz. Apotheker-Ver. **1949**, 221.

13. — — Die Stellung des Zuckers in den Sennosiden A und B. Festschrift J. P. WIBAUT, Amsterdam. Recueil Trav. chim. Pays-Bas **69**, 553 (1950).

14. STOLL, A., B. BECKER u. A. HELFENSTEIN: Die Konstitution der Sennoside. Helv. chim. Acta **33**, 313 (1950).

15. STOLL, A., B. BECKER u. W. KUSSMAUL: Die Isolierung der Anthraglykoside aus Sennadrogen. Helv. chim. Acta **32**, 1892 (1949).

16. STOLL, A., W. KUSSMAUL u. B. BECKER: Die wirksamen Stoffe der Senna. Verh. Schweiz. Naturforsch. Ges. **1941**, 235.

17. STRAUB, W. u. H. GEBHARDT: Über die wirksamen Inhaltsstoffe der *Folia Sennae*. Naunyn-Schmiedebergs Arch. exp. Pathol. Pharmakol. **181**, 399 (1936).

18. TSCHIRCH, A. u. E. HIEPE: Beiträge zur Kenntnis der Senna. Arch. Pharmaz. Ber. dtsch. pharmaz. Ges. **238**, 427 (1900).

19. TUTIN, F.: The Constituents of Senna Leaves. J. chem. Soc. (London) **103**, Trans. II, 2006 (1913).

(Received, May 30, 1950.)

Some Recent Developments in the Chemistry of Antibodies.

By J. W. WILLIAMS, Madison, Wisconsin.

With 11 Figures.

Contents.

Introduction.

The immunological functions are performed for the most part by a small portion of the serum proteins known as the *γ-globulins*. Much has been learned about methods by which these antibodies may be concentrated, separated, modified, "despeciated", assayed, characterized, etc.

In this report no attempt has been made to present a systematic treatise on the chemistry of antibodies; rather we have sought to develop from our own point-of-view an account of certain phases of the subject which have been of interest to us during the past decade.*

* In writing this report we recognize that it reflects the activities and thoughts of Drs. R. A. ALBERTY, W. B. BRIDGMAN, M. O. COHN, H. F. DEUTSCH, L. J. GOSTING, E. L. HESS, G. KEGELES, J. C. NICHOL, M. L. PETERMANN, L. R. WETTER, and others, all of whom have made contributions of importance to the present study.

A considerable portion of the expenses connected with this program of work were defrayed by grants from the Rockefeller Foundation, the United States Public Health Service and the Wisconsin Alumni Research Foundation. We are pleased to acknowledge our indebtedness to these institutions.

Because of its obvious importance to life, blood has been the subject of much investigation. The plasma has been a system of special appeal to certain chemists because in it a number of interesting proteins exist already in solution. Among these proteins are the antibodies which answer to the general description of serum globulins. These have been formed in the animal by environmental infections or by parenteral injection of certain foreign materials such as proteins and bacterial polysaccharides. They appear somewhat later in the blood stream as substances which possess the unique property of reacting in a highly specific manner with the substances which stimulated their production, the antigens. It is by this chemical reaction that the presence of antibodies is recognized both qualitatively and quantitatively.

In scientific studies of any of the constituents of a complicated biological fluid such as blood, the conventional boundaries of the sciences disappear. This fact is amply demonstrated by the subject matter of the present report. Thus, after having developed procedures for the recovery of one of the more important constituents of plasma, the γ-globulins, it was of interest to investigate them in terms of their purity and concentration of antibody. In the experiments we have perhaps devoted more than usual attention to the homogeneity of the proteins having to do with immunity because of an interest in the eventual investigation of all phases of the antigen-antibody combination as a definite reaction to which basic chemical principles may be applied. Also, in addition to the plasma fractionation experiments, we have sought to make improvements in the theory and practice of the kinetic methods for the characterization of proteins, to extend the quantitative precipitin techniques for the estimation and study of proteins and to prepare γ-globulin antibodies with their molecular size altered by proteolytic action to provide more rapid absorption and distribution within the body.

I. Concentration and Purification of Antibodies.

Antibodies are of great practical importance as agents in passive immunization against certain diseases. They may be *concentrated* in sera for such purpose. There is also much interest in their chemical nature and reactivity, but such investigations require the *separation* and *isolation* of the antibodies in more or less pure form. Quite generally a concentration in solution is effected by fractionation methods, but any actual purification probably must follow removal of the particular antibody from the serum by precipitation with the antigen, with subsequent dissociation of the antibody from the specific precipitate by the use of a chemical such as salt, a proteolytic enzyme, etc. In this section we shall consider both the *concentration* and the *separation* of antibodies.

For the chemist the main plasma proteins may be roughly classified in terms of their relative solubilities, and of their kinetic behaviors as albumin, the globulins and fibrinogen. The globulins form a very complicated system. Any fractionation of them, either by precipitation or extraction, rests upon differences in the solubility of the several components. Using the criterion of solubility they are classed as being euglobulins, insoluble at their isoelectric points at sufficiently low ionic strength,* and pseudoglobulins, soluble under this condition. The euglobulins represent something less than half of the globulin fraction as separated by the common salting-out or ethanol procedures, but they may contain a number of biologically important entities. On electrophoresis the globulins are resolved into α-globulins, β-globulins and γ-globulins, depending upon their mobilities in an applied electrical field. On sedimentation there is a main constituent of sedimentation constant, $s_{20} = 7\,S$, but there are significant amounts of lighter and heavier components. The relative amounts of the main plasma proteins are different in normal and hyperimmune plasmas; this is especially true of the globulins. Apparently the immunological functions are performed for the most part by the γ-globulins, so we shall be primarily concerned with them.

By way of background, as we prepare to discuss the separation of the antibody-rich protein fractions from blood serum or plasma, mention should be made first of all of the fundamental studies of HARDY (*31, 32*) and of MELLANBY (*62*). The former recognized that certain proteins can be removed from solution because of their insolubility in the isoelectric condition, now termed isoelectric precipitation. MELLANBY made a thorough investigation of the influence of salts of various concentration and valence type in modifying the solubility of isoelectric globulin.

One must be careful to recognize that the globulin fractions of MELLANBY, for example, did not represent true individual proteins, rather they represented a complex mixture of many components. During the past forty years many attempts have been made to fractionate such mixtures to obtain the pure individual components. The recent studies of PEDERSEN (*71*) and of COHN *et al.* (*15, 16*) have not proven to be substantially more successful in this respect as compared to those of a number of predecessors (*25, 26, 28, 29, 79*). In the PEDERSEN studies with the globulin portion of the serum it was found that, with the possible

---

* In calculating the ionic strength, μ, of a strong electrolyte, the concentration of each ion, expressed in gram-ions per liter, is multiplied by the square of its valence and all the quantities are added together and divided by 2. Thus,

$$\mu = {}^1/_2 \sum c_i z_i^2.$$

exception of the first globulin fraction thrown down, the fractions contain two or more components and that repeated refractionation of these solutions with ammonium sulfate did not materially change the composition of the fractions. The so-called isoelectric precipitation produced changes in some of the mixtures, but in no case was a pure component isolated.

In the COHN studies (*15, 16*) the albumins were concentrated in Fraction V, fibrinogen in Fraction I, α-globulins in Fraction IV and β- and γ-globulins in Fraction II + III. As will be seen, heterogeneity is readily demonstrable in any of these fractions or in sub-fractions obtained from them. Whether such heterogeneities are in some cases artifacts of fractionation remains to be discovered; at least in the case of the β- and γ-globulins there are so many different biological functions represented that true physical-chemical homogeneity may not be expected.

Fractionation by Salting-Out.

If one were to go to a commercial biological laboratory for directions for the salting-out of the antibody-rich protein fractions from a blood plasma, it would be found that the salt used is ammonium sulfate and that the several systems during the fractionations are maintained at ordinary room temperatures (20–25° C.). Some 25% of saturation with this salt is used to precipitate fibrinogen, 30–33% of saturation to separate the euglobulin fraction, and 50% of saturation to take out the pseudoglobulin fraction. The fibrinogen may have been removed in one of several other ways. The protein fraction removed between 30% and 50% of saturation with ammonium sulfate has been referred to as "total globulin". The crude fractions so obtained are susceptible of further fractionation. They are found to be contaminated with serum albumin; furthermore, some of the α- and β-globulins remain in solution after half-saturation with the salt (*7, 9, 12, 45, 46, 47, 53, 54, 85*).

A number of other salts have been used in serum fractionation. In general, the other salts (or buffer systems) may have even higher salting-out action at a given ionic strength, but limitations of solubility restrict the range of conditions available with them. In important papers the use of sodium sulfate has been described by HOWE (*47*) and the application of concentrated potassium phosphate buffers was made by WUHRMANN and WUNDERLY (*92*). In the buffer system the p_H can be stabilized to a certain extent, but in any event it will be a function of the dilution, so that the gain in use of the buffer system may not be great.

Restricting ourselves now to the recovery of antibodies, we should also remark that in an important series of papers FELTON (*24, 25, 26*) reported that he had obtained two fractions of serum globulin from antipneumococcus horse serum by precipitation. One of them was removed near p_H 5 at low ionic strength and the other near p_H 7. It is this latter fraction which contained most of the antibody. These observations of Felton have been amply verified with the years. Actually, this separation of two globulins of isoelectric points ca. p_H 5 and p_H 7 has again turned up in the application of the new ethanol fractional techniques and in the discussion to follow the importance of the original Felton observation will be recognized.

Fractionation by Organic Precipitant or Extractant.

Since there have been some disappointments in the failure of the classical salting-out methods of fractionation to produce even relatively pure proteins, especially globulin constituents from human and animal plasmas, it is natural that the effect of other and additional reagents and conditions to aid the separations have been investigated. Again, Mellanby (63) and Hardy (33) were pioneers in that they resorted to the use of low temperatures and ethanol in their methods of precipitation of the plasma proteins. The use of the miscible organic precipitant at lowered temperatures in addition to controlled concentration of protein, salt, and hydrogen ion, has been developed through the intervening years, the greatest advance being that of Cohn and associates (16) during the period of World War II.

In contrast to the salting-out effect (in highly concentrated salt solutions) which is relatively insensitive to the specific chemical characteristics (as contrasted with the size and shape) of a protein, the claim is made that the effects of salt at low ionic strength and the effects of the organic precipitant are highly specific for different individual proteins. The electrolyte concentration is maintained within the low limits in which the ion-protein interactions depend largely upon ionic strength (59, 81). Furthermore, the reduction in the dielectric constant of the medium produced by the addition of the organic liquid serves to increase the interaction. The five variables, temperature, concentration of organic precipitant, p_H, ionic strength, and protein concentration, are maintained under definite control to give a predetermined solubility for a given protein during a fractionation experiment.

As has been noted, the present Cohn process, used on a very large commercial scale during the war, separates the plasma into five fractions. However, great as are these achievements, many opportunities remain in the development of methods for the removal in high yield and purity of most of the biological entities from plasma and serum. It seems to us that the recovery of antibody-rich protein fractions from blood plasma is an illustration of this situation, and we wish to dwell upon it at some length. We may proceed in either of two ways:

1. Devise a method for the sub-fractionation of as many constituents of Fraction II + III (p. 273) as possible into stable concentrates to

give, among other preparations, the γ-globulins. This is illustrated by the Harvard Medical School, Method 9, described by ONCLEY *et al.* (*66*).

2. Develop a procedure by which the γ-globulin fractions are extracted from a mixture of the β- and γ-globulins, the starting material for which might be the COHN Fraction II + III (*20*), or by which they are precipitated directly from the whole serum (*21, 44*).

1. The development of a sub-fractionation scheme of a protein system containing β- and γ-globulins such as the COHN Fraction II + III must depend upon a number of experimental observations. The procedure depends upon two important sets of conditions:

a) the removal by extraction of β_1-lipoprotein at p_H 7,2–7,5 and low ionic strength at ethanol concentration 20%;

b) the separation as a precipitate of the β-globulins, among them, plasminogen, prothrombin and the isoagglutinins, from the γ-globulins which remain in solution under the combination of conditions, viz. ethanol   concentration = 17%,   ionic   strength = 0,015, p_H = 5,2, temperature = — 6° C., and protein concentration = 1%.

The further separation of the γ-globulins in the ONCLEY procedure (*66*) for Fraction II + III into fractions II-3 and II-1,2 is wholly arbitrary. One portion, fraction II-3, is precipitated at p_H 5,2 by an increase in ionic strength, while the other portion is removed from solution at p_H 7,2–7,4, with temperature about —6° C. and ethanol concentrations in the neighborhood of 20% in each case.

Contrary to the impression one might gain from a study of articles by EDSALL (*22*) and by COHN (*14*) Fraction II-1, 2 is not necessarily the major part of the γ-globulin. Reference to Table 5 of the article by ONCLEY *et al.* (*66*) will show that of a total of some seven grams of γ-globulin per liter of plasma, 2,2 grams is recovered as Fraction II-1, 2 and 2,8 grams is recovered as Fraction II-3. Furthermore, Tables 6 and 7 (*66*) demonstrate that the antibody contents of the two γ-globulin fractions are substantially alike. The separation is quite arbitrary, and, we believe, quite unnecessary in practical application.

2. a) In any process for the recovery of antibody-rich protein concentrates it is an important step to remove the β-globulins in such a way that the desired γ-globulins shall have good stability in solution and the requisite immunological assay. In the attainment of this goal the basic assumption seems to us to be the fact that a suspension of a protein paste containing both β- and γ-globulins in a medium in which the ionic strength is maintained at the low level of 0,010 to 0,015, the p_H at 5,1 to 5,2 and the alcohol concentration of 15–17%, forms an extract containing a large portion of the γ-globulin, i.e., without an appreciable portion of the γ-globulins being salted out from the solution.

The protein paste is suspended in distilled water and the hydrogen ion concentration of the system is adjusted to something like p_H 5. For every kilogram of such protein paste some 20 liters of water are used for the suspension. Then after the hydrogen ion concentration of the suspension is adjusted to p_H 5,1–5,2, ethanol is added to give a final concentration of 15–17%. During the several additions the ionic strength is maintained within the limit 0,010–0,015. A precipitate forms following the addition of ethanol which consists largely of β-globulins. The β-globulins are removed in a centrifuge at — 6° C. The effluent, after a filtration, is adjusted to p_H 7,0–7,2 by the addition of sodium bicarbonate solution, and ethanol is added to this system until its concentration reaches 20–25%. The precipitate which forms consists largely of the γ-globulins which in turn contain many of the immune bodies.

The process described above must be conducted in the cold at all times. It is especially important that low temperatures be maintained during the period of adding ethanol to the suspension.

b)· In the direct precipitation of the antibody-rich fractions from serum the procedure is different. In the experiments we have performed the immune serum samples were usually aliquots of relatively large pools of antiserum to either diphtheria or tetanus. The oxalated plasma samples were defibrinated by the addition of sufficient calcium ions to permit clotting, followed by stirring to remove the fibrin formed. Such sera were then fractionated by means of the aqueous ethanol precipitation techniques, and as usual, temperature, p_H, protein concentration, alcohol concentration and ionic strength were carefully controlled.

The general scheme consists in diluting one volume of serum with three volumes of water, adjusting the p_H of the system to 7,6–7,7, and adding 50% aqueous ethanol to give a final ethanol concentration of 20–25%. Temperatures are maintained to within one degree of the freezing point of the solutions at all times, down to — 6° C. Precipitate A which forms contains most of the serum γ-globulins, and consequently most of the antibody activity, in admixture with some β-globulins. For the rework step this precipitate is suspended in cold distilled water at a protein concentration of 0,5 to 1%, and the suspension is adjusted to p_H 5,0–5,2. Various concentrations of ethanol and salt are used at this point (depending upon the species from which the original serum was obtained) to effect removal of the β-globulin as Precipitate A–A while retaining the major portion of the γ-globulins in solution. The γ-globulins are then reprecipitated by going back to the earlier alkaline condition, to give Precipitate A–B.

By way of illustration we may examine the more detailed record of some fractionation experiments with hyperimmune horse sera. The starting materials were aliquots of relatively large plasma pools of antiserum to either diphtheria or tetanus. The sera were fractionated by means of the aqueous ethanol precipitation technique just described. The fractions were studied in terms of electrophoretic composition and of protein and antibody yields resulting from controlled modifications of the several variables of fractionation.

The electrophoretic experiments were carried out in the usual TISELIUS assembly in veronal buffer of p_H 8,6 and ionic strength 0,10. For purposes of comparison the duration of the experiment was always two and one-half hours, with a constant potential gradient of 6 volts/cm. applied. The diagrams for a typical series of fractions of antidiphtheric horse serum are shown in Figure 1.

Antibody and protein recovery data for fractionated diphtheria and tetanus antisera are collected to form Table 1. If proper precautions have been taken during the course of the fractionations nearly all of the antibody is recovered in Precipitate *A*. Refractionation of this precipitate to give Precipitate *A–B* may be accompanied by excellent yields in some cases and by some appreciable loss of antibody in others. Approximately 10 gm. of protein for every 50 gm. of Precipitate *A* are lost in preparing Precipitates *A–A* and *A–B* under the conditions employed for their separation.

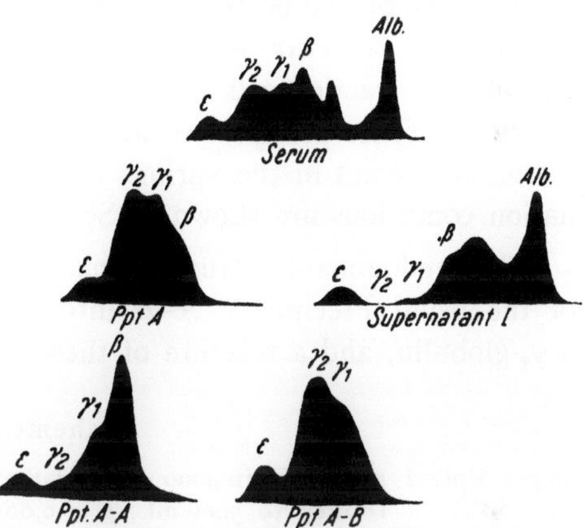

Fig. 1. Electrophoretic diagrams for a hyperimmunized horse serum and derived fractions [DEUTSCH and NICHOL (21)]. [From: J. biol. Chemistry 176, 797 (1948).]

It can be seen from Table 1 that the major portions of the antibody are recovered in Precipitate *A* or in its subfraction, Precipitate *A–B*. Approximately 2 to 5 per cent of the initial serum antibody

Table 1. Antibody and Protein Recoveries from Serum of Hyperimmunized Horses.

Antisera to	Units of antibody per 100 ml. plasma*	Weight of precipitate per 100 ml. serum			Units of antibody recovered per 100 ml. serum		
		Ppt. *A*	Supernatant to Ppt. *A*	Ppt. *A–B*	Ppt. *A*	Supernatant to Ppt. *A*	Ppt. *A–B*
Tetanus Toxoid..........	20000	5,07	—	3,22	—	—	24200
Diphtheria Toxoid	45000	5,14	—	3,35	—	—	46900
Diphtheria Toxoid	129000	5,24	3,17	3,51	98000	3170	70200
Diphtheria Toxoid	65000	5,55	3,36	3,47	55500	2520	36800
Diphtheria Toxoid	57500	5,21	—	—	52100	—	—
Tetanus Toxoid..........	45000	4,10	—	—	24600	—	—

* Plasma diluted with anticoagulant.

may be recovered by lyophilization of Supernatant I. The yield of antibody into Precipitate A–A is relatively low.

In a typical experiment, Precipitate A–A showed 100 units of tetanus antitoxin per gm. while Precipitate A–B gave 8000 units per gm. Sub-fractionations of Precipitate A–A give products with very low antibody content. They are composed largely of proteins moving with an electrophoretic mobility of — 4,0 $\times$ 10⁻⁵ sq. cm. per volt per second at p_H 8,6.

Such findings indicate that the antitetanus activity of horse serum proteins does not ordinarily extend into the electrophoretic region of the horse serum designated as β-globulin in Figure 1, p. 277.

The sera of two horses immunized to a series of antigens (diphtheria, tetanus, *H. pertussis* and an heterologous gas gangrene toxoid) were pooled and fractionated to yield the usual initial antibody-rich Precipitate A. These precipitates were sub-fractionated and the distribution of the antibodies in the various fractions was studied. The sub-fractionation conditions are shown in Scheme 1.

The predominant feature of this sub-fractionation was the separation of the usual Precipitate A–B into three fractions, viz. a γ_1-globulin, a γ_2-globulin, and a mixture of these two globulins.

Scheme 1.

50 gm. Ppt. A, suspended in 4000 ml. of water; 0,05 M-acetic acid added to p_H 5,38; Diluted to 5000 ml.; $\mu = 0,0014$; centrifuged at 0°.

7,8 gm. (dry) Ppt. A–A. Supernant II A, volume 4910 ml.; 150 ml. 0,15 M-NaCl and 8 ml. 0,5 M-NaHCO₃ added to p_H 5,83; 1267 ml. 50% alcohol added to 10% ethanol concentration; volume 5068 ml.: $\mu = 0,0061$; centrifuged at — 2° C.

15,9 gm. (dry) Ppt. A–1 B. Supernant II B, volume 4950 ml.; 1650 ml. 50% alcohol added to 20% ethanol concentration (p_H 5,83); $\mu = 0,0046$; volume 6600 ml.; centrifuged at — 6° C.

8,5 gm. (dry) Ppt. A–2 B. Supernatant II C, volume 6482; 100 ml. 0,5 M NaHCO₃ added to p_H 7,4; 500 ml. 95% alcohol added to 25% ethanol concentration; volume 7082 ml., $\mu = 0,01$; centrifuged at — 7° C.

9,9 gm. (dry) Ppt. A–3 B. Supernatant II D, discarded.

In Figure 2 are shown the electrophoretic compositions of these subfractions. It is readily apparent that the component labeled γ_1-globulin is relatively heterogeneous electrically and the fraction as a whole has a considerably higher electrophoretic mobility than does the γ_2-fraction.

Antibody and protein yield data are shown in Table 2. Antibody production to vibrion septique toxoid was relatively low (less than 200 units per gm. of Precipitate A), and the subfractions were not assayed further. The remaining antibodies were present in relatively low titer, but were of sufficient magnitude to make possible a study of their distribution into the various fractions. Practically no antibody was found in the supernatant to Precipitate A. The subfractions of Precipitate A showed varying titers of the several antibodies studied. The initial precipitate removed at p_H 5,2 and low ionic strength (Precipitate A–A) contained very small amounts of antitoxin but contained as much, or more, agglutinin for $H.$ _pertussis_ on a weight basis as did the parent fraction (Precipitate A). Approximately 10 to 15 per cent of the diphtheric and tetanus antitoxins was found in Precipitate A–1 B with the remainder appearing in the more soluble protein (pseudoglobulin in nature), making up Precipitates A–2 B and A–3 B. The diphtheria antitoxin showed a relatively higher titer in the γ_2-globulin fraction (Precipitate A–3 B) than was true for tetanus antitoxin. The antitoxin to _Bacillus welchii_ was found to be rather well distributed in all of these fractions. The $H.$ _pertussis_ agglutinins showed a high concentration in the γ_2-

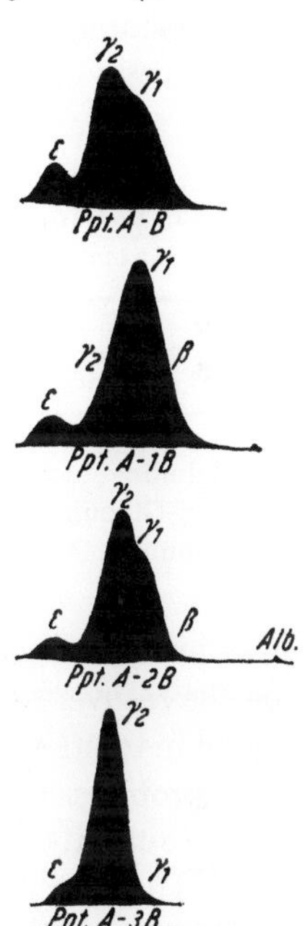

Fig. 2. Electrophoretic diagrams for antibody-rich protein fraction and derived sub-fractions [DEUTSCH and NICHOL (21)]. [From: J. biol. Chemistry 176, 797 (1948).]

Table 2. Antibody Content of Subfractions of Antibody Fraction of Hyperimmune Horse Serum (Series of Antigens).

Weight of fraction (gm.)	Fraction	Units antitoxin per gm. protein			H. _pertussis_ agglutinin titer
		Diphtheria	Tetanus	_Bacillus welchii_	
50	A *	3000	1000	300	1–1280
7,8	A–A	300	100	25	1–2560
15,9	A–1 B (γ_1)	1000	500	300	1–160
8,5	A–2 B $(\gamma_1 + \gamma_2)$	5000	4000	400	1–160
9,9	A–3 B (γ_2)	3000	1000	500	1–1280

* The supernatant to Precipitate A contained less than 2 per cent of the antibody activity of this fraction.

globulin fraction as compared to the γ_1- and the $\gamma_1 + \gamma_2$-globulin sub-fractions. The high titer of this antibody in the euglobulin type of precipitate (Precipitate A–A) is, however, quite surprising in view of the small amount of γ_2-globulin in this fraction and is in contrast to the antitoxin distribution in the same fraction.

A γ_1-globulin, a γ_2-globulin, and a mixture of them (analogous in electrophoretic composition to Precipitates A–1 B, A–3 B, and A–2 B respectively of Figure 2) were prepared from pooled antidiphtheric horse serum that assayed approximately 800 units per ml. The γ_1-globulin preparation, however, was separated from a $\gamma_1 + \gamma_2$-globulin mixture (Precipitate A–2 B), since this fraction has a relatively higher antidiphtheric titer in contrast to Precipitate A–1 B (Table 2, p. 279). No attempt

Table 3. Diphtheria Antitoxin Content of Various γ-Globulin Fractions by Quantitative Precipitin Methods.

Fraction	Units of diphtheria antitoxin per gm. protein	Per cent antitoxin of fraction
γ_1-Globulins	9000	10,4
$\gamma_1 + \gamma_2$-Globulins . .	6750	7,8
γ_2-Globulins	3070	3,6

was made to recover large amounts of antibody, attention being focused on the recovery of electrophoretically well defined fractions. The $\gamma_1 + \gamma_2$-globulin fraction contained approximately equal amounts of the two component proteins. The antibody contents of these preparations were determined by the quantitative methods as elaborated by HEIDELBERGER and associates (35). These results, summarized in Table 3, show a diphtheric antitoxin distribution in the various fractions which was analogous to that found by *in vivo* assay in similar fractions of the polyvalent horse serum (Table 2). The shape of the quantitative precipitin curves for these fractions was essentially the same as that obtained by KABAT (49) in plotting the PAPPENHEIMER and ROBINSON (68) data for the diphtheria toxin-antitoxin (horse) reaction. In agreement with results of KEKWICK and RECORD (56) the γ_2-globulins were found to flocculate more readily with toxin than the γ_1-globulins.

Changes in the plasma proteins from a single horse were studied during the course of immunization to diphtheria toxoid. Serum samples were collected before and at various times during the immunization period. Unfortunately, the animal employed did not develop antitoxin above 400 units per ml. and the experiment was discontinued at this point. The serum fractions obtained do, however, show the shift toward the development of large amounts of γ_1-globulin, as was expected from the previous serum electrophoretic studies of VAN DER SCHEER et al. (82, 83) and KEKWICK and RECORD (56). Electrophoretic patterns and yields of some of the serum samples fractionated are shown in Figure 3. A marked increase in the yield of Precipitate $A-B$ as immunization continued is readily apparent. The predominating feature is the gradual increase of the γ_1-globulin. The effect is most readily observed as the electrophoretic diagrams for Precipitates $A-2\,B$ are studied. As the γ_1-globulin content of the serum increases it likewise becomes more difficult to prepare a γ_2-globulin fraction (Precipitate $A-3\,B$) which does not show the presence of considerable γ_1-globulin. As previously noted by KEKWICK and RECORD (56), there was an increased production of the γ_2-globulin

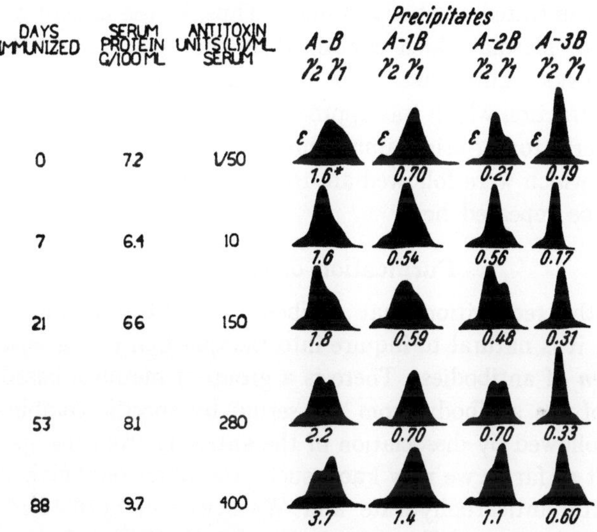

Fig. 3. Electrophoretic diagrams and yield data for horse antitoxic serum. Numbers under diagrams give amounts of protein in grams/100 ml. serum. These data show progress of immunization with time [DEUTSCH and NICHOL (21)]. [From: J. biol. Chemistry *176*, 797 (1948).]

during the initial stage of immunization. Thus, by the 7th day of immunization this component showed a marked enhancement without any increase in the amount of γ_1-globulin, but as immunization progressed the level of the γ_1-globulin rose.

Methods based upon fractionation may serve to concentrate components which possess a specific physiological activity.

In an antiserum, the smaller the fraction in which the antibodies can be contained, the greater will be its usefulness in therapeutic application, for at least two reasons: *a)* a smaller dosage will be required, and *b)* a greater unitage of antibody can be injected in any practical dose. A concentration of about 15 to 30 times of certain of the normal antibodies of human plasma has been obtained by the separation of the γ-globulins. In the ordinary hyperimmunized animal plasmas the situation is quite different, because the relative amount of the γ-globulins increases from about one-tenth to more than one-half of the total plasma proteins, meaning again that the antibody molecules are much more widely distributed. If all the antibody is to be recovered, the fractionation then amounts to the recovery in an antibody-rich fraction of one-half of the protein, and the concentration factor for a solution of equivalent protein concentration would be two. If the solution for dispensation is made up to 20% protein, a high value, the concentration factor is approximately five at best.

In the special case that very high titer hyperimmune plasmas are available, either salt fractionation or ethanol fractionation may give a very concentrated antibody system. Thus, in the case of an antidiphtheric horse plasma which contained at the start 1440 units per ml., PAPPENHEIMER, LUNDGREN and WILLIAMS (*67*) were able to obtain a globulin fraction which was approximately 43% specifically precipitable by diphtheria toxin, using ammonium sulfate fractionation. The specific directions which were followed are to be found in the original article and need not be repeated here.

Purification of Antibodies.

With the recognition that antibody concentration factors may be quite low, it is natural to inquire into the question of the *separation* and *purification* of antibodies. There is a group of methods based upon the removal of the antibody from the serum by specific combination with antigen, followed by dissociation of the antibody from the specific precipitate, but as far as we now know such procedures only give satisfactory results with anticarbohydrate and WASSERMANN antibodies. HEIDELBERGER, KENDALL and TEORELL (*43*) had noticed that the same amount of pneumococcal polysaccharide precipitated less and less antibody nitrogen as the concentration of salt (NaCl) in the system was increased. It was found that specific precipitate was dissociated by salt. With these methods solutions of pneumococcus anticarbohydrate from a number of animal species were obtained in which all of the protein reacted as antibody (*37, 41*).

Also, CHOW and WU (*13*) have prepared purified antibodies by suspending washed specific precipitates in water and dissolving them with dilute alkali. The solution was then adjusted to p_H 7,6 with dilute acid, followed by the addition of solid NaCl to give a one percent solution. After removal of the precipitate, antibody is left in solution.

Quite another approach is that of POPE and associates (*76–78*) who recommend enzymatic digestion of toxin-antitoxin floccules, followed by fractionation. This general outline was later used by PETERMANN and PAPPENHEIMER (*74*) and by NORTHROP (*64*) in the preparation of an active antitoxic material of lower molecular weight than the original globulin. Treatment with pepsin under certain conditions markedly increases the speed of flocculation of antitoxin with toxin; furthermore, the altered product combines with nearly twice as much toxin per milligram of antitoxin nitrogen as before treatment (*68*). These results suggested that the enzyme had split the antitoxin into an active and an inactive portion, and this supposition has been fully substantiated by experiment. NORTHROP actually crystallized the modified antitoxin, but the yield was less than 0,5% of the total antitoxin. These experiments will be described in Section III (p. 290).

In spite of these apparent successes, there seems to be no doubt that changes in the properties of the antibodies result even when chemical treatments as mild as the salt dissociation techniques are applied. In other words, and for example, with antibody prepared by any of the methods of purification now available there will be some doubt about the interpretations of any experiments designed to elucidate the antigen-antibody reaction.

II. Characterization of the Antibody-Rich Protein Systems.

In any biological tissue each of the protein constituents has its specific physiological function. There may be certain reaction groups on the molecule which are responsible for each activity, but at the present stage of the separation procedures it seems best not to attempt to locate them. It is possible, however, to describe the size, shape and electrical charge of some of these molecules and to correlate biological activity with analytical component. These molecular characteristic constants such as intrinsic viscosity, electric charge and diffusion constant are often directly of value in their relation to biological function.

Some of the methods depend upon observations of molecular kinetic behavior, with or without the application of an external force (sedimentation velocity as contrasted with diffusion). The use of the mechanical force field in sedimentation serves a useful purpose in that it sorts out for analysis the molecules of different sizes which may be present in a mixed protein system.

In *electrophoresis* another type of translational motion is produced due to the effect of an external electrical field upon the charged protein (or proteins) in solution. For several reasons this experiment is extremely valuable as an analytical tool in the fractionation of a biological fluid. Electrophoretic resolution is evidence that the constituents in such a system differ in electrochemical behavior, so that chemical treatments may be devised to bring about separations. Also, and subject to certain limitations, the area under an individual electrophoretic peak compared to the total area measures the relative concentration of that component,

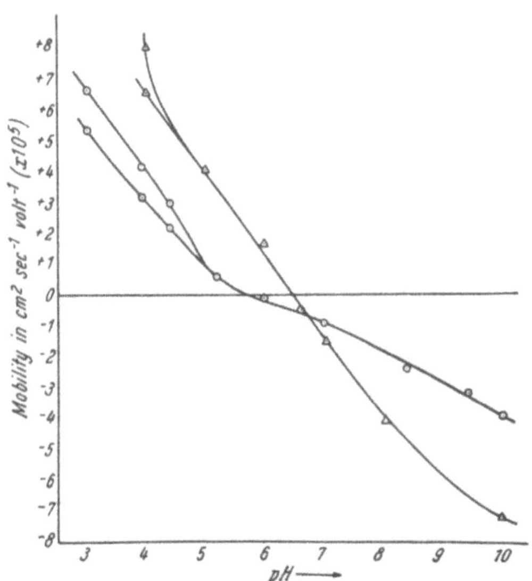

Fig. 4. Mobility—p_H data for human γ_1-globulin (circles, 0,10 ionic strength; triangles, 0,01 ionic strength) [ALBERTY (2)]. [From: J. Phys. Colloid Chem. 53, 114 (1949)].

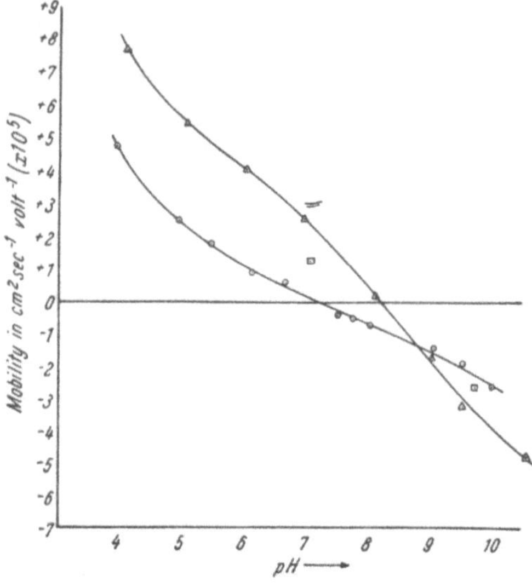

Fig. 5. Mobility—p_H data for human γ_2-globulin (circles, 0,10 ionic strength; triangles, 0,01 ionic strength) [ALBERTY (2)]. [From: J. Phys. Colloid Chem. 53, 114 (1949).]

often giving the only available method for the quantitative analysis of such systems.

There are also valuable physical-chemical bits of information regarding proteins which may be obtained in the electrophoresis experiment. The mobility of a protein depends on the p_H and ionic strength (and kind of electrolyte) of the buffer system in which it is dissolved. At strongly acid p_H the acidic groups of the protein are uncharged while the basic groups are combined with protons and the molecule has a net positive charge. In alkaline solutions the situation is reversed with the acid groups being dissociated and the molecule having a net negative charge. Depending upon the amounts of acidic and basic amino acids present, there is some p_H at which the number of positive and negative electric charges on the molecule are equal to produce the isoelectric condition. The isoelectric point is an important characteristic of a protein, because it is the point of minimum solubility. Adsorbed ions

from salts present in the system may also contribute to the charge on the protein molecule. Thus, the isoelectric point depends upon the amount and nature of the salts present. As seen from Figure 4 the isoelectric point of human γ_1-globulin is p_H 5,9 in 0,10 ionic strength cacodylate buffer. In 0,01 ionic strength cacodylate buffer the isoelectric point is p_H 6,5. The graph of electrophoretic mobility versus p_H is steep at lower ionic strengths because the mobility corresponding to a given net charge on the molecule is greater as the double layer becomes more diffuse.

In Figure 5 are given electrophoretic mobility data for normal human γ_2-globulin as a function of p_H and the two ionic strengths.

Electrophoresis also affords an interesting test of the homogeneity of a protein, and as such has been extremely useful in the study of fractionated γ-globulins as well as other proteins. The usual criterion for the electrophoretic homogeneity of a protein is that it migrates as a single boundary in an electrical field in buffers of various hydrogen ion concentrations and ionic strengths. To this criterion must be added a second one to the effect that the rate of spreading of the protein boundary under conditions such that convection and anomalous electrical effects are avoided should be no greater than that due to diffusion alone. If this spreading is greater than can be accounted for on the basis of diffusion and the gradient sharpens on reversal of the current, the protein may be heterogeneous with respect to electrophoretic mobility even if only a single symmetrical boundary is observed.

Tiselius pointed out that the reversible spreading due to lack of homogeneity of the migrating substance with regard to mobility may be distinguished from that caused by the boundary anomalies because the latter effects are always of opposite sign at the two boundaries, while in the case of inhomogeneous proteins both boundaries behave in the same manner. Tiselius and Horsfall (*88*) as well as Sharp, Taylor, Beard and Beard (*84*) have proposed quantitative methods for the representation of boundary spreading, but neither group gave sufficient attention to the actual distribution in mobility, even in one variety of protein molecules, and to the superimposed diffusion.

There are four factors which influence the rate at which a protein gradient will spread under the influence of the electrical field. Two of them are irreversible, two reversible. *a*) Diffusion is superimposed irreversibly on electrophoresis. *b*) Convections due to temperature gradients set up in the cell by electrical heating produce irreversible changes. *c*) Conductivity and p_H differences across the boundaries give reversible changes (which can be largely eliminated by carrying out the experiment at the isoelectric point). *d*) Actual electrochemical inhomogeneity of the protein molecules gives rise to reversible electrophoretic spreading (broadening of the peak due to differences in net charge or size or shape).

SHARP and collaborators have shown (84) that when diffusion during an electrophoresis spreading experiment is negligible compared to the electrical spreading, the mobility distribution may be obtained from the refractive-index gradient curves, and a heterogeneity constant (H) may be calculated from the time rate of change of the standard deviation of the gradient, $\frac{\Delta\sigma}{\Delta t}$. They write,

$$H = \frac{\Delta\sigma}{\Delta t E},$$

where E is the electric field strength.

In the case in which diffusion of the protein during the experiment is not negligible and the mobility distribution may be represented by the Gaussian probability function, ALBERTY (1, 2) has shown that the experimental refractive-index gradient at the isoelectric point will have Gaussian form, and a heterogeneity constant, h, may be calculated by using the following equation:

$$D^* = \frac{\sigma^2 - \sigma_0^2}{2 t_E} = D + \frac{E^2 h^2}{2} t_E.$$

In this equation σ_0 is the standard deviation of the gradient curve at the moment the field is applied, and σ is the standard deviation after electrophoresis for t_E seconds. According to this equation, the "apparent" diffusion constant, D^*, should plot as a straight line against time of electrophoresis and extrapolate back to the normal diffusion constant, D, at zero time. In order to apply this method it is necessary that all the protein molecules in the sample have the same diffusion constant. Also, the protein must be soluble and stable at its isoelectric point. The heterogeneity constant, h, is actually the standard deviation for the mobility distribution $g(u)$.

$$g(u) = \frac{1}{h \sqrt{2\pi}} e^{-u^2/2h^2}.$$

The mobility distribution for the protein may therefore be plotted by using the value of h determined from the slope of the graph of D^* vs t_E and tabulated values for the Gaussian probability function.

As a check on the elimination of convection, the field should be reversed for an equal period of time to bring the boundary back to its initial state except for diffusion. If the field is reversed at time t_1, the apparent diffusion constant during the reversal period is given by:

$$D^* = D + \frac{E^2 h^2}{2} \frac{(2 t_1 - t_E)^2}{t_E}.$$

According to this equation the apparent diffusion constant becomes equal to the true diffusion constant at $t_E = 2 t_1$. This equation may also be used to calculate the heterogeneity constant from data obtained during the reversal period.

A protein which shows reversible spreading in electrophoresis at the average isoelectric point must contain molecules with isoelectric points higher than the average and molecules with isoelectric points lower than the average. The isoelectric point distribution may be determined electrophoretically by studying the reversible spreading at several p_H's in the isoelectric range. If the rate of change of the average mobility of the protein with p_H, du/dp_H, is constant in this range and the heterogeneity constant is independent of p_H, the mobility distribution may be used directly to calculate the isoelectric point distribution. For instance, these conditions appear to apply very well in the cases of human γ_2-globulin and horse pseudoglobulin. The isoelectric point, pI, of molecules with a mobility u at the average isoelectric point of the protein pI_{av} is given by the equation:

$$pI = pI_{av} - \frac{u}{\dfrac{du}{dp_H}}$$

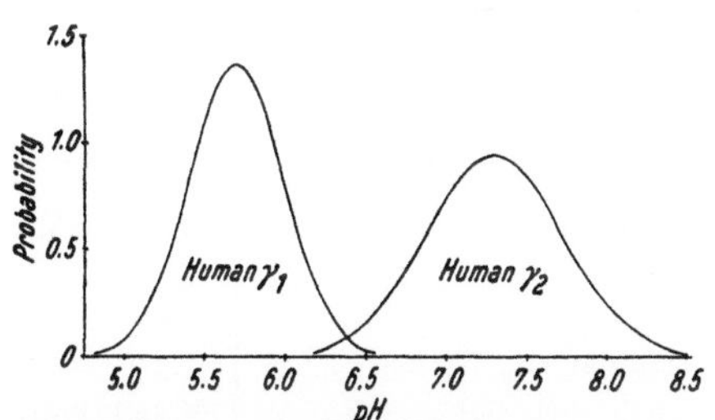

Fig. 6. Distribution of isoelectric point for the human γ-globulins at ionic strength 0,10 [ALBERTY (2)]. [From: J. Phys. Colloid Chem. 53, 114 (1949).]

Detailed electrophoresis spreading experiments have been carried out with our γ_1- and γ_2-globulins from human plasma and from a number of other animal plasmas. The variations with p_H of the electrophoretic mobilities of human γ_1- and γ_2-globulins have been given in Figures 4 and 5 (see p. 284). In the experiments the boundaries for both of these proteins became diffuse rather rapidly because of electrical heterogeneity; and it will be noted as well that human γ_1-globulin is resolved into two components below p_H 5. At least part of the deviations of the experimental values from a smooth curve is undoubtedly due to variations in the effects of various types of buffers on the electrophoretic mobility.

The isoelectric points obtained for the two γ-globulins are average values because both show considerable reversible boundary spreading at the isoelectric point. The mobility distribution at the isoelectric point may be represented by a Gaussian function, and since the slope of the p_H-mobility curve is linear in the isoelectric region the isoelectric point distribution also may be represented by an "error" curve. The calculations of the standard deviations of the isoelectric point distribution, $pI—pI_{av}$, for the two γ-globulins at ionic strength 0,10 are given in Table 4. The isoelectric point distribution curves are plotted in Figure 6.

The average isoelectric points of the normal human γ-globulins are compared with those for animal γ-globulins in Table 5. The buffer used

Table 4. Isoelectric Point Distribution for Normal Human γ_1- and γ_2-Globulins at 0,10 Ionic Strength.

Globulin	pI_{av}	$\dfrac{du}{dp_H}$ cm.^{2} volt^{-1} sec.$^{-1}$$p_H$$^{-1}$	h cm.^{2} volt^{-1} sec.$^{-1}$	$\dfrac{pI_h - pI_{av}}{p_H \text{ units}}$
γ_1-Globulin	5,7	$-0,9 \times 10^{-5}$	$0,26 \times 10^{-5}$	0,29
γ_2-Globulin.........	7,3	$-1,2 \times 10^{-5}$	$0,50 \times 10^{-5}$	0,42

Table 5. Average Isoelectric Points.

Protein	Iso-electric p_H	Ionic strength	Buffer	Reference
Human γ_1, normal	5,8	0,10	NaCac[5], NaOAc, NaCl[1]	ALBERTY (2,3)
	6,6	0,01	NaCac	ALBERTY (2,3)
Human γ_2, normal	7,3	0,10	NaCac, NaCl	ALBERTY (2,3)
	8,2	0,01	NaV[6]	ALBERTY (2,3)
Horse γ_1, hyperimmune..	5,6	0,10	NaCac, NaOAc, NaCl	DEUTSCH and NICHOL (21)
Horse γ_2, hyperimmune..	7,6	0,10	NaV, NaCl	DEUTSCH and NICHOL (21)
Cow γ_1, hyperimmune ...	5,9	0,10	NaCac, NaOAc, NaCl	HESS and DEUTSCH (44)
	6,4	0,01	NaCac	HESS and DEUTSCH (44)
Cow γ_2, hyperimmune ...	7,3	0,10	NaV, NaCl	HESS and DEUTSCH (44)
	7,5	0,01	NaV, NaCac	HESS and DEUTSCN (44)
Horse, antipneumococcus[3]	4,4	0,17	NaCl, NaAc[2]	TISELIUS and KABAT (89)
Cow, antipneumococcus[3] .	4,8	0,17	NaCl, NaAc	TISELIUS and KABAT (89)
Pig, antipneumococcus[3] ..	5,1	0,17	NaCl, NaAc	TISELIUS and KABAT (89)
Rabbit, antipneumococcus[3]	5,8	0,17	NaCl, NaAc	TISELIUS and KABAT (89)
Rabbit, normal[4]	5,8	0,17	NaCl, NaAc	TISELIUS and KABAT (89)

[1] Sodium chloride makes up 80 per cent of ionic strength.
[2] Sodium chloride makes up 88 per cent of ionic strength.
[3] Salt-dissociated specific precipitate.
[4] Isolated electrophoretically.
[5] NaCac = sodium cacodylate.
[6] NaV = sodium diethylbarbiturate.

for the isoelectric point determination is given in column 3, and in case the isoelectric point was obtained by interpolation between mobilities determined using two different buffer systems, both salts are listed. The isoelectric values for the normal human γ_1- and γ_2-globulins are similar to those obtained for the corresponding horse and cow proteins, but are considerably higher than the values observed by TISELIUS and KABAT (*89*) for animal antipneumococcus antibodies which were obtained from salt-dissociated specific precipitates. It is possible that the pneumococcus antibodies represent proteins at the lower end of the isoelectric point distribution or that the carbohydrate antigen had not been completely dissociated and lowered the isoelectric point of the protein-carbohydrate complex because of its acid groups.

It is of further interest that CANN, BROWN and KIRKWOOD (*10, 11*) have been able to separate the bovine γ-globulins into a number of fractions of different mobilities and isoelectric points by using the KIRKWOOD electrophoresis convection fractionation procedures (*60*). The starting material was a Fraction II from bovine plasma which had been separated by using the COHN ethanol fractionation techniques. The fractions were found to have Gaussian mobility distributions of the type which had been found by us. When properly normalized and added together, the individual distributions yield an overall mobility distribution in agreement with that possessed by the γ-globulin itself.

The broad isoelectric point distributions might be taken as an indication of modification of the γ-globulins on fractionation.

It is obvious that consideration of the physical chemical proporties of these antibody-rich concentrates, in comparison with their behavior in the original serum before the application of the chemical treatment is of importance in this connection. Such experiments would be extremely difficult to carry out in this situation. It can be remarked, however, that in detailed experiments with such other "purified" proteins as immune lactoglobulin, bovine serum albumin, β-lactoglobulin, ovalbumin, lysozyme, ribonuclease and others (*3*) which had been obtained by a wide variety of other procedures, all showed distinct heterogeneity by the ALBERTY electrophoresis criterion. On the basis of this evidence it must be assumed that no one has as yet been able to meet the electrochemical test for homogeneity with a protein which has been prepared by any of the conventional methods.

In the electrophoretic test for heterogeneity important use has been made of the kinetic energy *diffusion* of the protein molecules. In a way much the same type of information could be obtained in a diffusion experiment provided its sensitivity were sufficiently great. KEGELES and GOSTING (*52*) have recently developed a theory for the determination of diffusion constants which is based on measurements of the positions of interference bands formed by the schlieren lens and the diffusion gradient on a photographic plate placed at the focal plane of the schlieren lens. The theory has been amply verified through experiments by LONGS-WORTH (*61*) and GOSTING and MORRIS (*27*). The diffusion constants obtained by this method are of much greater precision than had been heretofore available, the reason being that it is possible to measure the fringe displacements with one order of accuracy higher than is possible in the case of the scale line displacements obtained in the more classical experiments.

As a result we are provided with a more sensitive method for the detection of abnormalities in diffusion which are caused by the presence of impurities in a protein solute. Again, it has been found that a number of proteins, reputedly of crystalline form and of constant solubility, cannot meet this kinetic test for homogeneity. Details of the method and of the experiments which have led to this conclusion would be out of place in a survey of this kind; therefore, reference to the original literature is suggested. It is an extremely important development.

III. The Enzymatic Digestion of Serum Globulins and the Characterization of the Cleavage Products.

In connection with the purification of antibodies mention was made of the fact that when some immune serums are digested with pepsin or trypsin at hydrogen ion concentrations well removed from the optimum for enzyme action, the antibody molecules are split into large fragments, some of which carry the activity. When the inert portions have been removed by a heat treatment a more stable serum is available, and the antibody is purified in the sense that the ratio of antibody activity to protein concentration is increased.

Since such dissociation reactions have been shown to occur in certain antibody systems, it is natural that we became interested to see whether a more or less general phenomenon is involved. Studies of the cleavage of equine, bovine and human γ-globulins by various proteolytic enzymes were undertaken in the interest of producing antibodies of smaller molecular size. It might be expected that such antibody preparations, whether derived from normal or hyperimmune plasmas, might penetrate tissues more rapidly and therefore be more effective in certain acute diseases. Although clinical and animal studies on the rate of absorption and on the distribution within the body of these enzyme-digested globulins were started during the recent war, they have not been continued. Actually, the preliminary results were of great interest and promise.

Another advantage which is claimed for the enzyme-treated sera is a reduction in antigenicity, known as "despeciation" in the pharmaceutical industry. There seems to be a reduction in reactions and serum sickness when the modified horse antidiphtheric and anti-tetanus sera are injected into human patients.

When horse diphtheria antitoxin is acted upon by pepsin at p_H 4,0, the product may be separated into a more soluble portion containing the antibody activity, and a less soluble inactive portion. It has been demonstrated, by using sedimentation velocity and diffusion constant measurements, that the active portion consists of half of the original antibody globulin molecule which has been cleaved in a plane perpendicular to its long axis (74). Similar results have been obtained by digestion with trypsin, papain, and fibrinolysin (64, 76, 80).

In a study of the effect of pepsin on bovine serum globulins it was found that at hydrogen ion concentrations in the neighborhood of p_H 4,0 the splitting stops with halves of the original molecule, while in more acid solutions, near p_H 2, the digestion proceeds farther to quarter molecules and a much higher proportion of smaller fragments. Results for bovine pseudoglobulin in the form of sedimentation diagrams are given by Figure 7, which should be evaluated as follows.

Sedimentation constant „S^7" indicates a molecule which sediments in unit force field at 7×10^{-13} cm/sec. The superscripts 5 and 3 used with the letter S indicate

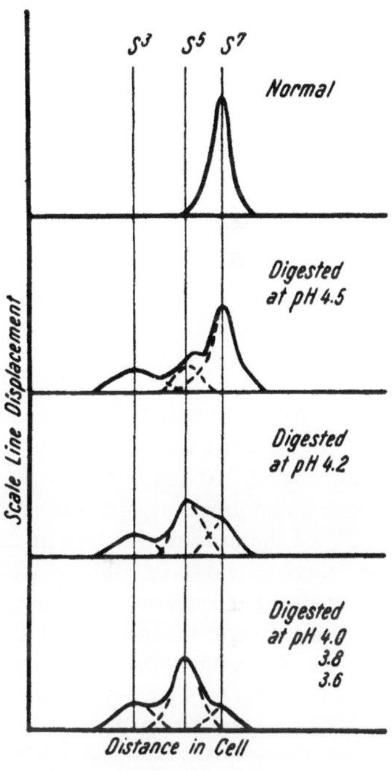

Fig. 7. Sedimentation diagrams for bovine serum pseudoglobulin before and after pepsin digestion [PETERMANN (72)]. [From: J. physic. Chem. 46, 183 (1942).]

molecules which sediment with velocities of roughly 5,5 and $3,5 \times 10^{-13}$ cm./sec./unit field, respectively. The molecules with sedimentation constant S^7 have diffusion constant 4×10^{-7} cm.²/sec., and therefore molecular weights of the order of magnitude 160000. A hypothetical half molecule has sedimentation constant $5,5 \times 10^{-13}$ and diffusion constant $5,9 \times 10^{-7}$. In the same way the molecule of quarter size would have sedimentation constant approximately $3,5 \times 10^{-13}$. So when reference is made to molecules with sedimentation constants S^7, S^5, S^3, molecules of normal, one-half and one-quarter size, respectively, are indicated. (Since the sedimentation rate of denatured pepsin is about 2,7 S, the pepsin which is present appears as a portion of the S^3 boundary.)

Similar digestion experiments with human γ_2-globulin have given comparable results (*8, 72, 73*). In these instances the substrate was obtained by the more up-to-date ethanol fractionation procedures, so the course of these experiments will be considered in more detail. Enzymes used were pepsin, papain, and bromelin. As in the earlier investigations with equine and bovine globulins the degree of splitting attained has been followed by sedimentation analysis. The ultracentrifuge is always a valuable tool in such instances because it sorts out the molecules on the basis of differences in size. At the same time, the effect of digestion on antibody activity has been determined.

Results obtained in the study of the digestion with pepsin of γ_2-globulin show marked similarity to those reported for the horse diphtheria antibodies and for the bovine globulins. The pepsin used in the experiments was crystallized by the method of PHILPOT (*75*) and its activity was measured by the hemoglobin digestion procedure of NORTHROP (*65*). The assay gave 0,29 hemoglobin units of activity per milligram of protein nitrogen.

In most of the pepsin digestion experiments between one and one-half of a hemoglobin unit of enzyme was added for each gram of globulin in the substrate. All digestions were carried out at 5° C. Digestion was rapid when the pepsin was first added. An equilibrium was reached usually in less than two days. In one experiment fresh pepsin was added to the product of a previous digestion. About 20% of the protein was lost in this second treatment, presumably through digestion to particles small enough to pass through the Visking membrane used during the dialysis. The remaining protein gave essentially the same molecular mass spectrum in the ultracentrifuge as did the protein of the first digestion.

In the range of p_H from 4 to 2,9 digestion leads to a component of sedimentation constant $s_{20} = 5,5\ S$ as compared with $s_{20} = 7,0\ S$ for the undigested material. At p_H 4,4 no component with lower sedimentation constant than 7,0 S was observed even though the non-dialyzable nitrogen did decrease markedly over an eighteen day period. Relatively small amounts of distinct components with sedimentation constants less than 5 S were observed in any of the digestion experiments.

The apparent optimum for production of the split protein is p_H 3,5. At this p_H from 25 to 30% of the original globulin was broken into small fragments that were lost on dialysis. Of the protein retained by the dialysis membrane, 60–65% had sedimentation constant $s_{20} = 5,5\ S$ (half molecules) and 15–20% was apparently undigested globulin. The normal globulins consisted mainly (80%) of material of sedimentation constant, $s_{20} = 7,1\ S$ with some 15% of more rapidly sedimenting material and about 5% which was lighter in weight.

When papain and bromelin are used as enzyme it is found that the γ_2-globulin may be split predominantly into molecules of quarter size. The papain source material was the dry powder, Papain Merck. Its activity was measured by the hydrolysis of hippuryl amide as described by BALLS and LINEWEAVER (*6*). Cyanide, hydrogen sulfide, or cysteine was used as activator. The bromelin was prepared from the juice of fresh pineapples by the method of GREENBERG and WINNICK (*30*). Its activity was compared with that of papain by the immunological method of ANSON (*5*).

As is usual the progress of each digestion was followed by measuring the increase in nitrogen soluble in 10% trichloroacetic acid.

Some results of the papain digestions are shown in Figure 8. In the first experiment only a very small amount of enzyme was used (4×10^{-5} unit of papain per gram of globulin) and the digestion went very slowly. Samples were withdrawn at the end of three and five days to give the sedimentation diagrams shown in the curves 8B and 8C. The half molecules (S^5) are quickly split into quarter molecules (S^3) so that at any stage of the digestion only a small proportion of the halves is present. When the non-protein nitrogen has reached 10%, almost 90% of the remaining protein is already in the form of molecules of quarter size. As the digestion continues the amount of non-protein material increases, but the size distribution of the protein left remains about the same. A typical sedimentation diagram for such a system is shown in curve *8 D*.

Again, with bromelin, digested systems are obtained in which some 80% of the original γ_2-globulin has been split into molecules of quarter size even before 10% of the globulin has been reduced to non-protein nitrogen. Evidently, again such a form of equilibrium is reached that further digestion results in a continuous increase in non-protein nitrogen, but little change in the relative amounts of one-quarter size, one-half size and normal size globulin molecules.

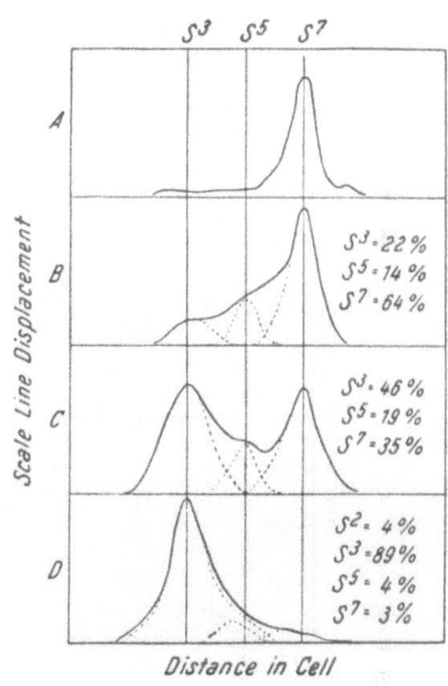

Fig. 8. Sedimentation diagrams for human γ_2-globulin before and after papain digestion. A. undigested; B. digested 3 days at 2°; C. digested 5 days at 2°; D. digested 6 days at 2° [PETERMANN (*73*)]. [From: J. Amer. chem. Soc. *68*, 106 (1946).]

Immunological assays have been carried out with all of these digested systems. In general, the conclusion must be that *antibody activity is undisturbed in the cleavage process*. Data for a typical horse diphtheria anti-toxin which has been digested with pepsin are shown in Figure 9. The two diagrams illustrate the high concentration of antibody which may be achieved by the enzyme digestion method, followed by a heat treatment, to which reference has been already made. Also, in Table 6 are given immunological assay data for a typical human γ_2-globulin before and after pepsin treatment.

The results are not as clear-cut in the case of the γ_2-systems which have been digested with papain or with bromelin. In a table presented by PETERMANN (*72, 73*) the indications are that much antibody activity remains. Actually, it is believed that no antibody loss has resulted on cleavage of the molecules; rather the loss which appears in her table is due to the fact that

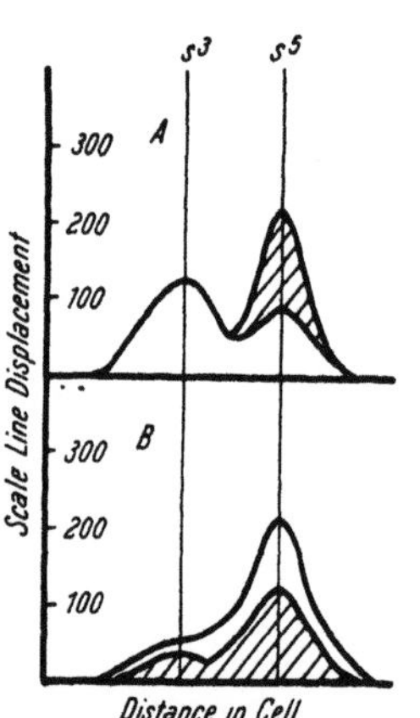

Fig. 9. Sedimentation diagrams for soluble diphtheria antitoxic pseudoglobulin digested by pepsin, before (A) and after (B) heat treatment at 58° C, pH 4,2. Shaded portion indicates protein specifically precipitated by diphtheria toxin.

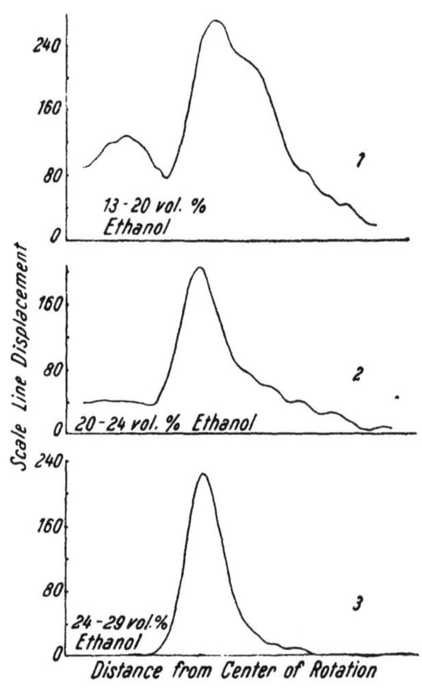

Fig. 10. Sedimentation diagrams showing fractionation of digested γ-globulin.

chemicals such as hydrogen peroxide were added to the system to terminate the digestion. Chemicals of this type are, of course, destructive of protein.

Table 6. Immunological Assays on γ_2-Globulin Before and After Pepsin Treatment.

(Potency is relative to that of a standard globulin at the same protein concentration.)

Immunological tests	May, 1943		May, 1944	
	Normal	Split	Normal	Split
Typhoid "O" agglutinin...........	0,7	0	0,7	0
Typhoid "H" agglutinin...........	0,7	0,7	0,5	0,5
Diphtheria antitoxin	0,4—0,6	0,4—0,6	0,5	0,5
Influenza A, HIRST test	0,5	0,5	1,0	0,5
Influenza A, mouse protection	1,1	1,0	1,1	0,6
Streptococcus antitoxin	—	—	1,0	1,0

Several methods were tried for fractionation of the pepsin digestion mixture to obtain a sample more homogeneous with respect to mass. In five experimental fractionations ethyl alcohol was added to the aqueous system as precipitant. In some cases the alcohol was added dropwise with mechanical stirring, and in the others alcohol solutions were allowed to equilibrate with the protein solutions through a moving dialysis membrane. In the most successful fractionation a protein system was obtained which was 85% pure in the component of sedimentation constant 5,5 S. The progress of this fractionation experiment is indicated by the three sedimentation curves (again scale line displacement—distance in cell) of Figure 10. In the third curve it is evident that most of the larger and smaller globulin molecules have been removed to leave a sample which has the purity 85% in half molecules. The sedimentation analysis gives no information as to the fate of the pepsin in the fractionation. The fractionations were carried out between 5° and — 5° C.

In previous studies of protein digestion made with the ultracentrifuge, two types of enzyme action have been revealed. ANNETTS (*4*), working with papain and egg albumin, found two fractions in her digests, a light dialyzable fraction consisting of polypeptides and amino acids, and a heavy fraction. This heavy fraction contained no unchanged egg albumin and its sedimentation constant was reduced from 3,5 S to 3,2 S. Its electrophoretic mobility was greatly diminished.

TISELIUS and ERIKSSON-QUENSEL (*87*) digested egg albumin with pepsin in acetic acid. They also obtained a light, dialyzable fraction, but their heavy fraction appeared to be unchanged egg albumin. Increasing the time of digestion only changed the relative proportions of the two components. They suggest two ways in which proteins may be split:

"1. All molecules are simultaneously but gradually broken down to products which are no longer attacked by the enzyme; 2. only a few molecules are attacked in each time interval, but these are quite rapidly broken down to the end products. In the former case a digestion mixture should contain a number of products which would show a more or less continuous variation in size and other properties between those of the original and the end-products. In the latter case the mixture should contain unchanged large molecules and fully digested end-products, but no appreciable amount of intermediate substances."

The digestions described in the present article conform to the second type, in that, as with peptic digestion of egg albumin, the large molecules are apparently unchanged, at least in sedimentation behavior. Digestion of both pseudoglobulin and euglobulin at p_{H} 4,5 causes no change in the sedimentation rate of the S^7 component. However, in our digestions intermediate components are found, which show, not a continuous variation, but definite size classes. The best explanation of these results would be that the breakdown process which is rapid in acetic acid proceeds more slowly at higher p_H values, so that the steps in the process can be followed. It is as if the degradation could be observed in a kind of slow-motion picture. The first step, at least, is so gentle that antibody function, which depends upon structure, is not disturbed.

As a result of our studies, as well as those on POPE (*76*), NORTHROP (*64, 65*), PARFENTIEV (*69*), TISELIUS and DAHL (*86*), and others, it appears probable that the type of breakdown which has been described at some length is characteristic of the serum globulins and that fragments of the same sizes would be obtained in digestions with other proteolytic enzymes. It is hoped studies of this kind can be continued to provide better understanding of the relationship between molecular properties and physiological behavior, and even to elucidate the structure of protein molecules.

IV. Immunological Studies with the Several γ-Globulins.

A new period in the study of the reaction between antigen and antibody began with the absolute quantitative methods of HEIDELBERGER and KENDALL (*36, 38, 39, 40, 42*) and the similar work of WU (*90, 91*) and of HAUROWITZ (*34*). There had been available a number of ways of describing the intensity of precipitin reactions, but only those now based on the determination of the exact amount of specific precipitate formed can have quantitative significance.

The first HEIDELBERGER and KENDALL quantitative theory of the reaction was based on a consideration of the rate of antigen-antibody combination and gave an equation of the form

$$r = 2R - \frac{R^2 a}{b}$$

where r = ratio antibody N to antigen N at any point in the antibody excess region, R = ratio antibody N to antigen N at the equivalence point, b = total antibody N (equivalence point), and a = antigen N.

This equation for the composition of the precipitate corresponds to a change from $2R$ at large antibody excess to R at the equivalence point. If this equation is multiplied through by a, the number of milligrams of antigen N added, a quadratic form of the equation results. In this event

$$y = 2Ra - \frac{R^2 a^2}{b}$$

where y = milligrams of antibody N precipitated.

Although there has been some discussion about the derivation of these equations (*58, 70*), their verification has met with signal success in a number of instances, and we wish to use it now in connection with our studies of the heterogeneity of the γ-globulins.

First of all, attention will be given to the behavior of an antigen-antibody system for which a relatively pure antigen is available, the classical ovalbumin-antiovalbumin reaction.   The ovalbumin used was recrystallized six times by the method of KEKWICK and CANNAN (*55*). The antigen was not completely homogeneous. As is well known, crystalline ovalbumin shows a small second electrophoretic boundary, furthermore KEGELES (*51*) has found distinct evidences of heterogeneity for it in the equilibrium ultracentrifuge. In spite of this slight heterogeneity COHN, WETTER and DEUTSCH (*18*) were able to use determinations of the protein content of the precipitate produced by the addition of increasing amounts of their recrystallized ovalbumin to a constant quantity of the rabbit antiserum in the construction of a curve from which the percentage of ovalbumin in whole egg white could be estimated from the protein content of the antigen-antibody precipitate. It was found possible to superimpose the total nitrogen precipitated *versus* antigen nitrogen added curve for whole egg white added to antiserum on the ovalbumin-antiserum curve by multiplication of the abscissae in the first case by the factor 0,67. Therefore, it was concluded, the percentage of ovalbumin in egg white is 67%, assuming that the percentages of nitrogen in whole egg white and in ovalbumin are the same. This is a reasonably good estimate.

This type of analysis has been available since its original demonstration by HEIDELBERGER and KENDALL (*40*). It has occurred to workers in several laboratories that there is here provided a method for quantitative assay of γ-globulins, and even determination of the locus of formation of these proteins in the living organism, the only requirement being that a single γ-globulin antigen be made available.

KENDALL (*57*), using a salt fractionation method, isolated four globulin fractions from human serum. They were water soluble and water insoluble globulins which precipitated between 0–33% and between 33–50% of saturation with ammonium sulfate. His study of the reactions between these fractions and rabbit anti-human γ-globulin serum revealed that only the first water soluble globulin precipitate showed a true equivalence zone. This is a minimum requirement for immunochemical homogeneity of antigen. The other fractions were both immunologically heterogeneous and antigenically different from the water soluble globulin fraction precipitated at 33% of saturation with ammonium sulfate. It would be our conclusion that this first globulin fraction consists largely of what we have termed γ_2-globulin.

More recently KABAT *et al.* (*50*) and JAGER *et al.* (*48*) have come to the conclusion that γ-globulin fractions of description II–1,2 and II–3, each containing different amounts of both water soluble and water insoluble proteins, are immunologically identical as well as homogeneous. This is a somewhat surprising result, since both preparations have been demonstrated to be heterogeneous with respect to electrical charge, size, and solubility, and since they are known to contain a mixture of antibodies (*23*). An indication that things are not quite right appears in a finding of JAGER *et al.* (*48*), namely, that the immunological assay values for the amount of γ-globulin in a serum were far in excess of the amounts which are obtained by the electrophoretic method of assay. We do not mean to infer that these two methods necessarily measure the same quantity. On the other hand, it is not believed there should be a discrepancy which amounts to a factor of 2 in the results obtained by the two methods. It was suggested by JAGER *et al.* that the antibody to γ-globulin reacts not only with the γ-globulin, which is estimated electrophoretically, but with an additional serum constituent. The nature of the material which cross-reacts immunologically with the γ-globulin is still unknown.

With this situation in mind, COHN, DEUTSCH and WETTER (*17*) have made a very detailed analysis of the immunological behavior of four human γ-globulin fractions. These include a γ_1-globulin preparation essentially freed of γ_2-globulin, a γ_2-globulin preparation containing only traces of γ_1-globulin, and two γ-globulin fractions of intermediate isoelectric point and mobility.

The γ_1- and γ_2-globulin fractions were prepared by methods described in several publications from this laboratory (*19*, *20*), except that the samples were subjected to repeated fractionations.

The γ_2-globulin fraction was isoelectric at p_H 7,5, $\mu = 0,1$, with heterogeneity constant, $h = 0,6 \times 10^{-5}$ cm²/volt/sec. and standard deviation of isoelectric point distribution, $\sigma = 0,46$ p_H unit. Under the same conditions of electrophoretic study, the γ_1-globulin fraction was isoelectric at p_H 5,7, with heterogeneity constant, $h = 0,3 \times 10^{-5}$. The fractions II-1, 2 and II-3 were commercial fractions of the type studied by JAGER et al., and by KABAT et al. An organic precipitant, ethanol, was used in all these cases in the separation of the γ-globulins from the serum and from each other.

None of these fractions could meet other criteria of diffusion, sedimentation and solubility for homogeneity. To define these fractions in a somewhat more definite fashion, a few selected physical constants are collected to form Table 7.

The quantitative electrophoretic heterogeneity data for γ_1- and γ_2-globulins have been obtained from mobility distribution *versus* p_H curves of the Gaussian type, derived from the probability—p_H curves of Figure 6 (p. 287). An inspection of the TISELIUS patterns for the

Table 7. Some Physical Properties of Human γ-Globulin Fractions.

Fraction	Composition by Sedimentation Constant			Electrophoretic mobility at $p_H = 8.6$ cm^2 sec^{-1} volt^{-1} $\times$ 10^5
	$s = 7$ (%)	$s = 8$—12 (%)	$s = 20$ (%)	
γ_2-Globulin	88,9	11,1	—	0,97
Fraction II-1,2	77,2	17,7	5,1	1,43
Fraction II-3	67,6	16,4	16,0	2,00
γ_1-Globulin	56,5	21,3	22,2	2,63

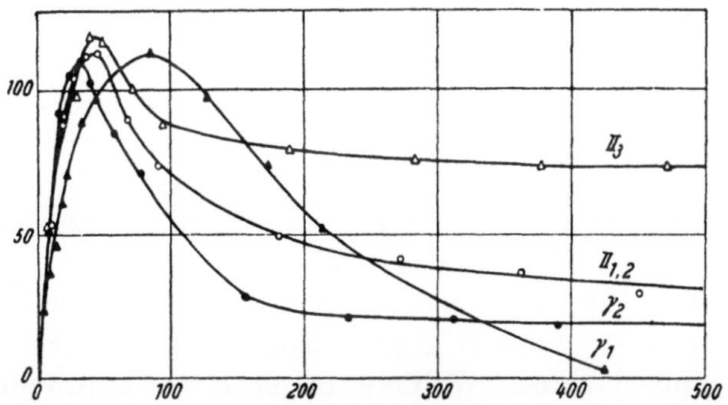

Fig. 11. Quantitative precipitin curves for rabbit anti-γ_2-globulin with the four γ-globulin fractions [COHN, DEUTSCH and WETTER (17)].

fractions II-1, 2 and II-3 reveals asymmetry of shape, indicating that these fractions are less homogeneous than are the γ_1- and γ_2-globulin fractions.

The immunochemical reactions of the various γ-globulin preparations with rabbit and with chicken antisera are quite complex. They appear to represent superimposed antigen-antibody reactions for which any separation functions would be difficult to discover. To illustrate the point we shall restrict ourselves for the moment to a consideration of the reactions between the four arbitrary fractions and a typical rabbit anti-γ_2-globulin.

The data of the quantitative precipitin reactions are plotted in the conventional way to give Figure 11. In agreement with JAGER et al. (48) it is found that Fractions II-1, 2 and II-3 are indistinguishable throughout the entire region of antibody excess. Furthermore, their precipitin curves coincide with the curve obtained with γ_2-globulin up to approximately 20 μg. antigen nitrogen added. The curves for the more highly purified γ_1- and γ_2-globulin fractions differ even in the zone of antibody excess. However, it is in the region of antigen excess where the four fractions may be strikingly differentiated from one another. Here each of the four curves falls off at a different rate and in a fashion which one would expect if complex antigen were used in forming the antiserum. Since the same antiserum was used throughout, the difference in the quantitative precipitin curves must be due to the variation in the antigenic composition of the globulin preparations used. Thus, the γ_2-globulin preparation contains more than one antigen in common with Fractions II–1, 2, II–3 and γ_1-globulin. The relative amounts of these common antigenic components is· different in each of the four globulin preparations.

If experiments of this type are repeated with chicken anti-γ_2-globulin serum it is found that the four preparations are again strikingly differentiated, this time even in the region of excess antibody.

Further experiments were conducted with anti-γ_1-globulin serum. Here it is found that γ_1-globulin contains components not present in the other fractions and that Fractions II–1, 2 and II–3 contain components not present in the γ_2-preparation. There is at least one antigen in the γ_1-globulin against which a major portion of the antibody is directed and which is not present in the other fractions.

KABAT *et al.* (*50*) have found that KENDALL's water soluble globulin and Fractions II–1, 2 and II–3 give identical precipitin curves in the region of antibody excess. We think the important contribution which has been made here is to extend the curves into the region of antigen excess where very striking differences appear. Another difference between our studies and those of KABAT and of JAGER is to be found in the nature of the antigens employed for immunization. Here the γ_2- and γ_1-globulin fractions were used as antigens and they represent the extremes of the γ-globulin system in terms of electrophoretic mobility and isoelectric point distribution, molecular mass composition, and solubility. It has been found possible therefore to interpret the immunological properties of Fractions II–1, 2 and II–3 in terms of reactions with the antibodies to our more highly homogeneous γ_1- and γ_2-globulin fractions.

Immunochemical data which have been presented for the human γ-globulin fractions indicate it is unwise to make any attempt at the present time to assay tissue fluids for the corresponding γ-globulin constituent because pure antigen is not available. The antibody to the γ-globulin reacts not only with the γ-globulin which could be estimated by electrophoresis, but also with additional serum constituents. The nature of the materials which cross-react immunologically with the γ-globulins is unknown.

References.

1. ALBERTY, R. A.: A Quantitative Study of Reversible Boundary Spreading in the Electrophoresis of Proteins. J. Amer. chem. Soc. **70**, 1675 (1948).

2. — A Study of the Variation of the Average Isoelectric Points of Several Plasma Proteins with Ionic Strength. J. Phys. Colloid Chem. **53**, 114 (1949).

3. ALBERTY, R. A., E. A. ANDERSON and J. W. WILLIAMS: Homogeneity and the Electrophoretic Behaviour of Some Proteins. J. Phys. Colloid Chem. **52**, 217 (1948).

4. ANNETTS, M.: The Digestion Products Formed by the Action of Papain on Egg Albumin. Biochemic. J. **30**, 1807 (1936).

5. ANSON, M. L.: The Estimation of Pepsin, Trypsin, Papain and Cathepsin with Hemoglobin. J. gen. Physiol. **22**, 79 (1939).

6. BALLS, A. K. and H. LINEWAEVER: Isolation and Properties of Crystalline Papain. J. biol. Chemistry **130**, 669 (1939).

7. BJÖRNEBOE, M.: Studier over Agglutinin proteinet i Kaninpneumokoksera. Copenhagen: Munksgaard. 1940.

8. BRIDGMAN, W. B.: The Peptic Digestion of Human Gamma Globulin. J. Amer. chem. Soc. **68**, 857 (1946).

9. BUTLER, A. M. and H. MONTGOMERY: The Solubility of the Plasma Proteins. I. Dependence on Salt and Plasma Concentrations in Concentrated Solutions of Potassium Phosphate. J. biol. Chemistry **99**, 173 (1932).

10. CANN, J. R., R. A. BROWN and J. G. KIRKWOOD: The Fractionation of γ-Globulin by Electrophoresis-convection. J. Amer. chem. Soc. **71**, 2687 (1949).

11. — — — Application of Electrophoresis-convection to the Fractionation of Bovine γ-Globulin. J. biol. Chemistry **181**, 161 (1949).

12. CHICK, H. and CH. J. MARTIN: The Precipitation of Egg-Albumin by Ammonium Sulphate. A Contribution to the Theory of the "Salting-out" of Proteins. Biochemic. J. **7**, 380 (1913).

13. CHOW, B. F. and H. WU: Isolation of Immunologically Pure Antibody. Science (New York) **84**, 316 (1936).

14. COHN, E. J.: The History of Plasma Fractionation. Adv. in Milit. Med. **1**, 364 (1948).

15. COHN, E. J., J. A. LUETSCHER, Jr., J. L. ONCLEY, S. H. ARMSTRONG, Jr. and B. D. DAVIS: Preparation and Properties of Serum and Plasma Proteins. III. Size and Charge of Proteins Separating upon Equilibration across Membranes with Ethanol-Water Mixtures of Controlled p_H, Ionic Strength and Temperature. J. Amer. chem. Soc. **62**, 3396 (1940).

16. COHN, E. J., L. E. STRONG, W. L. HUGHES, Jr., D. L. MULFORD, J. N. ASHWORTH, M. MELIN and H. L. TAYLOR: Preparation and Properties of Serum and Plasma Proteins. IV. A System for the Separation into Fractions of the Protein and Lipoprotein Components of Biological Tissues and Fluids. J. Amer. chem. Soc. **68**, 459 (1946).

17. COHN, M., H. F. DEUTSCH and L. R. WETTER: Analysis of the Immunological Heterogeneity of Human γ-Globulin Fractions. J. Immunology (in press).

18. COHN, M., L. R. WETTER and H. F. DEUTSCH: Immunological Studies on Egg White Proteins. I. Precipitation of Chicken-Ovalbumin and Conalbumin by Rabbit- and Horse-Antisera. J. Immunology **61**, 283 (1949).

19. DEUTSCH, H. F., R. A. ALBERTY and L. J. GOSTING: Biophysical Studies of Blood Plasma Proteins. IV. Separation and Purification of a New Globulin from Normal Human Plasma. J. biol. Chemistry **165**, 21 (1946).

20. DEUTSCH, H. F., L. J. GOSTING, R. A. ALBERTY and J. W. WILLIAMS: Biophysical Studies of Blood Plasma Proteins. III. Recovery of γ-Globulin from Human Blood Protein Mixtures. J. biol. Chemistry **164**, 109 (1946).

21. DEUTSCH, H. F. and J. C. NICHOL: Biophysical Studies of Blood Plasma Proteins. X. Fractionation Studies of Normal and Immune Horse Serum. J. biol. Chemistry **176**, 797 (1948).

22. EDSALL, J. T.: The Plasma Proteins and their Fractionation. Adv. Protein Chem. 3, 447 (1947).
23. ENDERS, J. F.: Chemical, Clinical and Immunological Studies on the Products of Human Plasma Fractionation. X. The Concentrations of Certain Antibodies in Globulin Fractions Derived from Human Blood Plasma. J. clin. Invest. 23, 510 (1944).
24. FELTON, L. D.: The Protective Substance in Types I, II and III Antipneumococcus Sera. Bull. Johns Hopkins Hosp. 38, 33 (1926).
25. — The Protective Substance in Antipneumococcus Serum. IV. A Separation of Phosphorus and some Inert Protein from the Water-insoluble Precipitate of Antipneumococcus Serum. J. infect. Diseases 42, 248 (1928).
26. — Concentration of Pneumococcus Antibody. J. infect. Diseases 43, 543 (1928).
27. GOSTING, L. J. and M. S. MORRIS: Diffusion Studies on Dilute Aqueous Sucrose Solutions at 1 and 25° with the Gouy Interference Method. J. Amer. chem. Soc. 71, 1998 (1949).
28. GREEN, A. A.: Studies in the Physical Chemistry of the Proteins. IX. The Effect of Electrolytes on the Solubility of Hemoglobin in Solutions of Varying Hydrogen Ion Activity with a Note on the Comparable Behavior of Casein. J. biol. Chemistry 93, 517 (1931).
29. — Studies in the Physical Chemistry of the Proteins. X. The Solubility of Hemoglobin in Solutions of Chlorides and Sulfates of Varying Concentration. J. biol. Chemistry 95, 47 (1932).
30. GREENBERG, D. M. and T. WINNICK: Plant Proteases. I. Activation-Inhibition Reactions. J. biol. Chemistry 135, 761 (1940).
31. HARDY, W. B.: Colloidal Solution. The Globulins. J. Physiology 33, 251 (1905).
32. — On Globulins. Proc. Roy. Soc. (London), Ser. B 79, 413 (1907).
33. HARDY, W. B. and (Mrs.) ST. GARDINER: Proteins of Blood Plasma. J. Physiology 40, 68 (1910).
34. HAUROWITZ, F. u. F. BREINL: Chemische Untersuchung der spezifischen Bindung von Arsanil-Eiweiß und Arsanilsäure an Immunserum. Hoppe-Seyler's Z. physiol. Chem. 214, 111 (1933).
35. HEIDELBERGER, M.: Quantitative Absolute Methods in the Study of Antigen-Antibody Reactions. Bacteriol. Rev. 3, 49 (1939).
36. — Chemical Aspects of the Precipitin and Agglutinin Reactions. Chem. Reviews 24, 323 (1939).
37. HEIDELBERGER, M. and E. A. KABAT: Quantitative Studies on Antibody Purification. II. The Dissociation of Antibody from Pneumococcus Specific Precipitates and Specifically Agglutinated Pneumococci. J. exp. Medicine 67, 181 (1938).
38. HEIDELBERGER, M. and F. E. KENDALL: A Quantitative Study of the Precipitin Reaction Between Type III Pneumococcus Polysaccharide and Purified Homologous Antibody. J. exp. Medicine 50, 809 (1929).
39. — — The Precipitin Reaction Between the Type III Pneumococcus Polysaccharide and Homologous Antibody. III. A Quantitative Study and a Theory of the Reaction Mechanism. J. exp. Medicine 61, 563 (1935).
40. — — A Quantitative Theory of the Precipitin Reaction, III. The Reaction Between Crystalline Egg Albumin and its Homologous Antibody. J. exp. Medicine 62, 697 (1935).
41. — — Quantitative Studies on Antibody Purification. I. The Dissociation of Precipitates Formed by Pneumococcus Specific Polysaccharides and Homologous Antibodies. J. exp. Medicine 64, 161 (1936).

42. Heidelberger, M., F. E. Kendall and C. M. Soo Hoo: Quantitative Studies on the Precipitin Reaction. Antibody Production in Rabbits Injected with an Azo Protein. J. exp. Medicine 58, 137 (1933).

43. Heidelberger, M., F. E. Kendall and T. Teorell: Quantitative Studies on the Precipitin Reaction. Effect of Salts on the Reaction. J. exp. Medicine 63, 819 (1936).

44. Hess, E. L. and H. F. Deutsch: Biophysical Studies of Blood Plasma Proteins. IX. Separation and Properties of the Immune Globulins of the Sera of Hyperimmunized Cows. J. Amer. chem. Soc. 71, 1376 (1949).

45. Hewitt, L. F.: Separation of Serum Albumin into Two Fractions. I. Biochemic. J. 30, 2229 (1936).

46. — Separation of Serum Albumin into Two Fractions. II. Observations on the Nature of the Glycoprotein Fraction. Biochemic. J. 31, 360 (1937).

47. Howe, P. E.: The Use of Sodium Sulfate as the Globulin Precipitant in the Determination of Proteins in Blood. J. biol. Chemistry 49, 93 (1921).

48. Jager, B. V., E. L. Smith, M. Nickerson and D. M. Brown: Immunological and Electrophoretic Studies on Human γ-Globulins. J. biol. Chemistry 176, 1177 (1948).

49. Kabat, E. A.: Immunochemistry of the Proteins. J. Immunology 47, 513 (1943).

50. Kabat, E. A., M. Glusman and V. Knaub: Immunochemical Estimation of Albumin and γ-Globulin in Normal and Pathological Cerebrospinal Fluid. Amer. J. Med. 4, 653 (1948).

51. Kegeles, G.: A New Optical Method for Observing Sedimentation Equilibrium. J. Amer. chem. Soc. 69, 1302 (1947).

52. Kegeles, G. and L. J. Gosting: The Theory of an Interference Method for the Study of Diffusion. J. Amer. chem. Soc. 69, 2516 (1947).

53. Kekwick, R. A.: Observations on the Crystallizable Albumin Fraction of Horse Serum. Biochemic. J. 32, 552 (1938).

54. — The Electrophoretic Analysis of Normal Human Serum. Biochemic. J. 33, 1122 (1939).

55. Kekwick, R. A. and R. K. Cannan: The Hydrogen Ion Dissociation Curve of the Crystalline Albumin of the Hen's Egg. Biochemic. J. 30, 227 (1936).

56. Kekwick, R. A. and B. R. Record: Some Physical Properties of Diphtheria Antitoxic Horse Sera. Brit. J. exp. Pathol. 22, 29 (1941).

57. Kendall, F. E.: Serum Proteins. I. Identification of a Single Serum Globulin by Immunological Means. Its Distribution in the Sera of Normal Individuals and of Patients with Cirrhosis of the Liver and with Chronic Glomerulonephritis. J. clin. Invest. 16, 921 (1937).

58. — The Quantitative Relationship Between Antigen and Antibody in the Precipitin Reaction. Ann. New York Acad. Sci. 43, 85 (1942).

59. Kirkwood, J. G.: Theory of Solutions of Molecules Containing Widely Separated Charges with Special Application to Zwitterions. J. chem. Physics 2, 351 (1934).

60. — A Suggestion for a New Method of Fractionation of Proteins by Electrophoresis Convection. J. chem. Physics 9, 878 (1941).

61. Longsworth, L. G.: Experimental Tests of an Interference Method for the Study of Diffusion. J. Amer. chem. Soc. 69, 2510 (1947).

62. Mellanby, J.: Globulin. J. Physiology 33, 338 (1905).

63. — Diphtheria Antitoxin. Proc. Roy. Soc. (London), Ser. B 80, 399 (1908).

64. Northrop, J. H.: Purification and Crystallization of Diphtheria Antitoxin. J. gen. Physiol. 25, 465 (1942).

65. — Crystalline Enzymes. New York: Columbia University Press. 1948.
66. ONCLEY, J. L., M. MELIN, D. A. RICHERT, J. W. CAMERON and P. M. GROSS, Jr.: The Separation of the Antibodies, Isoagglutinins, Prothrombin, Plasminogen and β_1-Lipoprotein into Subfractions of Human Plasma. J. Amer. chem. Soc. 71, 541 (1949).
67. PAPPENHEIMER, A. M., Jr., H. P. LUNDGREN and J. W. WILLIAMS: Studies on the Molecular Weight of Diphtheria Toxin, Antitoxin, and their Reaction Products. J. exp. Medicine 71, 247 (1940).
68. PAPPENHEIMER, A. M., Jr. and E. S. NOBINSON: A Quantitative Study of the Ramon Diphtheria Flocculation Reaction. J. Immunology 32, 291 (1937).
69. PARFENTIEV, I. A.: Method for Purification of Antitoxins and the Like. U. S. Patent No. 2065196.
70. PAULING, L., D. H. CAMPBELL and D. PRESSMAN: The Nature of the Forces Between Antigen and Antibody and of the Precipitation Reaction. Physiologic. Rev. 23, 203 (1943).
71. PEDERSEN, K. O.: Ultracentrifugal Studies on Serum and Serum Fractions. Dissert. Upsala, 1945.
72. PETERMANN, M. L.: Ultracentrifugal Analysis of Pepsin-treated Serum Globulins. J. physic. Chem. 46, 183 (1942).
73. — The Splitting of Human Gamma Globulin Antibodies by Papain and Bromelin. J. Amer. chem. Soc. 68, 106 (1946).
74. PETERMANN, M. L. and A. M. PAPPENHEIMER, Jr.: The Ultracentrifugal Analysis of Diphtheria Proteins. J. physic. Chem. 45, 1 (1941).
75. PHILPOT, J. ST. L.: The Behaviour of Pepsin in the Ultracentrifuge after Alkaline Inactivation. Biochemic. J. 29, 2458 (1935).
76. POPE, C. G.: The Action of Proteolytic Enzymes on the Antitoxins and Proteins in Immune Sera. I. True Digestion of the Proteins. Brit. J. exp. Pathol. 20, 132 (1939).
77. — The Action of Proteolytic Enzymes on the Antitoxins and Proteins in Immune Sera. II. Heat Denaturation after Partial Enzyme Action. Brit. J. exp. Pathol. 20, 201 (1939).
78. POPE, C. G. and M. HEALEY: The Preparation of Diphtheria Antitoxin in a State of High Purity. Brit. J. exp. Pathol. 20, 213 (1939).
79. REINER, H. K. and L. REINER: The Fractional Precipitation of Serum Globulin at Different Hydrogen Ion Activities. Experiments with Globulin Obtained from Normal and Immune (Antipneumococcus) Horse Serum. J. biol. Chemistry 95, 345 (1932).
80. ROTHEN, A.: Purified Diphtheria Antitoxin in the Ultracentrifuge and in the Electrophoresis Apparatus. J. gen. Physiol. 25, 487 (1942).
81. SCATCHARD, G. u. J. G. KIRKWOOD: Das Verhalten von Zwitterionen und von mehrwertigen Ionen mit weit entfernten Ladungen in Elektrolytlösungen. Physik. Z. 33, 297 (1932).
82. SCHEER, J. VAN DER, R. W. G. WYCKOFF and F. H. CLARKE: The Electrophoretic Analysis of Several Hyperimmune Horse Sera. J. Immunology 39, 65 (1940).
83. — — — The Electrophoretic Analysis of Tetanal Antitoxic Horse Sera. J. Immunology 40, 173 (1941).
84. SHARP, D. G., A. R. TAYLOR, D. BEARD and J. W. BEARD: Electrophoresis of the Rabbit Papilloma Virus Protein. J. biol. Chemistry 142, 193 (1942).
85. SÖRENSEN, M. and G. HAUGAARD: The Application of the Orcinol Reaction to the Estimation of the Nature and Amount of Carbohydrate Groups in Proteins. C. R. Trav. Lab. Carlsberg 19, No. 12 (1933).

86. Tiselius, A. and O. Dahl: Some Experiments of the Enzymatic Digestion of Diphtheria Antitoxic Globulin. Ark. Kem., Mineral., Geol., Ser. B 14, No. 31 (1941).
87. Tiselius, A. and I.-B. Eriksson-Quensel: Some Observations of Peptic Digestion of Egg Albumin. Biochemic. J. 33, 1752 (1939).
88. Tiselius, A. and F. L. Horsfall, Jr.: Electrophoretic Technique. I. Electrophoresis of Hemocyanins. Ark. Kemi, Mineral., Geol., Ser. A 13, No. 18 (1939).
89. Tiselius, A. and E. A. Kabat: An Electrophoretic Study of Immune Sera and Purified Antibody Preparations. J. exp. Medicine 69, 119 (1939).
90. Wu, H., L. H. Cheng and C. P. Li: Composition of Antigen-Precipitin Precipitate. Proc. Soc. exp. Biol. Med. 25, 853 (1927).
91. Wu, H., P. P. T. Sah and C. P. Li: Composition of Antigen-Precipitin Precipitate. Proc. Soc. exp. Biol. Med. 26, 737 (1928).
92. Wuhrmann, F. and C. Wunderly: Fractionation of Pathological Plasmas. Helv. med. Acta, Suppl. X (1943).

(Received, January 21, 1950.)